高等学校"十三五"规划教材

大学物理学习指导

刘 阳 刘培姣 主编 黄淑芳 岑敏锐 参编

北京

《大学物理学习指导》共4篇，覆盖了大学物理课程的所有基本内容和部分拓展内容。

第一篇力学，共5单元，包括质点运动学、质点动力学与守恒定律、刚体力学基础、振动学基础及波动学基础；第二篇电磁学，共3单元，包括电荷与电场、电流与磁场及电磁场与麦克斯韦方程组；第三篇波动光学，共3单元，包括光的干涉、光的衍射及光的偏振；第四篇热学和近代物理，共4单元，包括气体动理论、热力学基础、狭义相对论基础及量子力学基础。

每一单元分基本要求、基本概念与规律、典型例题三个部分。每一篇配有四套模拟题，以备学生自测使用，构成了一个较完整的体系。基本要求中对各知识点的要求分了解、理解和掌握等层次；基本概念与规律是对该单元教学内容的简要总结，并配有体现该单元各相关概念和规律之间关系的“知识脉络图”，便于学生复习时参考；典型例题部分选配了各单元中与重要知识点相关的例题，可作为习题课的补充。

本书可供理工科院校非物理专业的本科学生使用，也可供从事物理教学的教师参考和研究生使用。

图书在版编目（CIP）数据

大学物理学习指导/刘阳，刘培姣主编；黄淑芳，岑敏锐参编．北京：化学工业出版社，2016.8（2018.9重印）
高等学校“十三五”规划教材
ISBN 978-7-122-27316-1

Ⅰ.①大… Ⅱ.①刘…②刘…③黄…④岑… Ⅲ.①物理学-高等学校-教学参考资料 Ⅳ.①O4

中国版本图书馆CIP数据核字（2016）第127502号

责任编辑：唐旭华　郝英华　　　装帧设计：张　辉
责任校对：王素芹

出版发行：化学工业出版社（北京市东城区青年湖南街13号　邮政编码100011）
印　　刷：北京京华铭诚工贸有限公司
装　　订：北京瑞隆泰达装订有限公司
787mm×1092mm　1/16　印张16¾　字数435千字　2018年9月北京第1版第2次印刷

购书咨询：010-64518888（传真：010-64519686）　售后服务：010-64518899
网　　址：http://www.cip.com.cn
凡购买本书，如有缺损质量问题，本社销售中心负责调换。

定　　价：**35.00元**

前言

大学物理是高等学校非物理专业理工科大学生必修的基础理论课程，内容丰富，应用广泛，但也是学习难度较大的一门课程。随着时代的发展，大学物理课程教学工作面临的新问题不断地出现。怎样帮助同学们在有限的学时内，更好地达到大学物理课程的教学基本要求，掌握大学物理课程的核心内容，是广大从事大学物理教学的教师孜孜以求的目标。《大学物理学习指导》力求适应当今大学物理课程的教学需要，在帮助学生加深理解大学物理的基本概念和规律的同时，也注意帮助学生启迪思维，以期提高学生运用物理学的基本定律来分析问题和解决问题的能力。

本书共4篇，覆盖了大学物理课程的所有基本内容和部分拓展内容。

第一篇力学，共5单元，包括质点运动学、质点动力学与守恒定律、刚体力学基础、振动学基础及波动学基础。

第二篇电磁学，共3单元，包括电荷与电场、电流与磁场及电磁场与麦克斯韦方程组。

第三篇波动光学，共3单元，包括光的干涉、光的衍射及光的偏振。

第四篇热学和近代物理，共4单元，包括气体动理论、热力学基础、狭义相对论基础及量子力学基础。

每一单元分基本要求、基本概念与规律、典型例题三个部分。每一篇配有四套模拟题，以备学生自测使用，构成了一个较完整的体系。基本要求中对各知识点的要求分了解、理解和掌握等层次；基本概念与规律是对该单元教学内容的简要总结，并配有体现该单元各相关概念和规律之间关系的“知识脉络图”，便于学生复习时参考；典型例题部分选配了各单元中与重要知识点相关的例题，可作为习题课的补充。

由于编者的水平有限，书中难免有不足之处，敬请读者批评指正。

编者

2016 年 5 月

目录

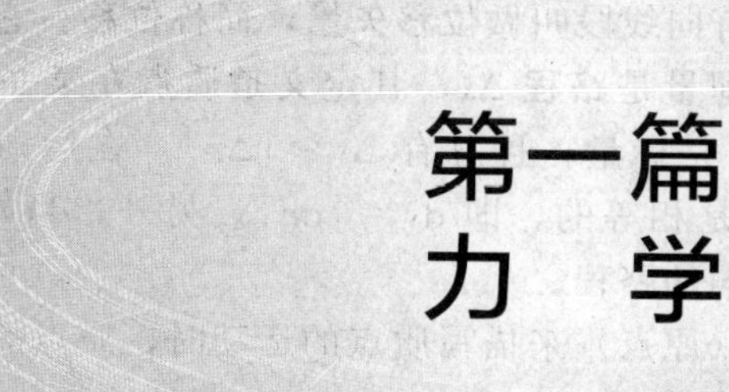

第一篇 力 学

第一单元 质点运动学

一、基本要求

(1) 理解理想模型——质点、参照系和坐标系概念。

(2) 掌握描述质点运动的基本量，包括位置矢量、位移、速度、加速度概念和特点（矢量性、瞬时性、相对性)，并学会计算方法。

(3) 掌握用自然坐标系求切向加速度和法向加速度。

(4) 根据质点在平面内的运动方程，能熟练地求出任意时刻的位置矢量、速度、加速度。了解已知质点的加速度或速度，求速度或运动方程。

(5) 理解相对运动、相对速度。

二、基本概念与规律

1. 参考系与坐标系

为了（定性）描述一个物体的运动状态，选作参考的另一物体称为**参考系**。参考系选定后，必须在参考系上建立一个适当的**坐标系**（坐标系的原点固定在参考系中)，才能定量地描述物体的位置和它的运动状态。常用的坐标系有直角坐标系、自然坐标系等。

2. 质点与质点系

将被研究的物体看作一个只具有质量而没有大小和形状的几何点称为质点。由若干相互作用的质点组成的质点系统，简称为**质点系**。质点是力学中重要基础模型，它忽略了实在物体的形状和大小，一个物体能否当作质点取决于以下两个因素：一是物体的尺度 d 与相关距离 l 的比值 d/l；二是物体的运动形式。如在研究地球绕太阳公转的运动形式时，由于地球的尺度（地球直径）与日地距离（相关距离）的比值很小，这时可将地球当作质点。

3. 质点运动矢量描述的四个基本物理量

(1) **位矢 $\boldsymbol{r}$**。从坐标原点指向质点所在处的有向线段叫做该质点的**位置矢量**，简称**位矢**。它描述了质点在空间中的位置。质点运动时，它的位矢是随时间变化的，则位矢 $\boldsymbol{r}$ 为时间 t 的矢量函数，一般表示为 $\boldsymbol{r}=\boldsymbol{r}(t)$，这样的表达式称为质点的运动方程（矢量形式)。运动方程在直角坐标系中的分量形式为：$x=x(t)$，$y=y(t)$，$z=z(t)$；在自然坐标系中的形式为 $s=s(t)$。

（2）**位移 $\Delta\boldsymbol{r}$**。某一质点运动过程中（经历时间为 $\Delta t=t_2-t_1$），由起始位置（对应时刻 t_1）指向终止位置（对应时刻 t_2）的有向线段叫做**位移矢量**，简称**位移**。它描述了运动质点的位置变化。与位移相联系的另一物理量是**路程** Δs，其定义是质点在某一运动过程中在空间走过的实际轨迹的长度。但路程 Δs 是标量，且总有 $\Delta s \geqslant |\Delta\boldsymbol{r}|$。在运动过程时间 $\Delta t\to 0$ 的极限情况下，它们对应的无限小量是相等的，即 $\mathrm{d}s=|\mathrm{d}\boldsymbol{r}|$。另外，当始末位置一定时，则位移是唯一确定的，但可有许多不同的路程。

在同一参考系中，选不同的坐标（原点）来描写质点的运动时，质点的位矢不同，但位移相同。

（3）**速度 $\boldsymbol{v}$**。描述质点运动快慢的物理量。相关的物理量有以下 4 个。

平均速度：$\overline{\boldsymbol{v}}=\dfrac{\Delta\boldsymbol{r}}{\Delta t}$，近似地描述质点在 Δt 时间内的平均快慢。其近似程度决定于 Δt 的大小。

瞬时速度：$\boldsymbol{v}=\lim\limits_{\Delta t\to 0}\dfrac{\Delta\boldsymbol{r}}{\Delta t}=\dfrac{\mathrm{d}\boldsymbol{r}}{\mathrm{d}t}$，瞬时速度也简称为**速度**，其大小精确地描述质点在 t 时刻运动的快慢，其方向就是 t 时刻质点运动的方向，即质点所在处的轨道切线方向，并指向质点的运动方向。

平均速率：$\overline{v}=\dfrac{\Delta s}{\Delta t}$，它也近似地描述质点在 Δt 时间内的平均快慢。

瞬时速率：$v=\lim\limits_{\Delta t\to 0}\dfrac{\Delta s}{\Delta t}=\dfrac{\mathrm{d}s}{\mathrm{d}t}$，瞬时速率也简称为速率，它等于瞬时速度的大小，但平均速率不一定等于平均速度的大小，有 $\overline{v}\geqslant|\overline{\boldsymbol{v}}|$。

（4）**加速度**。描述质点速度变化快慢的物理量。同样的，有**平均加速度** $\overline{\boldsymbol{a}}=\dfrac{\Delta\boldsymbol{v}}{\Delta t}$ 和**瞬时加速度** $\boldsymbol{a}=\dfrac{\mathrm{d}\boldsymbol{v}}{\mathrm{d}t}=\dfrac{\mathrm{d}^2\boldsymbol{r}}{\mathrm{d}t^2}$。加速度的大小和方向也可以从动力学的角度进行判断。

在理解这 4 个物理量时，要注意以下几点。

（1）**矢量性**。在上述定义中，这 4 个物理量都定义为矢量，需要特别注意矢量的方向和运算规则。在较复杂的问题中，可以建立坐标系，对相应物理量的坐标分量进行运算，如加速度在直角坐标系中有

$$\begin{cases} a_x=\dfrac{\mathrm{d}v_x}{\mathrm{d}t}=\dfrac{\mathrm{d}^2x}{\mathrm{d}t^2} \\ a_y=\dfrac{\mathrm{d}v_y}{\mathrm{d}t}=\dfrac{\mathrm{d}^2y}{\mathrm{d}t^2} \\ a_z=\dfrac{\mathrm{d}v_z}{\mathrm{d}t}=\dfrac{\mathrm{d}^2z}{\mathrm{d}t^2} \end{cases} \Rightarrow \begin{cases} \boldsymbol{a}=a_x\boldsymbol{i}+a_y\boldsymbol{j}+a_z\boldsymbol{k} \\ \text{或 } a=\sqrt{a_x^2+a_y^2+a_z^2} \\ \text{方向可用余弦表示} \end{cases}$$

加速度在自然坐标系中有

$$\begin{cases} a_\tau=\dfrac{\mathrm{d}v}{\mathrm{d}t}=\dfrac{\mathrm{d}^2s}{\mathrm{d}t^2} \\ a_\mathrm{n}=\dfrac{v^2}{\rho} \end{cases} \Rightarrow \begin{cases} \boldsymbol{a}=a_\tau\boldsymbol{\tau}+a_\mathrm{n}\boldsymbol{n} \\ \text{或 } a=\sqrt{a_\tau^2+a_\mathrm{n}^2} \\ \text{方向用与速度方向的夹角 } \alpha=\arctan\dfrac{a_\mathrm{n}}{a_\tau}\text{ 来表示} \end{cases}$$

式中，a_τ 为切向加速度，描述速度大小的变化快慢；a_n 为法向加速度，描述速度方向的变化快慢。

（2）**瞬时性**。在 4 个物理量中，位置矢量、速度和加速度都具有瞬时性，而位移矢量对应于某一时间间隔。

（3）**相对性**。4 个物理量都是相对于某一参考系定义的，故在分析具体问题时，首先要选定参考系。

4. 经典力学的平动坐标系变换（伽利略变换）

$$\boldsymbol{r}_{p对k}=\boldsymbol{r}_{p对k'}+\boldsymbol{r}_{k'对k}$$

$$\boldsymbol{v}_{p对k}=\boldsymbol{v}_{p对k'}+\boldsymbol{v}_{k'对k}$$

$$\boldsymbol{a}_{p对k}=\boldsymbol{a}_{p对k'}+\boldsymbol{a}_{k'对k}$$

其中 p 表示研究对象，k 和 k' 表示两个相对运动的参考系。解相对运动问题常用速度变换式，要注意以下几点。①要确定一个研究对象 p，两个做相对运动的参考系 k 和 k'，并弄清楚伽利略速度变换式中各矢量的具体意义。哪些量的大小或方向是已知的，哪些量的大小或方向是未知的。②作出矢量加减法运算图。③常要用到解斜三角形的知识。

附：知识脉络图

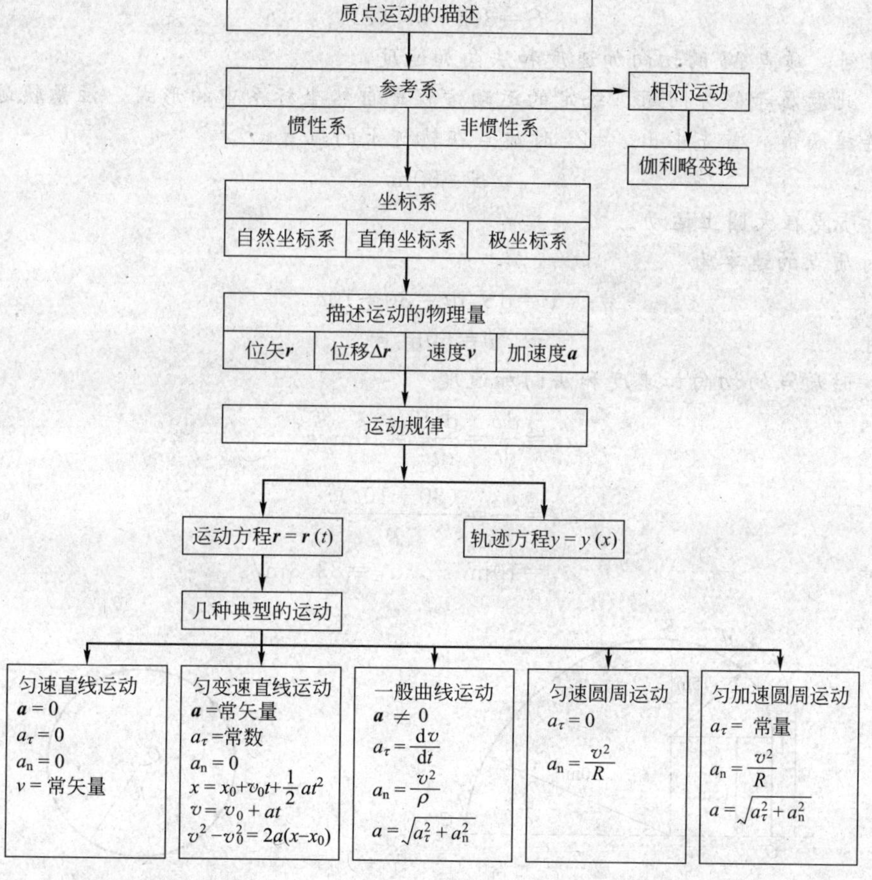

三、典型例题

在质点运动学中，主要有两大类问题：在某一参考系中质点运动的描述问题和不同参考系之间的相对运动问题。在质点运动的描述问题中，又可分两类基本问题。

(1) 微分问题：位矢 $\boldsymbol{r} \xrightarrow{\text{微分}}$ 速度 $\boldsymbol{v} \xrightarrow{\text{微分}}$ 加速度 $\boldsymbol{a}$，即已知运动方程，利用速度和加速度的微分定义式进行计算。

(2) 积分问题：位矢 $\boldsymbol{r}=\int \boldsymbol{v}\,\mathrm{d}t \xleftarrow{\text{积分}}$ 速度 $\boldsymbol{v}=\int \boldsymbol{a}\,\mathrm{d}t \xleftarrow{\text{积分}}$ 加速度 $\boldsymbol{a}$，前式中的积分在具体问题中常常是定积分。

【例 1-1】 飞轮做加速转动时，轮边缘上一点的运动方程为 $s=0.1t^3$(SI)。飞轮半径为 2m。当此点的速率 $v=30\text{m/s}$ 时，其切向加速度和法向加速度各为多少？

分析： 此题属于微分问题，给定的运动方程是自然坐标系中的形式。

【解】 因为 $v=\dfrac{\mathrm{d}s}{\mathrm{d}t}=0.3t^2$，当 $v=30=0.3t^2$，则 $t=10\text{s}$，所以

$$a_\tau=\frac{\mathrm{d}v}{\mathrm{d}t}=0.6t=6\text{m/s}^2$$

$$a_\text{n}=\frac{v^2}{R}=\frac{30^2}{2}=450(\text{m/s}^2)$$

【例 1-2】 质点 M 在水平面内的运动轨迹如图 1-1 所示，OA 段为直线，AB、BC 段分别为不同半径的两个 1/4 圆周。设 $t=0$ 时，M 在 O 点，已知运动学方程为

$$S=30t+5t^2\text{(SI)}$$

求 $t=2\text{s}$ 时刻，质点 M 的切向加速度和法向加速度。

【解】 此题属于微分问题，给定的运动方程是自然坐标系中的形式，注意轨迹由不同形式的线段连接而成。首先求出 $t=2\text{s}$ 时质点在轨迹上的位置

$$S=80\text{m}$$

则 $t=2\text{s}$ 时质点在大圆上运动。

各瞬时质点的速率为

$$v=\mathrm{d}S/\mathrm{d}t=30+10t$$

故 $t=2\text{s}$ 时

$$v=50\text{m/s}$$

因此，各瞬时质点的切向加速度和法向加速度

$$a_\tau=\frac{\mathrm{d}v}{\mathrm{d}t}=\frac{\mathrm{d}^2S}{\mathrm{d}t^2}=10\text{m/s}^2$$

$$a_\text{n}=\frac{v^2}{\rho}=\frac{(30+10t)^2}{\rho}$$

故 $t=2\text{s}$ 时

$$a_\tau=10\text{m/s}^2,\ a_\text{n}=83.3\text{m/s}^2$$

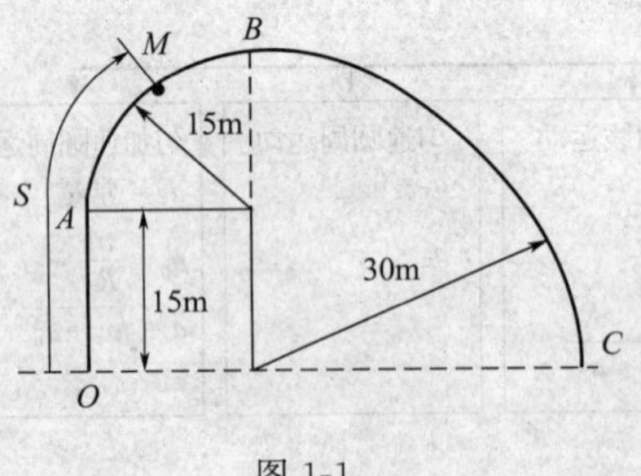

图 1-1

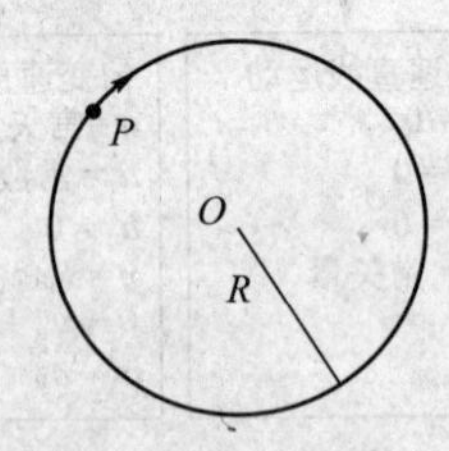

图 1-2

【例 1-3】 如图 1-2 所示，质点 P 在水平面内沿一半径为 $R=2\text{m}$ 的圆轨道转动。转动的角速度 ω 与时间 t 的函数关系为 $\omega=kt^2$（k 为常量）。已知 $t=2\text{s}$ 时，质点 P 的速度值为

32m/s。试求 $t=1\text{s}$ 时，质点 P 的速度与加速度的大小。

【解】 此题属于微分问题，给定的是角速度与时间的关系，要注意利用角量和线量的关系。根据已知条件确定常量 k，有

$$k=\omega/t^2=v/(Rt^2)=4\text{rad/s}^3$$

则 $$\omega=4t^2,\quad v=R\omega=4Rt^2$$

当 $t=1\text{s}$ 时 $$v=4Rt^2=8\text{m/s},$$

切向加速度 $$a_\tau=\mathrm{d}v/\mathrm{d}t=8Rt=16\text{m/s}^2$$

法向加速度 $$a_\text{n}=v^2/R=32\text{m/s}^2$$

加速度的大小 $$a=(a_\tau^2+a_\text{n}^2)^{1/2}=35.8\text{m/s}^2$$

【例 1-4】 某物体的运动规律为 $\mathrm{d}v/\mathrm{d}t=-kv^2t$，式中的 k 为大于零的常数。当 $t=0$ 时，初速为 v_0，求速度 v 与时间 t 的函数关系。

【解】 此题属于积分问题，已知加速度 $a(t)$，通过积分求速度，注意速度 v 是随时间变化的量。由$\dfrac{\mathrm{d}v}{\mathrm{d}t}=-kv^2t$ 分离变量得，$-\dfrac{\mathrm{d}v}{v^2}=kt\mathrm{d}t$，两边积分

$$\int_{v_0}^{v}-\frac{\mathrm{d}v}{v^2}=\int_0^t kt\,\mathrm{d}t \quad 得 \quad \frac{1}{v}-\frac{1}{v_0}=\frac{kt^2}{2}$$

则$\dfrac{1}{v}=\dfrac{1}{v_0}+\dfrac{kt^2}{2}$即为所求的速度 v 与时间 t 的函数关系。

【例 1-5】 一质点沿 X 轴运动，其加速度 a 与位置坐标 x 的关系为

$$a=2+6x^2 \quad \text{(SI)}$$

如果质点在原点处的速度为零，试求其在任意位置处的速度。

【解】 此题亦属于积分问题，但已知的加速度是随坐标 x 的变化形式。解答时不能直接进行积分，需要根据复合函数的导数法则，通过分离变量变为标准积分形式然后积分。

由$\dfrac{\mathrm{d}v}{\mathrm{d}t}=\dfrac{\mathrm{d}v}{\mathrm{d}x}\dfrac{\mathrm{d}x}{\mathrm{d}t}=\dfrac{v\mathrm{d}v}{\mathrm{d}x}$及 $a=\dfrac{\mathrm{d}v}{\mathrm{d}t}=2+6x^2$ 得

整理为 $$(2+6x^2)\mathrm{d}x=v\mathrm{d}v$$

两边积分 $$\int_0^v v\mathrm{d}v=\int_0^x(2+6x^2)\mathrm{d}x$$

得 $$\frac{v^2}{2}=2x+2x^3$$

所以 $$v=2\sqrt{x+x^3} \qquad (\text{m/s})$$

【例 1-6】 某人骑自行车以速率 v 向正西方行驶，遇到由北向南刮的风（设风速大小也为 v），则他感到风是从什么方向吹来？

【解】 此题属于相对运动问题。选风为研究对象 p，地面和人分别为两个参考系 k 和 k'，已知人相对于地面的速度 $\boldsymbol{v}_{k'k}$ 的大小和方向以及风相对于地面的速度 $\boldsymbol{v}_{pk}$ 的大小和方向，要求解的是风相对于人的速度 $\boldsymbol{v}_{pk'}$，由伽利略速度变换式 $\boldsymbol{v}_{pk}=\boldsymbol{v}_{pk'}+v'_{k'k}$ 作出矢量图（图 1-3），由图和已知条件可得到人感到的是西北风。

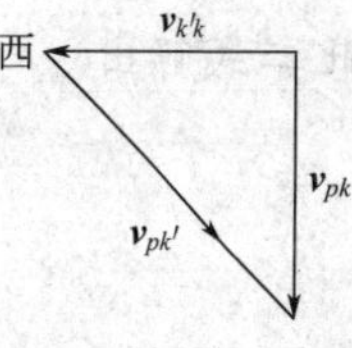

图 1-3

【例 1-7】 一飞机相对于空气以恒定速率 v 沿正方形轨道飞行，在无风天气其运动周期为 T，若有恒定小风沿平行于正方形的一对边吹来，风速为 $V=kv(k\ll 1)$。求：飞机仍沿原正方形（对地）轨道飞行时周期要增加多少？

【解】 以飞机为研究对象 p，地面为 k 系，风为 k'系，速率 v 和 V

分别是飞机和风相对于地面的速度，正方形是地面所观察到的运动轨迹形式。

设正方形边长为 L，则无风时

$$L=vT/4$$

在有风天气为使飞机仍在正方形轨道上飞行，飞机在每条边上的航行方向（相对于空气的速度方向）和飞行时间均须作相应调整，如图 1-4 所示（图中风速从左向右）。令

$$L=(v+V)t_1=(v-V)t_2=v't_3$$

其中
$$v'^2+V^2=v^2$$

新的运动周期为

$$T'=t_1+t_2+2t_3=\frac{L}{v+V}+\frac{L}{v-V}+\frac{2L}{\sqrt{v^2-V^2}}$$

$$\approx\frac{L}{v}\left[(1-k+k^2)+(1+k+k^2)+2\left(1+\frac{1}{2}k^2\right)\right]$$

$$=\frac{4L}{v}+\frac{3k^2L}{v}=T\left(1+\frac{3k^2}{4}\right)$$

则周期增加
$$\Delta T=T'-T=3k^2T/4$$

【例 1-8】 当火车静止时，乘客发现雨滴下落方向偏向车头，偏角为 30°，当火车以 35 m/s 的速率沿水平直路行驶时，发现雨滴下落方向偏向车尾，偏角为 45°，假设雨滴相对于地的速度保持不变，试计算雨滴相对地的速度大小。

【解】 选雨滴为研究对象 p，地面为 k 系，火车为 k'系，注意偏角都是相对于竖直方向。

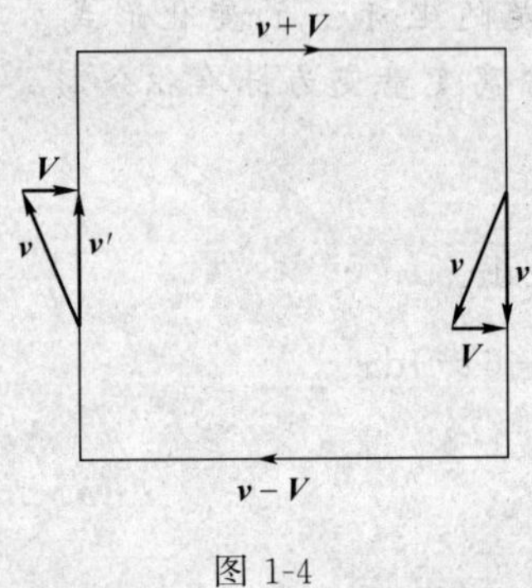

图 1-4

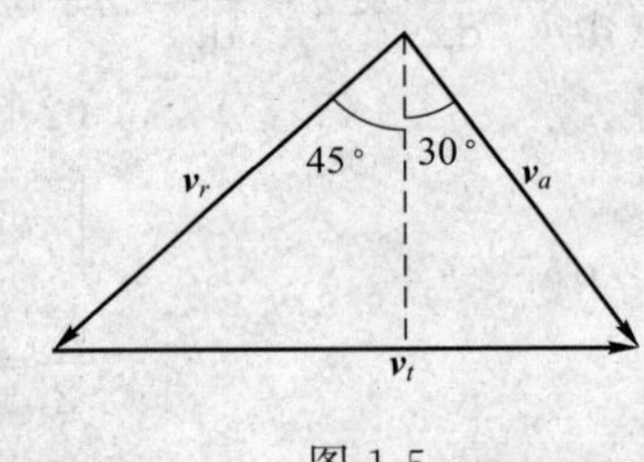

图 1-5

已知：雨滴对地面速度（$\boldsymbol{v}_{pk}$）$\boldsymbol{v}_a$ 的方向偏前 30°，火车行驶时，雨滴对火车的相对速度（$\boldsymbol{v}_{pk'}$）$\boldsymbol{v}_r$ 偏后 45°，火车速度（$\boldsymbol{v}_{k'k}$）$\boldsymbol{v}_t=35$m/s，方向水平。

矢量图如图 1-5 所示，由伽利略速度变换：$\boldsymbol{v}_a=\boldsymbol{v}_r+\boldsymbol{v}_t$，其水平方向投影和竖直方向投影分别为

$$v_a\sin30°=v_t-v_r\sin45°$$
$$v_a\cos30°=v_r\cos45°$$

由此二式解出

$$v_a=\frac{v_t}{\sin30°+\sin45°\dfrac{\cos30°}{\cos45°}}=25.6\text{m/s}$$

第二单元　质点动力学与守恒定律

一、基本要求

（1）掌握牛顿三定律的物理实质和适用条件，了解惯性系和非惯性系概念。

（2）掌握动量和冲量的概念及动量定理，并理解各量的矢量性、状态过程的特征，熟练掌握动量守恒定律及其适用条件，特别是二维问题。

（3）掌握功的定义，能熟练计算作用在质点上变力做的功，理解功与过程有关的性质。

（4）掌握保守力做功的特点及势能的概念，掌握重力势能、万有引力势能和弹簧的弹性势能的概念、势能曲线及其计算方法，特别注意势能零点的选择。

（5）掌握质点与质点系的动能定理、机械能守恒定律并能联系动量守恒定律分析、解决简单力学系统在平面内运动的力学问题。

（6）理解对心碰撞中的完全弹性和完全非弹性碰撞。

二、基本概念与规律

1. 惯性参考系

牛顿第一定律（惯性定律）成立的参考系称为**惯性参考系**；牛顿第一定律不成立的参考系称为**非惯性参考系**。

2. 牛顿运动定律

牛顿第一定律（惯性定律）：任何物体都保持静止或匀速直线运动状态，直到其他物体对它作用的力迫使它改变这种状态为止。

牛顿第二定律：$\boldsymbol{F}=\dfrac{\mathrm{d}(m\boldsymbol{v})}{\mathrm{d}t}=\dfrac{\mathrm{d}\boldsymbol{p}}{\mathrm{d}t}$

当 m 为常量时，$\boldsymbol{F}=m\boldsymbol{a}$。

牛顿第三定律：作用力与反作用力大小相等，方向相反，在同一直线上（但作用在不同的物体上）。

理解牛顿运动定律时应注意以下几点。

（1）牛顿运动定律的适用条件：仅适用于惯性参考系；仅适用于物体速度比光速低得多的情况，不适用于接近光速的高速运动物体，在高速情况下，必须应用相对论力学，牛顿力学是相对论力学的低速近似；一般仅适用于宏观物体，在微观领域中，要应用量子力学，而牛顿力学是量子力学的宏观近似。

（2）牛顿第二定律是牛顿力学体系的核心，质量 m 是物体**惯性**的量度，反映了物体保持原来运动状态的本领；第二定律方程是基本的动力学方程，它说明了物体所受合力与动量变化率的瞬时关系。

（3）利用牛顿运动定律解决动力学问题的方法步骤可概括为：**选物体，查受力，看运动，建坐标，列方程，解方程**。

（4）受力分析是解决动力学问题的重要过程，要掌握以下常见力的特征和相关计算方法：万有引力、重力、弹性力（弹簧的弹性力、绳中的张力、支持力等）、摩擦力（静摩擦力、滑动摩擦力）。

(5) 力学问题常将动力学问题和运动学问题结合起来，一般可将力学问题分为两类：一类是已知力求运动，这类问题与运动学中的积分问题相关联；另一类是已知运动求力，这类问题与运动学中的微分问题相关联。

3. 惯性力

在非惯性系中，为了使牛顿运动定律在形式上能够成立，引入了惯性力这种虚拟力，特别是在第二定律中，在物体所受合力中加入惯性力，就可以利用它来分析和处理非惯性系中的物体运动问题。

在平动加速参考系中的惯性力：$\boldsymbol{F}_{惯}=-m\boldsymbol{a}$。

在转动参考系中的惯性力称为惯性离心力：$F_i=m\omega^2 r$。

4. 动量定理

冲量：表示力对时间的积累作用。

恒力冲量：$\boldsymbol{I}=\boldsymbol{F}\Delta t$。

变力在无限小作用时间内的元冲量：$\mathrm{d}\boldsymbol{I}=\boldsymbol{F}\mathrm{d}t$。

变力在时间 $\Delta t=t_2-t_1$ 内的冲量：$\boldsymbol{I}=\int_{t_1}^{t_2}\boldsymbol{F}\mathrm{d}t$。

动量定理：反映动量变化与力的冲量的矢量关系。

微分形式：$\boldsymbol{F}\mathrm{d}t=\mathrm{d}\boldsymbol{p}$，即合外力的元冲量等于质点（或质点系）动量的微小增量。

积分形式：$\int_{t_0}^{t}\boldsymbol{F}\mathrm{d}t=\boldsymbol{p}-\boldsymbol{p}_0$，即合外力的冲量等于质点（或质点系）动量的增量。

5. 动量守恒定律

当系统所受合外力为零时

$$\sum_i \boldsymbol{p}_i=\text{常矢量}$$

应用动量守恒定律时要注意以下几点。

(1) 动量守恒的条件是合外力为零，即 $\sum_i \boldsymbol{F}_i=0$。但下面两种情况也可应用动量守恒定律：一是在外力相比内力小得多的情况下，外力对质点系的总动量变化影响甚微小，这时可认为近似满足守恒条件，也就是可近似地应用动量守恒定律；二是系统所受的外力矢量和并不为零，但合外力在某一坐标轴上的分量为零的情况，此时系统的总动量虽不守恒，但在该坐标轴的总动量的分量守恒。

(2) 在动量守恒定律中，系统的动量是守恒量或不变量。由于动量是矢量，故系统的总动量不变是指系统内各物体动量的矢量和不变；而不是指其中某一个物体的动量不变；此外各物体的动量还必须都相对于同一惯性参考系。

(3) 动量守恒定律是物理学最普遍、最基本的定律之一。动量守恒定律虽然是从表述宏观物体运动规律的牛顿运动定律导出的，但近代的科学实验和理论分析都表明：大到天体间的相互作用，小到质子、中子、电子等微观粒子间的相互作用都遵守动量守恒定律；而在微观领域中，牛顿运动定律是不适用的。

6. 质心

质心是指一个质点系的质量等效中心。

质心位矢 $\boldsymbol{r}_c=\dfrac{\sum_i m_i\boldsymbol{r}_i}{\sum_i m_i}$ 或 $\boldsymbol{r}_c=\dfrac{\int \boldsymbol{r}\mathrm{d}m}{M}$

质心坐标分量 $x_c=\dfrac{\sum\limits_{i=1}^{N}m_ix_i}{\sum\limits_{i=1}^{N}m_i}$， $y_c=\dfrac{\sum\limits_{i=1}^{N}m_iy_i}{\sum\limits_{i=1}^{N}m_i}$， $z_c=\dfrac{\sum\limits_{i=1}^{N}m_iz_i}{\sum\limits_{i=1}^{N}m_i}$

或 $x_c=\dfrac{\int x\,\mathrm{d}m}{M}$， $y_c=\dfrac{\int y\,\mathrm{d}m}{M}$， $z_c=\dfrac{\int z\,\mathrm{d}m}{M}$

7. 功

功表示力对空间的积累作用。

恒力的功：$A=\boldsymbol{F}\cdot\Delta\boldsymbol{r}=F|\Delta\boldsymbol{r}|\cos\theta$。

变力在无限小位移过程中的元功：$\mathrm{d}A=\boldsymbol{F}\cdot\mathrm{d}\boldsymbol{r}=F\cos\theta|\mathrm{d}\boldsymbol{r}|$。

变力在某一位移过程中的功：$A=\int_a^b\boldsymbol{F}\cdot\mathrm{d}\boldsymbol{r}$。

8. 动能定理

对一个质点，$A_{ab}=\frac{1}{2}mv_b^2-\frac{1}{2}mv_a^2=E_{kb}-E_{ka}=\Delta E_k$。

对一个质点系，$A_{\mathrm{ex}}+A_{\mathrm{in}}=E_k-E_{k0}$。

9. 保守力与势能

保守力：沿任意闭合回路做功为零（或做功与路径无关，只与始末位置有关）的力。

保守系：所有非保守内力都不做功的系统。

势能：保守系统在某一相对位形时所具有的能量。

势能的定义：势能的增量等于保守力做功的负值，$A_{保}=-\Delta E_{\mathrm{p}}$。

重力势能：$E_{\mathrm{p}}=mgh$。

引力势能：$E_{\mathrm{p}}=-\dfrac{GmM}{r}$。

弹簧弹性势能：$E_{\mathrm{p}}=\dfrac{1}{2}kx^2$。

保守力与势能的关系：保守力等于对应势能梯度的负值，即

$$\boldsymbol{F}=F_x\boldsymbol{i}+F_y\boldsymbol{j}+F_z\boldsymbol{k}=-\left(\frac{\partial E_{\mathrm{p}}}{\partial x}\boldsymbol{i}+\frac{\partial E_{\mathrm{p}}}{\partial y}\boldsymbol{j}+\frac{\partial E_{\mathrm{p}}}{\partial z}\boldsymbol{k}\right)=-\nabla E_{\mathrm{p}}$$

理解势能概念时要注意以下几点。

(1) 势能这个概念是根据保守力的特点而引入的，它反映了自然界存在着保守力这一事实。势能这种能量与保守力的功是紧密联系的，它通过保守力做功而发生变化。如果保守力对质点做了正功，则系统的势能就减少。

(2) 势能是状态的函数。在保守力作用下，只要质点的始末位置确定了，保守力的功也就确定了，而与具体所经过的路径无关。所以说，势能是空间坐标的函数，亦即是状态的函数，即 $E_{\mathrm{p}}=E_{\mathrm{p}}(x,y,z)$。

(3) 势能具有相对性。势能的值与势能零点的选取有关，但与参考系的选取无关。

(4) 势能是属于保守系统的。

(5) 势能曲线是表达势能的一种常见直观形式，利用势能曲线可以确定保守力和分析系统的稳定性。

10. 机械能守恒定律

在只有保守内力做功的情况下，系统的机械能保持不变，它是普遍的能量守恒定律的

特例。

11. 两体碰撞

碰撞中动量总是守恒的。

$e=1$，完全弹性碰撞（机械能守恒）

$e=0$，完全非弹性碰撞（碰后速度相同、机械能不守恒）

$0<e<1$，非弹性碰撞（机械能不守恒）

12. 角动量与力矩

(1) 质点相对于某一固定点的角动量：$\boldsymbol{L}=\boldsymbol{r}\times m\boldsymbol{v}$，$\boldsymbol{r}$ 是质点相对于固定点的位矢。

(2) 质点系相对于某一固定点的角动量：$L=\sum\limits_{i}\boldsymbol{r}_i\times m_i\boldsymbol{v}_i$。

(3) 质点相对于某一固定轴 z 轴的角动量：等于质点相对 z 轴上某点角动量在 z 轴上的投影。

(4) 力 $\boldsymbol{F}$ 相对于某一固定点的力矩：$\boldsymbol{M}=\boldsymbol{r}\times\boldsymbol{F}$，$\boldsymbol{r}$ 是力的作用点相对于固定点的位矢。

(5) 力 $\boldsymbol{F}$ 相对于某一固定轴 z 轴的力矩：等于力 $\boldsymbol{F}$ 相对 z 轴上某点力矩在 z 轴上的投影。

从上述定义可知，相对于某一固定点定义的角动量和力矩都是矢量，而相对于某一固定轴定义的角动量和力矩都是标量。

13. 角动量定理

(1) 相对于固定点。质点对某固定点的角动量的时间变化率等于质点所受的合外力对该点的力矩。即 $\boldsymbol{M}=\frac{\mathrm{d}\boldsymbol{L}}{\mathrm{d}t}$，其中 $\boldsymbol{M}$ 为合外力矩，它和 $\boldsymbol{L}$ 都是对同一固定点的。这是角动量定理的微分形式。其积分形式为：$\int_{t_1}^{t_2}\boldsymbol{M}\mathrm{d}t=\boldsymbol{L}_2-\boldsymbol{L}_1=\Delta\boldsymbol{L}$，其中 $\int_{t_1}^{t_2}\boldsymbol{M}\mathrm{d}t$ 称作合外力矩的冲量矩。

(2) 相对于固定轴。质点对某固定轴的角动量的时间变化率等于质点所受的合外力对该轴的力矩。即 $\boldsymbol{M}_z=\frac{\mathrm{d}\boldsymbol{L}_z}{\mathrm{d}t}$，其中 $\boldsymbol{M}_z$ 为合外力矩，它和 $\boldsymbol{L}_z$ 都是对同一固定轴的。

质点系的角动量定理具有相同形式。

14. 角动量守恒定律

对某固定点（轴），质点（或质点系）受的合外力矩为零时，则对于同一固定点（轴）的

$$\boldsymbol{L}=\text{常矢量}\quad\text{或}\quad L_z=\text{常量}$$

角动量守恒定律和动量守恒定律是相互独立的两个物理规律，其守恒条件不同，动量守恒的条件是合外力为零，而角动量守恒的条件是合外力矩为零，而外力矩为零这一条件，根据力矩大小的计算公式 $M=Fr\sin\theta$，常有以下两种情况。

(1) 不受外力作用，即 $\boldsymbol{F}=0$，质点做匀速直线运动，它对定点的角动量显然为常矢量。

(2) 外力 $\boldsymbol{F}$ 并不为零，但在任意时刻外力始终指向或背向固定点，即力 $\boldsymbol{F}$ 与 $\boldsymbol{r}$ 的夹角 $\theta=0$ 或 π，这种力叫做**有心力**，该固定点称为力心。由于有心力对力心的力矩为零，质点对该力心的角动量就一定守恒（在这种情况下，由于质点受力不为零，它的动量并不守恒）。

15. 牛顿力学的结构

牛顿力学以牛顿运动定律为基础，动量、能量、角动量相关内容为三条主线，这种结构形成的主要思想是：从理论上讲，牛顿三定律可以解决所有经典动力学问题，但在

实际问题中，作用力常常是变力，即力是时间的函数或是空间坐标的函数。由于牛顿第二定律的瞬时性，使这类问题的求解变得复杂，为了克服这些困难，引入了冲量和功这两个过程量以及动量和动能等状态量，把牛顿第二定律扩展为动量定理和动能定理等。这些规律只关注力作用的结果，而不详细探究力作用的中间过程。转动是另一类运动形式，有其特殊的描述方法，引入力矩、冲量矩和角动量的概念，把牛顿第二定律扩展为角动量定理。在三个方面的扩展中，最终得出三个守恒定律。另外，从质点到质点系，是从简单模型到复杂模型的过渡。

附：知识脉络图

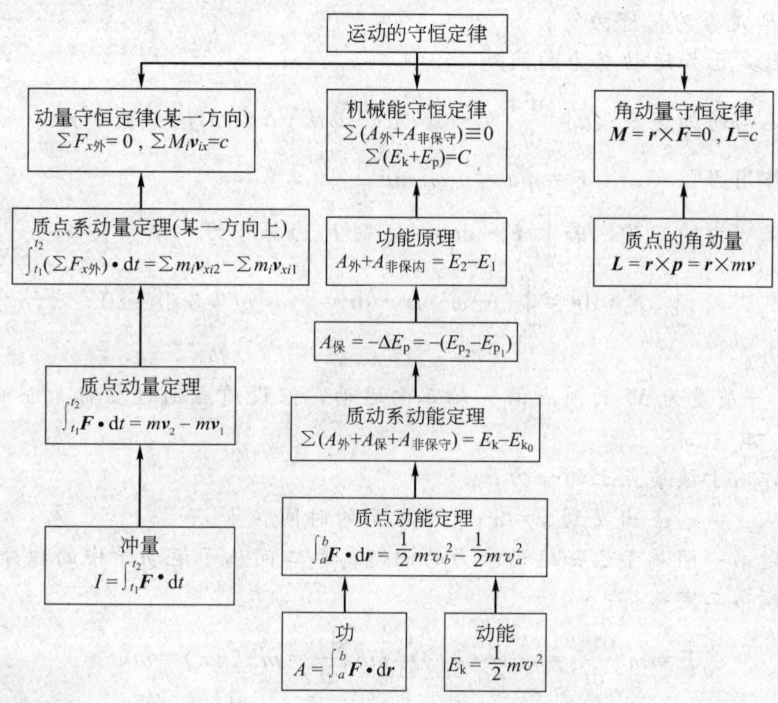

三、典型例题

质点动力学的很多内容在中学物理中已经学习过，在学习本单元时，应特别注意下面两个方面的问题：第一是变力问题，中学物理能够处理的动力学问题只能是恒力问题，变力问题要应用微积分知识才能处理，在应用动量定理和动能定理时，要掌握变力冲量和变力功的计算方法；第二是角动量部分内容，这部分内容是全新的，必须认真理解角动量和力矩的定义。

【例 2-1】 图 2-1 所示为一圆锥摆，质量为 m 的小球在水平面内以角速度 ω 匀速转动。求在小球转动一周的过程中

（1）小球动量增量的大小；

（2）小球所受重力和绳子拉力的冲量的大小。

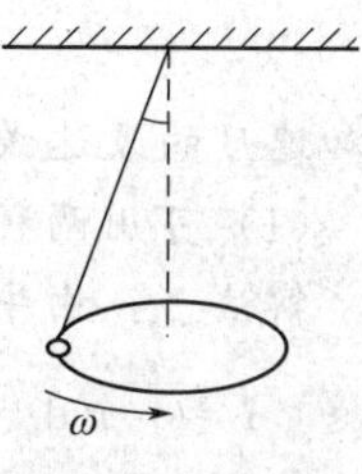

图 2-1

【解】 圆锥摆在匀速转动过程中所受重力和绳子拉力为恒力（图 2-1），故在转动一周的过程中，

（1）小球动量增量 $\Delta P=mv_2-mv_1=0$

（2）小球所受重力的冲量的大小 $I_G=mg\Delta t=\dfrac{2\pi mg}{\omega}$

根据动量定理 $I_G+I_T=\Delta P=0$

所以小球所受绳子拉力的冲量的大小为

$$I_T=-\frac{2\pi mg}{\omega}$$

负号表示其方向与重力冲量的方向相反。

【例 2-2】 一质量为 m 的质点，在 Oxy 平面上运动时，其位置矢量随时间的变化可表示为 $\boldsymbol{r}=a\cos\omega t\boldsymbol{i}+b\sin\omega t\boldsymbol{j}$，式中 a,b,ω 均为大于零的常量。

(1) 求质点所受作用力 $\boldsymbol{F}$ 的表示式；

(2) 此力 $\boldsymbol{F}$ 是否为保守力？

【解】 本题是已知运动求力的问题。

(1) 质点运动的加速度 $\boldsymbol{a}=\dfrac{\mathrm{d}^2\boldsymbol{r}}{\mathrm{d}t^2}=-\omega^2(a\cos\omega t\boldsymbol{i}+b\sin\omega t\boldsymbol{j})=-\omega^2\boldsymbol{r}$

质点所受作用力 $\boldsymbol{F}=m\boldsymbol{a}=-\omega^2 m\boldsymbol{r}$

(2) 根据保守力的定义，若 $\oint_L \boldsymbol{F}\cdot\mathrm{d}\boldsymbol{r}=0$，则 $\boldsymbol{F}$ 为保守力

$$\oint_L \boldsymbol{F}\cdot\mathrm{d}\boldsymbol{r}=\oint_L -\omega^2 m\boldsymbol{r}\cdot\mathrm{d}\boldsymbol{r}=-\omega^2 m\oint_L r\,\mathrm{d}r=0$$

故此力为保守力。

【例 2-3】 一质量为 M 的质点沿 x 轴正向运动，假设质点通过坐标为 x 时的速度为 kx（k 为正常量）。求

(1) 此时作用于该质点上的合力；

(2) 质点从 $x=x_0$ 点出发到 $x=x_1$ 处所经历的时间。

【解】 本题第一问属于已知运动求力的问题，第二问属于运动学中的积分问题。

(1) 由牛顿第二定律得

$$F=m\frac{\mathrm{d}v_x}{\mathrm{d}t}=m\frac{\mathrm{d}}{\mathrm{d}t}(kx)=mk\frac{\mathrm{d}x}{\mathrm{d}t}=mk(kx)=mk^2x$$

(2) $v=\dfrac{\mathrm{d}x}{\mathrm{d}t}\Rightarrow\mathrm{d}x=(kx)\mathrm{d}t\Rightarrow\displaystyle\int_{x_0}^{x_1}\frac{\mathrm{d}x}{x}=\int_{t_0}^{t_1}k\,\mathrm{d}t\Rightarrow\ln x\Big|_{x_0}^{x_1}=k(t_1-t_0)=k\Delta t$

所以 $$\Delta t=\frac{1}{k}\ln\frac{x_1}{x_0}=\frac{\ln x_1-\ln x_0}{k}$$

【例 2-4】 一个力作用在质量为 1.0kg 的质点上，使之沿 X 轴运动。已知在此力作用下质点的运动方程为 $X=3t-4t^2+t^3$(SI)。求在 0 到 4s 的时间间隔内

(1) 力 F 的冲量大小；

(2) 力 F 对质点所做的功。

【解】 由运动方程可以求出质点运动的速度和加速度，即

$$v=\frac{\mathrm{d}x}{\mathrm{d}t}=3-8t+3t^2,\quad a=\frac{\mathrm{d}v}{\mathrm{d}t}=6t-8$$

从加速度的表达式知质点做变加速度运动，即力 F 是变力。注意 $t=0$ 时速度并不等于零。

(1) 可用两种方法求解力的冲量。

解法一：由牛顿第二定律可求出力的大小 $F=ma=6t-8$，则此力的冲量为

$$I=\int_0^4 F\mathrm{d}t=\int_0^4(6t-8)\mathrm{d}t=(3t^2-8t)\Big|_0^4=3\times16-32=48-32=16\ (\mathrm{N\cdot s})$$

解法二：由上述质点运动的速度表达式可得 $t=0$ 时的速度 $v_0=3\mathrm{m/s}$ 以及 $t=4\mathrm{s}$ 时的速

度 $v_4=19\text{m/s}$。根据质点动量定理有

$$I=mv_4-mv_0=19-3=16(\text{N}\cdot\text{s})$$

(2) 也可用两种方法求解力的功。

解法一：用变力功的计算公式计算，有

$$A=\int \boldsymbol{F}\cdot \mathrm{d}\boldsymbol{r}=\int F\mathrm{d}x=\int_0^4(6t-8)(3-8t+3t^2)\mathrm{d}t=\int_0^4(18t^3-72t^2+82t-24)\mathrm{d}t$$

$$=\frac{18}{4}t^4-24t^3+41t^2-24t\bigg|_0^4=1152-1536+656-96=176(\text{J})$$

解法二：由质点的动能定理可求出力的功，即

$$A=\frac{1}{2}mv_4^2-\frac{1}{2}mv_0^2=\frac{1}{2}\times1\times(19^2-3^2)=176(\text{J})$$

在两个问题求解的方法中，第一种方法要用积分来计算冲量和功，第二种方法要简便些。

【例 2-5】 一物体按规律 $x=ct^3$ 在媒质中做直线运动，式中 c 为常量，t 为时间。设媒质对物体的阻力正比于速度的平方，阻力系数为 k，求物体由 $x=0$ 运动到 $x=L$ 时阻力所做的功。

【解】 由题意可知阻力是变力。由 $x=ct^3$ 得 $v=\frac{\mathrm{d}x}{\mathrm{d}t}=3ct^2$，则阻力为

$$f=-kv^2=-9kc^2t^4=-9kc^{\frac{2}{3}}x^{\frac{4}{3}}$$

阻力的功

$$A=\int_0^L f\mathrm{d}x=\int_0^L(-9kc^{\frac{2}{3}}x^{\frac{4}{3}})\mathrm{d}x=-\frac{27}{7}kc^{\frac{2}{3}}L^{\frac{7}{3}}$$

也可用下式计算阻力的功

$$A=\int_0^L f\mathrm{d}x=\int_0^{t_L}f\frac{\mathrm{d}x}{\mathrm{d}t}\mathrm{d}t=\int_0^{t_L}fv\mathrm{d}t=\int_0^{\sqrt[3]{\frac{L}{c}}}(-9kc^2t^4)3ct^2\mathrm{d}t$$

$$=-\frac{27}{7}kc^3t^7\bigg|_0^{\sqrt[3]{\frac{L}{c}}}=-\frac{27}{7}kc^{\frac{2}{3}}L^{\frac{7}{3}}$$

【例 2-6】 一陨石从距地面高 h 处由静止开始落向地面，忽略空气阻力。求

(1) 陨石下落过程中，万有引力的功；

(2) 陨石落地的速度。

【解】 陨石从高空下落的过程中，万有引力在变化，不能用重力 mg 代替万有引力来进行计算。

(1) $A=\int \boldsymbol{F}\cdot\mathrm{d}\boldsymbol{r}=\int_{R+h}^{R}-\frac{GMm}{r^2}\mathrm{d}r=GMm\left(\frac{1}{R}-\frac{1}{R+h}\right)=\frac{GMmh}{R(R+h)}$

上述计算中，$\mathrm{d}\boldsymbol{r}$ 为无限小位移矢量，其方向指向地心，而 $\mathrm{d}\vec{r}$ 为矢径增量。

(2) 根据动能定理 $A=\frac{1}{2}mv^2=\frac{GMmh}{R\ (R+h)}$得

$$v=\sqrt{\frac{2GMh}{R(R+h)}}$$

注意：本题不能用 $A=mgh=\frac{1}{2}mv^2$ 来计算，因为万有引力不是 mg，也不是常数。

【例 2-7】 一个质量为 m 的质点，沿 x 轴做直线运动，受到的作用力为

$$\boldsymbol{F}=F_0\cos\omega t\boldsymbol{i}\ (\text{SI})$$

其中 ω 为常数。$t=0$ 时刻，质点的位置坐标为 x_0，初速度 $\boldsymbol{v}_0=0$。求质点的位置坐标和时间的关系式。

【解】 这是已知力求运动的问题。从作用力的形式上看，质点将沿 x 轴做一维运动。质点运动的加速度为

$$a=\frac{F}{m}=\frac{F_0}{m}\cos\omega t=\frac{\mathrm{d}v}{\mathrm{d}t}$$

分离变量后积分
$$\int_0^v \frac{m}{F_0}\mathrm{d}v=\int_0^t \cos\omega t\,\mathrm{d}t$$

可得速度和时间的关系式
$$v=\frac{F_0}{m\omega}\sin\omega t$$

由
$$v=\frac{\mathrm{d}x}{\mathrm{d}t}=\frac{F_0}{m\omega}\sin\omega t\Rightarrow\int_{x_0}^x \mathrm{d}x=\int_0^t \frac{F_0}{m\omega}\sin\omega t$$

积分得位置坐标和时间的关系式

$$x=\frac{F_0}{m\omega^2}(1-\cos\omega t)+x_0 \quad \text{(SI)}$$

【例 2-8】 在光滑的水平桌面上，有一如图 2-2(a) 所示的固定半圆形屏障。质量为 m 的滑块以初速度 $\boldsymbol{v}_0$ 沿切线方向进入屏障内，滑块与屏障间的摩擦系数为 μ。试证明当滑块从屏障另一端滑出时，摩擦力所做的功为

$$A=\frac{1}{2}mv_0^2(\mathrm{e}^{-2\mu\pi}-1)$$

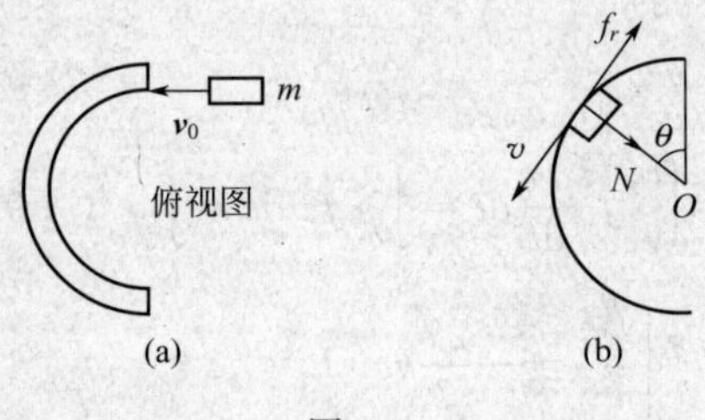

图 2-2

【证】 滑块受力如图 2-2(b) 所示。滑块做圆周运动，可列出牛顿第二定律的法向、切向分量式

$$N=mv^2/R \tag{2-1}$$
$$f_r=-\mu N=m\,\mathrm{d}v/\mathrm{d}t \tag{2-2}$$

由式 (2-1)、式 (2-2) 可得

$$-\mu\frac{v^2}{R}=\frac{\mathrm{d}v}{\mathrm{d}t}=\frac{\mathrm{d}v}{\mathrm{d}\theta}\cdot\frac{\mathrm{d}\theta}{\mathrm{d}t}=\frac{\mathrm{d}v}{\mathrm{d}\theta}\omega=\frac{v}{R}\cdot\frac{\mathrm{d}v}{\mathrm{d}\theta}$$

所以
$$\mathrm{d}v/\mathrm{d}\theta=-\mu v$$

分离变量进行积分
$$\int_{v_0}^v \frac{\mathrm{d}v}{v}=-\mu\int_0^\pi \mathrm{d}\theta\Rightarrow\ln\frac{v}{v_0}=-\mu\pi$$

可得
$$v=v_0\mathrm{e}^{-\mu\pi}$$

由动能定理，摩擦力所做的功为

$$A=\frac{1}{2}mv^2-\frac{1}{2}mv_0^2=\frac{1}{2}mv_0^2(\mathrm{e}^{-2\mu\pi}-1)$$

【例 2-9】 质量为 m 的子弹以速度 v_0 水平射入沙土中，设子弹所受阻力与速度反向，

大小与速度成正比，比例系数为 K，忽略子弹的重力。求

（1）子弹射入沙土后，速度随时间变化的函数式；

（2）子弹进入沙土的最大深度。

【解】 （1）子弹进入沙土后受力为 $-Kv$，由牛顿第二定律

$$-Kv=m\frac{\mathrm{d}v}{\mathrm{d}t}$$

分离变量积分
$$-\frac{K}{m}\mathrm{d}t=\frac{\mathrm{d}v}{v}\Rightarrow-\int_0^t\frac{K}{m}\mathrm{d}t=\int_{v_0}^v\frac{\mathrm{d}v}{v}$$

得速度随时间变化的函数式
$$v=v_0\mathrm{e}^{-Kt/m}$$

（2）求最大深度。

解法一：由 $v=\frac{\mathrm{d}x}{\mathrm{d}t}$ 得 $\mathrm{d}x=v_0\mathrm{e}^{-Kt/m}\mathrm{d}t$，两边积分

$$\int_0^x\mathrm{d}x=\int_0^t v_0\mathrm{e}^{-Kt/m}\mathrm{d}t$$

得入土深度与时间的函数关系

$$x=(m/K)v_0(1-\mathrm{e}^{-Kt/m})$$

所以子弹进入沙土的最大深度
$$x_{\max}=mv_0/K$$

解法二：
$$-Kv=m\frac{\mathrm{d}v}{\mathrm{d}t}=m\left(\frac{\mathrm{d}v}{\mathrm{d}x}\right)\left(\frac{\mathrm{d}x}{\mathrm{d}t}\right)=mv\frac{\mathrm{d}v}{\mathrm{d}x}$$

分离变量积分
$$\mathrm{d}x=-\frac{m}{K}\mathrm{d}v\Rightarrow\int_0^{x_{\max}}\mathrm{d}x=-\int_{v_0}^0\frac{m}{K}\mathrm{d}v$$

得最大深度
$$x_{\max}=mv_0/K$$

【例 2-10】 小球 A，自地球的北极点以速度 $\boldsymbol{v}_0$ 在质量为 M、半径为 R 的地球表面水平切向向右飞出，如图 2-3 所示。地心参考系中轴 OO' 与 $\boldsymbol{v}_0$ 平行，小球 A 的运动轨道与轴 OO' 相交于距 O 为 $3R$ 的 C 点。不考虑空气阻力，求小球 A 在 C 点的速度 $\boldsymbol{v}$ 与 $\boldsymbol{v}_0$ 之间的夹角 θ。

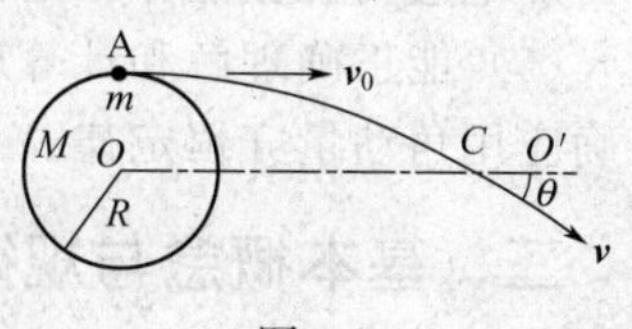

图 2-3

【解】 小球在地球引力的作用下运动。地球引力是保守力，故机械能守恒

$$\frac{1}{2}mv_0^2-\frac{GMm}{R}=\frac{1}{2}mv^2-\frac{GMm}{3R} \tag{2-3}$$

地球引力是有心力，故小球绕地心 O 点的角动量守恒

$$Rmv_0=3Rmv\sin\theta \tag{2-4}$$

式（2-3）、式（2-4）联立可解出

$$\sin\theta=\frac{v_0}{\sqrt{9v_0^2-\frac{12GM}{R}}}$$

【例 2-11】 中子的发现者查德威克于 1932 年通过相同的快中子分别与氢核和氮核的对心弹性碰撞实验发现氢核的反冲速度为 $3.3\times10^7\,\mathrm{m/s}$，氮核的反冲速度为 $4.7\times10^6\,\mathrm{m/s}$，已知氢核的质量为 $1u$，氮核的质量为 $14u$，试求中子的质量及其初速度。

【解】 设快中子的质量为 M，初速度为 V，与氢核碰后速度为 V_1，与氮核碰后速度为 V_2；氢核、氮核的质量和反冲速度分别为 m_1, m_2, v_1, v_2。对心弹性碰撞的恢复系数 $e=1$，碰撞前后系统的动量守恒。则

快中子与氢核碰撞
$$\frac{v_1-V_1}{V}=e=1 \tag{2-5}$$
$$MV=MV_1+m_1v_1 \tag{2-6}$$
快中子与氮核碰撞
$$\frac{v_2-V_2}{V}=e=1 \tag{2-7}$$
$$MV=MV_2+m_2v_2 \tag{2-8}$$
由式(2-5)～式(2-8)可得
$$M=\frac{m_2v_2-m_1v}{v_1-v_2}=\frac{14\times4.7\times10^6-1\times3.3\times10^7}{3.3\times10^7-4.7\times10^6}=1.159u$$
$$V=\frac{(M+m_1)v_1}{2M}=\frac{(1.159+1)\times3.3\times10^7}{2\times1.159}=3.07\times10^7(\text{m/s})$$

第三单元　刚体力学基础

一、基本要求

(1) 理解描述刚体定轴转动的角位移、角速度和角加速度等概念以及它们与有关线量的关系。

(2) 理解转动惯量、力矩、角动量的概念、掌握其计算方法。

(3) 掌握刚体定轴转动定律、并能应用它求解定轴转动刚体和质点联动的问题。

(4) 会计算力矩的功、刚体的转动动能、刚体的重力势能，能在有刚体定轴转动的问题中正确地应用机械能守恒定律。

(5) 能正确理解和计算质点和刚体对固定轴的角动量，并能对含有定轴刚体在内的系统正确应用角动量守恒定律。

二、基本概念与规律

1. 描述刚体定轴转动的角量

刚体可当作不变质点系。刚体作定轴转动时，刚体上的各质元（轴线上的除外）在某个垂直于轴线的平面内做圆周运动，圆周的圆心在该平面与轴线的交点上。故采用角量来描述刚体的转动状态，这时可用某一非轴线上的质元来表征整个刚体的转动状态。

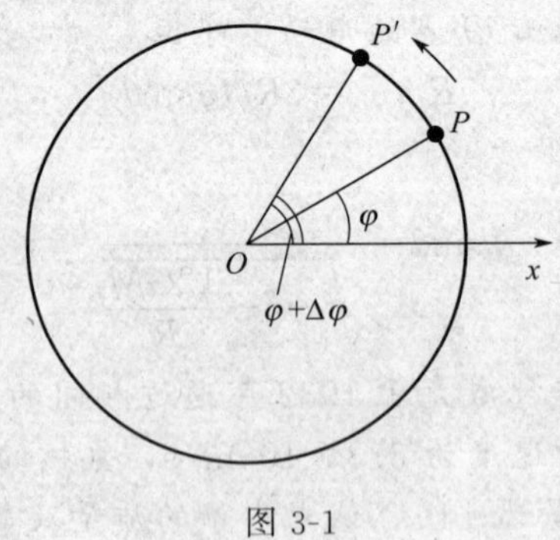

图 3-1

(1) **角坐标 φ**。如图 3-1 所示，在垂直于轴线的平面内选定一参考方向（x 方向），t 时刻某质元处于 P 位置处，则将 OP 连线与参考方向的夹角 φ 称为 t 时刻的角坐标，它表示了

刚体在 t 时刻的转动位置。角坐标 φ 是一可正可负的代数量，其正负与转动方向有关。角坐标 φ 随时间 t 变化的函数关系 $\varphi=\varphi(t)$，就是刚体绕固定轴转动的运动方程。

(2) **角位移 $\Delta\boldsymbol{\varphi}$**。经过 Δt 时间后，质元转动到 P' 位置处，则转过的角度 $\Delta\varphi=\varphi(t+\Delta t)-\varphi(t)$ 称作刚体在 Δt 时间的转动角位移，它表示了刚体转动位置的变化。

(3) **角速度 $\boldsymbol{\omega}$**。

平均角速度 $\overline{\omega}=\dfrac{\Delta\varphi}{\Delta t}$，表示刚体在 Δt 时间内转动的平均快慢。

瞬时角速度 $\omega=\lim\limits_{\Delta t\to 0}\dfrac{\Delta\varphi}{\Delta t}=\dfrac{\mathrm{d}\varphi}{\mathrm{d}t}$，表示刚体在 t 时刻的转动快慢。

(4) **角加速度 $\boldsymbol{\beta}$**。

平均角加速度 $\overline{\beta}=\dfrac{\Delta\omega}{\Delta t}$，表示刚体在 Δt 时间内角速度变化的平均快慢。

瞬时角加速度 $\beta=\lim\limits_{\Delta t\to 0}\dfrac{\Delta\omega}{\Delta t}=\dfrac{\mathrm{d}\omega}{\mathrm{d}t}=\dfrac{\mathrm{d}^2\varphi}{\mathrm{d}t^2}$，表示刚体在 t 时刻角速度的变化快慢。

上述 4 个概念的定义与质点平动中 4 个量（线量）——位置矢量、位移矢量、速度矢量和加速度矢量相对应，要注意角量与对应线量的量纲和单位不同，还要熟记角量与线量的关系。另外，角速度和角加速度也可定义为矢量。

(5) **刚体的匀变速定轴转动**。刚体定轴转动的运动学问题同样可以分为两种类型——微分问题和积分问题，其处理方法与质点平动运动学对应方法相同。对于匀变速转动，可得到以下与质点匀变速直线运动相对应的三个公式

$$\omega=\omega_0+\beta t,\quad \varphi-\varphi_0=\omega_0 t+\frac{1}{2}\beta t^2,\quad \omega^2=\omega_0^2+2\beta(\varphi-\varphi_0)$$

2. 刚体的转动惯量

表示刚体转动惯性的物理量。影响转动惯量的因素有刚体的总质量、质量分布和转轴的位置。定义式

$$J=\sum_i m_i r_i^2$$

利用此式也可计算由几个可以当作质点的物体组成的系统对某一转轴的转动惯量。对于质量连续分布的刚体，上式可化为积分式：$J=\int_m r^2\mathrm{d}m$ 。在转动惯量的计算中常用到**平行轴定理**

$$J_z=J_C+md^2$$

式中，J_C 为刚体绕质心轴的转动惯量。另外，需要记住均质杆、均质圆盘等常见刚体的转动惯量的计算公式。

3. 刚体定轴转动的转动定律

刚体绕定轴转动时，刚体对该定轴的转动惯量与角加速度的乘积在数量上等于诸外力对此定轴的力矩的代数和，即

$$\sum_i M_i=J\beta$$

转动定律是解决刚体定轴转动动力学问题的主要规律，其地位与牛顿第二定律相当。利用它处理问题的方法与利用牛顿第二定律解决问题的方法相似。

4. 刚体定轴转动的角动量

(1) 刚体定轴转动的**角动量**等于刚体的转动惯量与角速度的乘积：$L=J\omega$。

(2) **角动量定理的微分形式**。作用在定轴转动刚体上的合外力矩等于刚体角动量对时间的变化率：$\sum_i M_i = \frac{dL}{dt}$，微分形式的角动量定理与刚体转动定律可相互推导得出。

(3) **角动量定理的积分形式**。作用在刚体上的合外力矩的冲量矩等于刚体角动量的增量：$\int M dt = J\omega_2 - J\omega_1$，式中左端是合外力矩在一段时间内的积累，称为**冲量矩**。

(4) **角动量守恒**。当外力对某转轴的力矩之和为零时，则刚体对该轴的角动量将保持不变。

5. 刚体定轴转动的动能定理

(1) **力矩的功**：$A = \int_{\varphi_0}^{\varphi} M d\varphi$。

(2) **转动动能**等于刚体对转轴的转动惯量与角速度平方的乘积之半

$$E_K = \frac{1}{2} J\omega^2$$

(3) 定轴转动**动能定理**：合外力矩对定轴转动的刚体所做的功等于刚体转动动能的增量，即

$$A = \int_{\varphi_0}^{\varphi} \sum_i M_i d\varphi = \frac{1}{2} J\omega^2 - \frac{1}{2} J\omega_0^2$$

(4) 刚体的**重力势能**：$E_p = mgh_c$，式中 h_c 是刚体质心相对于势能零点的高度。

6. 规律对比

把质点运动与刚体定轴转动进行对比，有助于系统地理解力学定律。

质点运动		刚体定轴转动	
速度	$\boldsymbol{v} = \frac{d\boldsymbol{r}}{dt}$	角速度	$\omega = \frac{d\varphi}{dt}$
加速度	$\boldsymbol{a} = \frac{d\boldsymbol{v}}{dt} = \frac{d^2\boldsymbol{r}}{dt^2}$	角加速度	$\beta = \frac{d\omega}{dt} = \frac{d^2\varphi}{dt^2}$
力	$\boldsymbol{F}$	力矩	M
质量	m	转动惯量	$J = \int r^2 dm$
动量	$\boldsymbol{p} = m\boldsymbol{v}$	角动量	$L = J\omega$
牛顿第二定律	$\boldsymbol{F} = m\boldsymbol{a}$ $\boldsymbol{F} = \frac{d\boldsymbol{p}}{dt}$	转动定律	$M = J\beta$ $M = \frac{dL}{dt}$
动量定理	$\int \boldsymbol{F} dt = m\boldsymbol{v}_2 - m\boldsymbol{v}_1$	角动量定理	$\int M dt = J\omega_2 - J\omega_1$
动量守恒定律	$\boldsymbol{F} = 0$；$m\boldsymbol{v} =$ 恒矢量	角动量守恒定律	$M = 0$；$J\omega =$ 恒量
动能	$\frac{1}{2} mv^2$	转动动能	$\frac{1}{2} J\omega^2$
功	$A = \int \boldsymbol{F} \cdot d\boldsymbol{r}$	力矩的功	$A = \int M d\varphi$
动能定理	$A = \frac{1}{2} mv_2^2 - \frac{1}{2} mv_1^2$	转动动能定理	$A = \frac{1}{2} J\omega_2^2 - \frac{1}{2} J\omega_1^2$

附：知识脉络图

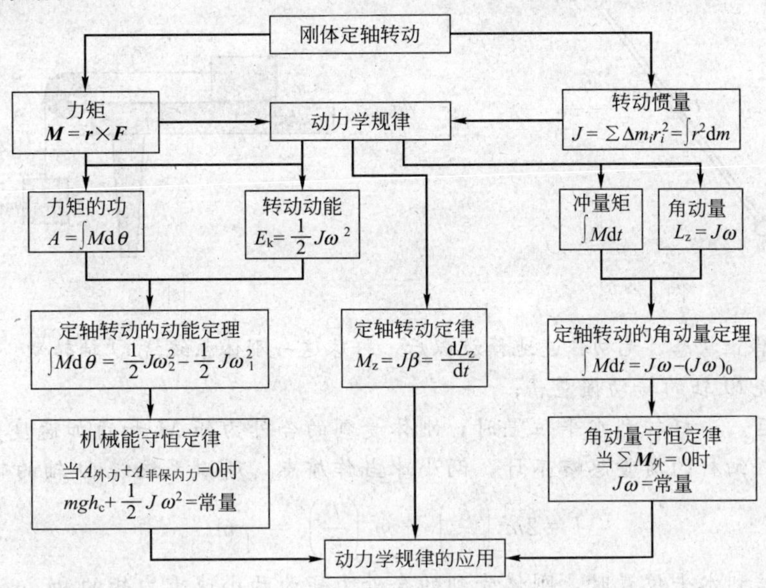

三、典型例题

在本单元中，要重点掌握用转动定律、角动量守恒定律、机械能守恒定律等规律求解常见简单刚体（如滑轮、杆）的定轴转动问题。

【例 3-1】 脉冲星是一种高速自转着的中子星，它每自转一周就有一束无线电波扫过地球，所以可通过两次脉冲信号的时间间隔测出其自转周期。蟹状星云中心有一颗中子星，1999 年观测到它的自转周期为 $T=0.033\text{s}$，观测发现这个周期以 $1.26\times10^{-5}\text{s}$/年逐年增加。

（1）求出蟹状星云中子星转动的角速度和角加速度；

（2）若假定此角加速度维持不变，则中子星何时会停止转动？

（3）天文学家认为蟹状星云中子星约产生于 1054 年的一次超新星爆发。试推算当其诞生时刻的自转周期为多少（设角加速度仍如上述不变）？

【解】（1）1999 年观测时对应的角速度 $\omega=\dfrac{2\pi}{T}=190.3\text{rad/s}$

1999 年观测时对应的加速度

$$\beta=\frac{d\omega}{dt}=-\frac{2\pi}{T^2}\frac{dT}{dt}=-\frac{2\pi\times1.26\times10^{-5}}{0.033^2\times365\times24\times3600}=-2.34\times10^{-9}(\text{rad/s}^2)$$

（2）$\omega_1=190.3\text{rad/s}$　由 $\omega=\omega_1+\beta t$ 可得到停止转动的时间

$$t=-\frac{\omega_1}{\beta}=-\frac{190.3}{(-2.34)\times10^{-9}}=8.13\times10^{10}(\text{s})=2.58\times10^3(\text{年})$$

（3）由 $\omega=\omega_0+\beta t'$ 得

$$\omega_0=\omega_1-\beta t_1=190.3+2.34\times10^{-9}\times(1999-1054)\times365\times24\times3600=260(\text{rad/s})$$

则诞生时刻的自转周期为　$T_0=\dfrac{2\pi}{\omega_0}=0.024\text{s}$

【例 3-2】 如图 3-2 所示，一长为 L 的轻质细杆，两端分别固定质量为 m 和 $2m$ 的小球，此系统在竖直平面内可绕过中点 O 且与杆垂直的水平光滑固定轴（O 轴）转动。开始时杆与水平

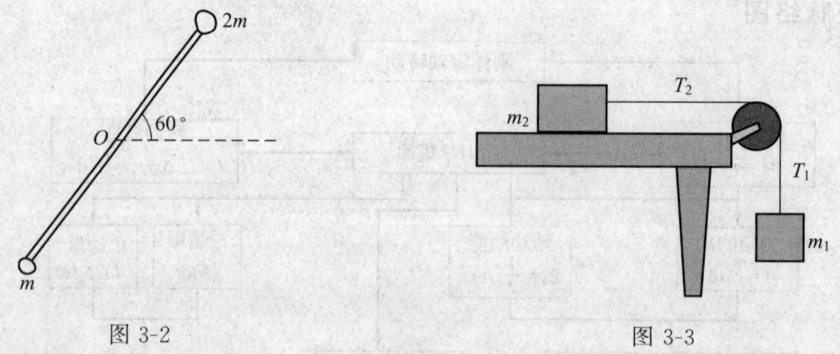

图 3-2　　　　图 3-3

成 60°角，处于静止状态。无初转速地释放以后，杆球这一刚体系统绕 O 轴转动。求

（1）系统绕 O 轴的转动惯量 J；

（2）释放后，当杆转到水平位置时，刚体受到的合外力矩 M 和角加速度 β。

【解】（1）细杆的质量忽略不计，两小球当作质点，所以系统绕 O 轴的转动惯量

$$J=2m\left(\frac{l}{2}\right)^2+m\left(\frac{l}{2}\right)^2=\frac{3}{4}ml^2$$

（2）当杆转到水平位置时，刚体受到的合外力矩为两小球重力矩的和

$$M=2mg\frac{l}{2}-mg\frac{l}{2}=mg\frac{l}{2}$$

此时的角加速度
$$\beta=\frac{M}{J}=\frac{2g}{3l}$$

【例 3-3】 如图 3-3 所示，两物体 1 和 2 的质量分别为 m_1 与 m_2，滑轮的质量为 m，半径为 r。

（1）如物体 2 与桌面间的摩擦系数为 μ，求系统的加速度 a 及绳中的张力 T_1 与 T_2（设绳子与滑轮间无相对滑动）；

（2）如物体 2 与桌面间为光滑接触，求系统的加速度 a 及绳中的张力 T_1 与 T_2。

【解】 在求解滑轮（或滑轮系统）问题时，应注意下述分析与解题步骤。①分析系统的组成情况和各物体的运动状态，构成系统的各物体中，转动的物体（滑轮）当作定轴转动刚体，平动的物体当作质点，两物体之间的绳子看作一段，不同段的绳子中张力不同。②画出各物体的受力图，并分析刚体所受到的力矩。③列方程，对于系统中当作质点和定轴转动刚体的各物体，分别应用牛顿第二定律和刚体定轴转动定律列出主要方程，另外，还要根据角量与线量的关系等列出辅助方程。④解方程。

本例中的系统由两个质点和一个定滑轮组成，三个物体的受力分析见图 3-4。

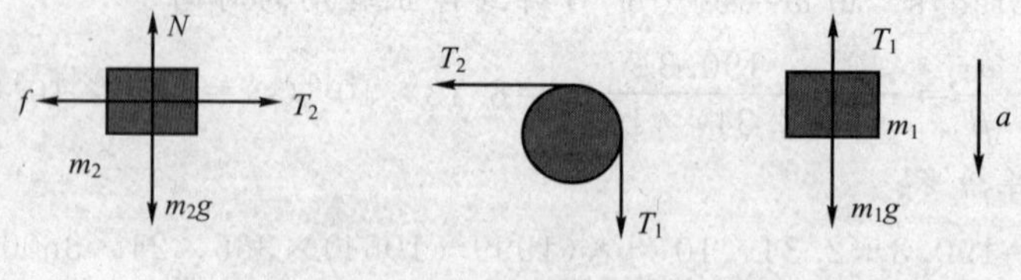

图 3-4

（1）根据牛顿第二定律有

$$m_1g-T_1=m_1a \tag{3-1}$$

$$T_2-f=m_2a \tag{3-2}$$

其中，f 为滑动摩擦力，$f=\mu N=\mu m_2 g$。 (3-3)

根据刚体定轴转动定律有

$$T_1 r-T_2 r=J\beta \tag{3-4}$$

其中，$J=\dfrac{1}{2}mr^2$ 为定滑轮的转动惯量。

根据角量与线量的关系有

$$a=r\beta \tag{3-5}$$

由上述方程可解得

$$a=\frac{2(m_1 g-\mu m_2 g)}{m+2m_1+2m_2},\quad T_1=\frac{m+2m_2+2\mu m_2}{m+2m_1+2m_2}m_1 g,\quad T_2=\frac{2m_1+\mu m+2\mu m_1}{m+2m_1+2m_2}m_2 g$$

（2）若物体 2 与桌面间为光滑接触，在上面解出的结果中令 $\mu=0$，即可得

$$a=\frac{2m_1 g}{m+2m_1+2m_2},\quad T_1=\frac{m+2m_2}{m+2m_1+2m_2}m_1 g,\quad T_2=\frac{2m_1}{m+2m_1+2m_2}m_2 g$$

【例 3-4】 一长为 $l=0.40$m 的均匀木棒，质量 $M=1.00$kg，可绕水平轴 O 在竖直平面内转动，开始时棒自然地竖直悬垂。现有质量 $m=8$g 的子弹以 $v=200$m/s 的速率从 A 点射入棒中，并停留在棒里。假定 A 点与 O 点的距离为 $3l/4$，如图 3-5 所示。求

（1）棒开始运动时的角速度；

（2）棒的最大偏转角。

【解】 本例属于冲击摆问题。在求解这类问题时，要注意下述两点。①运动过程分析。一般问题涉及两个分过程：子弹（当作质点）与棒（当作定轴转动的刚体）的碰撞过程和系统碰后运动过程。在碰撞过程中，系统的角动量守恒，而动量不守恒（因为轴对棒的冲击力为外力），机械能在一般情况下也不守恒。②碰后子弹的运动状态有三种可能情况：停留在棒中、穿过去与反弹回来。

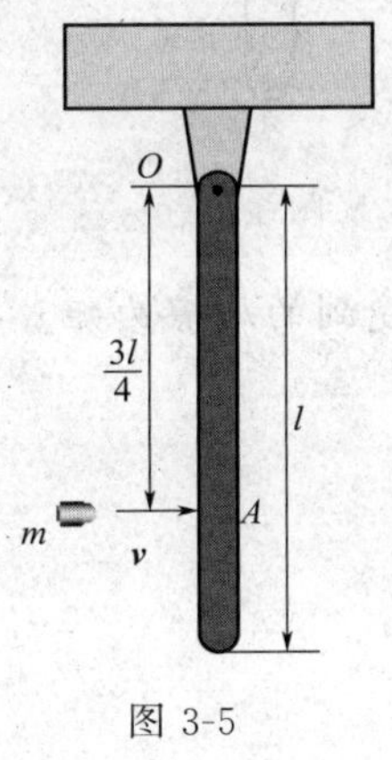

图 3-5

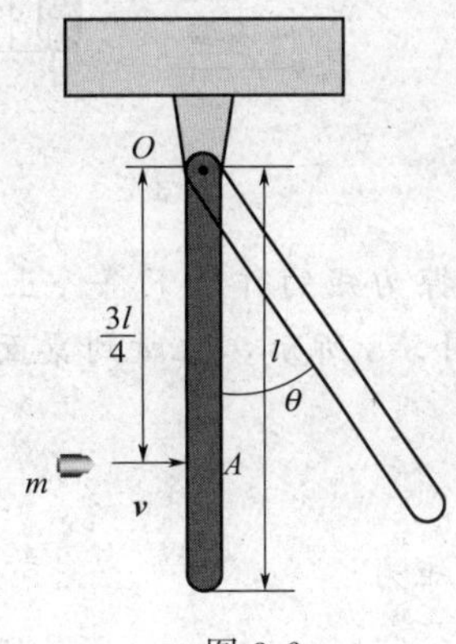

图 3-6

（1）碰后子弹停留在棒中，此时系统的转动惯量为

$$J=\frac{1}{3}Ml^2+m\left(\frac{3}{4}l\right)^2=0.054\text{kg}\cdot\text{m}^2$$

碰撞过程系统角动量守恒 $$mv\frac{3}{4}l=J\omega$$

所以 $$\omega=\frac{mv\frac{3}{4}l}{J}=\frac{8\times10^{-3}\times200\times\frac{3}{4}\times0.4}{0.054}=8.89(\text{rad/s})$$

（2）碰后系统转动过程中机械能守恒，设最大偏角为 θ（图 3-6），则

$$Mg\ \frac{l}{2}(1-\cos\theta)+mg\ \frac{3}{4}l(1-\cos\theta)=\frac{1}{2}J\omega^2$$

$$\cos\theta=\frac{Mgl+\frac{3}{2}mgl-J\omega^2}{Mgl+\frac{3}{2}mgl}=-0.078$$

$$\theta=94.06^\circ$$

最大偏角 θ 也可用转动定律或角动量定理求出。

【例 3-5】 如图 3-7 所示，质量为 m_1，长度为 l 的均匀细棒，静止平放在滑动摩擦系数为 μ 的水平桌面上，它可绕端点 O 转动。另有一水平运动的质量为 m_2 的小滑块，它与棒的 A 端相碰撞，碰撞前后的速度分别为 $\boldsymbol{v}_1$ 和 $\boldsymbol{v}_2$。求棒从碰撞开始到停止转动所用的时间。

【解】 碰撞过程系统角动量守恒

$$m_2v_1l=-m_2v_2l+\frac{1}{3}m_1l^2\omega$$

则碰后细棒的角速度

$$\omega=\frac{3m_2(v_1+v_2)}{m_1l}$$

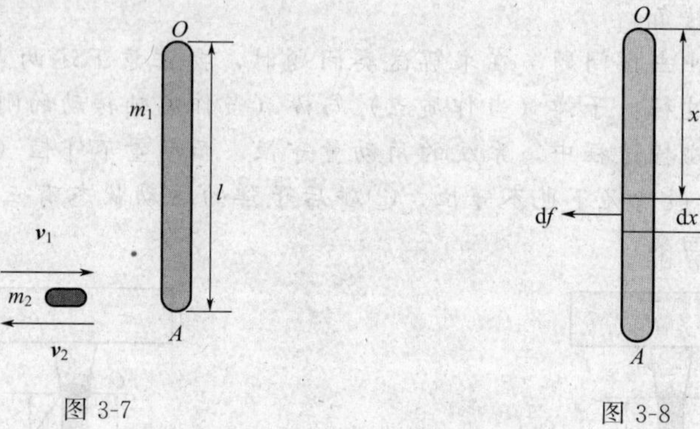

图 3-7　　图 3-8

细棒在摩擦力矩的作用下将停止转动，首先计算细棒所受到的摩擦力矩。在细棒上取一小段 dx，如图 3-8 所示。它所到桌面摩擦力为

$$\mathrm{d}f=-\frac{\mu m_1g}{l}\mathrm{d}x$$

对应的摩擦力矩为

$$\mathrm{d}M=-\frac{\mu m_1g}{l}x\,\mathrm{d}x$$

整个棒受到的摩擦力矩为

$$M=-\int_0^l\frac{\mu m_1g}{l}x\,\mathrm{d}x=-\frac{1}{2}\mu m_1gl$$

由角动量定理

$$\int_0^tM\mathrm{d}t=Mt=0-\frac{1}{3}m_1l^2\omega$$

所用的时间

$$t=\frac{-\frac{1}{3}m_1l^2\omega}{M}=\frac{2m_2(v_1+v_2)}{\mu m_1g}$$

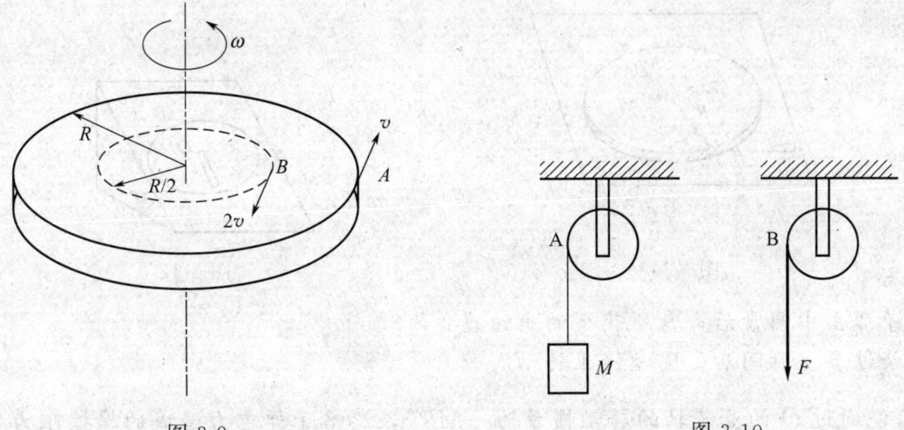

图 3-9　　图 3-10

【例 3-6】 如图 3-9 所示，一半径为 R，质量为 m 的水平圆台，正以角速度 ω_0 绕通过其中心的竖直固定光滑轴转动，转动惯量 $J=\frac{1}{2}mR^2$。台上站有 2 人，质量各等于转台质量的一半，一人站于台边 A 处，另一人站于距台中心 $\frac{1}{2}R$ 的 B 处。今 A 处的人相对于圆台以速率 v 顺着圆台转向沿圆周走动，同时 B 处的人相对于圆台以速率 $2v$ 逆圆台转向沿圆周走动。求圆台这时的角速度 ω。

【解】 系统（人＋圆台）对转轴的合外力矩为零，对轴的角动量守恒。

以地面为参考系解题过程如下。

末态：A 处人的角速度为 $\omega+\frac{v}{R}$；B 处人的角速度为 $\omega-\frac{2v}{R/2}$。

$$\left[\frac{1}{2}mR^2+\frac{1}{2}mR^2+\frac{1}{2}m\left(\frac{R}{2}\right)^2\right]\omega_0=\frac{1}{2}mR^2\omega+\frac{1}{2}mR^2\left(\omega+\frac{v}{R}\right)+\frac{1}{2}m\left(\frac{R}{2}\right)^2\left(\omega-\frac{2v}{R/2}\right)$$

可解出

$$\omega=\omega_0$$

【例 3-7】 如图 3-10 所示，A、B 为两个相同的绕着轻绳的定滑轮，A 滑轮挂一质量为 M 的物体，B 滑轮受拉力 F，而且 $F=Mg$。设 A,B 两滑轮的角加速度分别为 β_A 和 β_B，不计滑轮轴的摩擦，试比较 β_A 和 β_B 的大小。

【解】 设滑轮的质量和半径分别为 m,R。对于 A 滑轮系统，利用牛顿第二定律和转动定律有

$$\left.\begin{aligned}&Mg-T=Ma\\&TR=\frac{1}{2}mR^2\beta_A\\&a=R\beta_A\end{aligned}\right\}\Rightarrow\beta_A=\frac{2Mg}{(m+2M)R}$$

对于 B 滑轮，根据转动定律有

$$FR=\frac{1}{2}mR^2\beta_B\Rightarrow\beta_B=\frac{2F}{mR}$$

因为 $F=Mg$，所以 $\beta_A<\beta_B$。

【例 3-8】 如图 3-11 所示，一质量均匀分布的圆盘，质量为 M，半径为 R，放在一粗糙水平面上（圆盘与水平面之间的摩擦系数为 μ），圆盘可绕通过其中心 O 的竖直固定光滑轴转动。开始时，圆盘静止，一质量为 m 的子弹以水平速度 v_0 垂直于圆盘半径打入圆盘边缘并嵌在盘边上。求

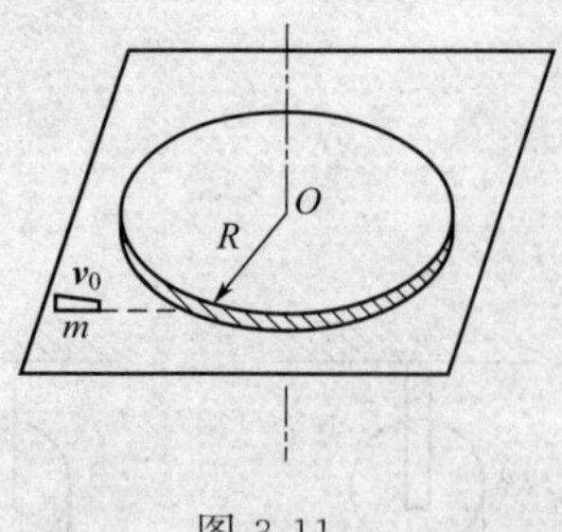

图 3-11

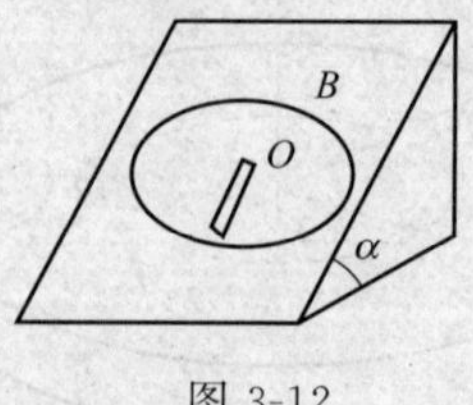

图 3-12

（1）子弹击中圆盘后，盘所获得的角速度；

（2）经过多少时间后，圆盘停止转动？

（圆盘绕通过 O 的竖直轴的转动惯量为$\frac{1}{2}MR^2$，忽略子弹重力造成的摩擦阻力矩）

【解】 （1）以子弹和圆盘为系统，在子弹击中圆盘过程中，对轴 O 的角动量守恒。

$$mv_0R=(\frac{1}{2}MR^2+mR^2)\omega$$

得子弹击中圆盘后，圆盘所获得的角速度

$$\omega=\frac{mv_0}{\left(\frac{1}{2}M+m\right)R}$$

（2）设 σ 表示圆盘单位面积的质量，可求出圆盘所受水平面的摩擦力矩的大小为

$$M_f=\int_0^R r\mu g\sigma\cdot 2\pi r\,\mathrm{d}r=\frac{2}{3}\pi\mu\sigma gR^3=\frac{2}{3}\mu MgR$$

设经过 Δt 时间圆盘停止转动，则按角动量定理有

$$-M_f\Delta t=0-J\omega=-\left(\frac{1}{2}MR^2+mR^2\right)\omega=-mv_0R$$

所以

$$\Delta t=\frac{mv_0R}{M_f}=\frac{mv_0R}{\frac{2}{3}\mu MgR}=\frac{3mv_0}{2\mu Mg}$$

【例 3-9】 如图 3-12 所示，质量为 m 长为 $l=85\text{cm}$ 的均匀细杆，放在倾角为 $\alpha=45°$ 的光滑斜面上，可以绕通过杆上端且与斜面垂直的光滑轴 O 在斜面上转动。要使此杆能绕轴转动一周，至少应使杆以多大的初始角速度 w_0 转动？

【解】 若要使杆能绕轴转动一周，必须使杆能通过最高点 B，即这时杆的角速度 $\omega_B\geqslant 0$ 对杆与地球系统，机械能守恒，故有

$$\frac{1}{2}J\omega_0^2+mg\cdot\frac{1}{2}l\sin\alpha=mg\cdot\frac{3}{2}l\sin\alpha+\frac{1}{2}J\omega_B^2$$

其中转动惯量

$$J=\frac{1}{3}ml^2$$

则

$$\frac{1}{2}\times\frac{1}{3}ml^2\omega_0^2=mgl\sin\alpha+\frac{1}{2}\times\frac{1}{3}ml^2\omega_B^2$$

所以

$$\omega_B^2=\omega_0^2-6g\sin\alpha/l\geqslant 0$$

则

$$\omega_0\geqslant\sqrt{(6g\sin\alpha)/l}=7.0\text{rad/s}$$

第四单元　振动学基础

一、基本要求

（1）理解谐振动的概念及其三个特征量的意义和决定因素，掌握用旋转矢量表示谐振动的方法。

（2）理解相及相差的意义。

（3）理解谐振动的动力学特征和弹性力或准弹性力的意义，能根据条件列出谐振动的微分方程从而判定谐振动并求出周期。

（4）掌握利用初始条件写出振动表达式的方法。

（5）理解谐振动的能量特征，了解阻尼振动和受迫振动。

（6）掌握同方向、同频率谐振动的合成规律以及求合振动的振幅和初相，了解拍与拍频。

（7）了解两个相互垂直、同频率谐振动的合成规律，了解李萨如图形的形成。

二、基本概念与规律

1. 简谐振动的定义及其特征量

振动：任何一个物理量在某一定值附近的反复变化皆可称为振动。

机械振动：物体在同一路径上一定平衡位置附近的重复往返运动。即质元的位置在一定平衡位置附近的反复变化。

简谐振动：如果某个物理量 q 随时间的变化规律满足$\frac{d^2q}{dt^2}+\omega^2q=0$，即 q 是用时间 t 的正弦或余弦函数 $q=A\cos(\omega t+\varphi_0)$ 来描述的振动，则该物理量做简谐振动。

对机械振动中的简谐振动有如下定义。

① 动力学定义：物体所受弹性力 $F\propto -q$，即力与对平衡位置的位移或者角位移成正比且反向的作用下的振动是简谐振动。

② 运动学定义：如果物体振动的位移或角位移随时间按正弦或余弦函数 $q=A\cos(\omega t+\varphi_0)$ 规律变化，则这样的振动是简谐振动。

注意：机械振动中所指的位移或角位移都是指**离开平衡位置**的位移或角位移。负号都是对平衡点来说指向平衡位置（讨论振动问题选取坐标原点时，一般都取平衡位置为原点）。

周期 T：物体完成一次完全振动所需的时间（求的是最小周期，即一次往复运动所需时间）单位是秒（s）。这样 t 与 $t+T$ 时刻，物体的状态（位置、速度等状态量）完全相同。

频率 ν：单位时间内物体完成的完全振动的次数。单位是赫兹（Hz=1/s）——它是表征振动快慢的物理量。

圆频率或角频率 ω：单位时间内相位的变化值。单位是弧度/秒（rad/s）。

周期 T、频率 ν、圆频率 ω 三者的关系：$\nu=\frac{1}{T}$，$\omega=2\pi\nu=\frac{2\pi}{T}$。

振幅 A：振动物体离开平衡位置的最大距离。也就是位移最大值的绝对值——它给出物体的运动范围，反映振动物体偏离平衡位置的最大程度，即振动的强弱。

相位（相）$\varphi=\omega t+\varphi_0$：随时间单调增加的函数，每经历一个周期 T，相位增加 2π，物体完成一次完全振动。单位是弧度（rad）——它决定谐振动物体的运动状态（位移和速度），反映振动的周期性。

初相位 φ_0：开始计时（$t=0$）时的相位。由初始条件决定，初相取 $-\pi<\varphi_0\leqslant\pi$ 这个范围的值，对计算方便。

2. 谐振子

做简谐振动的系统统称为**谐振子**。

弹簧振子：一个质量可以忽略不计的弹簧一端固定，另一端连结一个可视为质点的自由运动的物体所组成的系统——把系统的所有惯性集中在质点 m 上，把系统的所有恢复力集中在弹簧 k 上。这一系统在不计阻力时所做振动就是简谐振动。

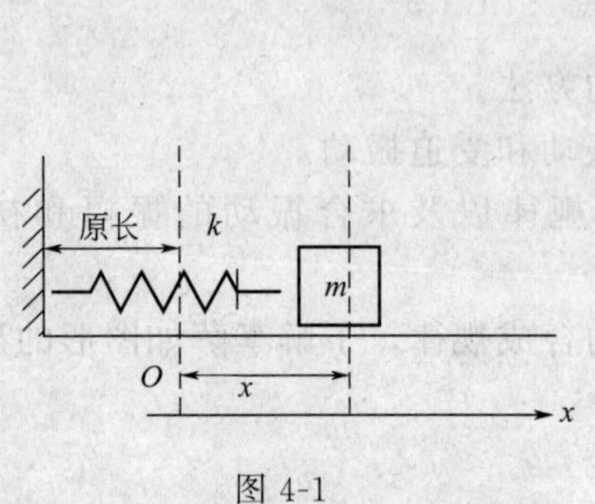

图 4-1

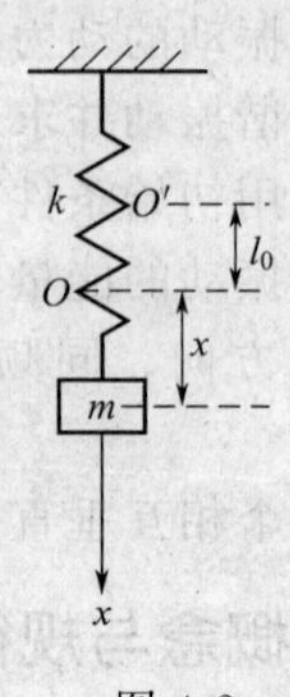

图 4-2

解决此类问题时，取平衡位置 O 为坐标原点（水平弹簧振子平衡位置在其原长处，竖直弹簧振子平衡位置在由 $kl_0=mg$ 决定的离原长处为 $l_0=mg/k$ 的地方），如图 4-1 与图 4-2 所示，物体相对平衡位置的位移为 x，则物体受到的恢复力与物体的位移成正比（线性关系），但方向始终与位移相反——始终指向平衡位置。即

水平弹簧振子 $F=-kx$

竖直弹簧振子 $F=mg-f=mg-k(x+l_0)=-kx$

设物体的质量为 m，由牛顿第二定律得

$$F=-kx=ma=m\frac{\mathrm{d}^2x}{\mathrm{d}t^2}$$

由此得**弹簧振子谐振动的运动微分方程**为

$$\frac{\mathrm{d}^2x}{\mathrm{d}t^2}+\omega^2x=0$$

式中，$\omega^2=\dfrac{k}{m}$。

此方程的唯一解为 $x=A\cos(\omega t+\varphi_0)$

此式也称为**谐振子的运动方程**。谐振子的位移振幅为 A，初相为 φ_0，是二阶微分方程解的积分常数，可以由初始条件决定。由此知

谐振子的固有圆频率 $\omega=\sqrt{\dfrac{k}{m}}$

谐振子的固有周期与固有频率

$$T=\frac{2\pi}{\omega}=2\pi\sqrt{\frac{m}{k}}，\quad v=\frac{1}{T}=\frac{1}{2\pi}\sqrt{\frac{k}{m}}$$

弹簧振子的速度：表示振动物体位移变化的快慢程度

$$v=\frac{\mathrm{d}x}{\mathrm{d}t}=-\omega A\sin(\omega t+\varphi_0)=\omega A\cos\left(\omega t+\varphi_0+\frac{\pi}{2}\right)$$

速度的相位比位移的相位超前 $\pi/2$，速度的振幅为 ωA，振动物体运动的速度大小在 $0\sim\omega A$ 间反复变化。

振动物体运动的速度与振动频率的差别：振动频率描述振动物体在单位时间内所完成的完全振动的次数，即振动的快慢程度；而振动物体的速度描述振动物体在单位时间内位置改变的快慢程度。虽然速度大小的最大值为 ωA，但速度大小并不与振动物体的频率成正比，速度由物体的相位决定，频率由振动系统的惯性和恢复力决定。

弹簧振子的加速度：表示振动物体速度变化的快慢程度

$$a=\frac{dv}{dt}=\frac{d^2x}{d^2t}=-\omega^2A\cos(\omega t+\varphi_0)=\omega^2A\cos(\omega t+\varphi_0+\pi)$$

加速度的相位比速度的相位超前 $\pi/2$，比位移的相位超前 π，加速度的振幅为 ω^2A。

从上可知：弹簧振子的速度、加速度做与位移同频率的简谐振动，只是振幅、初相位不同，如图 4-3 所示。物体做简谐振动时，其所受合外力和运动的加速度始终指向平衡位置，与位移的方向永远相反；但加速度的方向与速度方向可以相同，也可以相反，弹簧振子做变加速的直线运动。

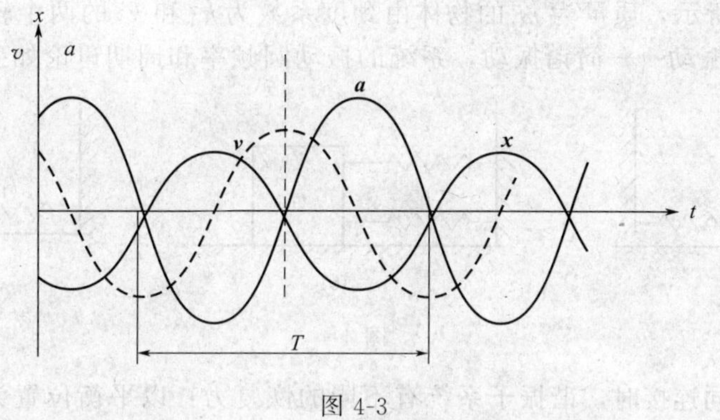

图 4-3

注意：加速度的正负号是相对所选用的坐标而言的，仅以其正负号不能用来判断物体是加速运动还是减速运动。当振子的速度和加速度的方向相同（同号）时，振子加速运动；两者方向相反（反号）时，振子减速运动。

初始条件：物体在 $t=0$ 时刻的运动状态——初位移和初速度，它决定振幅 A 和初相 φ_0，即

$$x|_{t=0}=x_0=A\cos\varphi_0$$
$$v|_{t=0}=v_0=-\omega A\sin\varphi_0$$

由以上两式可解得 $$A=\sqrt{x_0^2+\frac{v_0^2}{\omega^2}},\quad \varphi_0=\arctan\left(-\frac{v_0}{\omega x_0}\right)$$

注意：(1) 初相 φ_0 到底取什么值，要看 x_0, v_0 的正负来决定！此外，解题时往往不必死背公式。例：$t=0$ 时，$x_0=A/2$，且振子（质点 m）向 x 正向运动，则由

$$x_0=A\cos\varphi_0=\frac{A}{2}\rightarrow\varphi_0=\pm\frac{\pi}{3}$$

$$v_0=-\omega A\sin\varphi_0>0\rightarrow\varphi_0=-\frac{\pi}{3}$$

换个计时起点，则初相位随之变化，如 $t=0$ 时，$x_0=A/2$，且向 x 负向运动，则

$$\varphi_0=\frac{\pi}{3}$$

初相与时间起点的选择有关，与坐标的取向有关，而与振动系统的物理性质无关。

(2) ω 是系统的固有圆频率，由系统自身性质（惯性与恢复力）决定，与外界、计时起点、运动状态都无关——反映谐振动的周期性。

(3) 振幅 A 取决于系统的总能量与计时起点无关。振幅不仅给出简谐振动运动的范围，而且还反映振动系统总能量的大小及振动的强度。

从 $A=\sqrt{x_0^2+\frac{v_0^2}{\omega^2}}$，$\omega^2=\frac{k}{m}$可得

$$\frac{1}{2}mv_0^2+\frac{1}{2}kx_0^2=\frac{1}{2}kA^2=E_0=E$$

谐振子的机械能守恒，总机械能为

$$E=\frac{1}{2}kA^2=\frac{1}{2}m\omega^2A^2$$

(4) 竖直放置的弹簧振子，只需注意将坐标原点 O 选为平衡点，而不是弹簧原长处 O'（OO'之间的距离由 $k\overline{OO'}=mg$ 决定）则以上公式都可用。

(5) 如图 4-4 所示，质量为 m 的物体由劲度系数为 k_1 和 k_2 的两个轻弹簧连接，在水平光滑导轨上做微小振动——简谐振动，系统的振动圆频率和周期讨论如下。

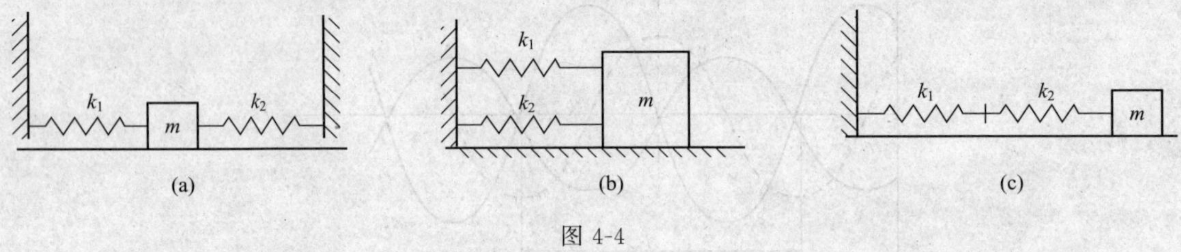

图 4-4

注意：弹簧不同连接时，谐振子系统有不同的恢复力：以平衡位置为坐标原点，向右为正，任意 t 时，设 m 偏离平衡位置的位移为 x，则如图 4-4(a)、(b) 连接时，m 所受合外力

$$f=-(k_1+k_2)x$$

这两种情况等效，即当两弹簧并联后等效为一个劲度系数为 $k=k_1+k_2$ 的弹簧，质点 m 振动有相同的圆频率和周期

$$\omega=\sqrt{\frac{k}{m}}=\sqrt{\frac{k_1+k_2}{m}},\quad T=2\pi\sqrt{\frac{m}{k_1+k_2}}$$

如图 4-4(c) 连接时，设两弹簧串联后等效为一个劲度系数为 k 的弹簧，如果两弹簧的形变量分别为 x_1 和 x_2，则 k 的形变量为 $x=x_1+x_2$，m 所受合外力

$$f=-k_2x_2=-k_1x_1=-kx$$

由 $x=x_1+x_2$ 得$\frac{f}{k}=\frac{f}{k_1}+\frac{f}{k_2}$，解得 $k=\frac{k_1k_2}{k_1+k_2}$，从而质点 m 振动的圆频率和周期为

$$\omega=\sqrt{\frac{k}{m}}=\sqrt{\frac{k_1k_2}{m(k_1+k_2)}},\quad T=2\pi\sqrt{\frac{m(k_1+k_2)}{k_1k_2}}$$

单摆（也称数学摆）：一不可伸长的轻质细绳，下端挂一质量为 m 可看作质点的小球在铅直位置（平衡位置）附近来回摆动——条件是绳子不可伸长，系统的所有惯性集中在小球 m 上，恢复力是作用在 m 上的重力沿切向分力。这一系统在不计阻力时所做振动也是简谐振动，如图 4-5 所示。

采用自然坐标系：切向方程为

$$F_\tau=-mg\sin\theta=ma_\tau=ml\frac{d^2\theta}{dt^2}$$

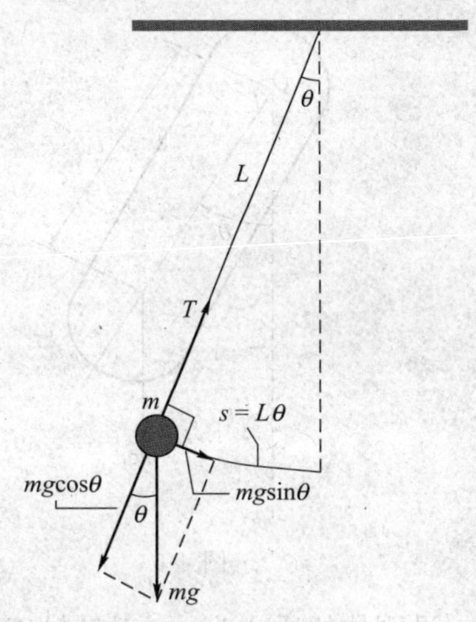

图 4-5

注意：切向加加速度 $a_\tau=l\beta=l\dfrac{d^2\theta}{dt^2}$，式中"$-$"（负号）是因为切向的正向是 θ 增加的方向，而重力的切向分力的作用总使得角位移 θ 减少，也就是此力总与 θ 方向相反。

单摆的微分方程为

$$\frac{d^2\theta}{dt^2}+\omega^2\sin\theta=0$$

式中，$\omega^2=\dfrac{g}{l}$。

一般单摆并不做简谐振动，在角位移 $\theta<5°$时，有 $\sin\theta\approx\theta$，则重力沿切向分力提供的恢复力

$F_\tau=-mg\sin\theta\approx-mg\theta\propto-\theta$——准弹性力

即角位移很小的时候，单摆的振动是**角谐振动**。单摆的运动微分方程为

$$\frac{d^2\theta}{dt^2}+\omega^2\theta=0$$

其解为

$$\theta=\theta_m\cos(\omega t+\varphi_0)$$

其中，θ_m 是单摆作角谐振动的振幅（离开平衡位置的最大角度）；

圆频率 $\omega=\sqrt{\dfrac{g}{l}}$， 周期 $T=\dfrac{2\pi}{\omega}=2\pi\sqrt{\dfrac{l}{g}}$（中学的公式是这样得到的）

利用单摆实验可测重力加速度 $g=\dfrac{4\pi^2 l}{T^2}$

注意：φ_0 是初相位，$\omega t+\varphi_0$ 是相位，不是角度，θ 才是离开平衡位置的角度。

弹簧振子在地球和月球上的振动的频率和周期一样——因为 $\omega=\sqrt{k/m}$，只与弹簧振子本身的性质有关，k，m 不涉及月球与地球的因素。而单摆，它在地球和月球上的振动的频率和周期是不一样的——因为其 $\omega=\sqrt{g/l}$，而 l 是摆长，在地球和月球上一样，而月球上的重力加速度 $g_{月}$ 约为地球上 $g_{地}$ 的六分之一，所以同一单摆在月球上振动的频率变小，而周期 $T=\dfrac{2\pi}{\omega}=2\pi\sqrt{\dfrac{l}{g}}$ 变长。

此外，在静止和加速向上（或向下）的电梯中时，弹簧振子的频率、周期也不会变化，仍为 $\omega=\sqrt{k/m}$ 和 $T=\dfrac{2\pi}{\omega}=2\pi\sqrt{\dfrac{m}{k}}$，但在加速向上（或向下）的电梯中的单摆的振动频率和周期与静止电梯中单摆的频率和周期不一样。可证：电梯以加速度 a_0 向上时，电梯中的单摆的振动频率和周期为

圆频率 $\omega'=\sqrt{(g+a_0)/l}$，大于电梯静止时单摆的圆频率 $\omega=\sqrt{g/l}$；

周期 $T'=\dfrac{2\pi}{\omega'}=2\pi\sqrt{\dfrac{l}{g+a_0}}$，小于电梯静止时单摆的周期 $T=\dfrac{2\pi}{\omega}=2\pi\sqrt{\dfrac{l}{g}}$。

复摆（又称物理摆）：一个质量为 m 的任意形状的刚体，悬挂在无摩擦的固定水平轴 O 上在铅直位置（平衡位置）附近来回的自由摆动——系统的惯性是刚体 m 对绕 O 点转动的转动惯量 J，恢复力矩是作用在物体质心上的重力对转轴 O 的力矩，如图 4-6 所示。

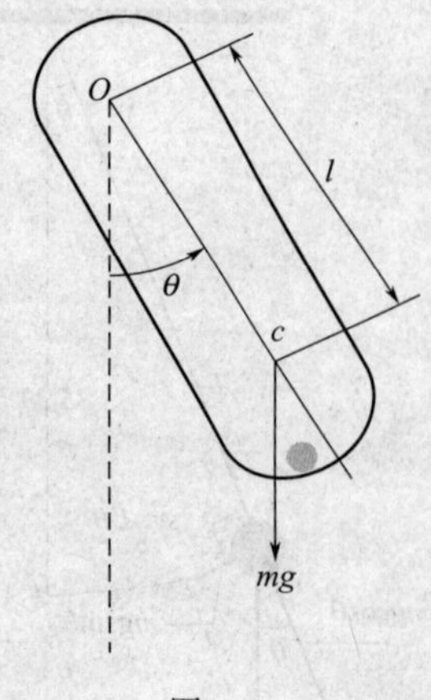

图 4-6

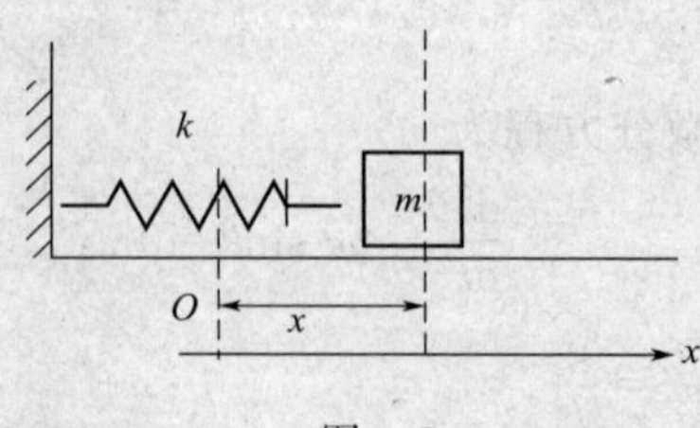

图 4-7

设刚体的质心为 c，对转轴 O 的转动惯量为 J，任意 t 时对平衡位置的摆角为 θ，重力 mg 对转轴 O 的力矩（轴上支承力和阻力对转轴 O 不产生力矩）就是复摆振动的恢复力矩，有

$$M=-mgl\sin\theta$$

式中“－”（负号）是因为此力矩总使 θ 减小，与转动正方向相反（θ 增加方向为正）。

由转动方程 $$M=J\beta$$

得复摆的运动微分方程

$$\frac{\mathrm{d}^2\theta}{\mathrm{d}t^2}+\omega^2\sin\theta=0$$

式中，$\omega^2=\dfrac{mgl}{J}$。

所以，一般复摆也不做简谐振动，在角位移 $\theta<5°$ 时，有 $\sin\theta\approx\theta$，则重力矩提供的恢复力矩为

$$M=-mgl\sin\theta\approx-mgl\theta\propto-\theta$$

即角位移很小的时候，复摆的振动是角谐振动！复摆的运动微分方程为

$$\frac{\mathrm{d}^2\theta}{\mathrm{d}t^2}+\omega^2\theta=0$$

其解为 $$\theta=\theta_{\mathrm{m}}\cos(\omega t+\varphi_0)$$

其中，θ_{m} 是复摆作角谐振动的振幅（离开平衡位置的最大角度）；

$$\text{圆频率 }\omega=\sqrt{\frac{mgl}{J}},\quad \text{周期 }T=\frac{2\pi}{\omega}=2\pi\sqrt{\frac{J}{mgl}}$$

3. 简谐振动的能量

做简谐振动的系统开始振动后与外界没有关系是孤立系统，而系统内只有保守力做功，故系统在振动过程中，动能和势能相互转化，总机械能在振动过程中保持恒定——**机械能守恒**。

以水平弹簧振子为例（图 4-7），任意 t 时刻，有

谐振子的动能 $$E_{\mathrm{k}}=\frac{1}{2}mv^2=\frac{1}{2}m\omega^2A^2\sin^2(\omega t+\varphi_0)=\frac{1}{2}kA^2\sin^2(\omega t+\varphi_0)$$

谐振子的势能 $$E_{\mathrm{p}}=\frac{1}{2}kx^2=\frac{1}{2}m\omega^2A^2\cos^2(\omega t+\varphi_0)=\frac{1}{2}kA^2\cos^2(\omega t+\varphi_0)$$

总机械能　$E=E_k+E_p=\frac{1}{2}mv^2+\frac{1}{2}kx^2=\frac{1}{2}kA^2=\frac{1}{2}m\omega^2A^2=$**常数**

讨论：（1）系统一定（m,k,ω^2 一定）：$E\propto A^2$。

初条件给定（A 一定）：$E\propto\omega^2$。

（2）简谐振动的动能和势能均随时间作周期性变化，其周期比位移（速度、加速度）的周期小一半，频率大一倍（因为是正弦、余弦函数的平方关系）。

（3）动能和势能二者振幅相同，频率相同，但相位差为 $\pi/2$，即动能最大时，势能最小为 0，反之亦然。系统的总机械能守恒（图 4-8）。

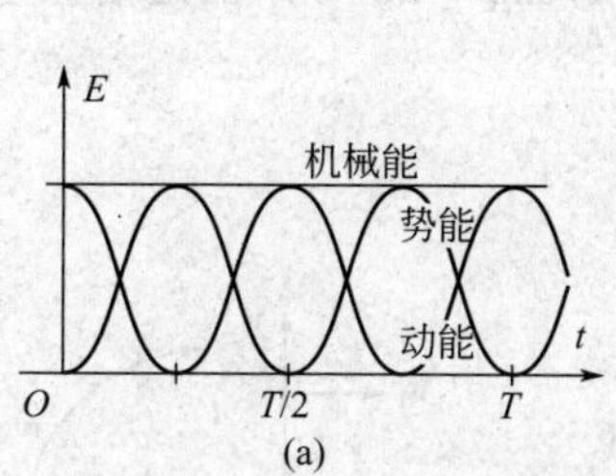

(a)

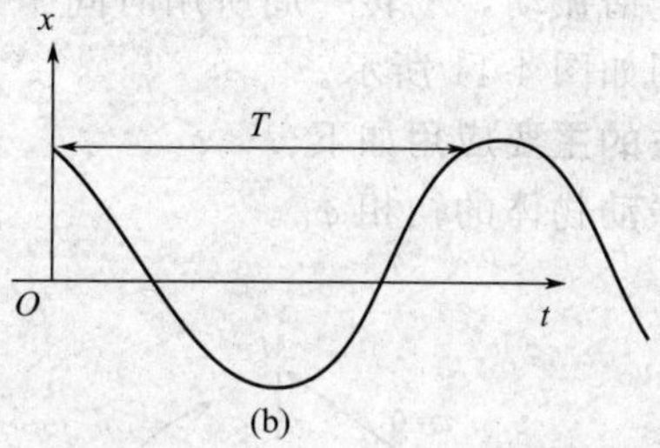

(b)

图 4-8

（4）动能和势能在一个周期内的时间平均值为

$$\overline{E}_k=\frac{1}{T}\int_0^T E_k\,dt=\frac{1}{T}\int_0^T\frac{1}{2}kA^2\sin^2(\omega t+\phi)dt=\frac{1}{4}kA^2$$

$$\overline{E}_p=\frac{1}{T}\int_0^T E_p\,dt=\frac{1}{T}\int_0^T\frac{1}{2}kA^2\cos^2(\omega t+\phi)dt=\frac{1}{4}kA^2$$

注意：无论弹簧水平放置还是竖直放置，势能零点怎么选，只要以平衡位置为坐标原点和势能零点，则任意时刻质点相对平衡位置的位移为 x，速度为 v，由系统的机械能守恒总有（图 4-9）

$$\frac{1}{2}mv^2+\frac{1}{2}kx^2=\frac{1}{2}kA^2$$

成立，这为求解问题带来方便。

4. 简谐振动的矢量图示法——旋转矢量法描述

从简谐振动的运动方程 $x=A\cos(\omega t+\varphi_0)$，$\omega$ 为常数——从几何上看：x 是 xOy 平面上的矢量 $\mathbf{A}$ 在 x 轴上的投影——启示我们用几何的方法研究简谐振动，如图 4-10 所示。

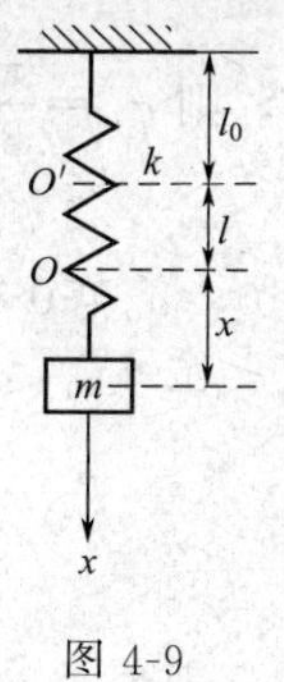

图 4-9

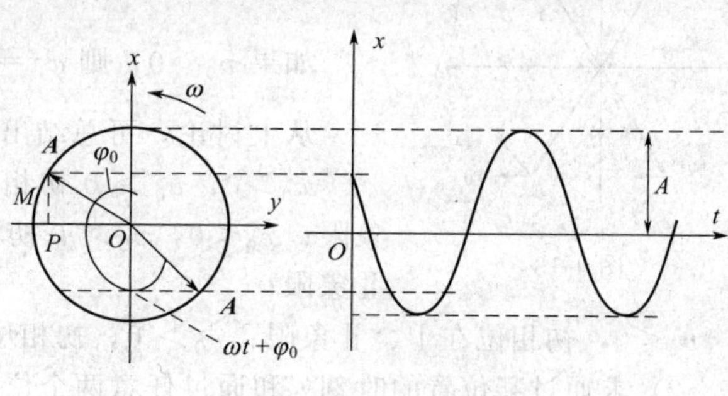

图 4-10

旋转矢量法的主要规则如下。

A：本来是一个数值（振幅）——看成 xOy 平面上的一个矢量 $\mathbf{A}$（振幅矢量）。

ω：本是谐振动的角频率——看成 **A** 在 xOy 平面上的旋转角速度。

φ_0：本是谐振动的初相位——看成 $t=0$ 时，**A** 与 Ox 轴的夹角。

$\omega t+\varphi_0$：本是谐振动的任意 t 时刻的相位——看成 t 时，**A** 与 Ox 轴的夹角。

这样，可以把一个在一条直线上以平衡点为中心的周期运动，看成一个以 ω 逆时针匀速转动的旋转矢量 **A** 的端点 M 的匀速圆周运动在 x 轴的投影——以 ω 沿逆时针方向匀速转动的旋转矢量 **A** 的端点 M 在 x 轴上投影点 P 的运动规律正是沿 x 轴做谐振动的物体的运动规律；端点 M 的位置、速度、加速度在 x 轴上投影正是沿 x 轴做谐振动的物体 t 时刻相对平衡位置 O 的位移、速度、加速度；旋转矢量 **A** 以确定的角速度 ω 转一周相当于物体在 x 轴上做一次完全谐振动，**A** 转一周所用时间 $T=2\pi A/\omega A=2\pi/\omega$，正是谐振动的周期。更方便的旋转矢量图如图 4-11 所示。

旋转矢量法的主要应用如下。

(1) 求谐振动物体的初相 φ_0。

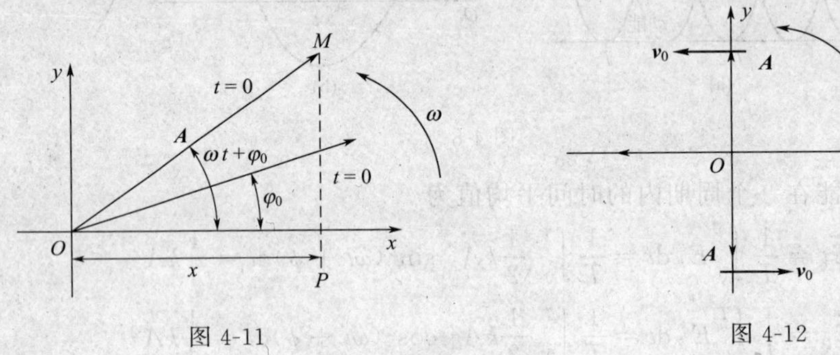

图 4-11　　图 4-12

例：$t=0$，$x_0=0$ 时，有旋转矢量图（图 4-12），知振幅矢量 **A** 只可能在 y 方向，对应的初位相为

$$\varphi_0=\pm\frac{\pi}{2}$$

如果 $v_0>0$，则 $\varphi_0=-\frac{\pi}{2}$；如果 $v_0<0$，则 $\varphi_0=\frac{\pi}{2}$。

$t=0$，$x_0=A$，则 $\varphi_0=0$，$t=0$，$x_0=-A$，则 $\varphi_0=\pi$。

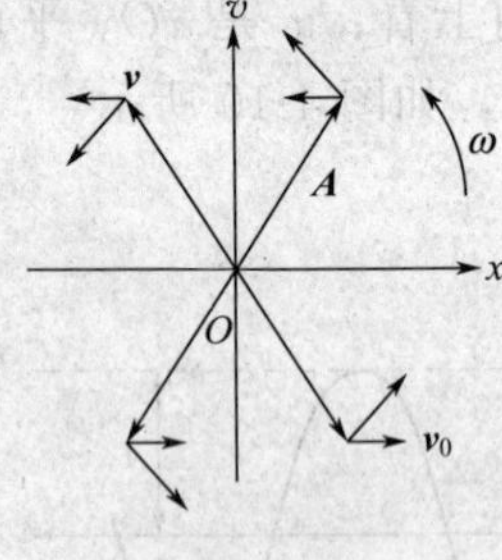

图 4-13

又如 $t=0$，$x_0=A/2$，有旋转矢量图（图 4-13），知振幅矢量 **A** 与 x 轴成 $\pm\pi/3$，所以有初相 $\varphi_0=\pm\frac{\pi}{3}$。

如果 $v_0>0$，则 $\varphi_0=-\frac{\pi}{3}$，如果 $v_0<0$，则 $\varphi_0=\frac{\pi}{3}$。

从上讨论，可总结出：

$x_0>0$，$v_0>0$ 初相位在Ⅳ象限；$x_0>0$，$v_0<0$ 初相位在Ⅰ象限；$x_0<0$，$v_0>0$ 初相位在Ⅲ象限；$x_0<0$，$v_0<0$ 初相位在Ⅱ象限；

$v_0<0$，初相位在Ⅰ、Ⅱ象限；$v_0>0$，初相位在Ⅲ、Ⅳ象限。

(2) 求通过某位置的时刻 t 和通过任意两个位置的时间间隔 Δt。

例如，作 $A=4\text{cm}$，$T=2\text{s}$ 谐振动的质点，$t=0$ 时，$x=-2\text{cm}$，且 $v_0>0$，质点再次通过 $x=-2\text{cm}$ 的时刻 $t=?$

由旋转矢量图（图 4-14），可知 $t=0$ 时，振幅矢量 **A** 在Ⅲ象限，质点振动的初相为

$$\varphi_0=-\frac{2\pi}{3}$$

质点第二次通过 $x=-2\text{cm}$，即 **A** 以 ω 逆时针匀速转到 $\omega t+\phi_0=\frac{2\pi}{3}$ 的位置，即 **A** 以 ω 匀速转了 $4\pi/3$ 的角度，解得质点第二次通过 $x=-2\text{cm}$ 所用的时间 Δt 和时刻 t 为

$$\Delta t=t-0=t=\frac{4\pi/3}{\omega}=\frac{4\pi/3}{2\pi/T}=\frac{2}{3}(\text{s})$$

注意：只有用旋转矢量法时，**A** 以匀速 ω 转动，可用

$$\Delta t=t_2-t_1=\frac{\mathbf{A}\text{ 转过的角度}}{\omega}$$

如果用解析法时，由于谐振动的质点做变加速运动，没有这么简单的关系。

(3) 讨论两个同频率，同方向的简谐振动的合成以及步调时，用旋转矢量的方法也特别方便，见后面的讨论。

5. 简谐振动的合成

(1) **两个同方向、同频率的简谐振动的合成**。设质点参与两个在同一直线上进行的同频率的谐振动，以振动方向为 x 轴，平衡位置为坐标原点，则两个分振动的运动方程为

$$x_1=A_1\cos(\omega t+\varphi_1),\quad x_2=A_2\cos(\omega t+\varphi_2)$$

两振动的合振动满足叠加原理，且仍做沿 x 方向的频率为 ω（不变）的简谐振动，有

$$x=x_1+x_2=A_1\cos(\omega t+\varphi_1)+A_2\cos(\omega t+\varphi_2)=A\cos(\omega t+\varphi)$$

对同方向同频率的简谐振动的合成，我们的关键是求合振幅 A、合振动的初相 φ。

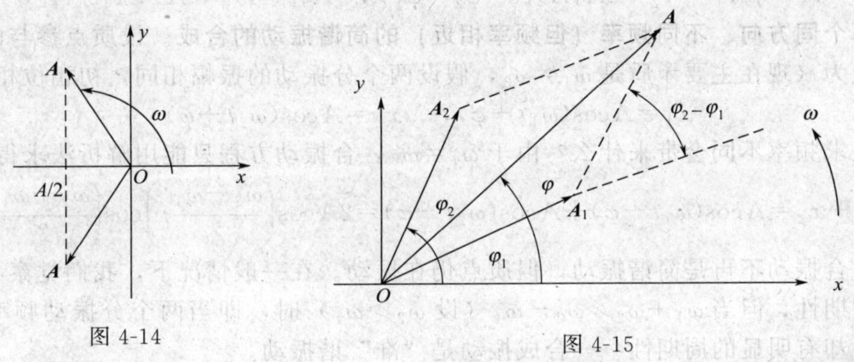

图 4-14　　图 4-15

用旋转矢量法求 A，φ：从图 4-15 可知，由余弦定理易得合振幅 A——合成矢量 **A** 的大小

$$A=\sqrt{A_1^2+A_2^2-2A_1A_2\cos[\pi-(\varphi_2-\varphi_1)]}$$
$$=\sqrt{A_1^2+A_2^2+2A_1A_2\cos(\varphi_2-\varphi_1)}$$

合振动初相 φ——**A** 与 x 轴的夹角

$$\tan\varphi=\frac{A_1\sin\varphi_1+A_2\sin\varphi_2}{A_1\cos\varphi_1+A_2\cos\varphi_2}$$

注意：合振动仍是简谐振动，振动方向、频率仍与分振动相同。合成后振动是加强了，还是减弱了，即 A 值如何——在 A_1, A_2 给定时，由 $\Delta\varphi=(\omega t+\varphi_2)-(\omega t+\varphi_1)=\varphi_2-\varphi_1$ 即初相差决定。

① $\Delta\varphi=\varphi_2-\varphi_1=\pm 2k\pi$，$k=0,1,2,3,\cdots$，

$\cos\Delta\varphi=1$ 时，**即振动同相**（图 4-16），任意 t 时，两个分振动振动同步。合振动的合振

幅最大——合振动加强。

$$A=\sqrt{A_1^2+A_2^2+2A_1A_2}=A_1+A_2$$

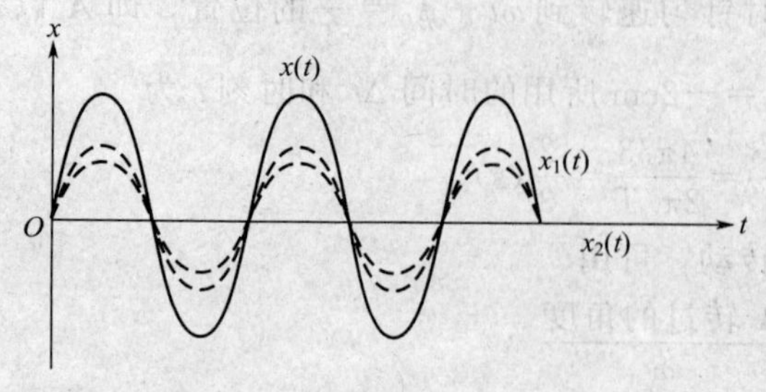

图 4-16　　　　图 4-17

② $\Delta\varphi=\varphi_2-\varphi_1=\pm(2k+1)\pi$，$k=0,1,2,3,\cdots$，$\cos\Delta\varphi=-1$ 时，**即振动反相**（图 4-17），任意 t 时，两个分振动位移总是方向相反，合振动的合振幅最小——合振动减弱。

$$A=\sqrt{A_1^2+A_2^2-2A_1A_2}=|A_1-A_2|$$

当 $A_1=A_2$ 时，$A=0$ 质点处于静止状态——振动相消。

注意：这种情况合振动的初相与振幅大的振动初相相同（记住这一点，对选择题、填空题的判断很有用）。

③ 当两分振动的相差 $\Delta\varphi=\varphi_2-\varphi_1\neq k\pi$ 时，合振幅

$$A=\sqrt{A_1^2+A_2^2+2A_1A_2\cos(\varphi_2-\varphi_1)}，|A_1-A_2|<A<A_1+A_2$$

(2) **两个同方向、不同频率（但频率相近）的简谐振动的合成**。设质点参与的两个分振动的表达式为（现在主要矛盾是 $\omega_1\neq\omega_2$，假设两个分振动的振幅相同，初相位相同）

$$x_1=A\cos(\omega_1 t+\varphi),\quad x_2=A\cos(\omega_2 t+\varphi)$$

关键是求频率不同会带来什么？由于 $\omega_1\neq\omega_2$，合振动方程只能用解析法求得

$$x=x_1+x_2=A\cos(\omega_1 t+\varphi)+A\cos(\omega_2 t+\varphi)=2A\cos\left(\frac{\omega_2-\omega_1}{2}t\right)\cos\left(\frac{\omega_2+\omega_1}{2}t+\varphi\right)$$

可见，合振动不再是简谐振动，但质点仍在振动。在一般情况下，我们觉察不到合振动有明显的周期性，但当 $\omega_1+\omega_2\gg\omega_2-\omega_1$（设 $\omega_2>\omega_1$）时，即当两个分振动频率较大而其差很小时，却有明显的周期性——合成振动是“准”谐振动。

合振动方程　$$x=\left|2A\cos\left(\frac{\omega_2-\omega_1}{2}t\right)\right|\cos\left(\frac{\omega_2+\omega_1}{2}t+\varphi\right)$$

合振动的角频率 $\omega=(\omega_1+\omega_2)/2$——两个分振动频率的平均值。

合振动的振幅为　$$A(t)=\left|2A\cos\frac{\omega_2-\omega_1}{2}t\right|$$

这种合振幅随时间缓慢地周期性变化，即合振动忽强忽弱的现象被称为“拍现象”，振幅每变化一个周期称为一拍，单位时间内振动加强和减弱的次数称为拍频，其拍频为 $\left|\cos\frac{\omega_2-\omega_1}{2}t\right|$ 的频率，即为两分振动的频率差

$$\nu_{拍}=\frac{\omega}{2\pi}=2\times\frac{\omega_2-\omega_1}{2}/2\pi=\nu_2-\nu_1$$

(3) **两个方向垂直、同频率的简谐振动的合成**。设一个质点同时参与了两个相互垂直的 x 和 y 方向的同频率简谐振动，质点的平衡位置为坐标原点，则两个分振动的方程为

$$x=A_1\cos(\omega t+\varphi_1)$$

$$y=A_2\cos(\omega t+\varphi_2)$$

注意：这不是两个质点的振动，而是一个质点的运动方程在 x 和 y 方向上分量式。现在主要矛盾是不同方向的振动问题，关键是求质点运动的真实轨迹。

通过一些数学变换，从上面的两方程中消除 t 得到质点的轨道方程为

$$\frac{x^2}{A_1^2}+\frac{y^2}{A_2^2}-\frac{2xy}{A_1A_2}\cos(\varphi_2-\varphi_1)=\sin^2(\varphi_2-\varphi_1) \tag{4-1}$$

一般来说这是一个椭圆方程，但到底轨道形状如何，取决于两个分振动的振幅 A_1，A_2 以及初相差 $\Delta\varphi=\varphi_2-\varphi_1$。

关心以下几种特殊情况。

① $\Delta\varphi=\varphi_2-\varphi_1=0$，即两垂直分振动同相时，式（4-1）简化为

$$y=\frac{A_2}{A_1}x \tag{4-2}$$

可见，质点参与两个振动方向垂直而位相相同（同相）的谐振动时，其轨迹退化为直线，如图 4-18 所示，斜率是两个振幅之比。但质点在这一直线上做简谐运动。

任意 t 时刻，质点离开平衡位置 O 的位移

$$S=\sqrt{x^2+y^2}=\sqrt{A_1^2\cos^2(\omega t+\varphi)+A_2^2\cos^2(\omega t+\varphi)}$$

$$=\sqrt{A_1^2+A_2^2}\cos(\omega t+\varphi)$$

所以，质点做频率为 ω、振幅为 $\sqrt{A_1^2+A_2^2}$ 的简谐振动，振动在与 x 轴成 $\theta=\arctan(A_2/A_1)$ 方向上（不在 x，也不在 y 方向）。

② $\Delta\varphi=\varphi_2-\varphi_1=\pi$，即两垂直分振动反相时，式（4-1）简化为

$$y=-\frac{A_2}{A_1}x \tag{4-3}$$

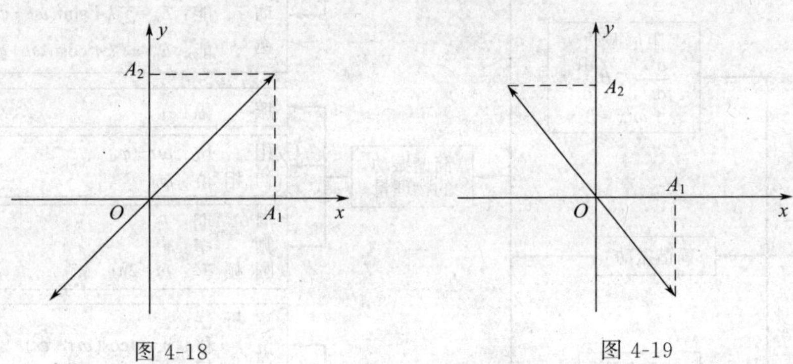

图 4-18　　图 4-19

质点轨迹也退化为直线，在斜率为 $-A_2/A_1$ 的直线上做频率为 ω、振幅为 $\sqrt{A_1^2+A_2^2}$ 简谐振动。如图 4-19 所示。

③ $\Delta\varphi=\varphi_2-\varphi_1=\pi/2$ 或 $\Delta\varphi=\varphi_2-\varphi_1=-\pi/2$（即 y 方向上的振动超前或落后 x 方向 $\pi/2$）时，式（4-1）简化为

$$\frac{x^2}{A_1^2}+\frac{y^2}{A_2^2}=1 \tag{4-4}$$

或

$$x^2+y^2=A_1^2 \tag{4-5}$$

质点轨迹为以坐标轴为主轴的正椭圆（$A_1 \neq A_2$）或圆（$A_1 = A_2$）。

注意：质点运动的轨迹是闭合曲线时就有一个绕向问题，即质点的运动方向。

当 $\Delta\varphi = \varphi_2 - \varphi_1 = \pi/2$，$y$ 方向上的振动超前 x 方向 $\pi/2$（y 方向上先达到最大值）质点在椭圆［图 4-20(a)］或圆［图 4-20(b)］轨道上做顺时针方向运动——右旋运动。

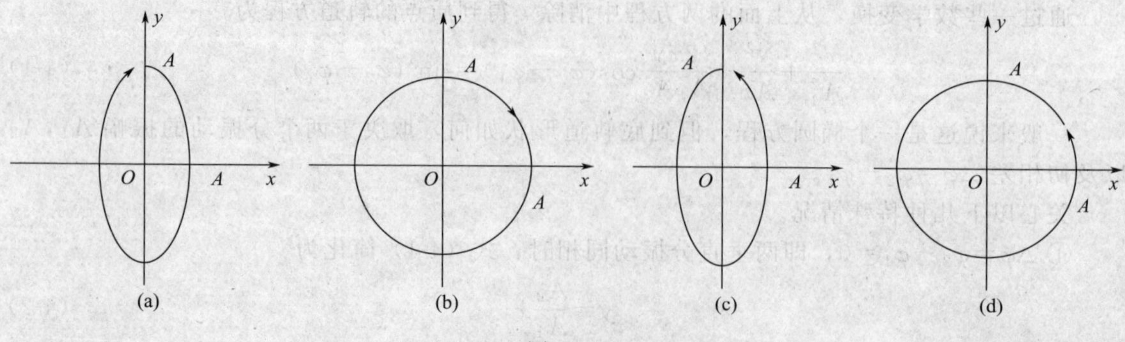

图 4-20

当 $\Delta\varphi = \varphi_2 - \varphi_1 = -\pi/2$，$y$ 方向上的振动落后 x 方向 $\pi/2$（x 方向上先达到最大值）质点在椭圆［图 4-20(c)］或圆［图 4-20(d)］轨道上做逆时针方向运动——左旋运动。

综上所述：两个频率相同的互相垂直的简谐振动合成后，合振动在一直线上或者在椭圆上进行（直线是退化了的椭圆）当两个分振动的振幅相等时，椭圆轨道就成为圆。反过来说明：任何一种直线的谐振动、匀速椭圆、圆周运动都可分解为两个互相垂直的谐振动（研究光的偏振时，这是我们要用的结论）。

附：知识脉络图

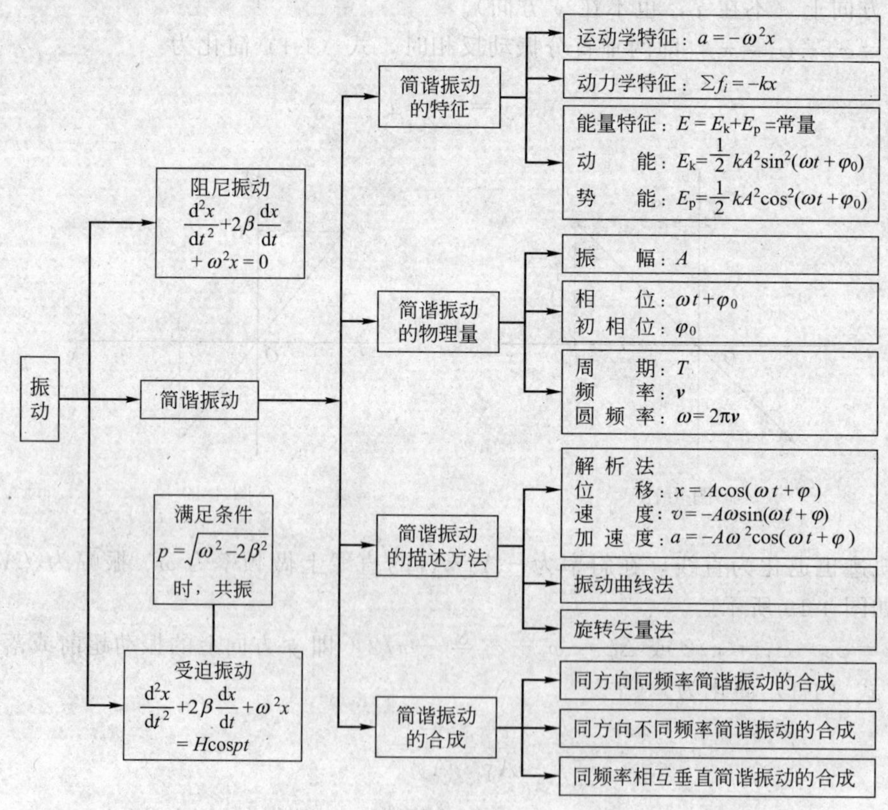

三、典型例题

这一单元的典型例题有以下三类。

(1) 判断一个系统的运动是否做简谐振动，求周期或频率。

求解这类问题的关键是分析振动物体所受合力（合力矩）是否是准弹性力，或者根据牛顿运动定律（转动定律等）列出运动方程，化成标准的微分方程，如果这一方程具有$\frac{d^2x}{dt^2}+\omega^2x=0$的形式，则可判定该系统的振动是简谐振动；方程中$x$前的系数就是圆频率平方$\omega^2$，依$T=\frac{1}{\nu}=\frac{2\pi}{\omega}$可求得周期$T$或者频率$\nu$。然后根据运动情况，求出其振幅$A$、初相$\varphi_0$，写出振动方程$x=A\cos(\omega t+\varphi_0)$。

(2) 求简谐振动的运动方程。

求解这类问题的关键是根据题目所给条件正确找出初始条件，求出其振幅A、初相φ_0，圆频率ω。注意具体问题具体分析：建立合适的坐标系，选平衡点为坐标原点；从振动曲线、速度或加速度曲线上找出各种有用信息；初相φ_0最好用旋转矢量法求解。

(3) 同方向、同频率简谐振动的合成问题。

这类问题特别注意从两振动曲线的关系上看出两振动的相位差，从而简单求解出合振幅、合振动的初相。

【例 4-1】 如图 4-21(a) 所示，密度为ρ的圆柱形木块，浮在大水池的水平面上，今把木柱体完全压入水（密度ρ'）中，然后放手，木柱体将上下振动，如果忽略空气阻力和水的黏滞力。

(1) 问木柱体是否做简谐振动？

(2) 如果是，周期是多少？

(3) 木柱体的运动方程。

【解】 (1) 首先找出木柱体在水中的平衡面——设平衡时木柱体所浸入的深度为b，木柱体的截面为$S=\pi R^2$，平衡时，木柱体所受的浮力f和重力mg大小相等，方向相反，如图 4-21(b) 所示，有

$$f=mg \quad \text{即} \quad bS\rho' g=LS\rho g$$

得

$$b=\frac{\rho}{\rho'}L$$

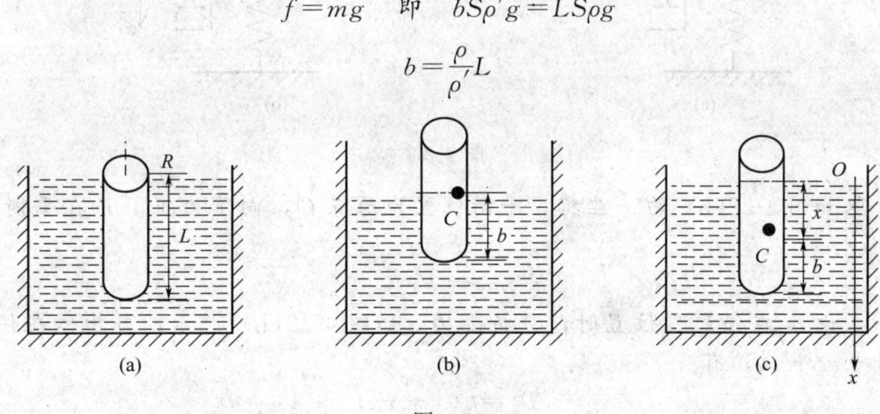

图 4-21

再求出任意时刻木柱体所受的合力——以水面上一点为坐标原点O，垂直向下为Ox轴，以平衡时木柱体面上的c点为代表点。如图 4-21(c) 所示，有

$$F=mg-f(x)=LS\rho g-(b+x)S\rho' g=-S\rho' gx\propto -x$$

可见，木柱体受到的是一个相当于倔强系数 $k=S\rho' g$ 的准弹性力，所以木块做简谐振动。

(2) 按牛顿第二定律，对木柱体有

$$m\frac{\mathrm{d}^2x}{\mathrm{d}t^2}=-S\rho' gx$$

注意木柱体质量 $m=LS\rho$，得木块谐振动的微分方程为

$$\frac{\mathrm{d}^2x}{\mathrm{d}t^2}+\frac{\rho' g}{\rho L}x=0$$

与标准的谐振动微分方程 $\frac{\mathrm{d}^2x}{\mathrm{d}t^2}+\omega^2x=0$ 比较，得到此木柱体谐振动的圆频率和周期为

$$\omega=\sqrt{\frac{\rho' g}{\rho L}},\quad T=\frac{2\pi}{\omega}=2\pi\sqrt{\frac{\rho L}{\rho' g}}$$

(3) 依题意，初条件为：$t=0$ 时，$x_0=L-b$（平衡面上 c 点的初始坐标），$v_0=0$。设谐振动运动方程 $x=A\cos(\omega t+\varphi_0)$，代入初条件有

$$\left.\begin{aligned}L-b&=A\cos\varphi_0\\0&=-A\omega\sin\varphi_0\end{aligned}\right\}$$

解出

$$\varphi_0=0,\quad A=L-b=L\left(1-\frac{\rho}{\rho'}\right)$$

得木柱体的运动方程为

$$x=L\left(1-\frac{\rho}{\rho'}\right)\cos\omega t$$

【例 4-2】 一定滑轮的半径为 R，转动惯量为 J，其上挂一轻绳，绳的一端系一质量为 m 的物体，另一端与一固定的轻弹簧相连，如图 4-22(a) 所示。设弹簧的劲度系数为 k，绳与滑轮间无滑动，且忽略轴的摩擦力及空气阻力。现将物体 m 从平衡位置拉下一微小距离后放手，证明物体做简谐振动，并求出其角频率。

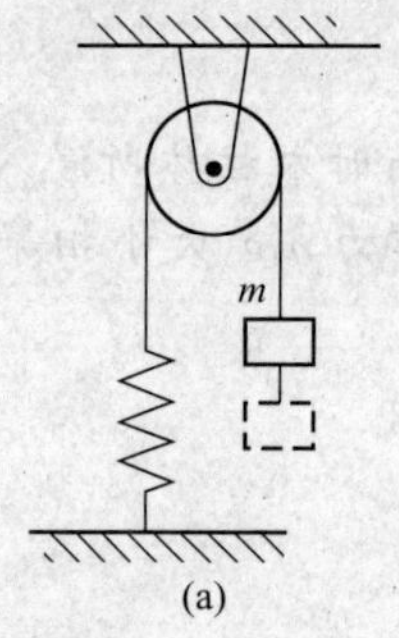

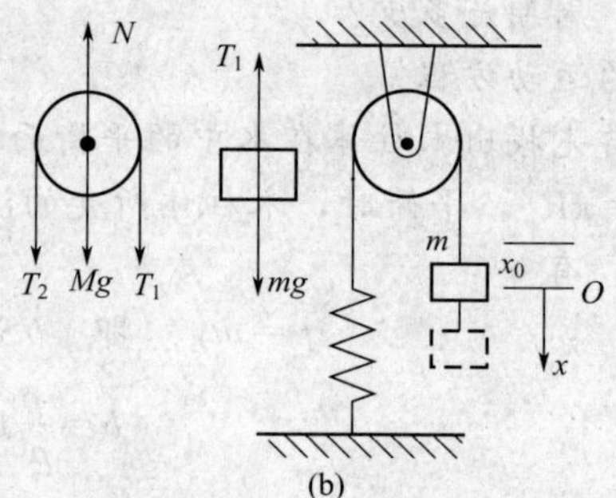

图 4-22

【解】 取如图 4-22(b) 的 x 坐标，平衡位置为原点 O，向下为正，m 在平衡位置时弹簧已伸长 x_0

$$mg=kx_0 \tag{4-6}$$

解法一：设 m 在任意 x 位置时，分析受力，如图 4-22(b) 所示，当物体在任意 x 时，这时弹簧伸长 $x+x_0$，有

$$T_2=k(x+x_0) \tag{4-7}$$

由牛顿第二定律和转动定律分别对物体和滑轮列方程

$$mg-T_1=ma \tag{4-8}$$

$$T_1R-T_2R=J\beta \tag{4-9}$$

$$a=R\beta \tag{4-10}$$

联立解得 $$a=\frac{-kx}{(J/R^2)+m}$$

即物体 m 在任意 x 位置时所受合外力

$$F=mg-T_1=ma=m\frac{\mathrm{d}^2x}{\mathrm{d}t^2}=\frac{-mk}{(J/R^2)+m}x\propto -x$$

是准弹性力，故物体做简谐振动，其角频率为

$$\omega=\sqrt{\frac{k}{(J/R^2)+m}}=\sqrt{\frac{kR^2}{J+mR^2}}$$

解法二：由滑轮、物体、弹簧组成的系统在振动过程中，只有重力和弹簧的弹性力做功，机械能守恒。设平衡点 O 为重力势能和弹性势能的零点，当物体 m 下降 x 时，有

重力势能 $E_{p重}=-mgx$

弹性势能 $E_{p弹}=\int_x^0 -k(x+l)\mathrm{d}x=\frac{1}{2}kx^2+kxl=\frac{1}{2}kx^2+mgx$

机械能 $\frac{1}{2}mv^2+\frac{1}{2}J\omega^2+\frac{1}{2}kx^2=$常数

将 $\omega=v/R$ 代入，对上式时间求导得

$$mv\frac{\mathrm{d}v}{\mathrm{d}t}+\frac{J}{R^2}v\frac{\mathrm{d}v}{\mathrm{d}t}+kx\frac{\mathrm{d}x}{\mathrm{d}t}=0$$

注意 $v=\frac{\mathrm{d}x}{\mathrm{d}t}$，$\frac{\mathrm{d}v}{\mathrm{d}t}=\frac{\mathrm{d}^2x}{\mathrm{d}t^2}$，将上式化简为

$$\frac{\mathrm{d}^2x}{\mathrm{d}t^2}+\frac{kR^2}{J+mR^2}x=0$$

与标准的谐振动微分方程比较，可知物体做谐振动，方程中 x 前的系数是 ω^2。

【例 4-3】 在一竖直轻弹簧的下端悬挂一物体，并在它上面放一小物体，弹簧被拉长 $l_0=20\text{cm}$ 而平衡，再经拉动后，该物体和小物体一起在竖直方向做振幅为 $A=10\text{cm}$ 的振动。

(1) 试证此振动为简谐振动。

(2) 选系统在正最大位移处开始计时，写出此振动的数值表达式。

(3) 如果使放在振动物体上的小物体与振动物体分离，则振幅 A 需满足何条件？二者在何位置开始分离？

【解】 (1) 设物体和小物体的总质量为 m，则弹簧的劲度系数

$$k=mg/l_0$$

如图 4-23(a) 选平衡位置为原点，向下为正方向。小球在 x 处时，根据牛顿第二定律得

$$m\frac{\mathrm{d}^2x}{\mathrm{d}t^2}=mg-k(l_0+x)$$

将 $k=mg/l_0$ 代入整理后得

$$\mathrm{d}^2x/\mathrm{d}t^2+gx/l_0=0$$

所以，此振动为简谐振动，其角频率为

$$\omega=\sqrt{g/l_0}=\sqrt{9.8/(20\times10^{-2})}=7(\text{rad/s})$$

(2) 设振动表达式为

$$x=A\cos(\omega t+\varphi_0)$$

由题意：$t=0$ 时，$x_0=A=10\times10^{-2}\text{m}$，$v_0=0$，

解得 $$\varphi_0=0$$

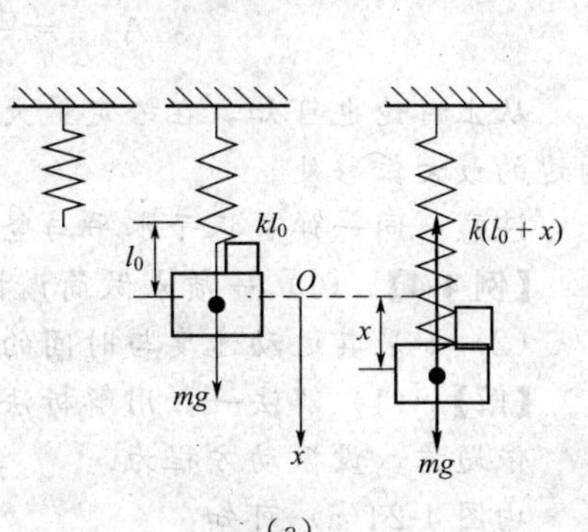

图 4-23

所以 $$x=10\times10^{-2}\cos7t\,(\text{m})$$

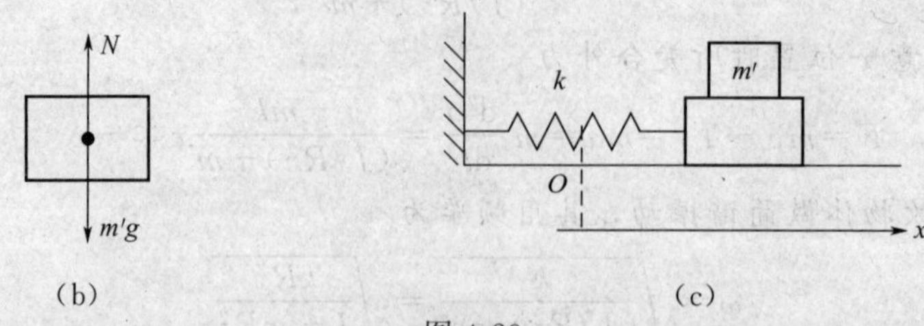

图 4-23

(3) 小物体受力如图 4-23(b) 所示。

设小物体 m' 随振动物体的加速度为 a，按牛顿第二定律有（取向下为正）

$$m'g-N=m'a$$
$$N=m'(g-a)$$

当 $N=0$，即 $a=g$ 时，小物体开始脱离振动物体。

在题给条件 $A=10\text{cm}$，$\omega=7\text{rad/s}$ 下，系统最大加速度为

$$a_{\max}=\omega^2A=4.9\text{m/s}^2$$

此值小于 g，故小物体不会离开。

要小物体能脱离振动物体，则 $a\geqslant g$，开始分离的位置由 $N=0$ 求得

$$g=a=-\omega^2x,\quad x=-g/\omega^2=-20\text{cm}$$

由 $a_{\max}=\omega^2A>g$，可得

$$A>g/\omega^2=20\text{cm}$$

即振幅 $A>20\text{cm}$ 时，二者在在平衡位置上方 20cm 处开始分离。

如果此弹簧振子水平放置，大物体在光滑的水平面上，如图 4-23(c) 所示，则小物体与大物体要一起运动时，两物体间的静摩擦系数 μ 至少为多少？

对于小物体 m' 来说，它做简谐振动所需的回复力由两物体间的静摩擦力来提供，要其不分开，则有

$$\mu m'g\geqslant m'a_{\max}=m'A\omega^2$$

所以，μ 至少为 $$\mu=\frac{A\omega^2}{g}=\frac{10\times10^{-2}\times49}{9.8}=0.5$$

反过来，如果已知最大静摩擦系数 $\mu_{\max}=0.4$，则小物体与大物体要一起运动，则对振幅就有要求，由最大静摩擦力应对引起振动的最大加速度有

$$\mu_{\max}m'g=m'a_{\max}=m'A_{\max}\omega^2$$

可解得其振动系统做谐振动的最大振幅为

$$A_{\max}=\frac{\mu_{\max}g}{\omega^2}=\frac{0.4\times9.8}{49}=8\times10^{-2}(\text{m})$$

从上讨论也可知，在给定最大静摩擦系数 $\mu_{\max}$ 时，两物体要分离只可能在离平衡位置两边的最大位移处。

注意：同一弹簧振子水平与竖直放置时，其振动圆频率不变。

【例 4-4】 (1) 一质点做简谐振动，其振动曲线如图 4-24(a) 所示，试求其振动方程；(2) 如果其运动速度与时间的曲线如图 4-24(b) 所示，再求其振动方程。

【解】 (1) 解法一：用解析法。

依题意，设振动方程为 $x=A\cos(\omega t+\varphi_0)$

由图 4-24(a) 可知 振幅 $A=4\text{cm}$

$t=0$ 时：$x_0=2\text{cm}$，$v_0>0$；$t=1\text{s}$ 时，$x_1=0$，$v_1<0$

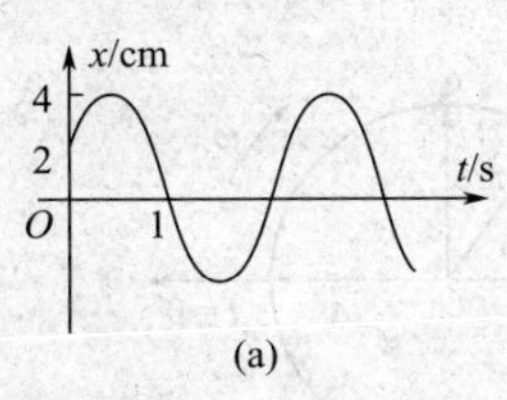

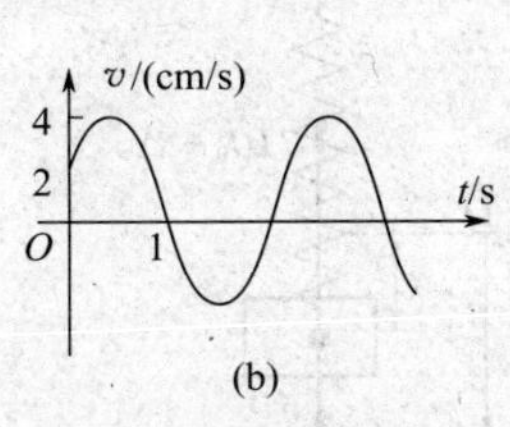

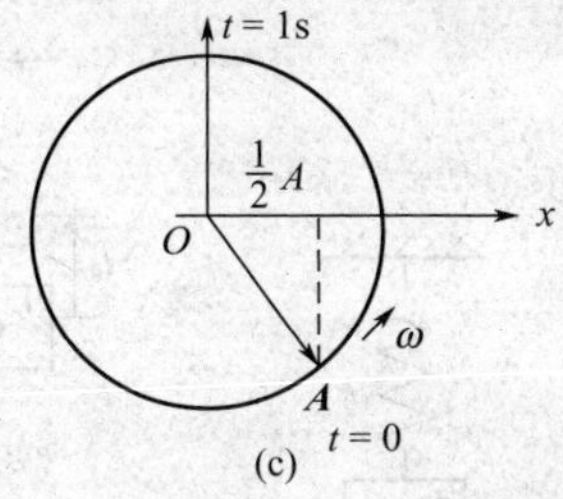

图 4-24

分别代入振动方程和 $v=\frac{\mathrm{d}x}{\mathrm{d}t}=-A\omega\sin(\omega t+\varphi_0)$ 有

$$\begin{cases}2=4\cos\varphi_0\\ v_0=-A\omega\sin\varphi_0>0\end{cases},\quad \begin{cases}0=4\cos(\omega\times 1+\varphi_0)\\ v_1=-A\omega\sin(\omega\times 1+\varphi_0)<0\end{cases}$$

由第一组方程解得 $\cos\varphi_0=\frac{1}{2}\rightarrow\varphi_0=\pm\frac{\pi}{3}$，而 $v_0>0$，即 $\sin\varphi_0<0$，从而决定初相为 $\varphi_0=-\frac{\pi}{3}$，代入第二组方程有 $\omega-\frac{\pi}{3}=\pm\frac{\pi}{2}$，$\sin\left(\omega-\frac{\pi}{3}\right)>0$，解得，圆频率 $\omega=\frac{\pi}{2}+\frac{\pi}{3}=\frac{5\pi}{6}$ (rad/s)；周期 $T=2\pi/\omega=2.40\text{s}$。

所以，质点的振动方程为 $$x=4\cos\left(\frac{5\pi}{6}t-\frac{\pi}{3}\right)(\text{cm})$$

解法二：用旋转矢量法。

依 $t=0$ 时：$x_0=2\text{cm}$，$v_0>0$；$t=1\text{s}$ 时，$x_1=0$，$v_1<0$ 可作对应的旋转矢量图［图 4-24(c)］。由图显见，初相为 $\varphi_0=-\frac{\pi}{3}$，旋转矢量 $\boldsymbol{A}$ 在 $\Delta t=1-0$ 的时间内转过的角度为 $\frac{\pi}{2}+\frac{\pi}{3}=\frac{5\pi}{6}$，即 $\omega\Delta t=\frac{\pi}{2}+\frac{\pi}{3}=\frac{5\pi}{6}$ (rad)，所以圆频率

$$\omega=\frac{\pi}{2}+\frac{\pi}{3}=\frac{5\pi}{6}(\text{rad/s})$$

所以振动方程为 $$x=4\cos\left(\frac{5\pi}{6}t-\frac{\pi}{3}\right)\ (\text{cm})$$

可见，用旋转矢量法求解这一类问题比解析法简单。

(2) 依题意，设振动方程为 $x=A\cos(\omega t+\varphi_0)$，速度 $v=\frac{\mathrm{d}x}{\mathrm{d}t}=-A\omega\sin(\omega t+\varphi_0)$，从运动速度与时间的曲线图［图 4-24(b)］可知，速度振幅 $A\omega=4\text{cm/s}$。

$t=0$ 时，$v_0=2\text{cm/s}$，$x_0<0$；$t=1\text{s}$ 时，$v_1=0$，$x_1=A$，分别代入速度表达式和振动方程中，有

$$\begin{cases}x_0=A\cos\varphi_0<0\\ \frac{1}{2}A\omega=-A\omega\sin\varphi_0\end{cases},\quad \begin{cases}A=A\cos(\omega\times 1+\varphi_0)\\ 0=-A\omega\sin(\omega\times 1+\varphi_0)\end{cases}$$

解得 $\sin\varphi_0=\frac{1}{2}\rightarrow\varphi_0=-\frac{\pi}{6}$ 或 $\varphi_0=-\frac{5\pi}{6}$，而 $x_0<0$，即 $\cos\varphi_0<0$，从而决定初相为 $\varphi_0=-\frac{5\pi}{6}$；圆频率 $\omega=\frac{5\pi}{6}\text{rad/s}$；再由 $A\omega=4\text{cm/s}$ 解得 $A\approx1.53\text{cm}$。

所以振动方程为 $$x=1.53\cos\left(\frac{5\pi}{6}t-\frac{5\pi}{6}\right)(\text{cm})$$

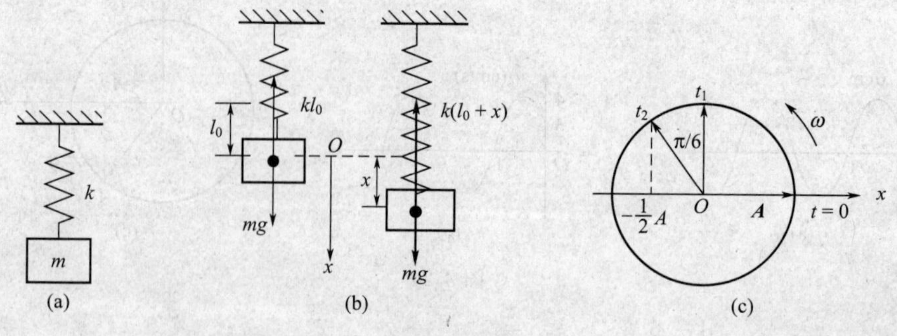

图 4-25

【例 4-5】 一竖直悬挂的弹簧振子系统如图 4-25(a) 所示，今将物体下拉使弹簧伸长为 $3mg/k$（弹簧原长$>mg/k$），然后由静止释放并开始计时，求

(1) 物体的振动方程；

(2) 要使振子的动能达到 m^2g^2/k，至少需要经历的时间；

(3) 物体从第一次越过平衡位置时刻起到它运动到上方 mg/k 处所需的最少时间；

(4) 物体在平衡位置上方 mg/k 时，弹簧对物体的拉力。

【解】 (1) 依题意，作图 4-25(b)，弹簧的平衡位置 O 为坐标原点，向下为正。m 在平衡位置时，弹簧已伸长 l_0，有

$$mg=kl_0$$

m 在任意位置 x 时，物体所受合力为

$$F=mg-f=mg-k(x+l_0)=-kx$$

这是弹性力，所以物体做简谐振动。

设物体振动方程为 $$x=A\cos(\omega t+\varphi_0) \tag{4-11}$$

物体的振动速度 $$v=\frac{\mathrm{d}x}{\mathrm{d}t}=-A\omega\sin(\omega t+\varphi_0) \tag{4-12}$$

由题给条件知圆频率 $\omega=\sqrt{k/m}$

$t=0$ 时，$x_0=2mg/k$，$v_0=0$，代入式 (4-11)、式 (4-12)，有

$$\begin{cases}2mg/k=A\cos\varphi_0\\0=-A\omega\sin\varphi_0\end{cases}，解得\quad A=2mg/k，\varphi_0=0$$

所以物体振动方程为 $$x=\frac{2mg}{k}\cos\sqrt{\frac{k}{m}}t\quad (\mathrm{SI}) \tag{4-13}$$

(2) 设平衡点 O 为重力势能和弹子性势能的零点，当物体 m 在 x 时，有

弹性势能为 $$E_{p弹}=\int_x^0-k(x+l)\mathrm{d}x=\frac{1}{2}kx^2+kxl=\frac{1}{2}kx^2+mgx，$$

重力势能为 $$E_{p重}=-mgx$$

弹簧振子系统机械能守恒，有

$$E=E_0$$

$$\frac{1}{2}mv^2+\frac{1}{2}kx^2+mgx-mgx=0+\frac{1}{2}kA^2+mgA-mgA=\frac{1}{2}kA^2 \tag{4-14}$$

设振子动能达到 m^2g^2/k 时，物体在 x 处，由式 (4-14) 有

$$\frac{m^2g^2}{k}+\frac{1}{2}kx^2=\frac{1}{2}kA^2=\frac{2m^2g^2}{k}$$

可见，这时是系统动能和势能相等时，即$\frac{1}{2}kx^2=\frac{1}{2}mv^2=\frac{m^2g^2}{k}$，由式（4-11）～式（4-13）得$\cos^2\omega t=\sin^2\omega t$，解得要使振子的动能达到$m^2g^2/k$，至少需要经历的时间

$$\omega t=\frac{\pi}{4},\quad \Delta t=\frac{\pi}{4\omega}=\frac{\pi}{4}\sqrt{\frac{m}{k}}$$

（3）设物体第一次越过平衡位置时刻为t_1，此时$x_1=0$，物体向上运动，$v_1<0$，有$0=A\cos\omega t_1$，$-\omega A\sin\omega t_1<0$即

$$\omega t_1=\pi/2$$

所以
$$t_1=\pi/2\omega=T/4=\frac{\pi}{2}\sqrt{\frac{m}{k}}$$

（这个结果应可想而知，因为物体开始在最大位移处，第一次越过平衡位置所用时间是周期T的1/4）

再设物体在平衡位置上方mg/k（$=A/2$）处的时刻为t_2，此时$x_2=-mg/k$，物体向上运动，$v_2<0$，有

$$-mg/k=2(mg/k)\cos\omega t_2$$

即$\omega t_2=\pm 2\pi/3$由$-\omega A\sin\omega t_2<0$，则

$$\omega t_2=2\pi/3,\quad t_2=2\pi/3\omega=\frac{2\pi}{3}\sqrt{\frac{m}{k}}$$

所以，物体从第一次越过平衡位置时刻起到它运动到上方mg/k处所需的最少时间为

$$\Delta t=t_2-t_1=\frac{2\pi}{3}\sqrt{\frac{m}{k}}-\frac{\pi}{2}\sqrt{\frac{m}{k}}=\frac{\pi}{6}\sqrt{\frac{m}{k}}$$

用旋转矢量法求Δt更简单。

按t_1时刻，$x_1=0$，$v_1<0$；t_2时刻，$x_2=-mg/k=-A/2$，$v_2<0$，作旋转矢量图[图4-25(c)]，可知

$$\Delta t=t_2-t_1=\frac{\pi/6}{\omega}=\frac{\pi}{6\omega}=\frac{\pi}{6}\sqrt{\frac{m}{k}}$$

（4）设物体在平衡位置上方mg/k，即$x=-mg/k$时，弹簧对物体的拉力为f，由牛顿第二定律$ma=mg+f$有

$$f=m(a-g)\quad 而\quad a=-\omega^2x$$

所以，物体在平衡位置上方

$$x=-mg/k,\ a=-\omega^2x=-\omega^2(-mg/k)=g$$
$$f=m(a-g)=m(g-g)=0$$

这说明物体处在弹簧的原长处。

也可直接由$f=-k(x+l_0)$来求弹簧对物体的拉力。

物体在平衡位置上方

$$x=-mg/k$$
$$f=-k(x+l_0)=-kx-kl_0=-kx-mg=-k(-mg/k)-mg=0$$

注意：现在求的不是合外力，实际上在关于平衡点O的对称位置$x=\pm mg/k$，合外力为

$$F=-k(x+l_0)+mg=-kx=-k\times(\pm mg/k)=\mp mg$$

总是指向平衡点O。当物体在平衡位置上方$x=-mg/k$处，虽然弹簧对物体的拉力为零，但合外力并不为零，此处的回复力由向下的重力提供。

【例 4-6】 两个同方向同频率的简谐振动，其振动表达式分别为

$$x_1=4\times10^{-2}\cos\left(5\pi t+\frac{1}{2}\pi\right)\ \text{(SI)},\quad x_2=3\times10^{-2}\cos(\pi-5\pi t)\ \text{(SI)}$$

(1) 在同一坐标中画出两者的振动曲线，并用旋转矢量表示这两个振动；

(2) 求它们的合振动方程。

【解】 (1) 注意 $x_2=3\times10^{-2}\cos(\pi-5\pi t)=3\times10^{-2}\cos(5\pi t+\pi)$(m)，两振动的位相差 $\Delta\varphi=\varphi_2-\varphi_1=\pi-\pi/2=\pi/2$，即第二个振动比第一个振动位相超前 $\pi/2$，时间上超前 $T/4$，用旋转矢量来表示它们，如图 4-26(a) 所示，在同一坐标中两者的振动曲线如图 4-26(b) 所示。

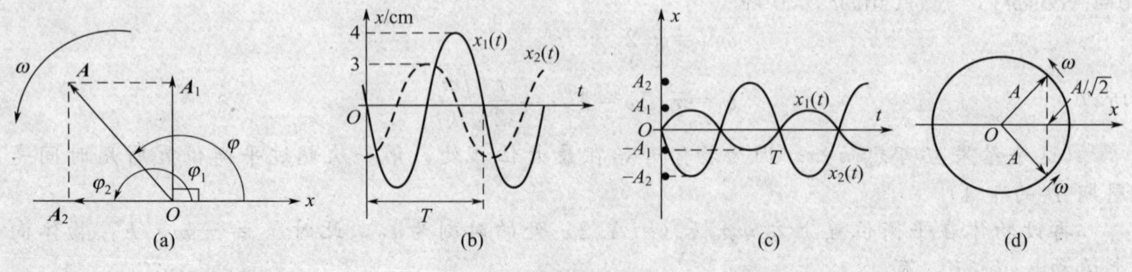

图 4-26

注意： 与此相反的问题。已知两个同方向同频率的简谐振动的旋转矢量图或者两者振动曲线图时，可从中知其振动的特点和合振动的问题。

例如，已知两个同方向同频率的简谐振动曲线如图 4-26(c) 所示，则可知两振动是反位相的，其位相差

$$\Delta\varphi=\varphi_2-\varphi_1=\pi/2-(-\pi/2)=\pi$$

合振动的振幅为 $|A_1-A_2|$，合振动的初相与振幅大的分振动同相，为 $\varphi=\varphi_2=\pi/2$，合振动方程为

$$x=|A_2-A_1|\cos\left(\frac{2\pi}{T}t+\frac{1}{2}\pi\right)$$

又如，已知两个同方向同频率的简谐振动的旋转矢量图，如图 4-26(d)，则从图可知，两个分振动振幅相等，相位差为 $\pi/2$，从而合振幅为 $\sqrt{2}A$，合振动初相 $\varphi=0$，合振动方程为

$$x=\sqrt{2}A\cos\omega t$$

(2) 由于两个同方向同频率的简谐振动的合振动也是同频率的简谐振动，有

$$x=x_1+x_2=A_1\cos(\omega t+\varphi_1)+A_2\cos(\omega t+\varphi_2)=A\cos(\omega t+\varphi)$$

$$A=\sqrt{A_1^2+A_2^2+2A_1A_2\cos(\varphi_2-\varphi_1)}$$

$$=\sqrt{4^2+3^2+2\times4\times3\cos(\pi-\pi/2)}=5(\text{cm})=5\times10^{-2}(\text{m})$$

合振动的初相 $\varphi=\arctan\dfrac{A_1\sin\varphi_1+A_2\sin\varphi_2}{A_1\cos\varphi_1+A_2\cos\varphi_2}=\dfrac{4\sin\pi/2+3\sin\pi}{4\cos\pi/2+3\cos\pi}=-\dfrac{4}{3}$

由旋转矢量图［图 4-26(a)］知，φ 应在第二象限，所以

$$\varphi\approx127°\approx2.22\text{rad}$$

合振动方程 $x=5\times10^{-2}\cos(5\pi t+2.22)$ (SI)

第五单元 波动学基础

一、基本要求

(1) 理解机械波产生的条件，能根据已知质点的谐振动方程建立平面简谐波的波动方

程，并掌握其物理意义及波形图形。

(2) 掌握平面简谐波特征量的物理意义及其相互关系以及各由什么因素决定。

(3) 理解波的能量传播特征及能流、能流密度的概念。

(4) 理解惠更斯原理和波的叠加原理。

(5) 掌握波的相干条件，能应用相位差或波程差分析和确定相干波叠加振幅相长和相消的条件。

(6) 了解驻波形成的条件，驻波和行波的区别，能确定波腹和波节的位置。

(7) 了解多普勒效应及其产生的原因。

二、基本概念与规律

1. 波动的基本概念

(1) **波动**。振动在空间的传播，伴随有状态和能量的传递——重要而普遍的运动形式。

从物理学上说，振动是一定的物理量在某一定值附近的反复变化，波动是一定的物理量的周期性变化（也有非周期的）在空间的传播。**波动是振动的传播，振动是波动的根源**。

不同的波对应不同的振动，其具体内容不同各有其特殊性，但对波的数学处理和物理描述却有共性，如光波、声波都有折射、干涉与衍射等性质，在数学上有类似的波动方程。

(2) **机械波**。机械振动在弹性媒质中，通过媒质中各质元之间的弹性力作用将振动传播出去的过程。简而言之，机械振动在弹性媒质中的传播即为机械波。

注意：① 机械波的产生条件：形成机械波必须有波源（振动物体）和弹性媒质，二者缺一不可。

② **机械波的传播特点**：机械波传播的是振动相位和能量（或状态），在沿波的传播方向上，媒质中各质元的振动相位依次落后。质元本身不迁移！

(3) **横波和纵波**。质点的振动方向与波的传播方向相互垂直的波叫做横波；两者相互平行的波叫做纵波。

(4) **波的几何描述**。

① **波面**（相面、波阵面）。某时刻媒质中**振动相位相同的点**组成的面称为波面。在某一时刻，最前方的波面叫波前。

② **波线**。自波源沿各传播方向画一些带箭头的线为波线（它也是能量传输的方向。在各向同性的媒质中，波线总是与波面垂直）。

③ **平面波和球面波**。波面为平面的波称为平面波；点波源的波面是球面，叫做球面波。在离波源足够远处，且观察范围不大时，球面波可按平面波处理。

(5) **描述波的物理量**。

① **波速（相速）**：单位时间内一定振动状态（相位）传播的距离——表示振动状态在空间的传播的快慢。它与波动的特性无关，由媒质的弹性和惯性决定。

例如，在无限大均匀各向同性的固体介质中传播的横波波速为

$$u_\tau=\sqrt{\frac{N}{\rho}}$$

式中，N 为切变弹性模量；ρ 为介质的密度。

在弹性固体棒中传播的纵波的波速为

$$u_l=\sqrt{\frac{Y}{\rho}}$$

式中，Y 为媒质的杨氏模量；ρ 为媒质的密度。

空气（当作理想气体）中的声速公式

$$u_1=\sqrt{\frac{\gamma P}{\rho}}=\sqrt{\frac{\gamma RT}{M_{mol}}}$$

式中，M_{mol}为摩尔质量；γ 为比热容比。

在标准状态下的声速可计算（取 $\gamma=1.40$）得 $u_1=331\text{m/s}$，与温度有关。

电磁波在真空和介质中电磁波的速率分别为

$$c=\frac{1}{\sqrt{\varepsilon_0\mu_0}},\quad u=\frac{1}{\sqrt{\varepsilon\mu}}=\frac{c}{\sqrt{\varepsilon_r\mu_r}}=\frac{c}{n}<c$$

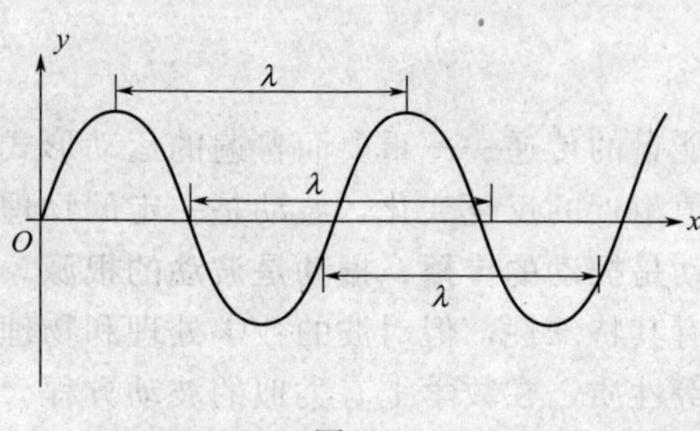

图 5-1

② **波长 λ**：相邻的两个振动状态相同的质元之间的距离，或同一波线上相位差为 2π 的两相邻质元之间的距离，也是一个完整波形的长度，它反映波在空间上的周期性（图 5-1）。

按波长的定义，在波的传播方向上，各向同性均匀介质中，间距为波长整数倍的各点的振动状态相同——永远同位相。

③ **波的周期 T**：媒质质元振动状态复原所需的最短时间，或一个完整波形通过波线上某点所需的时间；波前进一个波长所需的时间；某个相位传播一个波长距离所需的时间，它反映波在时间上的周期性。

④ **波的频率 ν**：单位时间通过波线上某点的完整波形的数目称为波的频率。它反映波在时间上的周期性（注意：波的周期和频率与传播媒质中各质元的振动周期和频率相同）。

⑤ **波数 k**：它的数值等于在 2π 长度内所包含的完整波的个数，也是单位长度上波的相位改变。

波速、波长、周期、频率、波数之间的关系

$$u=\frac{\lambda}{T}=\lambda\nu,\quad k=\frac{2\pi}{\lambda}=\frac{\omega}{u},\quad \omega=2\pi\nu=\frac{2\pi}{T}$$

注意：u——媒质决定；T，ν——波源确定；λ——波源和媒质决定，即相同频率的波在不同媒质中传播时，λ 随介质不同而不同，不同频率的波在相同介质中传播时，λ 随波的频率不同而不同。

2. 平面简谐波

(1) **简谐波**（正弦波、余弦波）：简谐振动在弹性媒质中的传播——波源和波线上各质元点都做简谐振动的连续波。

简谐波是频率单一的单色波，波列无限长，是行波。各种复杂的波形都可看成由许多不同频率的简谐波的叠加。

(2) **平面简谐波**：波面是平面的简谐波——最简单的行波——平面行波。

(3) **平面简谐波的波函数**：定量给出的波动沿波线传播的解析表达式。

对平面行波，在垂直于波线的平面上各点皆有相同的振动状态——各点振动位相相同，则沿波线取坐标轴（x 轴）时，平面谐波的波动方程就是波线上各质元任意 t 时刻离开自己平衡位置 x 的位移 y 与 x,t 的函数关系，即

$$y=y(x,t)$$

式中，x 为媒质中某一质元的平衡位置。

设平面谐波在理想的、无吸收的无限大均匀媒质中沿 X 轴传播，则平面简谐波的波函数（习惯上也叫平面简谐波的波动方程）为

$$y=A\cos\left[\omega\left(t\mp\frac{x}{u}\right)+\varphi_0\right]=A\cos\left[2\pi\left(\frac{t}{T}\mp\frac{x}{\lambda}\right)+\varphi_0\right]=A\cos\left(2\pi\nu t\mp\frac{2\pi x}{\lambda}+\varphi_0\right)$$

注意：① 式中，“$-$”表示波沿 x 轴正方向传播；“$+$”表示波沿 x 轴负方向传播。

② 从波动方程可知，在波线上的各点的振动状态在波的传播方向上依次落后（图 5-2）。任意 P 点与 O 点在 t 时的相位差为

$$\Delta\varphi=\left[\omega\left(t\mp\frac{x}{u}\right)+\varphi_0\right]-(\omega t+\varphi_0)$$

$$=\mp\frac{\omega x}{u}=\mp\frac{2\pi x}{\lambda}=\mp kx$$

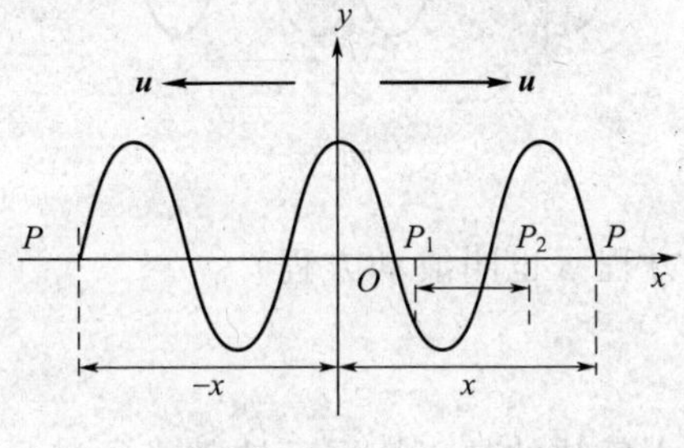

图 5-2

$\Delta\varphi$ 可正可负——表示 x 处的质元比坐标原点 O 处质元超前或落后的相位。

(4) **波函数的物理意义**：波函数是 x 和 t 的函数。

给定 $x=x_i$，y 仅是时间 t 的函数，它表示 x_i 处质点的振动，给出 x_i 处质点任意时刻离开自己平衡位置的位移，波动方程退化为 x_i 处质元的振动方程（图 5-3）为

$$y|_{x=x_i}=A\cos\left(\omega t\mp\frac{2\pi x_i}{\lambda}+\varphi_0\right)=A\cos\left[\omega t+\left(\varphi_0\mp\frac{2\pi x_i}{\lambda}\right)\right]=A\cos(\omega t+\varphi_{0i})$$

式中，$\left(\varphi_0\mp\frac{2\pi x_i}{\lambda}\right)=\varphi_{0i}$ 是 x_i 处质点振动的初相。

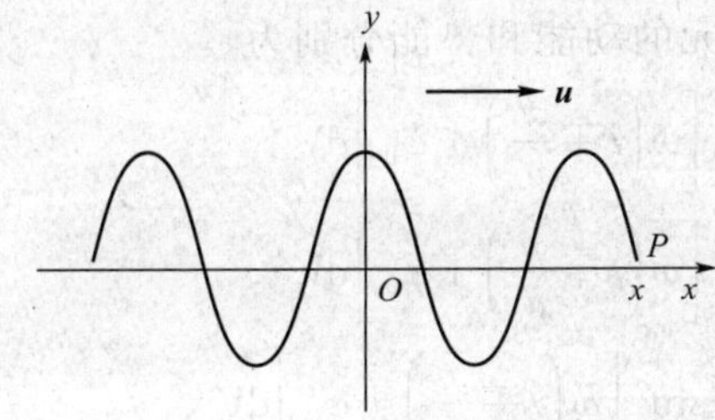

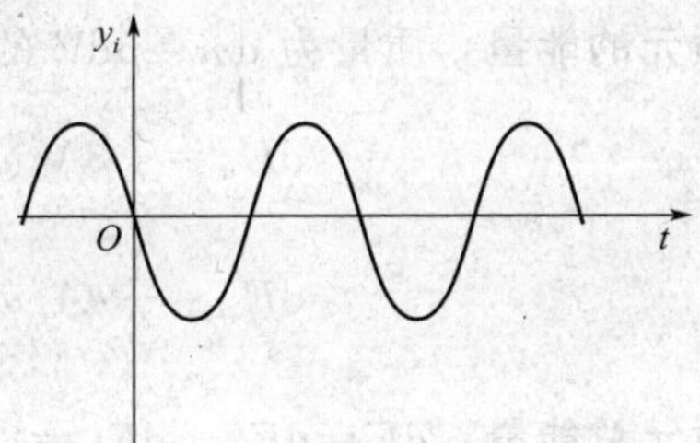

图 5-3

可见，空间各质元做同频率、同振幅的简谐振动，x_i 不同，φ_{0i} 不同，$x_i\uparrow$，$\varphi_{0i}\downarrow$。各质元的振动在波的传播方向上依次落后。显然，当 $x=x_i+n\lambda$，$n=0,\pm1,\pm2,\cdots$，有 $y|_{x=x_i}=y|_{x=x_i+n\lambda}$——距离 λ 整数倍的各点振动状态完全相同——波长是波动空间周期性的反映！

给定 $t=t_i$，y 仅是坐标 x 的函数，它表示 t_i 时刻的波形；给出 t_i 时刻任意质点离开自己平衡位置的位移分布（称为 t_i 时刻的波形方程）。

可见，t_i 不同，波形不同，$t\uparrow$，“波形”向波的传播方向上前进，当 $t=t_i+nT$，$n=0,\pm1,\pm2,\cdots$ 有 $y|_{t=t_i}=y|_{t=t_i+nT}$——每隔 T 时，波形重复，各点振动状态复原——周期是波动时间周期性的反映（图 5-4）。

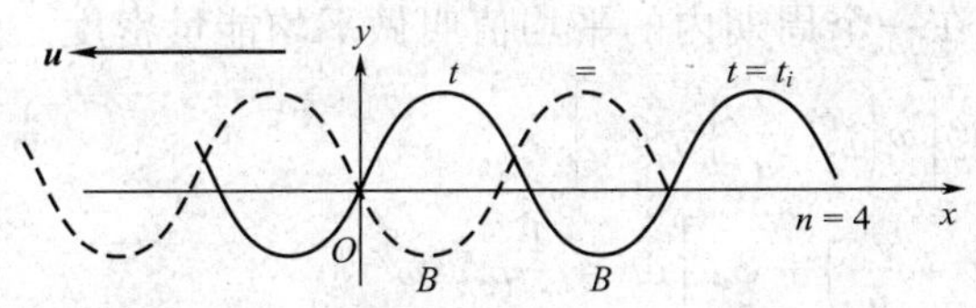

图 5-4

当 x 和 t 同时变化，它描述了波线上所有质点离开自己平衡位置的位移随时间的

变化规律。

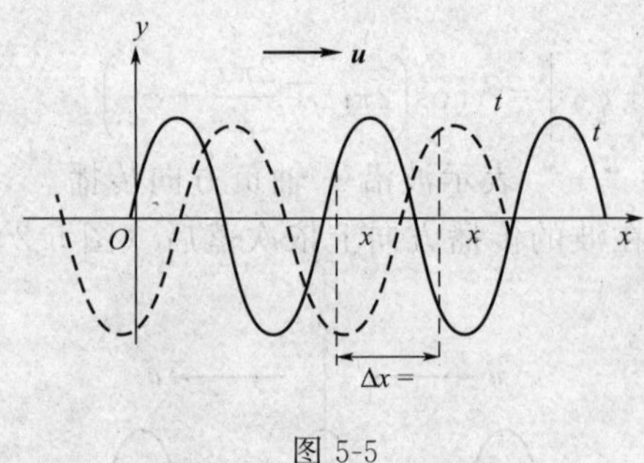

图 5-5

由于波速是相位传播的速度，Δt 后，任一 x 处的状态→$x+\Delta x=x+u\Delta t$ 处，有

$$y(x+\Delta x, t+\Delta t)=y(x,t)$$

可见，Δt 时间内，某一振动状态（一定的位相）在波的传播方向上前进 $\Delta x=u\Delta t$ 的距离——平面谐波的波动方程描述的是一个沿 x 轴正向或负向传播的行波，反映波动的物理本质是位相的传播，波速是相速度（图 5-5）。

在无吸收的均匀媒质中，一切平面波都遵守微分方程（也叫波动方程）

$$\frac{\partial^2 y}{\partial x^2}=\frac{1}{u^2}\frac{\partial^2 y}{\partial t^2}$$

上式反映的是一切平面波都必须满足的线性偏微分方程。它的一个特解就是平面简谐波的波函数，此特解的线性组合也是方程的解。这是实验事实的概括：若有几列波同时在介质中传播，则它们各自将以原有的振幅、频率和波长独立传播；在几列波相遇处质元的位移等于各列波单独传播时在该处引起的位移的矢量和。

3. 波的能量

波源的持续振动不断从外界吸收能量，当波传播到媒质中，各质元振动→具有振动动能；波传播时媒质发生弹性形变→具有弹性势能，这些能量随振动状态由近及远传播，任一质元都在不断地从前一质元中接受能量，而向后一质元释放能量。

媒质质元的能量：质量为 $\mathrm{d}m=\rho\mathrm{d}V$ 的体积元的动能和势能分别为

$$\mathrm{d}E_{\mathrm{k}}=\frac{1}{2}\rho A^2\omega^2\sin^2\left[\omega\left(t\mp\frac{x}{u}\right)+\varphi_0\right]\mathrm{d}V$$

$$\mathrm{d}E_{\mathrm{p}}=\frac{1}{2}\rho A^2\omega^2\sin^2\left[\omega\left(t\mp\frac{x}{u}\right)+\varphi_0\right]\mathrm{d}V$$

媒质质元总能量：$\mathrm{d}E=\mathrm{d}E_{\mathrm{k}}+\mathrm{d}E_{\mathrm{p}}=\rho A^2\omega^2\sin^2\left[\omega\left(t\mp\frac{x}{u}\right)+\varphi_0\right]\mathrm{d}V$

注意：平面谐波中，体元中质元的动能和势能二者同位相地随时间变化——在任意时刻，这一质元的动能和势能都有相同的值。

这与孤立的振动系统能量有不同特点，孤立的振动系统动能和势能的位相差是 π/2，孤立的振动系统在平衡位置时动能最大，而势能最小；总机械能守恒，这表明系统储存一定的能量，不向外传播能量。而传波媒质中各部分由弹性力彼此相连，媒质中质元振动经过平衡位置时，具有最大振动速度和最大动能，同时相对形变也最大，从而这时也有最大势能。这表明弹性媒质本身并不储存能量，它只起到向外传播能量的作用，即弹性力做功把波源处的能量向外传播。

能量密度 w：单位体积媒质的波动能量。在一个周期内的平均值叫做平均能量密度。

$$w=\mathrm{d}E/\mathrm{d}V=\rho A^2\omega^2\sin^2\left[\omega\left(t\mp\frac{x}{u}\right)+\varphi_0\right]$$

$$\overline{w}=\int_0^{T'}\rho A^2\omega^2\sin^2\left[\omega\left(t\mp\frac{x}{u}\right)+\varphi_0\right]\mathrm{d}t=\frac{1}{2}\rho A^2\omega^2$$

可见，对于某一体元，它的能量从零达到最大，这是能量的输入过程，然后又从最大减到零，这是能量输出的过程，周而复始。平均来讲，该体元的能量密度保持不变。即媒质中并不积累能量，因而它是一个能量传递的过程——波是能量传播的一种形式。波动的能量沿波速方向传播，从而波动永远存在能量的流动，我们就要研究波的能流问题。

能流 P：单位时间内通过垂直波速的某一截面的能量。

$$P=\mathrm{d}E/\mathrm{d}t=u\cdot\Delta S\cdot w=u\Delta S\rho A^2\omega^2\ \sin^2\left[\omega\left(t\mp\frac{x}{u}\right)+\varphi_0\right]$$

平均能流密度：单位时间通过垂直于传播方向的单位面积的平均能流。

$$\boldsymbol{I}=\frac{\overline{P}}{\Delta S}\frac{\boldsymbol{u}}{u}=\overline{w}\boldsymbol{u}=\frac{1}{2}\rho A^2\omega^2\boldsymbol{u}$$

4. 惠更斯原理

惠更斯原理是指媒质中波动传到的各点，都可看作是发射子波的新波源，其后任一时刻，这些子波的包络面（包迹）就是该时刻的波前。

包迹：与所有子波的波前相切的曲面。

子波：与真正的波源有差别，它没有后退波。

惠更斯原理告诉我们如何去找下一时刻的波阵面，用几何作图法决定下一时刻的波前。以及用惠更斯作图法可以说明波的反射定律、折射定律、衍射现象。

5. 波的叠加

波的独立传播原理（讨论波相遇后分开的情形）：媒质中的每一个波列都有保持其独立的传播特性，不因其他波的存在而改变。即几列波可以保持各自的特点通过同一媒质，好像没有其他波一样。

波的叠加原理（讨论波相遇区间的情形）：当几列波在媒质中某点相遇时，该点的振动为各列波单独在该点产生的振动的矢量和。（注：该点质元的位移等于各列波单独传播时在该处引起的位移的矢量和）

波的干涉现象：当两列或几列频率相同、振动方向相同、相位相同或相位差恒定的波在空间相遇时，使得空间某些点的振动始终加强，某些点的振动始终减弱或完全抵消的（而其他位置，振动的强弱介乎二者之间）的稳定分布的现象。

波的相干条件：两列或几列波要相干必须满足的必要条件是频率相同、振动方向相同、相位差恒定。满足相干条件而能产生干涉现象的波称为**相干波**；发射相干波的波源称为**相干波源**。

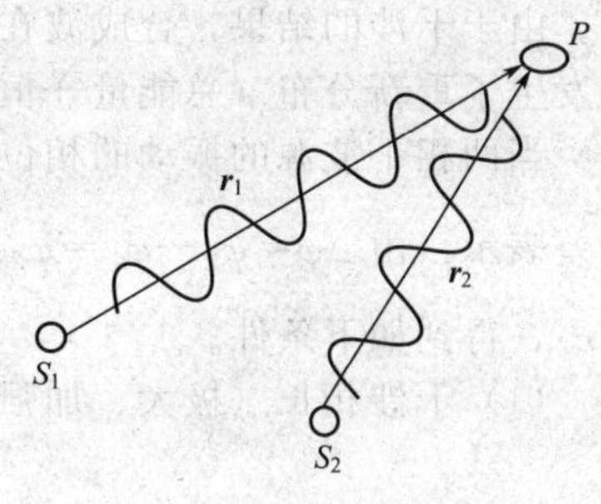

图 5-6

干涉加强和减弱的条件如下。

两列相干波传到 P 点引起的分振动为（图 5-6）

$$y_1=A_1\cos\left(\omega t+\varphi_{10}-\frac{2\pi r_1}{\lambda}\right)=A_1\cos(\omega t+\varphi_1)$$

$$y_2=A_2\cos\left(\omega t+\varphi_{20}-\frac{2\pi r_2}{\lambda}\right)=A_2\cos(\omega t+\varphi_2)$$

按同方向同频率的谐振动的合成，P 点合振动的方程为

$$y=y_1+y_2=A\cos(\omega t+\varphi)$$

其中合振幅为
$$A=\sqrt{A_1^2+A_2^2+2A_1A_2\cos(\varphi_2-\varphi_1)}$$

在媒质、波源确定（ρ,u,ω 一定），波的强度正比于振幅的平方，P 点合振动的强度

$$I=A^2=A_1^2+A_2^2+2A_1A_2\cos(\varphi_2-\varphi_1)=I_1+I_2+2\sqrt{I_1I_2}\cos\Delta\varphi=I_1+I_2+I_{12}$$

其中，I_{12} 称为干涉项，$\Delta\varphi=\varphi_2-\varphi_1$ 为两相干波在相遇点引起的分振动在同一时刻的相位差

$$\Delta\varphi=\varphi_2-\varphi_1=\varphi_{20}-\varphi_{10}-\frac{2\pi}{\lambda}(r_2-r_1)$$

如果 $\Delta\varphi$ 是 t 的函数，在观察时间内，空间各点 $\overline{\cos\Delta\varphi}=0$，干涉项 $I_{12}=0$，$I=I_1+I_2$——非相干叠加。

注意：非相干波的叠加，因有不同的振动方向、不同的频率、不恒定的相差导致合成波的情况相当复杂，然而合成波的强度到处均匀分布——$I=I_1+I_2$。

如果 $\Delta\varphi$ 不随时间 t 变，空间各点合振动强度、干涉项 I_{12} 随位置不同而不同，但有稳定分布——相干叠加。

可见，P 点合振动的强度取决于两个波在此引起的分振动的相位差。干涉项 I_{12} 为何值，由上讨论，得到**干涉加强和减弱的条件**。

（1）干涉相长（极大、加强）条件：两相干波在该处的相位差

$$\Delta\varphi=\varphi_2-\varphi_1=\pm 2k\pi, k=0,1,2,3,\cdots$$

$\cos\Delta\varphi=1$ 时，**两振动同相**时　　$A=A_1+A_2$

P 点合振动的强度有最大值

$$I=I_{\max}=I_1+I_2+2\sqrt{I_1I_2}\xrightarrow{I_1=I_2}4I_1$$

（2）干涉相消（极小、减弱）条件：两相干波在该处的相位差

$$\Delta\varphi=\varphi_2-\varphi_1=\pm(2k+1)\pi,\quad k=0,1,2,3,\cdots,$$

$\cos\Delta\varphi=-1$ 时　　　**两振动反相**时　　$A=|A_1-A_2|$

P 点合振动的强度有最小值

$$I=I_{\min}=I_1+I_2-2\sqrt{I_1I_2}\xrightarrow{I_1=I_2}0$$

从而可知：两强度相等的相干波（两列波的振幅相等）相干叠加产生的干涉效果最明显。由于干涉的结果，合成波在空间各处的强度并不等于两个分波强度之和，波的能量在空间发生了重新分布（总能量守恒）。

当两相干波源的振动的相位相同时，即 $\varphi_{20}-\varphi_{10}=0$，干涉极大与极小的条件也可用波程差表示：由 $\Delta\varphi=\varphi_2-\varphi_1=\varphi_{20}-\varphi_{10}-\frac{2\pi}{\lambda}(r_2-r_1)=\frac{2\pi}{\lambda}(r_1-r_2)=\frac{2\pi}{\lambda}\delta$，定义波程差 $\delta=r_1-r_2$，得到如下条件。

（1）干涉相长（极大、加强）条件

$$\delta=r_1-r_2=\pm k\lambda$$

即离波源的 δ 为波长整数倍的空间各点振动因干涉而加强。

（2）干涉相消（极小、减弱）条件

$$\delta=r_1-r_2=\pm(2k+1)\lambda/2$$

即离波源的 δ 为半波长的奇数倍的各点振动因干涉而减弱。

驻波：两列振幅相等的相干波在同一直线上沿着相反方向传播时，在叠加区域内形成的一种稳定波形的波。

驻波方程：设这两列振幅相等、同一直线上沿着相反方向传播的两列相干波的波动表达式为

$$y_1=A\cos\left(\omega t-\frac{2\pi}{\lambda}x+\varphi_1\right)$$

$$y_2=A\cos\left(\omega t+\frac{2\pi}{\lambda}x+\varphi_2\right)$$

φ_2,φ_1分别是这两列波在坐标原点 $x=0$ 处的初相位。按叠加原理，波线上任一 x 点处的合振动为（由三角函数和差化积公式得）

$$y=y_1+y_2=2A\cos\left[\frac{2\pi}{\lambda}x+\frac{1}{2}(\varphi_2-\varphi_1)\right]\cdot\cos\left[\omega t+\frac{1}{2}(\varphi_2+\varphi_1)\right] \tag{5-1}$$

如果 $\varphi_2=\varphi_1=\varphi$，则有

$$y=y_1+y_2=2A\cos\frac{2\pi}{\lambda}x\cdot\cos(\omega t+\varphi) \tag{5-2}$$

如果 $\varphi_1=-\varphi_2=\pi/2$，则有

$$y=y_1+y_2=2A\sin\frac{2\pi}{\lambda}x\cdot\cos\omega t \tag{5-3}$$

式（5-1）~式（5-3）都称为驻波方程，它描述波线上各点的振动——离开平衡位置的位移。

注意：(1) 驻波方程是 x 的函数与 t 的函数的乘积，波函数不满足 $y(x+\Delta x,t+\Delta t)=y(x,t)$的形式，它不是行波，行波方程中 x 与 t 不能分开。

(2) 从驻波方程可知，媒质中各质点做振幅不随 t 变化，但随位置 x 变化，频率都相同（原来波的频率）的简谐振动。

(3) 振幅分布。以式（5-2）描述的驻波为例，其振幅分布为

$$A(x)=\left|2A\cos\frac{2\pi}{\lambda}x\right|$$

波腹（振幅有极大值）处

$$A(x)=\left|2A\cos\frac{2\pi}{\lambda}x\right|=2A,\quad \cos\frac{2\pi}{\lambda}x=\pm1,\quad \frac{2\pi}{\lambda}x=\pm k\pi,\quad x=\pm k\frac{\lambda}{2}$$

波节（振幅有极小值）处

$$A(x)=\left|2A\cos\frac{2\pi}{\lambda}x\right|=0,\quad \cos\frac{2\pi}{\lambda}x=0,\quad \frac{2\pi}{\lambda}x=\pm(2k+1)\frac{\pi}{2},\quad x=\pm(2k+1)\frac{\lambda}{4}$$

$k=0,1,2,\cdots$，k 取值是有限个，由介质所占空间长度决定。

以式（5-2）描述的驻波在 $x=0$ 处是波腹。离坐标原点为半波长 $\lambda/2$ 的整数倍的地方是波腹。相邻波腹间的间距为 $\lambda/2$；离坐标原点为 $\lambda/4$ 的奇数倍的地方是波节！相邻波节间的间距也为 $\lambda/2$，但以式（5-3）描述的驻波在 $x=0$ 处却是波节。

(4) 相位分布。以式（5-2）描述的驻波为例。

当 $\cos\frac{2\pi}{\lambda}x>0$，则有满足这条件的各 x 处质点振动同相位，其振动方程为

$$y=2A\cos\frac{2\pi}{\lambda}x\cdot\cos(\omega t+\varphi)$$

当 $\cos\frac{2\pi}{\lambda}x<0$，则有满足这条件的各 x 处质点振动同相位，其振动方程为

$$y=\left|2A\cos\frac{2\pi}{\lambda}x\right|\cdot\cos(\omega t+\varphi+\pi)$$

可见，以波节为界，波节两侧的各点振动反位相（相差为 π），两相邻波节之间的各点振动同位相。驻波的特点不是振动的传播：位相、能量与波形都不传播；而是媒质中各质点都做频率相同的、稳定的分段同步振动，一种特殊的干涉。

(5) 由于相邻波腹、相邻波节间的间距都为 $\lambda/2$，则要在弦线上形成驻波，则弦长 L 必满足 $L=n\frac{\lambda}{2}$，$n=1,2,3,\cdots$，因此驻波经常用来测波长。

6. 半波损失

当波从**波疏**媒质射向**波密**媒质界面上发生反射时，在反射点正好是波节，从振动合成考虑，这意味着反射波与入射波的相位在此正好相反——相差为 π，即当波从波疏媒质射向波密媒质界面上发生反射时，反射波的位相突变 π，相当于有半个波长的波程损失的现象（光学中也有，特别是在对薄膜干涉现象的讨论中，常常要用到半波损失的概念）。

当波从波密媒质射向波疏媒质界面上发生反射时，反射点是波腹——入射波与反射波同相，没有半波损失。

对折射波，无论波从波疏媒质射向波密媒质，还是从波密媒质射向波疏媒质，在折射点，折射波相对于入射波都无半波损失问题。

注意：(1)"半波损失"名称的由来。在同一波线上，媒质中空间距离相差一个波长 λ 的两质元振动的相位差为 2π，那么相位差为 π 的两点，它们在同一波线上的空间距离就是半个波长$\left(\Delta\varphi=\frac{2\pi}{\lambda}|r_1-r_2|=\frac{2\pi}{\lambda}\delta=\pi\rightarrow\delta=\frac{\lambda}{2}\right)$，反射波与入射波相比在反射点处引起此处质点振动的相位差为 π，就相当于反射波在空间上多（或者少）传播了半个波长的距离。

(2) 半波损失与全反射现象的差别。全反射现象说的是波从波密媒质射向波疏媒质时，当入射角 $i\geqslant\arcsin\frac{u_1}{u_2}$（$u_1$，$u_2$分别是波在波密媒质和波疏媒质中的波速）时，入射波全部返回原来媒质，没有折射线的现象。

附：知识脉络图

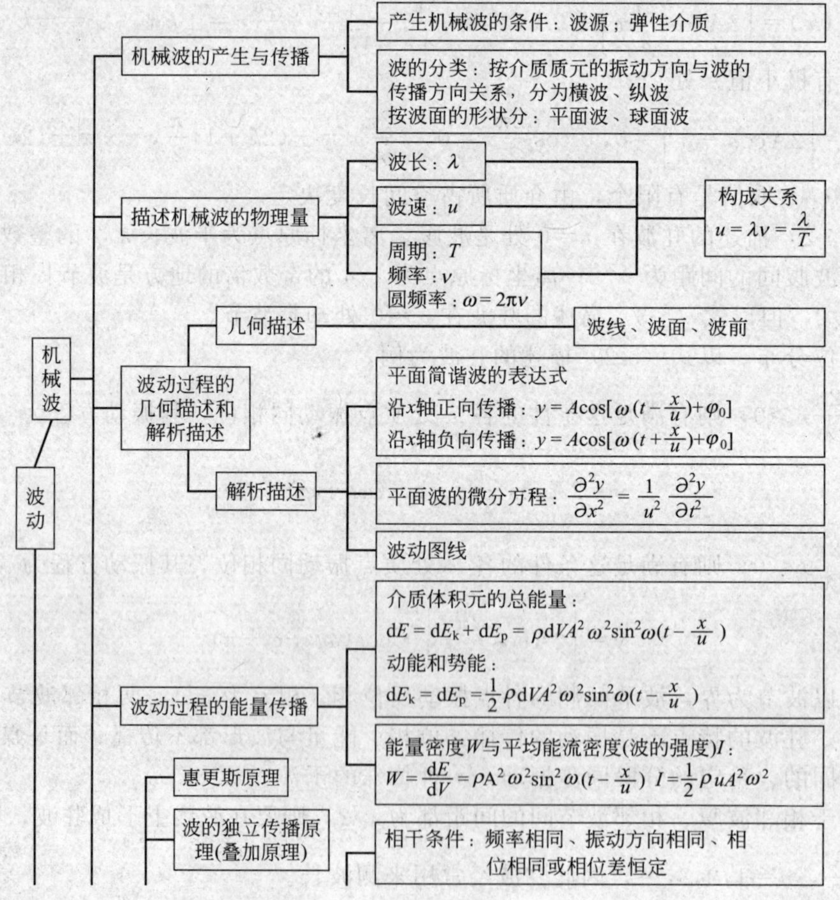

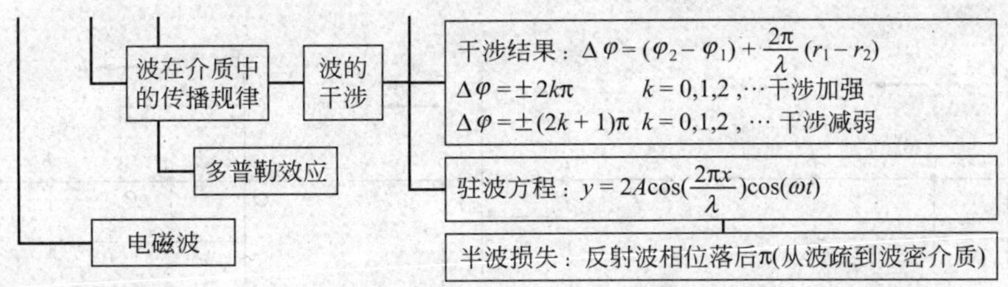

三、典型例题

这一单元中，主要有两类题。

1. 求波函数，主要有两种类型

(1) 已知某点的振动方程（已知点可以是坐标原点 $x=0$，也可以不是坐标原点）或某点的振动曲线（从曲线上可知 A,ω 以及这点振动的初条件而解出初相 φ，继而求出 a 点的振动方程）求波函数。关键：依波的传播方向判断任一 P 点比已知点 a 的振动是超前还是落后的相位 $\pm 2\pi\frac{\overline{Pa}}{\lambda}=\pm\frac{\omega}{u}\overline{Pa}=\pm k\overline{Pa}$（其中"+"→超前，"−"→落后，$\overline{Pa}$是 P 点与已知点 a 的距离，用坐标表示时要注意保证$\overline{Pa}>0$），然后"+"、"−"到已知点的振动方程中的相位上即可得到波动方程。

(2) 已知某时刻的波形曲线（给定时刻可以是计时零点 $t=0$，也可以不是计时零点）求波函数——关键：根据已知条件和波形图求出 A,λ,u,ν,ω 以及坐标原点的 φ_0、或某点的 φ，继而求出坐标原点或某点 a 的振动方程

$$y_O=A\cos(\omega t+\varphi_0) \quad 或 \quad y_a=A\cos(\omega t+\varphi)$$

注意：从 t 时的波动曲线和 $t+\Delta t$ 的波动曲线正确判断 O 点或 a 点的初条件，用解析法或旋转矢量法求 φ_0 或 φ。然后同（1）的方法求波动方程。

2. 已知波动方程→求某一质元振动方程

只需代这点的坐标到波动方程即可！也有反过来的问题，已知波动方程。画出某一质点的振动曲线，或者是画出某时刻的波形曲线——波动方程给出任意时刻、任意质点的振动位移。把某一质点的坐标值代入波动方程，就得到该质点的振动方程，用解析法即可描出该质点的振动曲线。把给定时刻的值代入波动方程，即可得该时刻的波形方程，用解析法可描出该时刻的波形曲线。

【例 5-1】 向右传播的平面谐波的波速为 u，已知 a 点质元的振动方程为

$$y_a=A\cos(\omega t+\varphi)$$

φ 是 a 质元的初相位。求如图 5-7(a) 和图 5-7(b) 选取的两种坐标系下的波动方程；以及距 a 点为 l 的 b 点质元的振动方程。

【解】 (1) 在如图 5-7(a) 所示的坐标系下求波动方程。

解法一：按平面波的物理特性求解。

先求坐标原点的振动方程，a 点距原点 O 的坐标为 $x_a(>0)$，由于波向右传，可知 O 点质元的振动比 a 点的振动相位超前 $2\pi x_a/\lambda=\omega x_a/u$，故 O 点振动方程为

$$y_O=A\cos\left(\omega t+\varphi+\frac{\omega x_a}{u}\right)$$

已知坐标原点的振动方程后，依波的传播方向和坐标 x 的取向，就可依波是振动的传播求出波线上任意 P 点比原点 O 落后的位相为 $\left(-\frac{\omega}{u}x\right)$，如图 5-7(c)。从而得到波动方程为

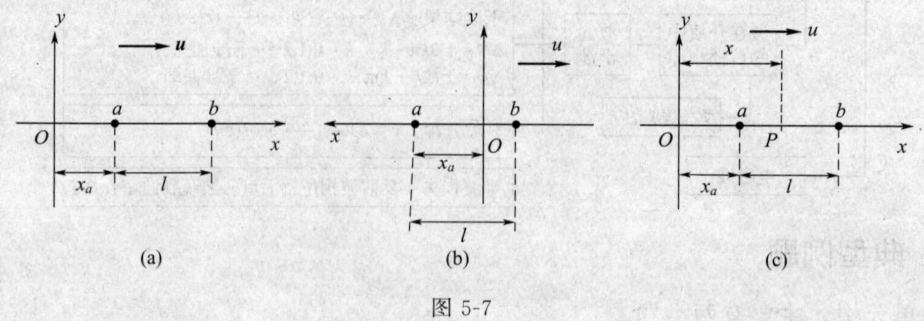

图 5-7

$$y=A\cos\left[\omega\left(t-\frac{x}{u}\right)+\varphi+\frac{\omega x_a}{u}\right] \tag{5-4}$$

也可不求原点 O 的振动方程，直接从图 5-7(c) 可知，波线上任意 P 点比点 a 落后的位相为 $\left[-\frac{\omega}{u}(x-x_a)\right]$，由 a 点质元的振动方程 $y_a=A\cos[\omega t+\varphi]$ 得出波动方程为

$$y=A\cos[\omega t+\varphi-\frac{\omega}{u}(x-x_a)]=A\cos\left[\omega\left(t-\frac{x}{u}\right)+\varphi+\frac{\omega x_a}{u}\right]$$

解法二：用比较法。

设波函数为标准形式 $y=A\cos\left[\omega\left(t-\frac{\omega x}{u}\right)+\varphi_0\right]$，则 a 处（$x=x_a$）质点的振动方程为 $y=A\cos\left[\omega\left(t-\frac{\omega x_a}{u}\right)+\varphi_0\right]$，与给定的 x_a 处质点的振动方程 $y_a=A\cos(\omega t+\varphi)$ 比较得

$$\varphi_0=\varphi+\frac{\omega x_a}{u}$$

由此得出波动方程为

$$y=A\cos\left[\omega\left(t-\frac{x}{u}\right)+\varphi+\frac{\omega x_a}{u}\right]$$

在图 5-7(a) 坐标系下，b 点质元的坐标 $x_b=x_a+l$，代入式 (5-4) 得 b 点的振动方程为

$$y_b=A\cos\left[\omega t-\frac{\omega(x_a+l)}{u}+\varphi+\frac{\omega x_a}{u}\right]=A\cos(\omega t+\varphi-\frac{\omega}{u}l)$$

也可直接从 b 点比 a 点的相位落后 $\omega l/u$，得 b 点的振动方程为

$$y_b=A\cos\left(\omega t+\varphi-\frac{\omega}{u}l\right)$$

(2) 在如图 5-7(b) 坐标系下求波动方程：注意这种坐标系下，波朝 x 负向传。

先求坐标原点的振动方程，a 点距原点 O 的坐标为 $x_a(>0)$，由于波向右传，可知 O 点质元的振动比 a 点的振动相位落后$[-2\pi x_a/\lambda]=[-\omega x_a/u]$，故 O 点振动方程为

$$y_O=A\cos\left(\omega t+\varphi-\frac{\omega x_a}{u}\right)$$

波动方程为

$$y=A\cos\left[\omega\left(t+\frac{x}{u}\right)+\varphi-\frac{\omega x_a}{u}\right] \tag{5-5}$$

可见，同一个波在不同坐标系下，波动方程不同。

在图 5-7(b) 坐标系下，b 点质元的坐标 $x_b=-(l-x_a)$，代入式 (5-5) 得 b 点的振动方程为

$$y_b = A\cos\left[\omega t + \frac{\omega(x_a - l)}{u} + \varphi - \frac{\omega x_a}{u}\right] = A\cos\left(\omega t + \varphi - \frac{\omega}{u}l\right)$$

也可直接从 b 点比 a 点的相位落后 $\omega l/u$，得 b 点的振动方程为

$$y_b = A\cos\left(\omega t + \varphi - \frac{\omega}{u}l\right)$$

可见，两种坐标系下，波线上某点的振动方程一样。

讨论：同一个波在不同坐标系下，波动方程与坐标系的原点和取向的选取有关；而波中某质元的振动方程却不受影响。因为波动研究的介质中所有质元相对各自平衡位置的位移问题，而振动只研究其中一个质点的位移随时间的变化问题。

【例 5-2】 一简谐波沿 Ox 轴负方向传播，波长 $\lambda = 40\text{cm}$，已知 $x=0$ 处质点的振动曲线如图 5-8(a) 所示：

(1) 写出 $x=0$ 处质点的振动方程；

(2) 写出波的表达式；

(3) 画出 $t=(2/3)\text{s}$ 时刻的波形曲线。

【解】 首先求出各特征量，从题给的 $x=0$ 处质点的振动曲线图可知：$T=4\text{s}$，$A=10\text{cm}$，$\omega = 2\pi/T = \pi/2$ (rad/s)。

(1) 解法一：设 $x=0$ 处质点的振动方程为

$$y_0 = A\cos\left(\frac{\pi}{2}t + \varphi_0\right)$$

由 $t=0$ 时，$y_0 = 5\text{cm} = A/2$，$v_0 < 0$，由解析法得

$$y_0 = A\cos\varphi_0 = A/2 \rightarrow \varphi_0 = \pm\frac{\pi}{3}$$

$$v_0 = -A\omega\sin\varphi_0 < 0 \rightarrow \varphi_0 = \frac{\pi}{3}$$

或者由初条件，作旋转矢量图 [图 5-8(b)]，知 $\varphi_0 = \pi/3$

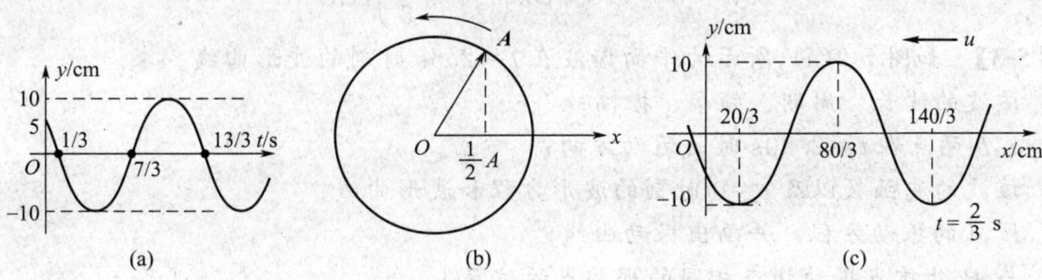

图 5-8

因此，$x=0$ 处质点的振动方程为

$$y_0 = 10\times10^{-2}\cos\left(\frac{\pi}{2}t + \frac{\pi}{3}\right)\text{(SI)}$$

解法二：求 $x=0$ 处质点的振动方程时，也不一定要以 $t=0$ 时刻为研究对象，也可以其他时刻质点的振动状态为参考。如本题，可以取 $t=(1/3)\text{s}$ 时刻 $x=0$ 处质点的振动状态为对象：$t=(1/3)\text{s}$ 时，$x=0$ 处质点的位移和速度为 $y_0=0$，$v<0$，有

$$y_0\big|_{t=1/3} = A\cos\left(\frac{\pi}{2}\times\frac{1}{3} + \varphi_0\right) = 0 \rightarrow \frac{\pi}{6} + \varphi_0 = \frac{\pi}{2} \rightarrow \varphi_0 = \frac{\pi}{3}$$

得 $x=0$ 处质点的振动方程为

$$y_0=10\times10^{-2}\cos\left(\frac{\pi}{2}t+\frac{\pi}{3}\right)(\mathrm{SI})$$

(2) 波向 Ox 轴负方向传播，故 x 处的质点振动的相位比 $x=0$ 处质点的振动相位超前 $[+2\pi x/\lambda]=[+\pi x/0.2]=+5\pi x$，故任意 x 处质点振动方程亦即所求的波函数为

$$y=10\times10^{-2}\cos\left(\frac{\pi}{2}t+5\pi x+\frac{\pi}{3}\right)\quad(\mathrm{SI})$$

(3) 代 $t=(2/3)\mathrm{s}$ 到上式得

$$y\big|_{t=2/3}=10\times10^{-2}\cos\left(\frac{\pi}{3}+5\pi x+\frac{\pi}{3}\right)$$

$$=10\times10^{-2}\cos\left(5\pi x+\frac{2}{3}\pi\right)(\mathrm{SI})$$

或

$$y\big|_{t=2/3}=10\cos\left(\frac{\pi}{20}x+\frac{2\pi}{3}\right)(\mathrm{cm})$$

由此画出 $t=(2/3)\mathrm{s}$ 时刻的波形曲线如图 5-8(c)。

讨论：对于 (1)、(2) 问题，也可先求出波函数，再求某点的振动方程。

依题给的 $x=0$ 处质点的振动曲线可知：$T=4\mathrm{s}$，$A=10\mathrm{cm}$，$\omega=2\pi/T=\pi/2(\mathrm{rad/s})$，又因波向 Ox 轴负方向传播，故 x 处的质点振动相位比 $x=0$ 处质点的振动相位超前 $[+2\pi x/\lambda]=[+\pi x/0.2]=+5\pi x$，则设波函数为

$$y=A\cos\left(\frac{\pi}{2}t+5\pi x+\varphi_0\right)(\mathrm{SI})$$

由 $t=0$ 时，$x=0$ 处质点，$y_0=5\mathrm{cm}=A/2$，$v_0<0$，所以取 $\varphi\leqslant_0=\pi/3$。得波函数为

$$y=10\times10^{-2}\cos\left(\frac{\pi}{2}t+5\pi x+\frac{\pi}{3}\right)\quad(\mathrm{SI})$$

将 $x=0$ 代入波函数，得 $x=0$ 处质点的振动方程

$$y_0=10\times10^{-2}\cos\left(\frac{\pi}{2}t+\frac{\pi}{3}\right)(\mathrm{SI})$$

【例 5-3】 如图 5-9(a) 所示为平面谐波在 $t=2.5\mathrm{s}$ 时刻的波形曲线。求

(1) 该波的波长、周期、频率、振幅；

(2) a,b 两点在 $t=2.50\mathrm{s}$ 时的运动方向；

(3) 该波的波函数以及 $t=0$ 时刻的波形方程和波形曲线；

(4) P 点的振动方程，并画出振动曲线；

(5) 与 P 处质点振动状态相同的那些点的位置。

【解】 (1) 从所给 $t=2.50\mathrm{s}$ 时刻的波形曲线可知

波速 $u=0.08\mathrm{m/s}$，波长 $\lambda=0.40\mathrm{m}$

周期 $T=\lambda/u=0.40/0.08=5.00(\mathrm{s})$

频率 $\nu=1/T=1/5=0.20(\mathrm{Hz})$，振幅 $A=0.04\mathrm{m}$

(2) 由于波沿 x 轴正方向传播，故将 $t=2.50\mathrm{s}$ 时刻的波形朝波的传播方向移动 $\Delta x=u\Delta t$，如图 5-9(b) 所示，可见，在 $t=2.50\mathrm{s}$ 时刻 a 点沿 y 轴负方向运动，b 点沿 y 轴正方向运动。

(3) 依题意，设波函数为

$$y=A\cos\left(2\pi\nu t-\frac{2\pi}{\lambda}x+\varphi_0\right)=0.04\cos(0.4\pi t-5\pi x+\varphi_0)$$

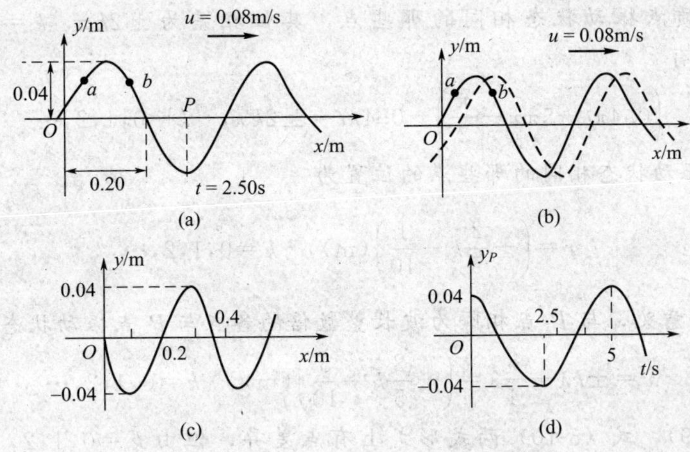

图 5-9

由图 5-10(b) 可知，$t=2.50\text{s}$ 时，$x=0$ 处质点的 $y_0=0$，$v_0<0$ 将这些条件代入波函数得

$$y_0=y\Big|_{\substack{t=2.5\\x=0}}=A\cos(\pi+\varphi_0)=0\rightarrow\pi+\varphi_0=\pm\frac{\pi}{2}$$

$$v_0=\frac{\partial y}{\partial t}\Big|_{\substack{t=2.5\\x=0}}=-A\omega\sin(\pi+\varphi_0)<0\rightarrow\pi+\varphi_0=\frac{\pi}{2}$$

解得　$\varphi_0=-\dfrac{\pi}{2}$

因此，波函数为

$$y=0.04\cos\left(0.4\pi t-5\pi x-\frac{\pi}{2}\right)(\text{m}) \tag{5-6}$$

由式（5-6），代入 $t=0$ 得 $t=0$ 时刻的波形方程为

$$y\big|_{t=0}=0.04\cos\left(5\pi x+\frac{\pi}{2}\right)(\text{m}) \tag{5-7}$$

由式（5-7）画出 $t=0$ 波形曲线，如图 5-9(c) 所示。

讨论：$t=0$ 波形曲线也可根据波传播的物理特性，由 $t=2.50\text{s}=T/2$ 时刻的波形曲线向 x 轴负方向平移 $\lambda/2=0.20\text{m}$ 即可得 $t=0$ 时刻的波形曲线，这也是因波速 $u=0.08\text{m/s}$，即波形每秒向 x 轴正方向传播 0.08m，$t=2.50\text{s}$ 时刻的波形曲线是 $t=0$ 时刻的波形曲线沿 x 轴正方向平移 $\Delta x=u\Delta t=0.08\times2.5=0.20(\text{m})$ 而得。

(4) 从图 5-9(a) 知 P 点坐标：$x_P=3\lambda/4=0.30\text{m}$，代入式（5-6），得 P 点的振动方程

$$\begin{aligned}y_P&=0.04\cos\left(0.4\pi t-1.50\pi-\frac{\pi}{2}\right)\\&=0.04\cos(0.4\pi t-2\pi)=0.04\cos(0.4\pi t)(\text{m})\end{aligned}$$

也可直接设 P 点的振动方程

$$y_P=0.04\cos\ (0.4\pi t+\varphi_P)$$

从图 5-9(a) 知：$t=2.50\text{s}$ 时，$y_P=0.04\cos(\pi+\varphi_P)=-0.04\rightarrow\varphi_P=0$。所以

$$y_P=0.04\cos 0.4\pi t(\text{m}) \tag{5-8}$$

由式（5-8）画出 P 点的振动曲线，如图 5-9(d) 所示。

(5) 与 P 处质点振动状态相同的那些点，其位相差为 $\pm 2k\pi$，$k=0,1,2,\cdots$，由式(5-6)、式 (5-8) 有

$$\left(0.4\pi t-5\pi x-\frac{\pi}{2}\right)-0.4\pi t=\pm 2k\pi,\quad k=0,1,2,\cdots$$

解得与 P 处质点振动状态相同的那些点的位置为

$$x=\left(\pm\frac{2}{5}k-\frac{1}{10}\right)(\mathrm{m}),\quad k=0,1,2,\cdots \tag{5-9}$$

或者由波长的物理意义，与 P 点相隔为波长整数倍的各点与 P 点振动状态相同，有

$$x=\pm k\lambda+\frac{3}{4}\lambda=\left(\pm\frac{2}{5}k+\frac{3}{10}\right)(\mathrm{m}),\quad k=0,1,2,\cdots \tag{5-10}$$

注意： 式 (5-9)、式 (5-10) 两式形式上有点差异，但由 $k=0,1,2,\cdots$ 给出的各种 x 值一样。

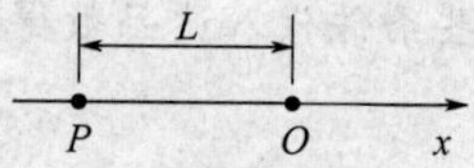

L
P　O　x

图 5-10

【例 5-4】 如图 5-10 所示，一平面简谐波沿 Ox 轴传播，波动表达式为

$$y=0.05\cos[\pi(200t-5x)+\pi/2](\mathrm{SI})$$

求 (1) 求振幅、波长、频率、波速和初相；

(2) P 处质点的振动方程；

(3) P 处质点的速度表达式与加速度表达式。

【解】 (1) 用比较法——将给定的波函数化为标准的波函数，与之相比得。依题意有

$$y=0.05\cos[\pi(200t-5x)+\pi/2]$$
$$=0.05\cos\left[200\pi\left(t-\frac{x}{40}\right)+\frac{\pi}{2}\right]=0.05\cos\left[2\pi\left(\frac{t}{0.01}-\frac{x}{0.4}\right)+\frac{\pi}{2}\right]$$

平面简谐波标准的波函数为

$$y=A\cos\left[\omega\left(t\mp\frac{x}{u}\right)+\varphi_0\right]=A\cos\left[2\pi\left(\frac{t}{T}\mp\frac{x}{\lambda}\right)+\varphi_0\right]=A\cos\left(2\pi\nu t\mp\frac{2\pi x}{\lambda}+\varphi_0\right)$$

可得 $A=0.05\mathrm{m}$，$u=40\mathrm{m/s}$，$T=0.01\mathrm{s}$，$\lambda=0.4\mathrm{m}$，$\nu=100\mathrm{Hz}$，$\varphi_0=\pi/2$，且从 x 前是负号，可知波向 x 轴正向传播。

(2) 代 P 点坐标 $x=-L$ 到波动表达式中，可得 P 点的振动方程

$$y_P=0.05\cos\left\{\left[200\pi t-\frac{2\pi\times(-L)}{0.4}\right]+\frac{\pi}{2}\right\}=0.05\cos\left(200\pi t+5\pi L+\frac{\pi}{2}\right)(\mathrm{m})$$

(3) 速度表达式　$v_P=\dfrac{\mathrm{d}y_P}{\mathrm{d}t}=-10\pi\sin\left(200\pi t+5\pi L+\dfrac{\pi}{2}\right)(\mathrm{m/s})$

加速度表达式　$a_P=\dfrac{\mathrm{d}v_P}{\mathrm{d}t}=-2\times10^3\pi^2\cos\left(200\pi t+5\pi L+\dfrac{\pi}{2}\right)(\mathrm{m/s^2})$

【例 5-5】 如图 5-11(a) 所示，两相干波源在 x 轴上的位置为 S_1 和 S_2，其间距离为 $d=30\mathrm{m}$，S_1 位于坐标原点 O。设波只沿 x 轴正负方向传播，波源 S_1 与 S_2 所发出的波的强度分别为 I_1 和 I_2。单独传播时强度保持不变。已知 $x_1=9\mathrm{m}$ 和 $x_2=11\mathrm{m}$ 处的两点是相邻的两个因干涉而使振动的振幅最小的点，设 S_2 的初相超前。求

(1) 两波的波长；

(2) 两波源的最小相位差；

(3) $x_3=3\mathrm{m}$，和 $x_4=10\mathrm{m}$，$x_5=15.5\mathrm{m}$ 处质点的振动强度；

(4) 如果相干波源 S_1 与 S_2 所发出的波的强度 $I_1=I_2$，试求在 S_1，S_2 两点之间连线上因

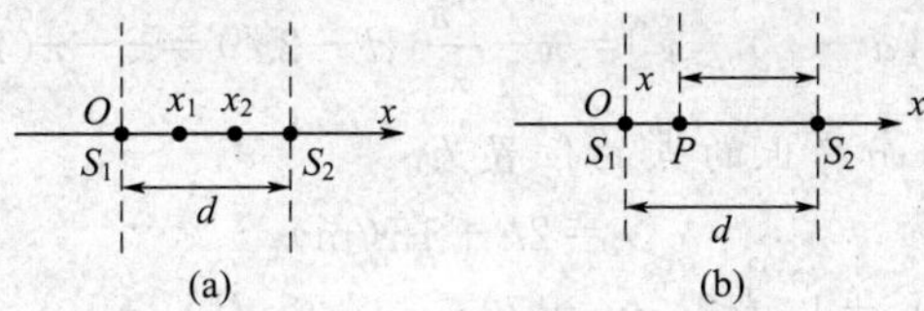

图 5-11

干涉而静止不动的各点位置。

【解】 此题用来熟练掌握用相位差概念解决相干波叠加后波的强度加强和减弱的问题。

设 S_1 与 S_2 的初相分别为 φ_1, φ_2。发出的两相干波的波长为 λ，依题意 S_1 与 S_2 在 $x_1=9\text{m}$ 处引起质点合振动是干涉极小处，其相位差等于

$$\left[\varphi_2-\frac{2\pi(d-x_1)}{\lambda}\right]-\left[\varphi_1-\frac{2\pi x_1}{\lambda}\right]=(2k+1)\pi$$

即
$$\left[\varphi_2-\varphi_1-\frac{2\pi(d-2x_1)}{\lambda}\right]=(2k+1)\pi$$

S_1 与 S_2 在 $x_2=12\text{m}$ 处引起质点振动由于是 $x_1=9\text{m}$ 处的相邻的干涉极小点，应该有

$$\left[\varphi_2-\varphi_1-\frac{2\pi(d-2x_2)}{\lambda}\right]=(2k+3)\pi$$

联立求解得
$$\frac{4\pi(x_2-x_1)}{\lambda}=2\pi$$

故 (1) 两波的波长 $\lambda=2(x_2-x_1)=4\text{m}$

(2) 由 S_2 的初相超前 S_1 和式

$$\varphi_2-\varphi_1=\frac{2\pi(d-2x_1)}{\lambda}+(2k+1)\pi=(2k+1)\pi+\frac{2\pi\times(30-2\times9)}{4}=(2k+7)\pi$$

解得当 $k=-3$ 时，两波源的最小相位差为

$$\Delta\varphi=\varphi_2-\varphi_1=\pi$$

(3) $x_3=3\text{m}$，和 $x_4=10\text{m}$，$x_5=15.5\text{m}$ 处质点都在 $0<x<30$ 区域，两波在这区间内的任意点 P 处的相位差［图 5-11(b)］

$$\Delta\varphi=\varphi_2-\varphi_1-\frac{2\pi}{\lambda}[(d-x)-x]=\varphi_2-\varphi_1-\frac{2\pi}{\lambda}(d-2x)=\pi-\frac{2\pi(30-2x)}{4}=x\pi-14\pi$$

所以，$x_3=3\text{m}$ 处：$\Delta\varphi=-11\pi$，所以这一点是干涉减弱点，强度为

$$I=I_1+I_2-2\sqrt{I_1I_2}$$

$x_4=10\text{m}$ 处：$\Delta\varphi=-4\pi$，所以这一点是干涉加强点，强度为

$$I=I_1+I_2+2\sqrt{I_1I_2}$$

$x_5=15.5\text{m}$ 处：$\Delta\varphi=1.5\pi$，此处质点的振动既不是干涉极大，也不是干涉极小处，其振动强度为

$$I=I_1+I_2+2\sqrt{I_1I_2}\cos\Delta\varphi=I_1+I_2$$

(4) 在 S_1, S_2 两点之间连线上因干涉而静止不动的各点位置由两相干波在相遇点引起的合振动的振幅为零决定，即要求两相干波在相遇点引起的相位差为

$$\left(\varphi_2-\frac{2\pi r_2}{\lambda}\right)-\left(\varphi_1-\frac{2\pi r_1}{\lambda}\right)=\varphi_2-\varphi_1-\frac{2\pi}{\lambda}(r_2-r_1)=(2k+1)\pi,\quad k=0,\pm1,\pm2,\cdots$$

其中，r_2, r_1 是因干涉而静止不动的各点 P 到波源 S_2, S_1 的距离。

这样 S_1, S_2 之间的点：见图 5-11(b)，$r_1=x$，$r_2=d-x$，代入上式得

$$\Delta\varphi=\varphi_2-\varphi_1-\frac{2\pi}{\lambda}[(d-x)-x]=\pi-\frac{2\pi}{\lambda}(d-2x)=\pi-\pi(15-x)=(2k+1)\pi$$

解得 S_1 与 S_2 之间的因干涉而静止的点的位置为

$$x=2k+15(\mathrm{m})$$

注意，$0\leqslant x\leqslant 30$，则 $k=0,\pm1,\pm2,\cdots,\pm7$。

所以，在 S_1，S_2 两点之间连线上因干涉而静止的点的坐标为 $x=1,3,5,7,\cdots,29$ (m)，在 S_1，S_2 之间有 15 个点因干涉静止。

【例 5-6】 如图 5-12(a) 所示，一平面简谐波沿 x 轴正方向传播，BC 为波密媒质的反射面。波由 P 点反射，$\overline{OP}=3\lambda/4$，$\overline{DP}=\lambda/6$。在 $t=0$ 时，O 处质点的合振动是经过平衡位置向负方向运动。设入射波和反射波的振幅皆为 A，频率为 ν。求

(1) 驻波方程以及 OP 之间波节和波腹的位置；

(2) D 点处入射波与反射波的合振动方程。

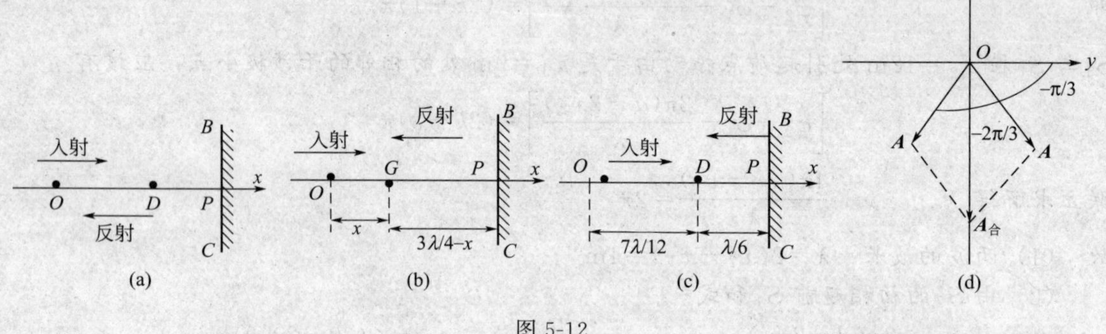

图 5-12

【解】 (1) 求驻波方程。

解法一：选 O 点为坐标原点，设入射波表达式为

$$y_1=A\cos\left(2\pi\nu t-\frac{2\pi x}{\lambda}+\varphi\right) \tag{5-11}$$

由于反射波在波线上任意 G 点引起的振动比入射波在 O 点引起的振动落后的位相为［图 5-12(b)］

$$-\left[\frac{2\pi}{\lambda}(\overline{OP}+\overline{OP}-x)-\pi\right]=-\frac{2\pi}{\lambda}\left(2\times\frac{3\lambda}{4}-x\right)+\pi$$

注意：BC 为波密媒质的反射面，反射波波源处存在半波损失，由上式中的"π"反映。则反射波的表达式是

$$y_2=A\cos\left[2\pi\nu t+\varphi-\frac{2\pi}{\lambda}\left(\frac{6\lambda}{4}-x\right)+\pi\right]=A\cos\left(2\pi\nu t+\frac{2\pi x}{\lambda}+\varphi-3\pi+\pi\right)$$

即

$$y_2=A\cos\left(2\pi\nu t+\frac{2\pi x}{\lambda}+\varphi\right) \tag{5-12}$$

合成波表达式即驻波方程为

$$y=y_1+y_2=2A\cos\frac{2\pi x}{\lambda}\cos(2\pi\nu t+\varphi)$$

由题意，在 $t=0$ 时，$x=0$ 处的质点 $y_0=0$，$(\partial y_0/\partial t)|_{t=0}<0$，故得

$$\varphi=\frac{1}{2}\pi$$

所以驻波方程 $$y=y_1+y_2=2A\cos\frac{2\pi x}{\lambda}\cos\left(2\pi\nu t+\frac{\pi}{2}\right) \tag{5-13}$$

波节的位置

$$A(x)=\left|2A\cos\frac{2\pi}{\lambda}x\right|=0,\quad \cos\frac{2\pi}{\lambda}x=0,\quad \frac{2\pi}{\lambda}x=\pm(2k+1)\frac{\pi}{2},\quad x=\pm(2k+1)\frac{\lambda}{4}$$

注意 OP 之间：$0<x<3\lambda/4$，上式中 $k=0$，$k=1$，即 $x=\lambda/4$，$x=3\lambda/4$ 处为波节。

波腹的位置

$$A(x)=\left|2A\cos\frac{2\pi}{\lambda}x\right|=2A,\quad \cos\frac{2\pi}{\lambda}x=\pm1,\quad \frac{2\pi}{\lambda}x=\pm k\pi,\quad x=\pm k\frac{\lambda}{2}$$

OP 之间：$0<x<3\lambda/4$，上式中 $k=0$，$k=1$，即 $x=0$，$x=\lambda/2$ 处为波腹。

解法二：选 O 点为坐标原点，设入射波与反射波的表达式分别为

$$y_1=A\cos\left(2\pi\nu t-\frac{2\pi x}{\lambda}+\varphi_1\right)$$

$$y_2=A\cos\left(2\pi\nu t+\frac{2\pi x}{\lambda}+\varphi_2\right)$$

由于 BC 为波密媒质的反射面，反射波波源 P 处存在半波损失，P 点是波节处。即入射波和反射波 t 时在 P 点引起振动的相位差为

$$\left[\left(2\pi\nu t+\frac{2\pi x}{\lambda}+\varphi_2\right)-\left(2\pi\nu t-\frac{2\pi x}{\lambda}+\varphi_1\right)\right]\bigg|_{x=\frac{3\lambda}{4}}=\frac{4\pi}{\lambda}\cdot\frac{3\lambda}{4}+\varphi_2-\varphi_1=3\pi+\varphi_2-\varphi_1=(2k+1)\pi$$

所以 $$\varphi_2=\varphi_1=\varphi$$

得驻波方程为 $$y=y_1+y_2=2A\cos\frac{2\pi x}{\lambda}\cos(2\pi\nu t+\varphi)$$

由题意，在 $t=0$ 时，$x=0$ 处的质点 $y_0=0$，$(\partial y_0/\partial t)|_{t=0}<0$，故得

$$\varphi=\frac{1}{2}\pi$$

所以驻波方程 $$y=y_1+y_2=2A\cos\frac{2\pi x}{\lambda}\cos\left(2\pi\nu t+\frac{\pi}{2}\right)$$

(2) 在 D 点处，入射波与反射波的合振动方程。

解法一：将 D 点坐标 $x_D=\frac{3\lambda}{4}-\frac{\lambda}{6}=\frac{7\lambda}{12}$ 代入式 (5-13) 得 D 点处的合成振动方程是

$$y_D=2A\cos\left(2\pi\frac{\frac{3\lambda}{4}-\frac{\lambda}{6}}{\lambda}\right)\cos\left(2\pi\nu t+\frac{\pi}{2}\right)=\sqrt{3}A\sin2\pi\nu t$$

解法二：由题意知入射波在 O 点的振动式为

$$y_{1O}=A\cos\left(2\pi\nu t+\frac{\pi}{2}\right)$$

入射波在 D 点引起的振动比 O 点落后的相位为［图 5-12(c)］

$$-\frac{2\pi}{\lambda}x_D=-\frac{2\pi}{\lambda}\times\frac{7\lambda}{12}=-\frac{7}{6}\pi$$

则入射波在 D 点引起的振动式为

$$y_{1D}=A\cos\left(2\pi\nu t+\frac{\pi}{2}-\frac{7}{6}\pi\right)=A\cos\left(2\pi\nu t-\frac{2}{3}\pi\right) \tag{5-14}$$

反射波在 D 点引起的振动比 O 点落后的相位为［见图 5-12(c)，且注意反射波源 P 点有半

波损失]

$$-\frac{2\pi}{\lambda}(\overline{OP}+\overline{PD})+\pi=-\frac{2\pi}{\lambda}\left(\frac{3\lambda}{4}+\frac{\lambda}{6}\right)+\pi=-\frac{17}{6}\pi$$

则反射波在 D 点引起的振动式为

$$y_{2D}=A\cos\left(2\pi\nu t+\frac{\pi}{2}-\frac{17}{6}\pi\right)=A\cos\left(2\pi\nu t-\frac{1}{3}\pi\right) \tag{5-15}$$

依式 (5-14)、式 (5-15)，由旋转矢量法，见图 5-12(d)，得 D 点的合振幅和初相为

$$A_{合}=2A\cos\frac{\pi}{6}=\sqrt{3}A,\quad \varphi_D=-\frac{\pi}{2}$$

所以，D 点处入射波与反射波的合振动方程为

$$y_D=\sqrt{3}A\cos\left(2\pi\nu t-\frac{\pi}{2}\right)=\sqrt{3}A\sin 2\pi\nu t$$

第一篇模拟题一

一、选择题（每题 3 分，共 30 分）

1. 质点做曲线运动，$\boldsymbol{r}$ 表示位置矢量，$\boldsymbol{v}$ 表示速度，$\boldsymbol{a}$ 表示加速度，S 表示路程，a_τ 表示切向加速度，下列表达式中，[　　]。

(1) $\mathrm{d}v/\mathrm{d}t=a$　　(2) $\mathrm{d}r/\mathrm{d}t=v$

(3) $\mathrm{d}S/\mathrm{d}t=v$　　(4) $|\mathrm{d}\boldsymbol{v}/\mathrm{d}t|=a_\tau$

(A) 只有 (1)、(4) 是对的　　(B) 只有 (2)、(4) 是对的

(C) 只有 (2) 是对的　　(D) 只有 (3) 是对的

2. 在相对地面静止的坐标系内，A，B 二船都以 2m/s 速率匀速行驶，A 船沿 x 轴正向，B 船沿 y 轴正向。今在 A 船上设置与静止坐标系方向相同的坐标系（x, y 方向单位矢用 $\boldsymbol{i}$, $\boldsymbol{j}$ 表示），那么在 A 船上的坐标系中，B 船的速度（以 m/s 为单位）为 [　　]。

(A) $2\boldsymbol{i}+2\boldsymbol{j}$　　(B) $-2\boldsymbol{i}+2\boldsymbol{j}$　　(C) $-2\boldsymbol{i}-2\boldsymbol{j}$　　(D) $2\boldsymbol{i}-2\boldsymbol{j}$

3. 一人造地球卫星到地球中心 O 的最大距离和最小距离分别是 R_A 和 R_B。设卫星对应的角动量分别是 L_A, L_B，动能分别是 E_{kA}、E_{kB}（题图 1-1）则应有 [　　]。

(A) $L_B>L_A$，$E_{kA}>E_{kB}$　　(B) $L_B>L_A$，$E_{kA}=E_{kB}$

(C) $L_B=L_A$，$E_{kA}=E_{kB}$　　(D) $L_B<L_A$，$E_{kA}=E_{kB}$

(E) $L_B=L_A$，$E_{kA}<E_{kB}$

4. 质量为 m 的质点在外力作用下，其运动方程为 $\boldsymbol{r}=A\cos\omega t\boldsymbol{i}+B\sin\omega t\boldsymbol{j}$，式中，$A$, B, ω 都是正的常量。由此可知外力在 $t=0$ 到 $t=\frac{\pi}{2\omega}$ 这段时间内所做的功为 [　　]。

(A) $\frac{1}{2}m\omega^2(A^2+B^2)$　　(B) $m\omega^2(A^2+B^2)$

(C) $\frac{1}{2}m\omega^2(A^2-B^2)$　　(D) $\frac{1}{2}m\omega^2(B^2-A^2)$

5. 题图 1-2(a) 为一绳长为 l、质量为 m 的单摆。题图 1-2(b) 为一长度为 l、质量为 m 能绕水平固定轴 O 自由转动的匀质细棒。现将单摆和细棒同时从与竖直线成 θ 角度的位置由静止释放，若运动到竖直位置时，单摆、细棒角速度分别以 ω_1 和 ω_2 表示，则 [　　]。

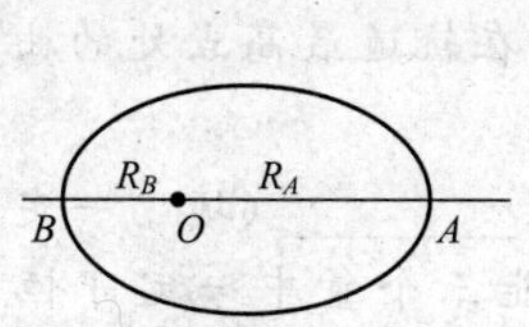

题图 1-1

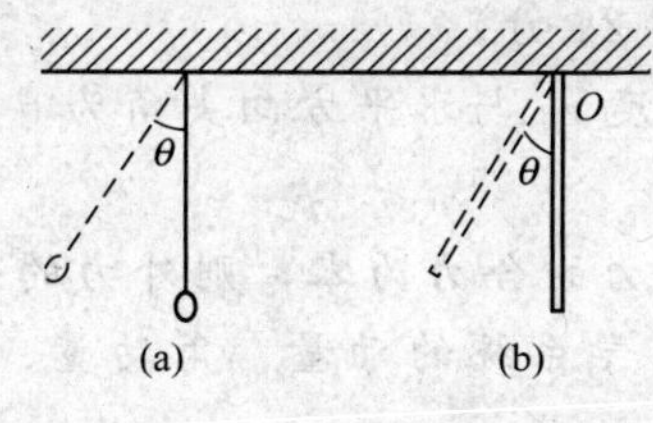

题图 1-2

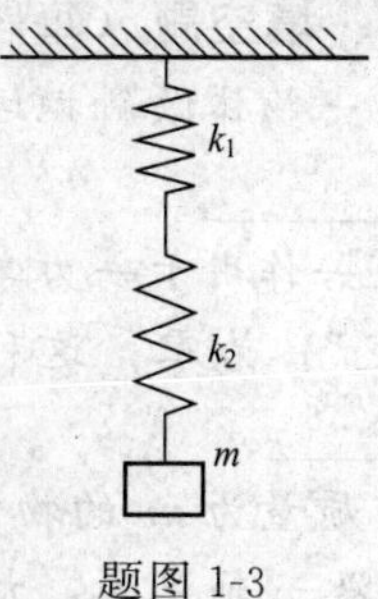

题图 1-3

(A) $\omega_1=\frac{1}{2}\omega_2$　　(B) $\omega_1=\omega_2$

(C) $\omega_1=\frac{2}{3}\omega_2$　　(D) $\omega_1=\sqrt{2/3}\,\omega_2$

6. 劲度系数分别为k_1和k_2的两个轻弹簧串联在一起（题图 1-3)。下面挂着质量为m的物体，构成一个竖挂的弹簧振子，则该系统的振动周期为［　　］。

(A) $T=2\pi\sqrt{\frac{m(k_1+k_2)}{2k_1k_2}}$　　(B) $T=2\pi\sqrt{\frac{m}{k_1+k_2}}$

(C) $T=2\pi\sqrt{\frac{m(k_1+k_2)}{k_1k_2}}$　　(D) $T=2\pi\sqrt{\frac{2m}{k_1+k_2}}$

7. 一质点做简谐振动，振动方程为$x=A\cos(\omega t+\phi)$，当时间$t=\frac{1}{2}T$（T为周期）时，质点的速度为［　　］。

(A) $-A\omega\sin\phi$　(B) $A\omega\sin\phi$　(C) $-A\omega\cos\phi$　(D) $A\omega\cos\phi$

8. 一个质点做简谐振动，振幅为A，在起始时刻质点的位移为$\frac{1}{2}A$，且向x轴的正方向运动，代表此简谐振动的旋转矢量图为［　　］。

(A)
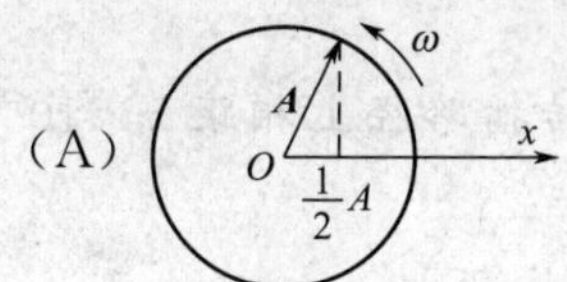

(B)
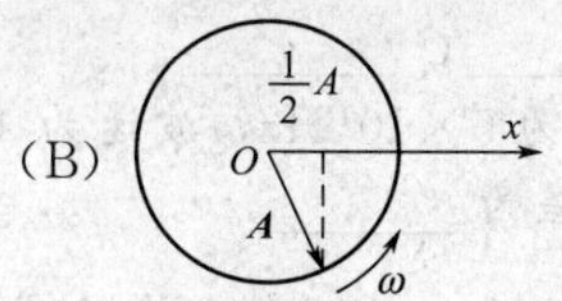

(C)
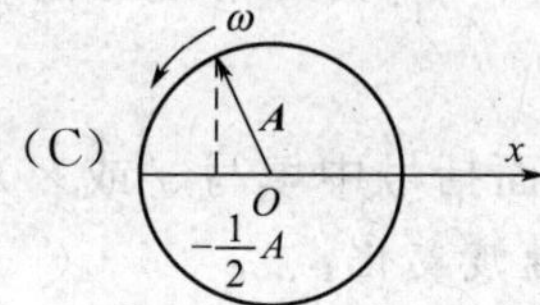

(D)
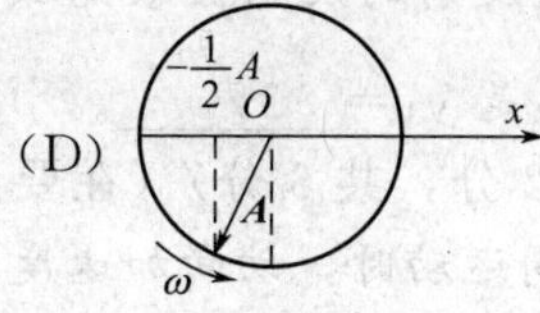

9. 一平面简谐波在弹性媒质中传播，在媒质质元从平衡位置运动到最大位移处的过程中［　　］。

(A) 它的动能转换成势能

(B) 它的势能转换成动能

(C) 它从相邻的一段质元获得能量其能量逐渐增大

(D) 它把自己的能量传给相邻的一段质元，其能量逐渐减

10. 一质点做简谐振动，周期为T。当它由平衡位置向x轴正方向运动时，从1/2最大位移处到最大位移处这段路程所需要的时间为［　　］。

(A) $T/12$　(B) $T/8$　(C) $T/6$　(D) $T/4$

二、填空题（每题 3 分，共 24 分）

1. 一物体做斜抛运动，初速度 $\boldsymbol{v}_0$ 与水平方向夹角为 θ，物体在轨道最高点处的曲率半径为________。

2. 若作用于一力学系统上外力的合力为零，则外力的合力矩________（填“一定”或“不一定”）为零；这种情况下力学系统的动量、角动量、机械能三个量中一定守恒的量是________。

3. 质量为 m 的物体，初速度为零，在外力作用下从原点出发沿 x 轴正向运动。所受外力方向沿 x 轴正向，大小为 $F=kx$，物体从原点运动到坐标为 x_0 的点的过程中所受外力冲量的大小为________。

4. 半径为 R 具有光滑轴的定滑轮边缘绕一细绳，绳的下端挂一质量为 m 的物体。绳的质量可以忽略，绳与定滑轮之间无相对滑动（题图 1-4）。若物体下落的加速度为 a，则定滑轮对轴的转动惯量 $J=$________。

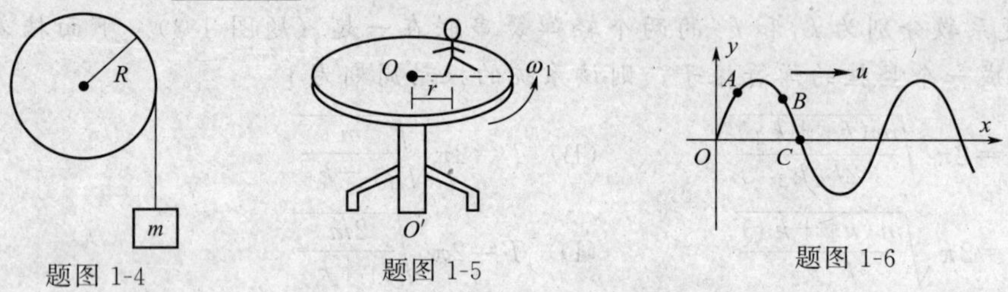

题图 1-4　　题图 1-5　　题图 1-6

5. 有一半径为 R 的匀质圆形水平转台，可绕通过盘心 O 且垂直于盘面的竖直固定轴 OO' 转动，转动惯量为 J。台上有一人，质量为 m（题图 1-5）。当他站在离转轴 r 处时（$r<R$），转台和人一起以 ω_1 的角速度转动，如图，若转轴处摩擦可以忽略，问当人走到转台边缘时，转台和人一起转动的角速度 $\omega_2=$________。

6. 一个余弦横波以速度 u 沿 x 轴正向传播，t 时刻波形曲线如题图 1-6 所示。试分别指出图中 A,B,C 各质点在该时刻的运动方向。

A ________ B ________ C ________。

7. 一简谐波的频率为 5×10^4 Hz，波速为 1.5×10^3 m/s。在传播路径上相距 5×10^{-3} m 的两点之间的振动相位差为________。

8. 在固定端 $x=0$ 处反射的反射波表达式是 $y_2=A\cos2\pi\left(\nu t-\dfrac{x}{\lambda}\right)$。设反射波无能量损失，那么入射波的表达式是 $y_1=$________。

三、判断题（每题 2 分，共 6 分）（在要判断正误的说法后面括号中填写√或×）

1. 质点做匀速率圆周运动时，切向加速度不变，但是法向加速度变化。（　）
2. 两个同方向同频率不同振幅简谐运动的合成仍为简谐运动。（　）
3. 驻波中相邻两波节之间的各点的相位相同，波节两侧各点的相位相反。（　）

四、证明题（10 分）

如题图 1-7 所示，在竖直面内半径为 R 的一段光滑圆弧形轨上放一小物体，使其静止于轨道的最低处，然后轻碰一下此物体，使其沿圆弧形轨道来回作小幅度运动。试证

（1）此物体做简谐振动；

（2）此简谐振动的周期 $T=2\pi\sqrt{R/g}$。

五、计算题（每题 3 分，共 30 分）

1. 质量为 0.25kg 的质点，受力 $\boldsymbol{F}=t\boldsymbol{i}$（SI）的作用，式中 t 为时间。$t=0$ 时该质点以

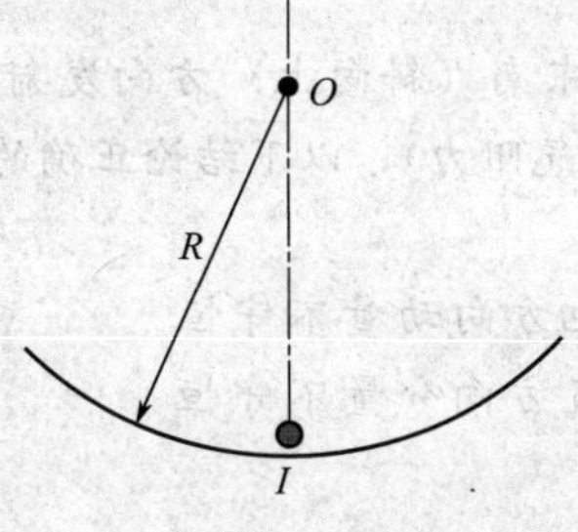

题图 1-7

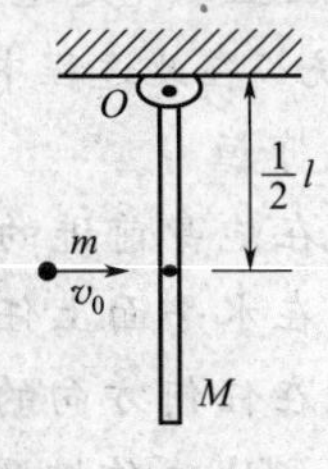

题图 1-8

$\boldsymbol{v}=2\boldsymbol{j}$ (SI) 的速度通过坐标原点。求

(1) 该质点任意时刻的位置矢量 $\boldsymbol{r}$；

(2) 质点的轨道方程；

(3) 在开始的 2s 内此力的冲量。

2. 如题图 1-8 所示，一长为 l 质量为 M 的匀质竖直杆可绕通过杆上端的固定水平轴 O 无摩擦地转动。一质量为 m 的泥团在垂直于轴 O 的图面内以水平速度 v_0 打在杆的中点并粘住，求

(1) 杆开始和泥团一起转动时的角速度 ω；

(2) 杆能摆起的最大角度 θ。

3. 有一列向 x 轴正方向传播的平面简谐波，它在 $t=0$ 时刻的波形如题图 1-9 所示，其波速为 $u=600\text{m/s}$。试写出波动方程。

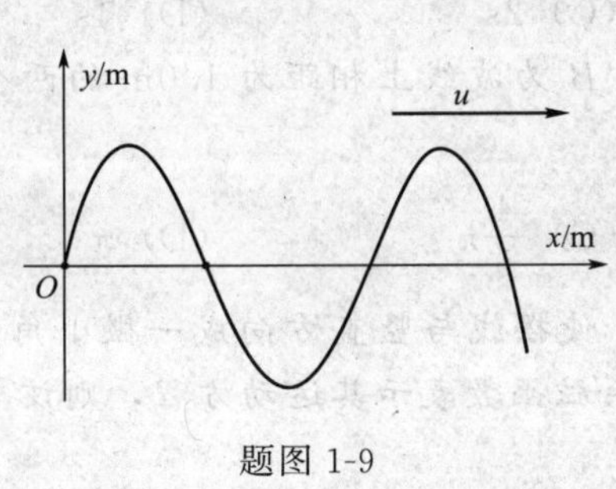

题图 1-9

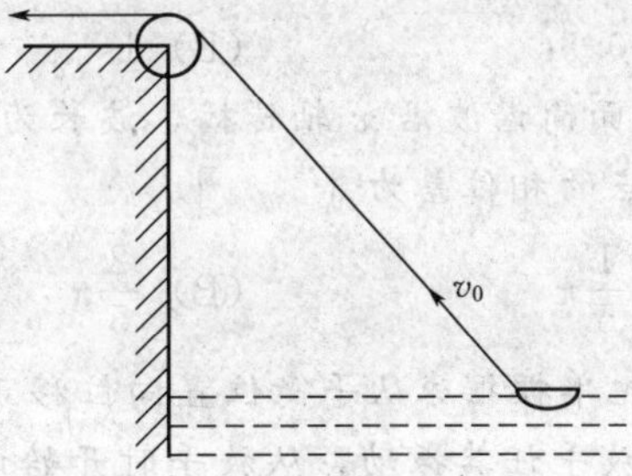

题图 1-10

第一篇模拟题二

一、选择题（每题 3 分，共 30 分）

1. 一质点在平面上运动，已知质点位置矢量的表示式为 $\boldsymbol{r}=at^2\boldsymbol{i}+bt^2\boldsymbol{j}$（其中 a、b 为常量），则该质点做 [　　]。

(A) 匀速直线运动　(B) 变速直线运动　(C) 抛物线运动　(D) 一般曲线运动

2. 某人骑自行车以速率 v 向西行驶，今有风以相同速率从北偏东 30°方向吹来，试问人感到风从哪边吹来 [　　]。

(A) 北偏东 30°　(B) 南偏东 30°　(C) 北偏西 30°　(D) 西偏南 30°

3. 如题图 1-10 所示，湖中有一小船，有人用绳绕过岸上一定高度处的定滑轮拉湖中的船向岸边运动．设该人以匀速率 v_0 收绳，绳不伸长、湖水静止，则小船的运动是 [　　]。

(A) 匀加速运动　(B) 匀减速运动　(C) 变加速运动

(D) 变减速运动　　　　(E) 匀速直线运动

4. 在水平冰面上以一定速度向东行驶的炮车，向东南（斜向上）方向发射一炮弹，对于炮车和炮弹这一系统。在此过程中（忽略冰面摩擦力及空气阻力），以下结论正确的是［　　］。

(A) 总动量守恒

(B) 总动量在炮身前进的方向上分量守恒，其他方向动量不守恒

(C) 总动量在水平面上任意方向分量守恒，竖直方向分量不守恒

(D) 总动量在任何方向的分量均不守恒

5. 人造卫星绕地球作椭圆轨道运动，地球在椭圆的一个焦点上，则卫星的［　　］。

(A) 动量不守恒，动能守恒　　(B) 动量守恒，动能不守恒

(C) 对地心的角动量守恒，动能不守恒　　(D) 对地心的角动量不守恒，动能守恒

6. 当一平面简谐机械波在弹性媒质中传播时［　　］。

(A) 媒质质元的振动动能增大时，弹性势能减小，总机械能守恒

(B) 媒质质元的振动动能和弹性势能都作周期性变化，但二者的相位不同

(C) 媒质质元的振动动能和弹性势能的相位在任一时刻都相同，但二者的数值不相等

(D) 媒质质元在其平衡位置处弹性势能最大

7. 一质点做简谐振动，周期是 T，则质点从平衡点运动到振幅一半的位置处所需要的最短时间是［　　］。

(A) $T/12$　　(B) $T/6$　　(C) $T/4$　　(D) $T/2$

8. 一列沿 x 轴正向传播的平面简谐波，周期为 0.5s，波长为 2m。则在原点处质点的振动相位传到 $x=4\text{m}$ 处所需要的时间为［　　］。

(A) 0.5s　　(B) 1s　　(C) 2s　　(D) 4s

9. 平面简谐波沿 x 轴传播，波长为 2.5m。A、B 为波线上相距为 1.0m 的两个点，则 A、B 两点的相位差为［　　］。

(A) $\frac{1}{5}\pi$　　(B) $\frac{2}{5}\pi$　　(C) $\frac{4}{5}\pi$　　(D) π

10. 把单摆摆球从平衡位置向位移正方向拉开，使摆线与竖直方向成一微小角度 θ，然后由静止放手任其振动，从放手时开始计时。若用余弦函数表示其运动方程，则该单摆振动的初相为［　　］。

(A) π　　(B) $\frac{1}{2}\pi$　　(C) 0　　(D) $\frac{1}{3}\pi$

二、填空题（每题 3 分，共 24 分）

1. 质点 P 在水平面内沿一半径为 $R=2\text{m}$ 的圆轨道转动。转动的角速度 ω 与时间 t 的函数关系为 $\omega=kt^2$（k 为常量），已知 $t=2\text{s}$ 时，质点 P 的速度值为 32m/s，则 $t=1\text{s}$ 时，质点 P 的速度为________，加速度为________。

2. 一艘正在沿直线行驶的电艇，在发动机关闭后，其加速度方向与速度方向相反，大小与速度平方成正比，即 $\mathrm{d}v/\mathrm{d}t=-Kv^2$。式中 K 为常量，发动机关闭时的速度是 v_0。如果电艇在关闭发动机后又行驶 x 距离，此时的速度为________。

3. 当一列火车以 10m/s 的速率向东行驶时，若相对于地面竖直下落的雨滴在列车的窗子上形成的雨迹偏离竖直方向 30°，则雨滴相对于地面、列车的速率分别是________，________。

4. 如题图 1-11 所示，一静止的均匀细棒，长为 L、质量为 M，可绕通过棒的端点且垂

直于棒的光滑固定轴 O 在水平面内转动，转动惯量为 $\frac{1}{3}ML^2$。一质量为 m、速率为 v 的子弹在水平面内沿与棒垂直的方向射出并穿出棒的自由端，设穿过棒后子弹的速率为 $\frac{1}{2}v$，则此时棒的角速度为________。

5. 花样滑冰运动员绕通过自身的竖直轴转动，开始时两臂伸开，角速度为 ω_0。然后她将两臂收回，转动惯量减少为原来的三分之一。此时她转动的角速度变为________。

6. 两个同方向同频率的简谐振动，其振动表达式分别为

$$x_1=6\times10^{-2}\cos\left(5t+\frac{1}{2}\pi\right)\ \text{(SI)},\quad x_2=2\times10^{-2}\cos\left(\frac{\pi}{2}-5t\right)\ \text{(SI)}$$

它们的合振动的振幅为________，初相为________。

7. 一平面简谐波的表达式为 $y=A\cos\omega(t-x/u)=A\cos(\omega t-\omega x/u)$ 其中 x/u 表示________；$\omega x/u$ 表示________；y 表示________。

8. 如题图 1-12 所示为一平面简谐波在 $t=0$ 时刻的波形图，且此时质点 P 向下运动，设 $\omega=50\pi$，则波动方程 $y=$________。

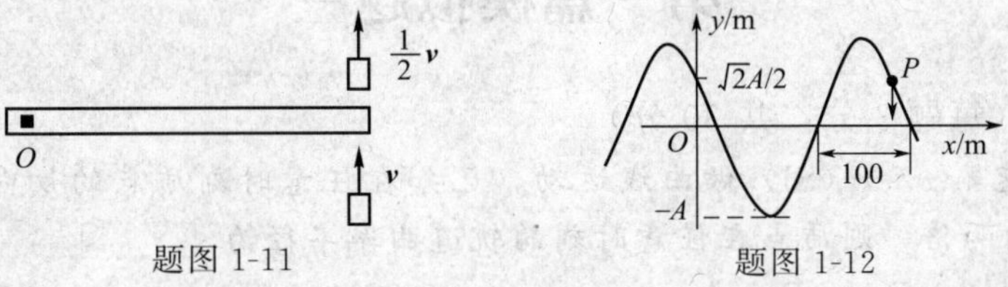

题图 1-11　　题图 1-12

三、判断题（每题 2 分，共 6 分）（在要判断正误的说法后面括号中填写√或×）

1. 质点做圆周运动时；所受的合外力一定指向圆心。（　　）

2. 当一平面简谐机械波在弹性媒质中传播时，媒质质元在其平衡位置处弹性势能最大。（　　）

3. 一个复杂的振动能分解成几个简单的简谐振动，几个简单的简谐振动也能合成为一个复杂的振动。（　　）

四、证明题（10 分）

在一竖直轻弹簧的下端悬挂一小球，弹簧被拉长 1.2cm 而平衡。再经拉动后，该小球在竖直方向做振幅为 $A=2\text{cm}$ 的振动，试证此振动为简谐振动；选小球在正最大位移处开始计时，写出此振动的数值表达式。

五、计算题（每题 3 分，共 30 分）

1. 一轴承光滑的定滑轮，质量为 $M=2.00\text{kg}$，半径为 $R=0.100\text{m}$，一根不能伸长的轻绳，一端固定在定滑轮上，另一端系有一质量为 $m=5.00\text{kg}$ 的物体，如题图 1-13 所示。已知定滑轮的转动惯量为 $J=\frac{1}{2}MR^2$，其初角速度 $\omega_0=10.0\ \text{rad/s}$，方向垂直纸面向里。求

(1) 定滑轮的角加速度的大小和方向；

(2) 定滑轮的角速度变化到为 0 时，物体上升的高度；

(3) 当物体回到原来位置时，定滑轮的角速度的大小和方向。

2. 一个弹簧振子沿 x 轴做简谐振动，已知弹簧的倔强系数为 $k=15.8\text{N/m}$，物体质量为 $m=0.1\text{kg}$，在 $t=0$ 时物体对平衡位置的位移 $x_0=0.05\text{m}$，速度 $v_0=-0.628\text{m/s}$。写出此振动的表达式。

3. 沿 x 轴负方向传播的平面简谐波在 $t=0$ 时刻的波形曲线如题图 1-14 所示，设波速 $u=0.5\mathrm{m/s}$，求

(1) 原点 O 的振动方程；

(2) 此波的波动方程；

(3) $t=0$ 时刻，$x=2\mathrm{m}$ 处质点的振动的速度。

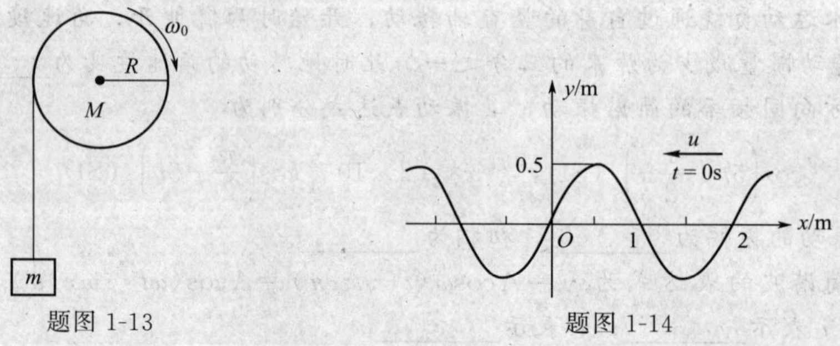

题图 1-13　　题图 1-14

第一篇模拟题三

一、选择题（每题 3 分，共 30 分）

1. 一质点以速率 $v=t^2$(SI) 做曲线运动，已知在任意时刻质点的切向加速度大小是其法向加速度大小的两倍，则质点在任意时刻的轨道曲率半径为 [　　]。

(A) t^2　　(B) t^3　　(C) t^4　　(D) t^5

2. 一力学系统由两个质点组成，它们之间只有引力作用。若两质点所受外力的矢量和为零，则此系统 [　　]。

(A) 动量、机械能以及对一轴的角动量都守恒

(B) 动量、机械能守恒，但角动量是否守恒不能断定

(C) 动量和角动量守恒，但机械能是否守恒不能断定

(D) 动量守恒，但机械能和角动量守恒与否不能断定

3. 一个质点同时在几个力作用下的位移为：$\Delta \boldsymbol{r}=4\boldsymbol{i}-5\boldsymbol{j}+6\boldsymbol{k}$，其中一个力为恒力 $\boldsymbol{F}=-3\boldsymbol{i}-5\boldsymbol{j}+9\boldsymbol{k}$，则此力在该位移过程中所做的功为 [　　]。

(A) 67J　　(B) 91J　　(C) 17J　　(D) −67J

4. 题图 1-15(a) 为一绳长为 l、质量为 m 的单摆；题图 1-15(b) 为一长度为 l、质量为 m，能绕水平固定轴 O 自由转动的匀质细棒。现将单摆和细棒同时从与竖直线成相同角度的位置由静止释放，若运动到竖直位置时，单摆、细棒角速度分别以 ω_1, ω_2 表示。则 [　　]。

(A) $\omega_1=\dfrac{1}{2}\omega_2$　　(B) $\omega_1=\omega_2$　　(C) $\omega_1=\dfrac{2}{3}\omega_2$　　(D) $\omega_1=\sqrt{2/3}\,\omega_2$

5. 有一半径为 R 的水平圆转台，可绕通过其中心的竖直固定光滑轴转动，转动惯量为 J，开始时转台以匀角速度 ω_0 转动。此时有一质量为 m 的人站在转台中心，随后人沿半径向外跑去，当人到达边缘时，转台的角速度为 [　　]。

(A) $\dfrac{J}{J+mR^2}\omega_0$　　(B) $\dfrac{J}{(J+m)R^2}\omega_0$　　(C) $\dfrac{J}{mR^2}\omega_0$　　(D) ω_0

6. 题图 1-16 中三条曲线分别表示简谐振动中的位移 x，速度 v，加速度 a，则 [　　]。

(A) 曲线 3,1,2 分别表示 x,v,a 曲线

(B) 曲线 2,1,3 分别表示 x,v,a 曲线

(C) 曲线 1,3,2 分别表示 x,v,a 曲线

(D) 曲线 2,3,1 分别表示 x,v,a 曲线

(E) 曲线 1,2,3 分别表示 x,v,a 曲线

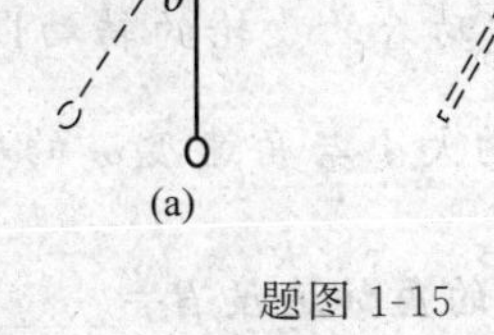

题图 1-15

7. 一平面简谐波在弹性媒质中传播，在媒质质元从最大位移处回到平衡位置的过程中 [　　]。

(A) 它的势能转换成动能

(B) 它的动能转换成势能

(C) 它从相邻的一段媒质质元获得能量，其能量逐渐增加

(D) 它把自己的能量传给相邻的一段媒质质元，其能量逐渐减小

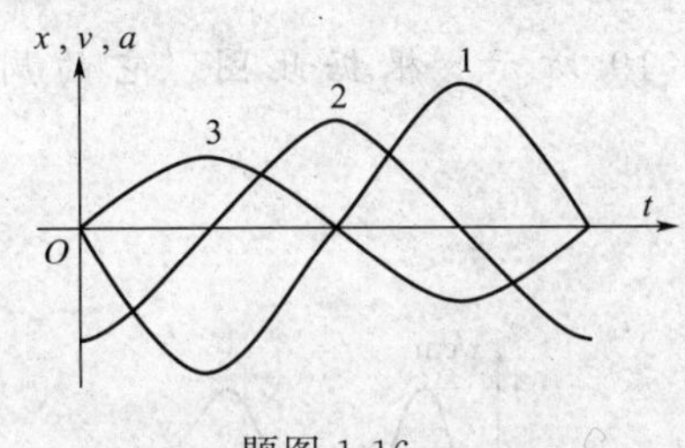

题图 1-16

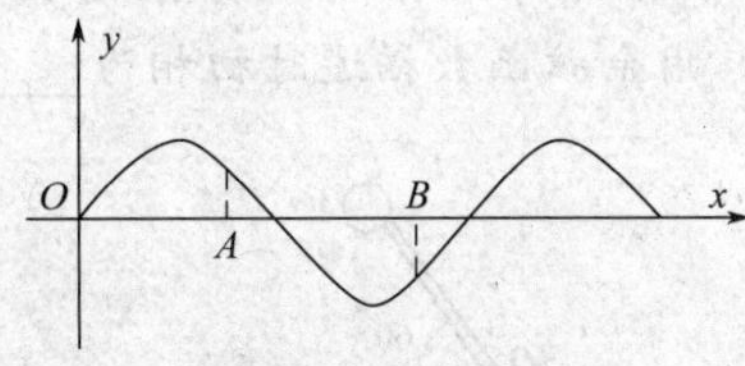

题图 1-17

8. 如题图 1-17 所示为一平面简谐机械波在 t 时刻的波形曲线。若此时 A 点处媒质质元的振动动能在增大，则 [　　]。

(A) A 点处质元的弹性势能在减小　　(B) 波沿 x 轴负方向传播

(C) B 点处质元的振动动能在减小　　(D) 各点的波的能量密度都不随时间变化

9. 下列说法正确的是 [　　]。

(A) 波速表达式 $u=\lambda v$，则波源频率越高，波速越大

(B) 横波是沿水平方向振动的波，纵波是沿竖直方向振动的波

(C) 机械波只能在弹性介质中传播，而电磁波可以在真空中传播

(D) 波源振动的频率就是波的频率，波源振动的速度就是波的传播速度

10. 在简谐波传播过程中，沿传播方向相距为 $\frac{1}{2}\lambda$（λ 为波长）的两点的振动速度 [　　]。

(A) 大小相同，方向相反　　(B) 大小相同，方向相同

(C) 大小不同，方向相同　　(D) 大小不同，方向相反

二、填空题（每题 3 分，共 24 分）

1. 质量为 $\boldsymbol{m}$ 的质点在 $X-Y$ 平面上运动，其位置矢量 $\boldsymbol{r}=a\cos\omega t\boldsymbol{i}+b\sin\omega t\boldsymbol{j}$ (SI)，设式中的 a,b,ω 均为正常量，且 $a>b$。求质点所受到的作用力 $\boldsymbol{F}$ 为________。

2. 已知一质量为 m 的质点在 x 轴上运动，质点只受到指向原点的引力的作用，引力大小与质点离原点的距离 x 的平方成反比，即 $f=-k/x^2$，k 是比例常数，设质点在 $x=A$ 时的速度为零，求质点在 $x=\frac{1}{4}A$ 处的速度的大小为________。

3. 一个力 $\boldsymbol{F}$ 作用在质量为 1.0kg 的质点上，使之沿 x 轴运动。已知在此力作用下质点的运动学方程为 $x=3t-4t^2+t^3$ (SI)，在 0 到 3s 的时间间隔内，问

(1) 力 $\boldsymbol{F}$ 的冲量大小 $I=$________；

(2) 力 $\boldsymbol{F}$ 对质点所做的功 $A=$________。

4. 转动着的飞轮的转动惯量为 $\boldsymbol{J}$，在 $t=0$ 时角速度为 ω_0，此后飞轮经历制动过程，阻力矩 M 的大小与角速度 ω 的平方成正比，比例系数为 k（k 为大于 0 的常量），当 $\omega=\dfrac{1}{3}\omega_0$ 时，飞轮的角加速度 $\beta=$________，从开始制动到 $\omega=\dfrac{1}{3}\omega_0$ 所经过的时间 $t=$________。

5. 如题图 1-18 所示，一长为 L 的轻质细杆，两端分别固定质量为 m 和 $3m$ 的小球，此系统在竖直平面内可绕过中点 O 且与杆垂直的水平光滑固定轴（O 轴）转动。开始时杆与水平成 60°角，处于静止状态，无初转速地释放以后，杆球这一刚体系统绕 O 轴转动，系统绕 O 轴的转动惯量 $J=$________。释放后，当杆转到水平位置时，刚体受到的合外力矩 $M=$________；角加速度为________。

6. 一质点做简谐振动，其振动曲线如题图 1-19 所示。根据此图，它的周期 $T=$________，用余弦函数描述时初相为________。

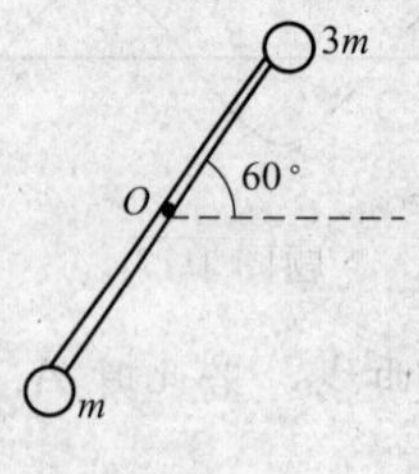

题图 1-18

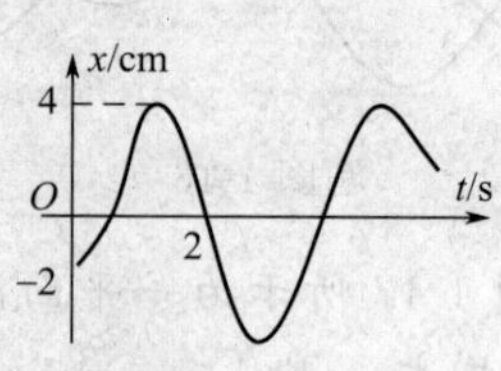

题图 1-19

7. 设反射波的表达式是

$$y_2=0.15\cos\left[100\pi\left(t-\frac{x}{200}\right)+\frac{1}{2}\pi\right]\quad(\text{SI})$$

波在 $x=0$ 处发生反射，反射点为自由端，则形成的驻波的表达式为________。

8. 一平面简谐机械波在媒质中传播时，若一媒质质元在 t 时刻的总机械能是 10J，则在 $(t+T)$（T 为波的周期）时刻该媒质质元的振动动能是________。

三、判断题（每题 2 分，共 6 分）（在要判断正误的说法后面括号中填写√或×）

1. 一平面简谐机械波在弹性媒质中传播，媒质质元的振动动能增大时，其弹性势能减小，总机械能守恒。（　）

2. 刚体转动时的惯性大小主要取决于刚体的质量大小。（　）

3. 对于质点系统，只有外力才能改变系统的动量，内力对系统内各质点的动量无贡献。（　）

四、证明题（10 分）

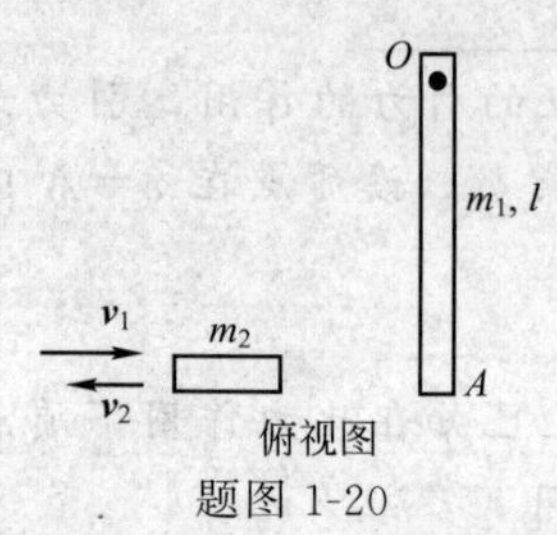

题图 1-20

有一质量为 m_1、长为 l 的均匀细棒，静止平放在滑动摩擦系数为 m 的水平桌面上，它可绕通过其端点 O 且与桌面垂直的固定光滑轴转动。另有一水平运动的质量为 m_2 的小滑块，从侧面垂直于棒与棒的另一端 A 相碰撞，设碰撞时间极短。已知小滑块在碰撞前后的速度分别为 $\boldsymbol{v}_1$ 和 $\boldsymbol{v}_2$，如题图 1-20 所示。试证明：碰撞后从细棒开始转动到停止转动的过程所需的时间 $t=2m_2\dfrac{v_1+v_2}{\mu m_1 g}$。

（已知棒绕 O 点的转动惯量 $J=\frac{1}{3}m_1l^2$）

五、计算题（每题10分，共30分）

1. 质量为 $M_1=15\text{kg}$ 的圆轮，可绕水平光滑固定轴转动，一轻绳缠绕于轮上，另一端通过质量为 $M_2=5\text{kg}$ 的圆盘形定滑轮悬有 $m=10\text{kg}$ 的物体（题图1-21）。求当重物由静止开始下降了 $h=0.5\text{m}$ 时，

(1) 物体的速度；

(2) 绳中张力。

（设绳与定滑轮间无相对滑动，圆轮、定滑轮绕通过轮心且垂直于横截面的水平光滑轴的转动惯量分别为 $J_1=\frac{1}{2}M_1R^2$，$J_2=\frac{1}{2}M_2r^2$，重力加速度 $g=10\text{m/s}^2$）

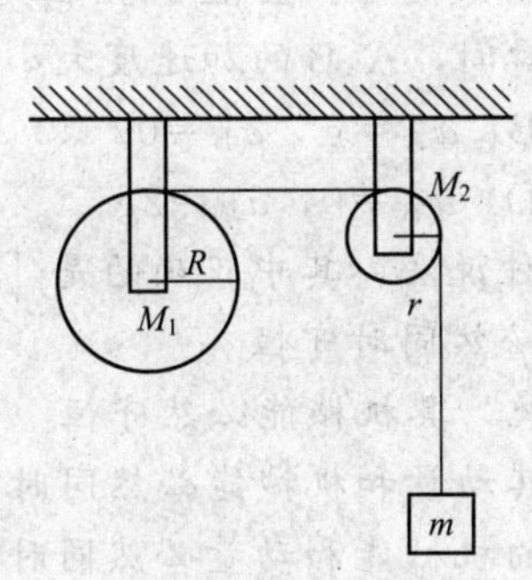

题图 1-21

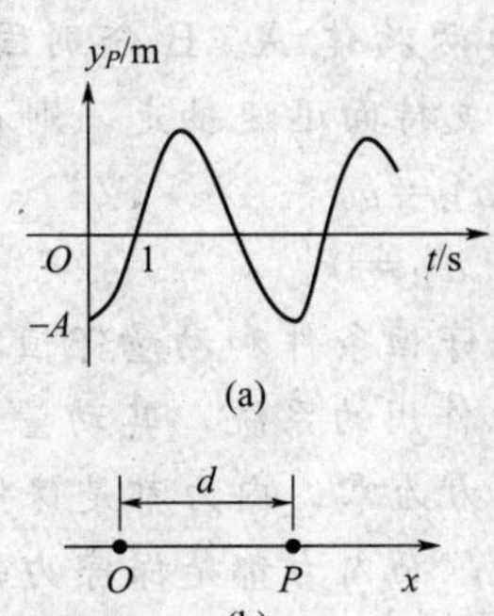

题图 1-22

2. 一平面简谐波沿 Ox 轴的负方向传播，波长为 λ，P 处质点的振动规律如题图1-22所示。

(1) 求 P 处质点的振动方程；

(2) 求此波的波动表达式；

(3) 若图中 $d=\frac{1}{2}\lambda$，求坐标原点 O 处质点的振动方程。

3. 一简谐波，振动周期 $T=\frac{1}{2}\text{s}$，波长 $\lambda=10\text{m}$，振幅 $A=0.1\text{m}$。当 $t=0$ 时，波源振动的位移恰好为正方向的最大值，若坐标原点和波源重合，且波沿 Ox 轴正方向传播。求

(1) 此波的表达式；

(2) $t_1=\frac{T}{4}$时刻，$\frac{\lambda}{4}$处质点的位移；

(3) $t_2=\frac{T}{2}$时刻，$\frac{\lambda}{4}$处质点的振动速度。

第一篇模拟题四

一、选择题（每题3分，共30分）

1. 粒子B的质量是粒子A的质量的4倍。开始时粒子A的速度为 $(3\boldsymbol{i}+4\boldsymbol{j})$，粒子B的速度为 $(2\boldsymbol{i}-7\boldsymbol{j})$，由于两者的相互作用，粒子A的速度变为 $(7\boldsymbol{i}-4\boldsymbol{j})$，此时粒子B的速度等于［　］。

(A) $\boldsymbol{i}-5\boldsymbol{j}$　　(B) $2\boldsymbol{i}-7\boldsymbol{j}$　　(C) 0　　(D) $5\boldsymbol{i}-3\boldsymbol{j}$

2. 已知地球的质量为 m，太阳的质量为 M，地心与日心的距离为 R，引力常数为 G，则地球绕太阳作圆周运动的轨道角动量为 [ ]。

(A) $m\sqrt{GMR}$　　(B) $\sqrt{\dfrac{GMm}{R}}$　　(C) $Mm\sqrt{\dfrac{G}{R}}$　　(D) $\sqrt{\dfrac{GMm}{2R}}$

3. 质量为 m 的一艘宇宙飞船关闭发动机返回地球时，可认为该飞船只在地球的引力场中运动。已知地球质量为 M，万有引力恒量为 G，则当它从距地球中心 R_1 处下降到 R_2 处时，飞船增加的动能应等于 [ ]。

(A) $\dfrac{GMm}{R_2}$　(B) $\dfrac{GMm}{R_2^2}$　(C) $GMm\dfrac{R_1-R_2}{R_1R_2}$　(D) $GMm\dfrac{R_1-R_2}{R_1^2}$

4. 质量相等的两物体 A、B 分别固定在轻弹簧两端，竖直静置在光滑水平支持面上(题图 1-23)，若把支持面迅速抽走，则在抽走的瞬间，A,B 的加速度大小分别为 [ ]。

(A) $a_A=0$，$a_B=g$　　(B) $a_A=g$，$a_B=0$

(C) $a_A=2g$，$a_B=0$　　(D) $a_A=0$，$a_B=2g$

5. 关于机械能守恒条件和动量守恒有以下几种说法，其中正确的是 [ ]。

(A) 不受外力作用的系统，其动量和机械能必然同时守恒

(B) 所受合外力为零，内力都是保守力的系统，其机械能必然守恒

(C) 不受外力，而内力都是保守力的系统，其动量和机械能必然同时守恒

(D) 外力对一个系统做的功为零，则该系统的机械能和动量必然同时守恒

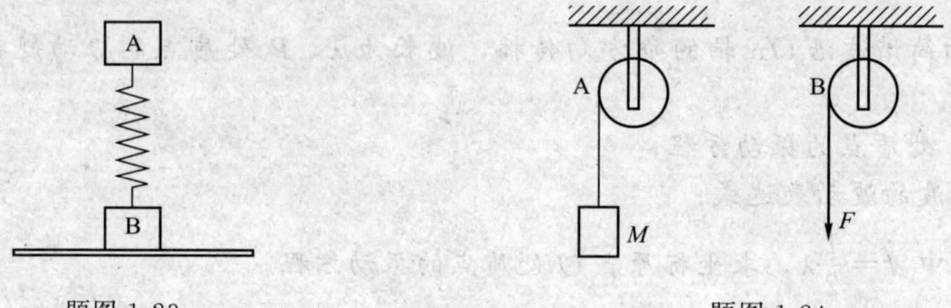

题图 1-23　　题图 1-24

6. 对质点组有以下几种说法：

(1) 质点组总动量的改变与内力无关；

(2) 质点组总动能的改变与内力无关；

(3) 质点组机械能的改变与保守内力无关。

在上述说法中：[ ]。

(A) 只有 (1) 是正确的　　(B) (1)、(3) 是正确的

(C) (1)、(2) 是正确的　　(D) (2)、(3) 是正确的

7. 如题图 1-24 所示，A,B 为两个相同的绕着轻绳的定滑轮。A 滑轮挂一质量为 M 的物体，B 滑轮受拉力 F，而且 $F=Mg$，设 A,B 两滑轮的角加速度分别为 β_A 和 β_B，不计滑轮轴的摩擦，则有 [ ]。

(A) $\beta_A=\beta_B$　　(B) $\beta_A>\beta_B$

(C) $\beta_A<\beta_B$　　(D) 开始时 $\beta_A=\beta_B$，以后 $\beta_A<\beta_B$

8. 一个圆盘在水平面内绕一竖直固定轴转动的转动惯量为 J，初始角速度为 ω_0，后来

变为$\frac{1}{2}\omega_0$，在上述过程中，阻力矩所做的功［　　］。

(A) $\frac{1}{4}J\omega_0^2$　　(B) $-\frac{1}{8}J\omega_0^2$　　(C) $-\frac{1}{4}J\omega_0^2$　　(D) $-\frac{3}{8}J\omega_0^2$

9. 一弹簧振子做简谐振动，总能量为E_1，如果简谐振动振幅增加为原来的两倍，重物的质量增为原来的4倍，则它的总能量E_2变为［　　］。

(A) $E_1/4$　　(B) $E_1/2$　　(C) $2E_1$　　(D) $4E_1$

10. 如题图1-25所示，一简谐波在$t=0$时刻的波形图（其中振幅$A=0.1\text{m}$），波速$u=200\text{m/s}$，则P处质点的振动速度表达式为［　　］。

(A) $v=-0.2\pi\cos(2\pi t-\pi)$　(SI)

(B) $v=-0.2\pi\cos(\pi t-\pi)$　(SI)

(C) $v=0.2\pi\cos(2\pi t-\frac{\pi}{2})$　(SI)

(D) $v=0.2\pi\cos(\pi t-\frac{3\pi}{2})$　(SI)

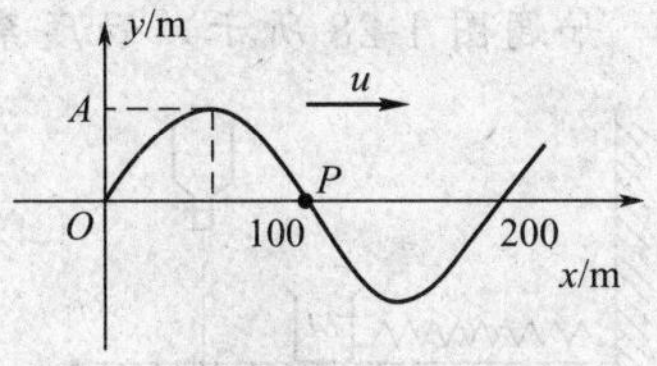

题图 1-25

二、填空题（每题3分，共24分）

1. 一运动质点的速率与路程的关系为：$v=1+S^2$ (SI)，则其切向加速度以路程S表示为的表达式为________(SI)。

2. 一质量为m的质点在指向圆心的平方反比力$F=-\frac{k}{r^2}$的作用下，做半径为r的圆周运动，此质点的速度$v=$________，若取距圆心无穷远处为势能零点，它的机械能$E=$________。

3. 一质点从静止出发，沿半径$R=3\text{m}$的圆周运动，切向加速度大小为3m/s^2（常数），当总加速度与半径成45°角时，所经过的时间$t=$________。

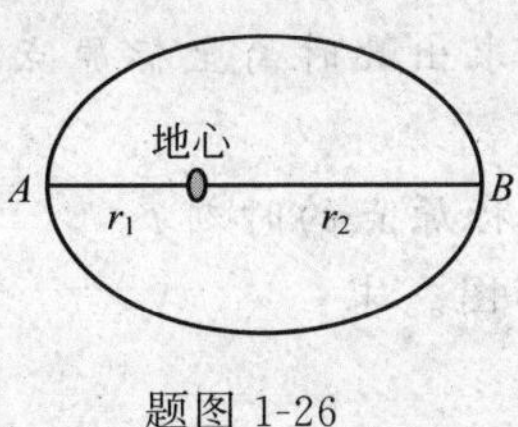

题图 1-26

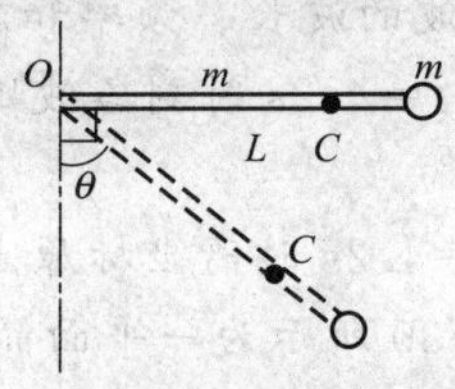

题图 1-27

4. 人造地球卫星绕地球做椭圆运动，近地点为A，远地点为B（题图1-26）。A，B两点距地心分别为r_1，r_2。设卫星质量为m，地球质量为M，万有引力常量为G。则卫星在A，B两点处的万有引力势能之差$E_{pB}-E_{pA}=$________；卫星在A，B两点的动能之差$E_{kB}-E_{kA}=$________。

5. 如题图1-27所示，长为L、质量为m的匀质细杆，可绕通过杆的端点O并与杆垂直的水平固定轴转动。杆的另一端连接一质量为m的小球，杆从水平位置由静止开始自由下摆，忽略轴处的摩擦，当杆转至与竖直方向成θ角时，小球与杆的角速度$\omega=$________。

6. 一个半径为R的水平圆盘恒以角速度ω做匀速转动。一质量为m的人要从圆盘边缘走到圆盘中心处，圆盘对他所做的功$A=$________。

7. 在静止的升降机中，长度为l的单摆的振动周期为T_0。当升降机以加速度$a=\frac{1}{2}g$竖直下降时，摆的振动周期$T=$________。

8. 一质点在 x 轴上做简谐振动，振幅 $A=4\text{cm}$，周期 $T=2\text{s}$，其平衡位置取作坐标原点。若 $t=0$ 时刻质点第一次通过 $x=-2\text{cm}$ 处，且向 x 轴负方向运动，则质点第二次通过 $x=-2\text{cm}$ 处的时刻为________。

三、判断题（每题 2 分，共 6 分）（在要判断正误的说法后面括号中填写√或×）

1. 如果质点同时具有切向加速度和法向加速度，则该质点做一般曲线运动。（ ）
2. 质点系的动量改变决定于系统的外力，但动能改变还决定于系统的内力。（ ）
3. 在机械波传播过程中，某一质元的动能和势能具有相同的值。（ ）

四、证明题（10 分）

如题图 1-28 所示，劲度系数为 k 的弹簧一端固定在墙上，另一端连接一质量为 M 的容器，容器可在光滑水平面上运动。当弹簧未变形时容器位于 O 处，今使容器自 O 点左侧处 l_0 从静止开始运动，每经过 O 点一次时，从上方滴管中滴入一质量为 m 的油滴，试证明：容器中滴入 n 滴以后，容器运动到距 O 点的最远距离为 $x=\sqrt{M/(M+nm)}\,l_0$。

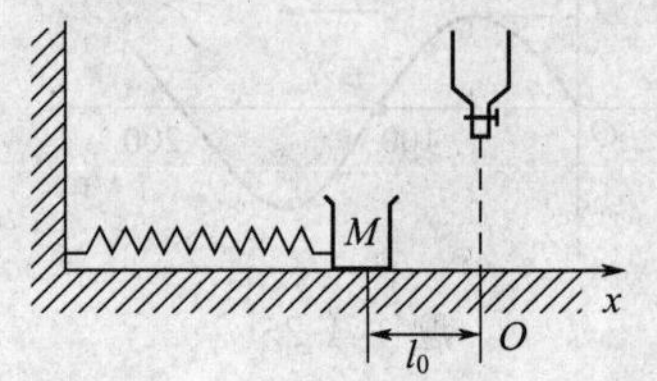

题图 1-28

五、计算题（每题 3 分，共 30 分）

1. 一圆盘的质量为 m_2、半径为 R，可绕固定的过圆心的水平轴 O 转动，原来处于静止状态。现有一质量为 m_1，速度为 v 的子弹嵌入圆盘的边缘，如题图 1-29 所示。求

(1) 子弹嵌入圆盘后，圆盘的角速度 ω；

(2) 由子弹与圆盘组成的系统在此过程中的动能增量。

2. 已知一平面简谐波的表达式为

$$y=A\cos\pi(4t+2x)\quad \text{(SI)}$$

(1) 求该波的波长、频率和波速 u 的值；

(2) 写出 $t=4.2\text{s}$ 时刻各波峰位置的坐标表达式，并求出此时离坐标原点最近的那个波峰的位置；

(3) 求 $t=4.2\text{s}$ 时离坐标原点最近的那个波峰通过坐标原点的时刻 t。

3. 题图 1-30 所示为一平面简谐波在 $t=0$ 时刻的波形图。求

(1) 该波的波动表达式；

(2) P 处质点的振动方程。

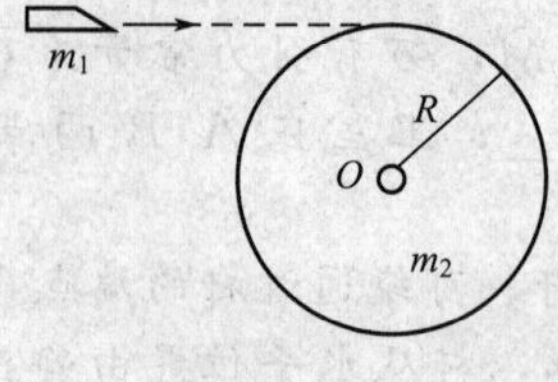

题图 1-29

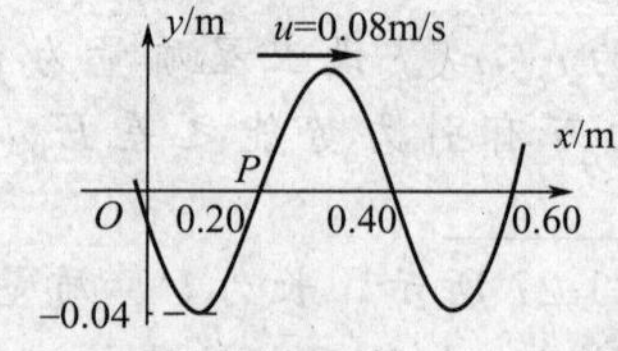

题图 1-30

第六单元 电荷与电场

一、基本要求

(1) 理解电场的概念、电场强度的定义和电场叠加原理的意义。掌握用点电荷电场的叠加法计算简单电荷分布的电场。

(2) 理解高斯定理和环路定理。能熟练地用高斯定理求解有特定对称性的电荷分布的电场，特别是均匀带电的球、线、板的电场。

(3) 理解静电场的保守性，理解电势概念的引入条件及它的意义。掌握利用场强的线积分求电势和已知电荷分布利用电势叠加原理求电势的方法。

(4) 理解电通量、电力线、等势面的概念，了解场强和电势的微分关系。

(5) 理解电势能、电势差、电场力的功及其相互关系。

(6) 了解静电场中导体静电平衡的条件及电荷分布的规律。

(7) 理解电容的定义及其物理意义。

(8) 了解电介质的极化现象及其微观机理。

(9) 了解电介质中的高斯定理及环路定理；能用高斯定理处理电介质中较简单的电场问题。

(10) 理解电场能量密度的概念，会计算一些简单的对称情况下电场中储存的能量。

二、基本概念与规律

1. 库仑定律

(1) **电荷守恒定律。两种电荷：**自然界只存在正、负两种电荷：与用丝绸摩擦过的玻璃棒所带电荷的电性相同的电荷叫做正电荷，跟用毛皮摩擦后的橡胶棒所带的电荷的电性相同的电荷叫做负电荷。

电荷守恒定律：自然界中两种电荷的总量是守恒的，使物质带电的过程，就是使电荷从一个物体转移到另一个物体（如摩擦起电和接触带电）；或者是从物体的一部分转移到另一部分（静电感应）。在一个与外界没有电荷交换的系统内，无论进行怎样的物理过程，系统内正、负电荷量的代数和总是保持不变，这就是电荷守恒定律。

电荷量子化：任何物体的带电量都是元电荷量（$e=1.6\times10^{-19}$ C）的整数倍，电子、质子的电量都等于元电荷量，但电性不同，前者为负，后者为正。

（2）**库仑定律。点电荷**：如果带电体的大小比它们之间的距离小得多，以致带电体的形状和大小对相互作用力的影响可忽略不计时，可以把这样的带电体视为点电荷。注意：带电体的线度相对相关距离很小是判断点电荷的标准。

库仑定律：在真空中两个点电荷间的作用力跟它们的电量的乘积成正比，跟它们间的距离的平方成反比，作用力的方向在它们的连线上。如图 6-1 所示，同种电荷互相排斥，异种电荷互相吸引。数学表达式如下

$$\boldsymbol{F}=\frac{1}{4\pi\varepsilon_0}\frac{q_1q_2}{r^2}\boldsymbol{e}_{\mathrm{r}}$$

式中，$\varepsilon_0=8.85\times10^{-12}\mathrm{C}^2/(\mathrm{N}\cdot\mathrm{m}^2)$；$\boldsymbol{e}_{\mathrm{r}}$ 为施力电荷指向受力电荷方向的单位矢量。

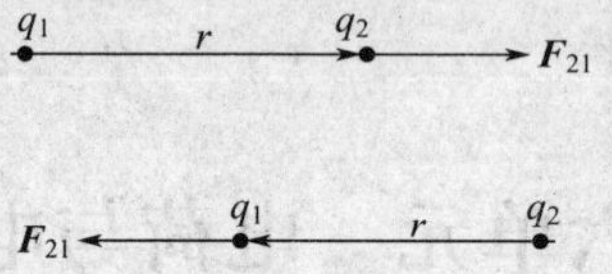

q_1 r q_2 $\boldsymbol{F}_{21}$

$\boldsymbol{F}_{21}$ q_1 r q_2

图 6-1　库仑定律

（3）**静电力的叠加原理**。当 n 个静止的点电荷 $q_1, q_2, \cdots, q_n$ 同时存在时，施于某一点电荷 q_0 的力就等于各点电荷单独存在时施于该电荷静电力的矢量和，即

$$\boldsymbol{F}=\boldsymbol{F}_1+\boldsymbol{F}_2+\cdots+\boldsymbol{F}_n=\sum_{i=1}^{n}\boldsymbol{F}_i$$

2. 电场强度

（1）**电场强度的定义**。电场中某点电场强度 $\boldsymbol{E}$ 的大小等于正的试验电荷 q_0 在该点受力的大小和 q_0 的比值，其方向为正的试验电荷 q_0 受力的方向，即

$$\boldsymbol{E}=\frac{\boldsymbol{F}}{q_0}$$

（2）**场强叠加原理**。多个带电体在空间任意一点所激发的总场强等于各个带电体单独存在时在该点各自所激发的场强的矢量和，即

$$\boldsymbol{E}=\boldsymbol{E}_1+\boldsymbol{E}_2+\cdots+\boldsymbol{E}_n=\sum_{i=1}^{n}\boldsymbol{E}_i$$

它是电场的基本性质之一。利用这一原理可以计算任意带电体所激发的场强。

（3）**场强的计算。点电荷的场强**：

$$\boldsymbol{E}=\frac{\boldsymbol{F}}{q_0}=\frac{1}{4\pi\varepsilon_0}\frac{q}{r^2}\boldsymbol{e}_{\mathrm{r}}$$

该场强是球对称的。即在离该电荷距离相等的球面上各点的电场强度大小处处相等。

点电荷系的场强：根据点电荷的电场及场强叠加原理可得点电荷系的场强为

$$\boldsymbol{E}=\sum_{i=1}^{n}\boldsymbol{E}_i=\sum_{i=1}^{n}\frac{1}{4\pi\varepsilon_0}\frac{q_i}{r_i^2}\boldsymbol{e}_{ri}$$

电荷连续分布的带电体的场强：可将电荷连续分布的带电体分成无数个点电荷。因此可以应用电荷系场强的计算式，但是求和运算变为积分运算。

$$\boldsymbol{E}=\int \mathrm{d}\boldsymbol{E}=\int \frac{1}{4\pi\varepsilon_0}\frac{\mathrm{d}q}{r^2}\boldsymbol{e}_{\mathrm{r}}$$

注意，这是矢量积分，具体计算时应先将 d$\boldsymbol{E}$ 分解，再积分。

$$\mathrm{d}\boldsymbol{E}=\mathrm{d}E_x\boldsymbol{i}+\mathrm{d}E_y\boldsymbol{j}$$

$$\boldsymbol{E}=\int \mathrm{d}\boldsymbol{E}=\int(\mathrm{d}E_x\boldsymbol{i}+\mathrm{d}E_y\boldsymbol{j})=\int \mathrm{d}E_x\boldsymbol{i}+\int \mathrm{d}E_y\boldsymbol{j}=E_x\boldsymbol{i}+E_y\boldsymbol{j}$$

3. 高斯定理

（1）**电场线**。在空间画出的能够形象描述电场性质的一系列曲线称为电场线。它必须既能反映电场的大小，又能反映电场的方向；事实上，曲线上每点的切线方向为该点电场强度的方向，垂直于电场强度单位面积上的电场线根数为该处电场强度的大小。因此，电场线密的地方，场强大；电场线疏的地方，场强小。

电场线的性质：电场线起始于正电荷，终止于负电荷，不间断，不闭合。任意两根电场线不相交，因为空间任意点场强只有一个确定的方向。

（2）**电通量**。穿过电场中任一曲面的电场线总数称为通过此面的电场强度通量。简称为电通量。

电通量的计算步骤如下。

均匀电场中通过一平面的电通量：若两者垂直，则 $\Phi_E=ES$；若两者不垂直，则可将平面在垂直于电场强度方向上投影，而此投影面的通量与原面的通量一致，所以 $\Phi_E=ES_{\perp}=ES\cos\theta=\boldsymbol{E}\cdot\boldsymbol{S}$，如图 6-2 所示。

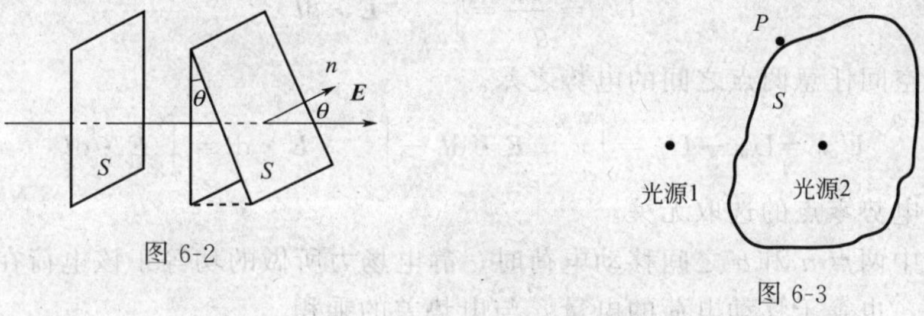

图 6-2

图 6-3

任意电场中任意曲面的电通量：可将曲面分割成无数个小平面 d$\boldsymbol{S}$，则 $\mathrm{d}\Phi_E=\boldsymbol{E}\cdot\mathrm{d}\boldsymbol{S}$，其中面元矢量 d$\boldsymbol{S}$ 的大小等于 dS，方向为面元的正法线方向。

$$\Phi_E=\int_S \mathrm{d}\Phi_E=\int_S \boldsymbol{E}\cdot\mathrm{d}\boldsymbol{S}$$

任意电场中任意闭合曲面的电通量：对整个闭合曲面积分即可

$$\Phi_E=\oint_S \boldsymbol{E}\cdot\mathrm{d}\boldsymbol{S}$$

规定法线正向为外法线方向，这样电场线穿出为正，穿进为负。

（3）**高斯定理**。在真空中的静电场中，通过任一闭合曲面的电通量，等于该曲面内电荷的代数和除以 ε_0

$$\Phi_E=\oint_S \boldsymbol{E}\cdot\mathrm{d}\boldsymbol{S}=\begin{cases}\dfrac{1}{\varepsilon_0}\sum\limits_{S内} q_i & \text{（电荷系）}\\ \dfrac{1}{\varepsilon_0}\int_V \rho\mathrm{d}V & \text{（连续分布带电体）}\end{cases}$$

理解高斯定理应注意以下几点。①上式中 E 为封闭面 S 内外的电荷（整个空间所有电荷）共同产生的，而通量只和 S 内的电荷有关。所以要注意区分电场强度与电通量两个概念。例如，图 6-3 中有两个光源 1 和 2，有一封闭面 S 和位于封闭面上的一点 P，则 P 点的光强是由两个光源共同决定的，但是通过封闭面 S 的光通量却只与封闭面围住的光源有关，但通过 S 面上某一部分曲面的光通量却仍与整个空间所有光源有关。②封闭面内电荷代数和为零并不能表示封闭面内无电荷。同样，通过封闭面的电通量为零也并不能得到封闭面上各点场强为零。③高斯定理说明静电场是有源场，其场源为电荷。

4. 电势

(1) **静电场力做功的特点**。只与始末位置有关，与路径无关，所以静电场为保守场，静电场力为保守力。

(2) **静电场的环路定理**。在静电场中，电场强度沿任一闭合路径的线积分恒为零。

$$\oint_L \boldsymbol{E} \cdot \mathrm{d}\boldsymbol{l} = 0$$

这是静电场力做功和路径无关及电力线不闭合的数学表述，该式说明静电场为无旋场。

(3) **电势能**。电荷 q_0 在电场中某点 a 的电势能，在数值上等于把电荷从该点沿任意路径移到零势点处时静电力所做的功。

$$W_a = \int_a^{\text{零势点}} q_0 \boldsymbol{E} \cdot \mathrm{d}\boldsymbol{l}$$

(4) **电势**。电场中某点的电势，在数值上等于单位正电荷在该点所具有的电势能，即把单位正电荷从该点沿任意路径移到电势能零点，电场力所做的功。

$$U_a = \frac{W_a}{q_0} = \int_a^{\text{零势点}} \boldsymbol{E} \cdot \mathrm{d}\boldsymbol{l}$$

电势差：空间任意两点之间的电势之差。

$$U_{ab} = U_a - U_b = \int_a^{\text{零势点}} \boldsymbol{E} \cdot \mathrm{d}\boldsymbol{l} - \int_b^{\text{零势点}} \boldsymbol{E} \cdot \mathrm{d}\boldsymbol{l} = \int_a^b \boldsymbol{E} \cdot \mathrm{d}\boldsymbol{l}$$

电势差与电势零点的选取无关。

在静电场中两点 a 和 b 之间移动电荷时，静电场力所做的功等于该电荷在这两点间电势能增量的负值，也等于移动电荷的电量 q 与电势差的乘积。

$$A_{ab} = \int_a^b q\boldsymbol{E} \cdot \mathrm{d}\boldsymbol{l} = -\Delta W = -(W_b - W_a) = -q(U_b - U_a) = qU_{ab}$$

有关电势的计算内容如下：

点电荷　　$U_a = \dfrac{q}{4\pi\varepsilon_0 r}$（以无穷远处为势能零点）

点电荷系　　$U_a = \sum\limits_{i=1}^{n} \dfrac{q_i}{4\pi\varepsilon_0 r_i}$（电势叠加原理）

连续分布带电体　　$U_a = \int \dfrac{\mathrm{d}q}{4\pi\varepsilon_0 r}$（标量积分，不必考虑方向）

5. 电场强度和电势梯度的关系

(1) 等势面。电势相等的点组成的面。点电荷的等势面是同心球面。

画法：相邻等势面的电势差相等。等势面密处，场强大；等势面疏处，场强小。

(2) 电场强度和电势梯度的关系。电场线与等势面处处正交且电场线指向电势降低的方向。

积分关系　　$U_a = \int_a^{\text{零势点}} \boldsymbol{E} \cdot \mathrm{d}\boldsymbol{l}$

微分关系 $\boldsymbol{E}=-\nabla U$

6. 导体的静电平衡条件

(1) 导体内部的场强处处为零。

(2) 导体表面的场强处处与导体表面垂直。

7. 静电平衡时导体上的电荷分布

电荷只分布在导体的表面，导体内净电荷为零。

8. 静电平衡时导体的电势分布规律

导体为等势体，其表面为等势面。

9. 电容

描述导体或导体组（电容器）容纳电荷能力的物理量。导体所带电量 q 与其电势 U 之比称为孤立导体的电容，即

$$C=\frac{q}{U}$$

电容器的电容：两极板中任一极板所带电量 q 与两极板 a,b 间的电势差 U_{ab} 之比，即

$$C=\frac{q}{U_{ab}}$$

它在数值上等于电容器每升高一单位电势差时所需增加的电量。

电容的值只与电容器的几何形状及极板间的电介质性质有关，与电容器是否带电及所带电量的多少无关。

10. 电介质的极化

处于电场中的电介质，其表面会出现正、负束缚电荷，这种现象称为电介质的极化。此时，介质中的电场为外电场 $\boldsymbol{E}_0$ 与极化产生的附加电场 $\boldsymbol{E}'$ 的矢量和，即

$$\boldsymbol{E}=\boldsymbol{E}_0+\boldsymbol{E}'$$

无极分子（正、负电荷中心重合的分子）的极化是由于外电场使无极分子的正、负电荷中心产生相对位移，形成电偶极子，它们的电矩和外电场有相同的方向，从而使介质的界面出现正、负电荷。有极分子的极化是由于外电场力矩的作用使有极分子的电矩（在无外电场时其排列是混乱的）发生转动，其趋势是转向与外电场一致的方向，从而在宏观上使电介质的界面出现正、负束缚电荷。

11. 电位移矢量 $\boldsymbol{D}$

电位移矢量是描述电场性质的辅助量。在各向同性介质中，它与场强成正比，即

$$\boldsymbol{D}=\varepsilon_0\varepsilon_r\boldsymbol{E}=\varepsilon\boldsymbol{E}$$

12. 介质中的高斯定理

穿过任一封闭曲面的 $\boldsymbol{D}$ 通量等于该曲面所包围的自由电荷的代数和，即

$$\oint_S \boldsymbol{D}\cdot d\boldsymbol{S}=\sum q_i$$

利用介质中的高斯定理可以简便地求解具有一定对称性的介质中的电场问题。

13. 介质中的环路定理

介质中的场强沿任一闭合回路的线积分等于零，即

$$\oint_L \boldsymbol{E}\cdot d\boldsymbol{l}=0$$

这说明有介质时的静电场仍然是保守场。

14. 静电场的能量

静电场中所储存的能量称为静电场的能量。单位体积的电场中所储存的能量称为电场能量密度，它在数值上等于场强与电位移矢量标积的一半，即

$$w=\frac{1}{2}\boldsymbol{D}\cdot\boldsymbol{E}$$

于是，体积为 V 的电场空间所储存的电能

$$W_{\mathrm{e}}=\int w\,\mathrm{d}V=\int_V\frac{1}{2}\varepsilon E^2\,\mathrm{d}V=\int_V\frac{D^2}{2\varepsilon}\mathrm{d}V$$

电容器所储存的电能

$$W_{\mathrm{e}}=\frac{q^2}{2C}=\frac{1}{2}CU^2=\frac{1}{2}qU$$

附：知识脉络图

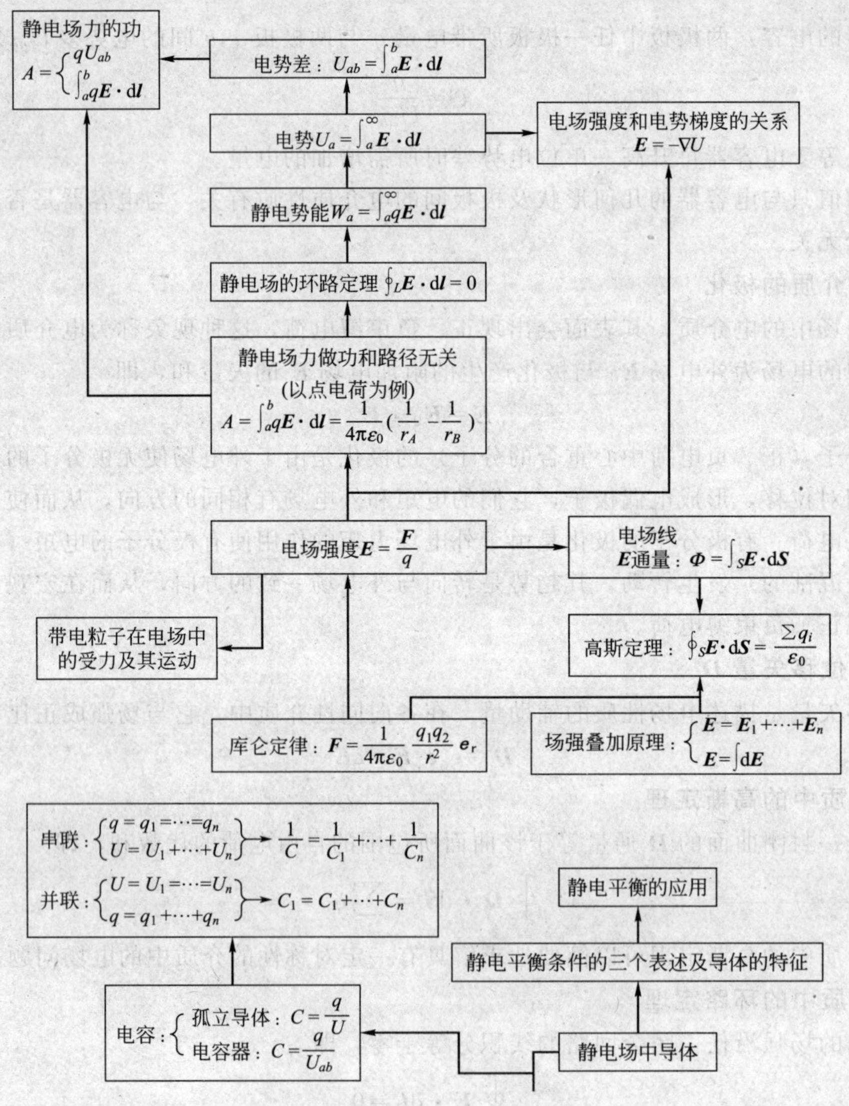

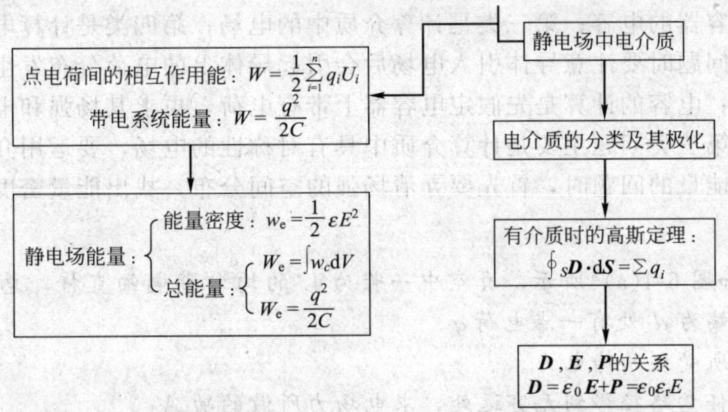

三、典型例题

电场问题分为真空中的静电场和介质中的静电场。主要解题方法有如下几种。

1. 求真空中的静电场场强的主要方法

（1）利用电荷的电场公式 $d\boldsymbol{E}=\frac{dq}{4\pi\varepsilon_0 r_2^2}\boldsymbol{e}_r$ 和场强叠加原理联合求解——关键是标量化或分量化：依电荷分布的几何形状以及密度分布建立合适的坐标系——使 dq 易表示、好积分，在这个坐标系中先写出分量后再积分。积分时首先要注意电场强度是场点的函数，但积分是对场源电荷的分布积分；其次要注意积分变量的统一和上下限的取值。

（2）用高斯定理 $\oiint \boldsymbol{E}\cdot d\boldsymbol{S}=\frac{1}{\varepsilon_0}\sum_i q_i$ 求 $\boldsymbol{E}$——关键是要从一个积分中求出积分函数，则要求积分函数可以提出积分号外，能这样做需找到一个合适的高斯面 S，使得面元 $d\boldsymbol{S}$ 上场强的方向能判断，且与面元的外法向 $\boldsymbol{e}_n$ 的夹角 $\theta=0,\pi,\pi/2$。这就要求带电体的电荷分布有对称性。电荷分布有球对称性，合适的高斯面就是同心球面；电荷分布有轴对称性，高斯面就取带上下底的圆柱面或带左右底的圆柱面。用高斯定理求电场分布一般有以下步骤：第一步是作对称性分析——从源电荷分布的对称性，分析场强的对称性，定出场强的方向和大小的分布情况；第二步是选合适的高斯面——能方便地计算出通过该面的电通量；第三步由高斯定理先分别计算公式左、右边，再求出场强。

2. 求真空中的静电场电势的主要方法

（1）场强积分法。已知场强分布求电势，$U_a=\int_a^{零势点}\boldsymbol{E}\cdot d\boldsymbol{l}$。关键是选择合适的路径 L（方便计算通常选一条电场线或一段电场线加一段与电场线垂直的折线来做），在选定的路径上做路径积分。这种方法通常是对于场强易求的带电体激发的电场的情况。

（2）利用点电荷的电势公式 $dU=\frac{1}{4\pi\varepsilon_0}\frac{dq}{r}$ 和电势叠加原理求电势。关键是注意 r 是 dq 到场点的距离，要做出积分来需依带电体的形状选合适的坐标系，找出场点与源的关系。此外注意用这公式的前提是能取无穷远处为零势，即 $U_\infty=0$。

注意：电势零点的选取原则上是任意，但要方便计算，对有限大的带电体，一般选无穷远处为零势（$U_\infty=0$）为好；对无限大的带电体，选有限远处某点 P 的电势为零（$U_P=0$）为好。

***3. 介质中的静电场问题**

介质中的静电场问题大致分为四类：第一类是计算导体处于静电平衡后的场强及电势；

第二类是计算电容器的电容；第三类是计算介质中的电场；第四类是计算电场中的能量。

求解第一类问题时要注意导体引入电场后会引起导体上的电荷分布发生变化，弄清它们的变化后再求解；电容的计算是先假定电容器上带有电荷，再求其场强和电势差，最后代入电容的定义式；第三类问题主要是计算介质中具有对称性的电场，要运用介质中的高斯定理求解；求解电场能量的问题时，首先要弄清场强的空间分布，找出能量密度的表达式，再代入公式求积分。

【例 6-1】 如图 6-4(a) 所示，真空中一长为 L 的均匀带电细直杆，总电荷为 Q。直杆延长线上距杆一端为 d 处有一点电荷 q。

(1) 求 q 点所受到的静电力。

(2) 将 q 沿任意路径移到无穷远处，求电场力所做的功 A_1。

(3) 将 q 沿任意路径移到直杆延长线上距杆另一端为 d 的 P 点，求电场力所做的功 A_2。

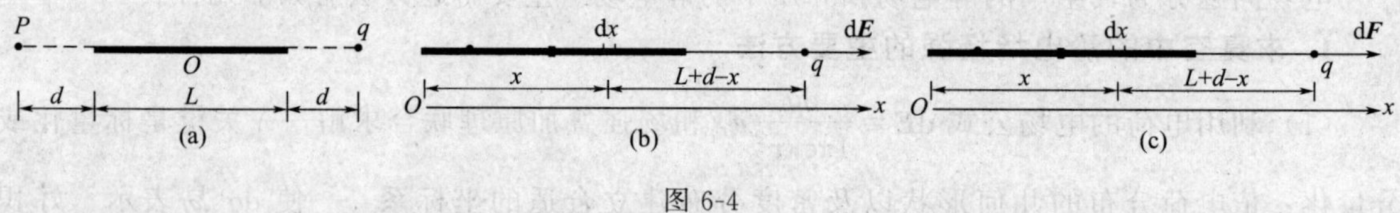

图 6-4

【解】 (1) 有两种方法求解本题。

解法一：先求 q 所在位置处的场强，再求 q 所受的静电力。选如图 6-4(b) 所示坐标。在细杆上距左端为 x 处选取一微元 $\mathrm{d}x$，则此微元带电量为 $\mathrm{d}q=\lambda\mathrm{d}x$，$\lambda=Q/L$。此微元在该点的场强大小为

$$\mathrm{d}E=\frac{1}{4\pi\varepsilon_0}\frac{\mathrm{d}q}{(L+d-x)^2}=\frac{Q}{4\pi L\varepsilon_0}\frac{\mathrm{d}x}{(L+d-x)^2}$$

因为所有电荷元在该点场强都沿 x 轴正向，所以

$$E=\int\mathrm{d}E=\frac{Q}{4\pi L\varepsilon_0}\int_0^L\frac{\mathrm{d}x}{(L+d-x)^2}=\frac{Q}{4\pi d\varepsilon_0(L+d)}$$

当 $Q>0$ 时，场强方向沿 x 轴正方向。

则点电荷 q 所受的静电力大小为

$$F=qE=\frac{qQ}{4\pi d\varepsilon_0(L+d)}$$

当 Q 和 q 为同种电荷时，静电力的方向沿 x 轴正方向。

解法二：在带电直杆上任取一微元电荷 $\mathrm{d}q$，由库仑定律求出点电荷 q 所受微元电荷 $\mathrm{d}q$ 的作用力，再积分求出带电直杆对点电荷的静电力。

选如图 6-4(c) 所示坐标。在细杆上距左端为 x 处选取一微元 $\mathrm{d}x$（带电量为 $\mathrm{d}q=\lambda\mathrm{d}x$）。该微元对点电荷 q 的作用力大小为

$$\mathrm{d}F=\frac{1}{4\pi\varepsilon_0}\frac{q\,\mathrm{d}q}{(L+d-x)^2}=\frac{Qq}{4\pi L\varepsilon_0}\frac{\mathrm{d}x}{(L+d-x)^2}$$

因为直杆上所有电荷元对点电荷 q 的作用力方向都沿 x 轴正向（当 $Q>0$ 时），所以带电直杆对点电荷的静电力

$$F=F=\frac{Qq}{4\pi L\varepsilon_0}\int_0^L\frac{\mathrm{d}x}{(L+d-x)^2}=\frac{Qq}{4\pi d\varepsilon_0(L+d)}$$

当 Q 和 q 为同种电荷时，静电力的方向沿 x 轴正方向。

(2) 以无穷远处为零电势点，坐标选取如图 6-4(b) 所示，电荷元在点电荷所在位置处产生的电势为

$$dU=\frac{1}{4\pi\varepsilon_0}\frac{dq}{L+d-x}=\frac{Q}{4\pi L\varepsilon_0}\frac{dx}{L+d-x}$$

电势是标量，所以可以直接求积分

$$U_1=\int dU=\frac{Q}{4\pi L\varepsilon_0}\int_0^L\frac{dx}{L+d-x}=\frac{Q}{4\pi L\varepsilon_0}\ln\frac{L+d}{d}$$

则将 q 沿任意路径移到无穷远处，电场力所做的功

$$A_1=q(U_1-U_\infty)=q(U_1-0)=\frac{Qq}{4\pi\varepsilon_0 L}\ln\frac{L+d}{d}$$

本问题还可以公式 $A=\int \boldsymbol{F}\cdot d\boldsymbol{r}$ 来计算，请读者自己完成。

(3) 由于 P 点和点电荷 q 所在位置点关于直杆中心 O 点左右对称，故 P 点的场强与点电荷 q 所在位置点的场强大小相等，方向相反，P 点的电势 U_2 与点电荷 q 所在位置点的电势 U_1 大小相等。则将 q 沿任意路径移到直杆延长线上距杆另一端为 d 的 P 点，电场力所做的功

$$A_2=q(U_1-U_2)=0$$

【例 6-2】 一半径为 R 的带电细线弯成如图 6-5(a) 所示形状。细线在 xy 平面上。

(1) 如果电荷分布均匀，且细线总带电量为 Q，求 O 点的场强与电势。

(2) 如带电细线电荷分布不均匀，且线密度为 $\lambda=\lambda_0\sin\theta$ (θ 角为对圆心的张角)，求 O 点的场强与电势。

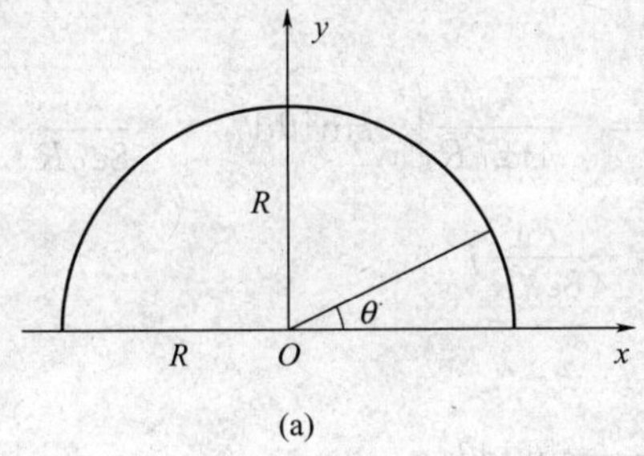

(a)

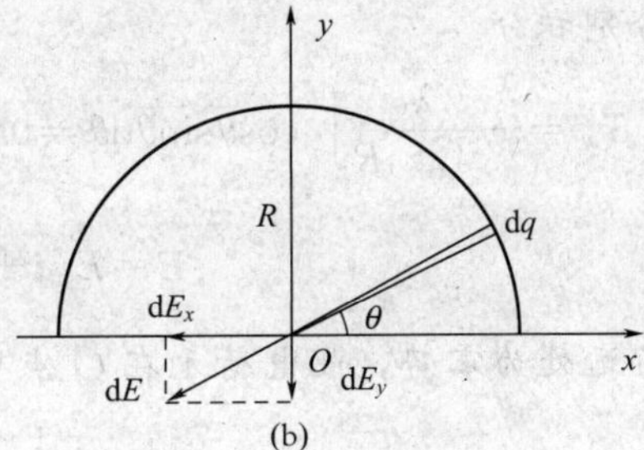

(b)

图 6-5

【解】 (1) 电荷分布均匀，$\lambda=\frac{Q}{\pi R}$，如图 6-5(b) 所示，在 θ 处取微小电荷元

$$dq=\lambda dl=\frac{Q}{\pi R}R\,d\theta=\frac{Q}{\pi}d\theta$$

它在 O 处产生场强大小为

$$dE=\frac{dq}{4\pi\varepsilon_0 R^2}=\frac{Q}{4\pi^2\varepsilon_0 R^2}d\theta$$

因为不同电荷元 O 点产生的场强方向不同，所以要将 $d\boldsymbol{E}$ 分解成两个分量

$$dE_x=-dE\cos\theta=-\frac{Q}{4\pi^2\varepsilon_0 R^2}\cos\theta d\theta$$

$$dE_y=-dE\sin\theta=-\frac{Q}{4\pi^2\varepsilon_0 R^2}\sin\theta d\theta$$

考虑到对称性，可知

$$E_x=\int dE_x=0$$

$$E_y=\int dE_y=-\frac{Q}{4\pi^2\varepsilon_0R^2}\int_0^{\pi}\sin\theta d\theta=-\frac{Q}{2\pi^2\varepsilon_0R^2}$$

所以 O 点场强为 $$\boldsymbol{E}=E_y\boldsymbol{j}=-\frac{Q}{2\pi^2\varepsilon_0R^2}\boldsymbol{j}$$

以无穷远处为电势零点，则电荷元 dq 在 O 点电势为

$$dU=\frac{1}{4\pi\varepsilon_0}\frac{dq}{R}=\frac{Q}{4\pi^2R\varepsilon_0}d\theta$$

电势是标量，直接积分有

$$U_O=\int dU=\int_0^{\pi}\frac{Q}{4\pi^2R\varepsilon_0}d\theta=\frac{Q}{4\pi\varepsilon_0R}$$

(2) 电荷分布不均匀时，所选微元带电量为

$$dq=\lambda dl=R\lambda_0\sin\theta d\theta$$

此电荷元在 O 点的场强大小为

$$dE=\frac{dq}{4\pi\varepsilon_0R^2}=\frac{\lambda_0\sin\theta}{4\pi\varepsilon_0R}d\theta$$

将 dE 分解成两个分量

$$dE_x=-dE\cos\theta=-\frac{\lambda_0\cos\theta\sin\theta}{4\pi\varepsilon_0R}d\theta,\quad dE_y=-dE\sin\theta=-\frac{\lambda_0\sin^2\theta}{4\pi\varepsilon_0R}d\theta$$

对各分量分别积分

$$E_x=-\frac{\lambda_0}{4\pi\varepsilon_0R}\int_0^{\pi}\cos\theta\sin\theta d\theta=0,\quad E_y=-\frac{\lambda_0}{4\pi\varepsilon_0R}\int_0^{\pi}\sin^2\theta d\theta=-\frac{\lambda_0}{8\varepsilon_0R}$$

所以 $$\boldsymbol{E}=E_x\boldsymbol{i}+E_y\boldsymbol{j}=-\frac{\lambda_0}{8\varepsilon_0R}\boldsymbol{j}$$

以无穷远处为零势，此电荷元在 O 点电势为

$$dU=\frac{1}{4\pi\varepsilon_0}\frac{dq}{R}=\frac{\lambda_0}{4\pi\varepsilon_0}\sin\theta d\theta$$

$$U_O=\int dU=\int_0^{\pi}\frac{\lambda_0}{4\pi\varepsilon_0}\sin\theta d\theta=\frac{\lambda_0}{2\pi\varepsilon_0}$$

细线的总带电量为

$$Q=\int dq=R\lambda_0\int_0^{\pi}\sin\theta d\theta=2R\lambda_0$$

所以 O 点电势 $U_O=\frac{\lambda_0}{2\pi\varepsilon_0}=\frac{2R\lambda_0}{4\pi\varepsilon_0R}=\frac{Q}{4\pi\varepsilon_0R}$ 与电荷均匀分布时有相同的结果。这是因为电势是标量，同时每一电荷元离 O 点距离都相等。

【例 6-3】 有两根半径都是 R 的“无限长”直导线，彼此平行放置，两者轴线的距离是 $d(d\geqslant 2R)$，沿轴线方向单位长度上分别带有 $+\lambda$ 和 $-\lambda$ 的电荷，如图 6-6(a) 所示。设两带电导线之间的相互作用不影响它们的电荷分布，试求两导线间的电势差。

【解】 设原点 O 在左边导线的轴线上，x 轴通过两导线轴线并与之垂直。如图 6-6(b) 所示，在两轴线组成的平面上，在 $R<x<(d-R)$ 区域内，离原点距离 x 处的 P 点

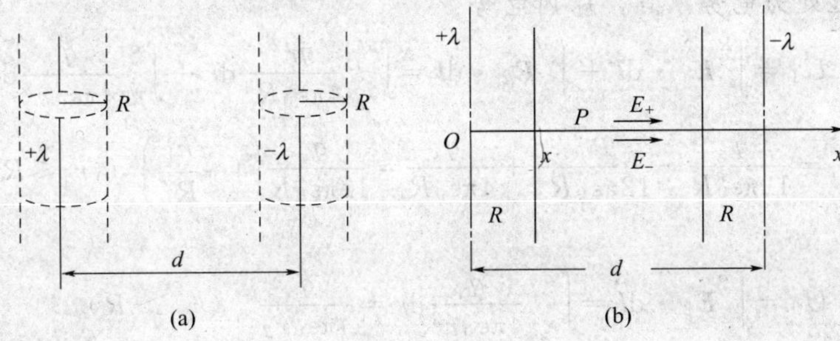

图 6-6

场强为

$$E=E_{+}+E_{-}=\frac{\lambda}{2\pi\varepsilon_0 x}+\frac{\lambda}{2\pi\varepsilon_0 (d-x)}$$

则两导线间的电势差

$$U=\int_R^{d-R}E\,\mathrm{d}x=\frac{\lambda}{2\pi\varepsilon_0}\int_R^{d-R}\left(\frac{1}{x}+\frac{1}{d-x}\right)\mathrm{d}x$$

$$=\frac{\lambda}{2\pi\varepsilon_0}[\ln x-\ln(d-x)]_R^{d-R}$$

$$=\frac{\lambda}{2\pi\varepsilon_0}\left(\ln\frac{d-R}{R}-\ln\frac{R}{d-R}\right)=\frac{\lambda}{\pi\varepsilon_0}\ln\frac{d-R}{R}$$

【例 6-4】 一半径为 R 的带电球体，其电荷体密度分布为 $\rho=\frac{qr}{\pi R^4}$，其中 q 为一正的常量。试求

(1) 带电球体的总电荷；

(2) 球内、外各点的电场强度；

(3) 球内、外各点的电势。

【解】(1) 在球内取半径为 r、厚为 $\mathrm{d}r$ 的薄球壳，则可将该壳看为电荷均匀分布的带电体，该壳内所包含的电荷为

$$\mathrm{d}q=\rho\mathrm{d}V=qr4\pi r^2\mathrm{d}r/(\pi R^4)=4qr^3\mathrm{d}r/R^4$$

则球体所带的总电荷为

$$Q=\int_V\rho\mathrm{d}V=\frac{4q}{R^4}\int_0^R r^3\mathrm{d}r=q$$

(2) 在球内作一半径为 r_1 的高斯球面，按高斯定理 $\oint_S \boldsymbol{E}\cdot\mathrm{d}\boldsymbol{S}=\frac{1}{\varepsilon_0}\int_V\rho\mathrm{d}V$ 有

$$4\pi r_1^2E=\frac{1}{\varepsilon_0}\int_0^{r_1}\frac{qr}{\pi R^4}4\pi r^2\mathrm{d}r=\frac{qr_1^4}{\varepsilon_0 R^4}$$

得 $$E_1=\frac{qr_1^2}{4\pi\varepsilon_0 R^4}\quad (r_1\leqslant R),\quad \boldsymbol{E}_1\text{ 方向沿半径向外}$$

在球体外作半径为 r_2 的高斯球面，按高斯定理有

$$4\pi r_2^2E_2=q/\varepsilon_0$$

得 $$E_2=\frac{q}{4\pi\varepsilon_0 r_2^2}\quad (r_2>R),\quad \boldsymbol{E}_2\text{ 方向沿半径向外}$$

(3) 以无穷远处为电势零点，球内电势

$$U_1=\int_r^R \boldsymbol{E}_1 \cdot \mathrm{d}\boldsymbol{l}+\int_R^{\infty} \boldsymbol{E}_2 \cdot \mathrm{d}\boldsymbol{l}=\int_{r_1}^R \frac{qr^2}{4\pi\varepsilon_0 R^4}\mathrm{d}r+\int_R^{\infty} \frac{q}{4\pi\varepsilon_0 r^2}\mathrm{d}r$$

$$=\frac{q}{12\pi\varepsilon_0 R}-\frac{qr_1^3}{12\pi\varepsilon_0 R^4}+\frac{q}{4\pi\varepsilon_0 R}=\frac{q}{12\pi\varepsilon_0 R}\left(4-\frac{r_1^3}{R^3}\right) \quad (r_1 \leqslant R)$$

球外电势

$$U_2=\int_r^{\infty} \boldsymbol{E}_2 \cdot \mathrm{d}\boldsymbol{l}=\int_{r_2}^{\infty} \frac{q}{4\pi\varepsilon_0 r^2}\mathrm{d}r=\frac{q}{4\pi\varepsilon_0 r_2} \quad (r_2>R)$$

【例 6-5】 如图 6-7(a)，电荷面密度分别为 $+\sigma$ 和 $-\sigma$ 的两块"无限大"均匀带电平行平面，分别与 x 轴垂直相交于 $x_1=a, x_2=-a$ 两点．设坐标原点 O 处电势为零，试求空间的电势分布表示式并画出其曲线。

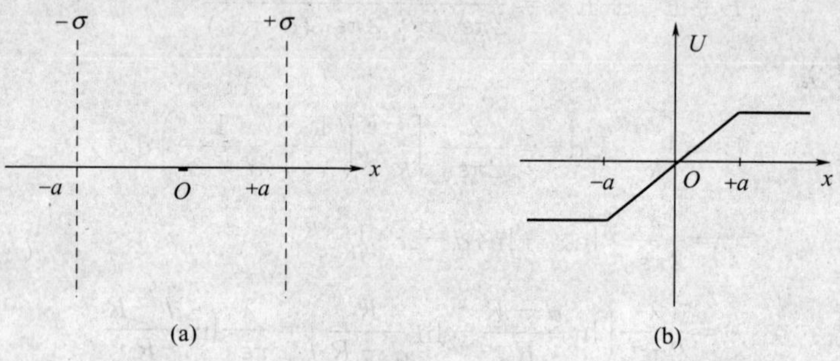

图 6-7

【解】 由高斯定理可得场强分布为

$$E=-\sigma/\varepsilon_0 \quad (-a<x<a)$$

$$E=0 \quad (-\infty<x<-a,\ a<x<+\infty)$$

由此可求电势分布

在 $-\infty<x\leqslant -a$ 区间 $\quad U(x)=\int_x^0 E\,\mathrm{d}x=\int_x^{-a} 0\mathrm{d}x+\int_{-a}^0 -\sigma\mathrm{d}x/\varepsilon_0=-\sigma a/\varepsilon_0$

在 $-a\leqslant x\leqslant a$ 区间 $\quad U(x)=\int_x^0 E\,\mathrm{d}x=\int_x^0 \frac{-\sigma}{\varepsilon_0}\mathrm{d}x=\frac{\sigma x}{\varepsilon_0}$

在 $a\leqslant x<\infty$ 区间 $\quad U(x)=\int_x^0 E\,\mathrm{d}x=\int_x^a 0\mathrm{d}x+\int_a^0 \frac{-\sigma}{\varepsilon_0}\mathrm{d}x=\frac{\sigma a}{\varepsilon_0}$

电势分布曲线如图 6-7(b) 所示。

注意： 此题不能选无穷远处为零势，带电体是无穷大，如选无穷远处为零势，则使空间各点电势都为无穷大，既没有意义又无法比较各点电势的高低。

【例 6-6】 真空中一立方体形状的高斯面，边长 $a=0.1\mathrm{m}$，位于图 6-8 中所示位置。已知空间的场强分布为

$$E_x=bx,\quad E_y=0,\quad E_z=0$$

常量 $b=1000\mathrm{N/(C\cdot m)}$。试求通过该高斯面的电通量。

【解】 通过 $x=a$ 处平面 1 的电场强度通量

$$\Phi_1=-E_1 S_1=-ba^3$$

通过 $x=2a$ 处平面 2 的电场强度通量

$$\Phi_2=E_2 S_2=2ba^3$$

其他平面的电场强度通量都为零。因而通过该高斯面的总电场强度通量为

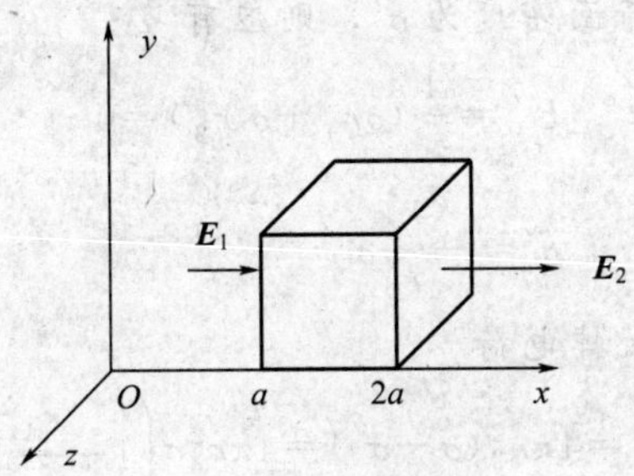

图 6-8

$$\Phi=\Phi_1+\Phi_2=2ba^3-ba^3=ba^3=1\text{N}\cdot\text{m}^2/\text{C}$$

【例 6-7】 如图 6-9(a) 所示，两个点电荷$+q$和$-3q$，相距为d。试求

(1) 在它们的连线上电场强度$\boldsymbol{E}=0$的点与电荷为$+q$的点电荷相距多远？

(2) 若选无穷远处电势为零，两点电荷之间电势$U=0$的点与电荷为$+q$的点电荷相距多远？

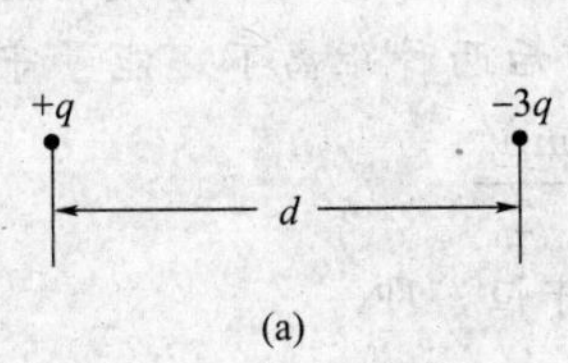

(a)

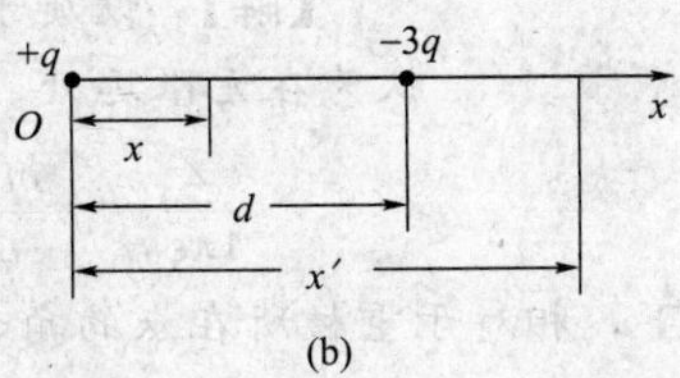

(b)

图 6-9

【解】 设点电荷q所在处为坐标原点O，x轴为沿两点电荷的连线，如图 6-9(b)。

(1) 设$\boldsymbol{E}=0$的点的坐标为x'，则

$$\boldsymbol{E}=\frac{q}{4\pi\varepsilon_0 x'^2}\boldsymbol{i}-\frac{3q}{4\pi\varepsilon_0(x'-d)^2}\boldsymbol{i}=0$$

可得
$$2x'^2+2dx'-d^2=0$$

解出
$$x'=-\frac{1}{2}(1+\sqrt{3})d$$

另有一解$x_2'=\frac{1}{2}(\sqrt{3}-1)d$不符合题意，舍去。

(2) 设坐标x处$U=0$，如图 6-9(b)，则

$$U=\frac{q}{4\pi\varepsilon_0 x}-\frac{3q}{4\pi\varepsilon_0(d-x)}=0$$

得
$$x=d/4$$

【例 6-8】 电荷以相同的面密度σ分布在半径为$r_1=10\text{cm}$和$r_2=20\text{cm}$的两个同心球面上，设无限远处电势为零，球心处的电势为$U_0=300\text{V}$。[$\varepsilon_0=8.85\times10^{-12}\text{C}^2/(\text{N}\cdot\text{m}^2)$]

(1) 求电荷面密度σ；

(2) 若要使球心处的电势也为零，外球面上应放掉多少电荷？

【解】 (1) 球心处的电势为两个同心带电球面各自在球心处产生的电势的叠加，即

$$U_0=\frac{1}{4\pi\varepsilon_0}\left(\frac{q_1}{r_1}+\frac{q_2}{r_2}\right)=\frac{1}{4\pi\varepsilon_0}\left(\frac{4\pi r_1^2\sigma}{r_1}+\frac{4\pi r_2^2\sigma}{r_2}\right)=\frac{\sigma}{\varepsilon_0}(r_1+r_2)$$

则电荷面密度
$$\sigma=\frac{U_0\varepsilon_0}{r_1+r_2}=8.85\times10^{-9}\text{C}/\text{m}^2$$

(2) 设外球面上放电后电荷面密度为 σ'，则应有

$$U_0'=\frac{1}{\varepsilon_0}(\sigma r_1+\sigma' r_2)=0$$

即

$$\sigma'=-\frac{r_1}{r_2}\sigma$$

外球面上应变成带负电，共应放掉电荷

$$q'=4\pi r_2^2(\sigma-\sigma')=4\pi r_2^2\sigma\left(1+\frac{r_1}{r_2}\right)$$

$$=4\pi\sigma r_2(r_1+r_2)=4\pi\varepsilon_0 U_0 r_2=6.67\times10^{-9}\mathrm{C}$$

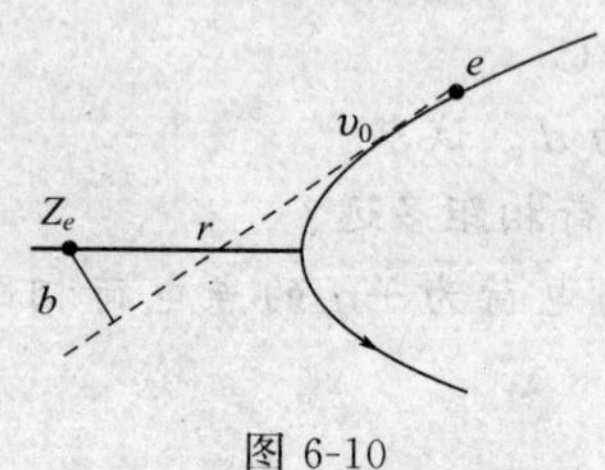

图 6-10

【例 6-9】 用质子轰击重原子核。因重核质量比质子质量大得多，可以把重核看成是不动的。设重核带电荷 Z_e，质子的质量为 m、电荷为 e、轰击速度 v_0。若质子不是正对重核射来，v_0 的延长线与核的垂直距离为 b，如图 6-10 所示，试求质子离核的最小距离 r。

【解】 设质子原先离重核很远，相对于最小距离 r，可以认为在无限远处。在前后两种距离下，能量守恒，即

$$\frac{Z_e^2}{4\pi\varepsilon_0 r}+\frac{mv^2}{2}=\frac{mv_0^2}{2} \tag{6-1}$$

质子在有心力作用下，相对于重核所在点的角动量守恒，即

$$mvr=mv_0 b \tag{6-2}$$

由此得

$$v=bv_0/r$$

代入式(6-1)，经整理后得到

$$r^2-\frac{Z_e^2}{2\pi\varepsilon_0 mv_0^2}r-b^2=0$$

由上式解出

$$r=\frac{Z_e^2}{4\pi\varepsilon_0 mv_0^2}+\sqrt{\left(\frac{Z_e^2}{4\pi\varepsilon_0 mv_0^2}\right)^2+b^2}$$

(另一解 r 为负值，不符合要求。)

【例 6-10】 如图 6-11 所示，两块很大的导体平板平行放置。面积都是 S，有一定厚度，带电量分别为 Q_1,Q_2。如果不计边缘效应，则 A,B,C,D 四个表面的电荷密度分别是多大？

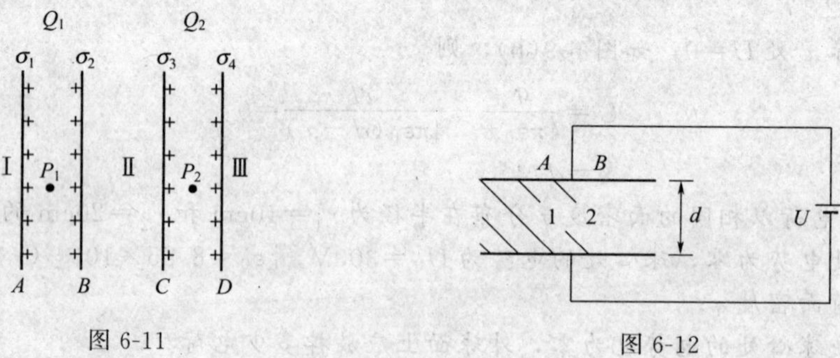

图 6-11　　图 6-12

【解】 无论两导体上原来的电荷如何分布，静电平衡后，其上的电荷只分布在外表面上，且导体内部场强为零。

(1) 由电荷守恒定律可得

$$(\sigma_1+\sigma_2)\cdot S=Q_1 \tag{6-3}$$

$$(\sigma_2+\sigma_4)\cdot S=Q_2 \tag{6-4}$$

(2) 取向右的方向为场强的正向，应用场强叠加原理以及 $E=\frac{\sigma}{2\varepsilon_0}$，由于导体内部 P_1，P_2 点的合场强均为零，所以

$$\frac{\sigma_1}{2\varepsilon_0}-\frac{\sigma_2}{2\varepsilon_0}-\frac{\sigma_3}{2\varepsilon_0}-\frac{\sigma_4}{2\varepsilon_0}=0$$

$$\frac{\sigma_1}{2\varepsilon_0}+\frac{\sigma_2}{2\varepsilon_0}+\frac{\sigma_3}{2\varepsilon_0}-\frac{\sigma_4}{2\varepsilon_0}=0$$

即

$$\sigma_1-\sigma_2-\sigma_3-\sigma_4=0 \tag{6-5}$$

$$\sigma_1+\sigma_2+\sigma_3-\sigma_4=0 \tag{6-6}$$

联立以上四式可解得

$$\sigma_1=\sigma_4=\frac{Q_1+Q_2}{2S},\quad \sigma_2=\frac{Q_1-Q_2}{2S},\quad \sigma_3=-\frac{Q_1-Q_2}{2S}$$

思考：①如果把 B 板右侧接地，电荷分布有什么变化？②如果左板是均匀带电平板，右板是不带电的平板，结果如何？

【例 6-11】 一接在电压为 U 的电源上的平行板电容器，板间距离为 d。现将一厚度为 d、体积为电容器容积的一半、相对电容率为 ε_r 的均匀电介质插入其中，如图 6-12 所示。忽略边缘效应，求图中 1、2 区域的 $\boldsymbol{E}$ 和 $\boldsymbol{D}$ 的大小。

【解】 根据静电平衡条件可知，电容器的上下极板均为等势体，且上下极板间的电势差为 U，所以

$$E_1 d=E_2 d=U$$

解之得

$$E_1=E_2=\frac{U}{d}$$

由关系式 $D=\varepsilon E$ 得

$$D_1=\varepsilon_1 E_1=\varepsilon_r\varepsilon_0 E_1=\varepsilon_r\varepsilon_0\frac{U}{d}$$

$$D_2=\varepsilon_2 E_2=\varepsilon_0 E_2=\varepsilon_0\frac{U}{d}$$

注意：本题容易错误地认为 $E_2=E_0=U/d$，$E_1=E_0/\varepsilon_r=U/\varepsilon_r d$。造成这种错误的根源在于忽略了公式 $E=E_0/\varepsilon_r$ 成立的条件：电容器上的电荷不变。但在本例中，由于电介质的插入后 $\sigma_A\neq\sigma_B$，因而 $E=E_0/\varepsilon_r$ 不成立。

【例 6-12】 三个平行板电容器 A,B,C 如图 6-13 所示，其极板面积均为 S，板间距离均为 d。其中 A 内为空气，B 内有厚度为 $d/2$、相对电容率为 ε_r 的电介质板，C 内有厚度为 $d/2$ 的导体板。

(1) 证明它们的电容量值为 $C_A<C_B<C_C$；

(2) 当电容器的极板电压相同且不变时，比较各电容器所带电量及所储存的能量。

【解】 (1) 设电容器极板所带电量为 Q，对电容器 A，其板间电压

$$U_A=\int_0^d \boldsymbol{E}\cdot d\boldsymbol{l}=E_0 d=\frac{Q}{\varepsilon_0 S}d$$

故

$$C_A=\frac{Q}{U_A}=\frac{\varepsilon_0 S}{d}$$

对于电容器 B，同理可得

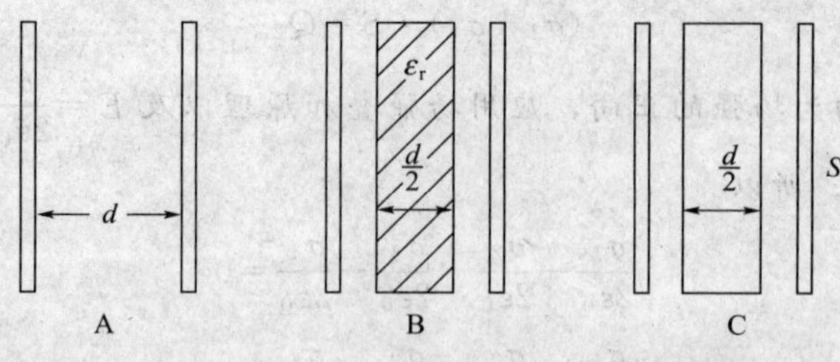

图 6-13

$$U_B=E_0\ \frac{d}{2}+E\ \frac{d}{2}=(1+\frac{1}{\varepsilon_r})\frac{Qd}{2\varepsilon_0 S}$$

故

$$C_B=\frac{Q}{U_B}=\frac{2\varepsilon_0 S}{d\left(1+\frac{1}{\varepsilon_r}\right)}=\frac{2\varepsilon_r}{1+\varepsilon_r}C_A$$

对于电容器C，由于导体所在空间的场强为零，所以

$$U_C=E_0\ \frac{d}{2},\quad C_C=\frac{2\varepsilon_0 S}{d}=2C_A$$

由于 $\varepsilon_r>1$，所以

$$1<\frac{2\varepsilon_r}{1+\varepsilon_r}<2$$

比较以上结果可知

$$C_A<C_B<C_C$$

(2) 当各电容器电压相同且不变时，根据电容的定义式 $C=\frac{Q}{U}$ 及式电容关系知 $Q_A<Q_B<Q_C$，据 $W=\frac{1}{2}CU^2$ 有

$$W_A<W_B<W_C$$

【例 6-13】 半径为 R 的均匀带电球体，其体电荷密度为 ρ，球体周围充满了相对电容率为 ε_r 的均匀电介质，求电场中储存的总能量。

【解】 由于电荷及电介质分布均具有球对称性，因而可用高斯定理求解。

(1) 在球内，取半径为 r 的球面，由高斯定理有

$$\oint_S \boldsymbol{E}\cdot \mathrm{d}\boldsymbol{S}=E\cdot 4\pi r^2=\frac{q}{\varepsilon_0}$$

即

$$4\pi r^2 E=\frac{4\pi r^3}{3\varepsilon_0}\rho$$

球内的场强

$$E_{内}=\frac{\rho r}{3\varepsilon_0}$$

式中，r 为球内任一点到球心的距离。故球内电场储存的能量

$$W_{内}=\int_V w\mathrm{d}V=\int_0^R \frac{1}{2}\varepsilon_0\left(\frac{\rho r}{3\varepsilon_0}\right)^2 4\pi r^2\mathrm{d}r=\frac{2\pi}{45\varepsilon_0}\rho^2 R^5$$

(2) 在球外，由介质中的高斯定理可以求得球外的 D 与 E 分别为

$$D_{外}=\rho\ \frac{4}{3}\pi R^3/4\pi r^2=\frac{\rho R^3}{3r^2}$$

$$E_{外}=\frac{D}{\varepsilon_r\varepsilon_0}=\frac{\rho R^3}{3\varepsilon_r\varepsilon_0 r^2}$$

故球外电场的能量

$$W_{外}=\int_V w\mathrm{d}V=\int_R^{\infty}\frac{1}{2}\varepsilon_0\varepsilon_r\left(\frac{\rho R^3}{3\varepsilon_0\varepsilon_r r^2}\right)^2 4\pi r^2\mathrm{d}r=\frac{2\pi}{9\varepsilon_0\varepsilon_r}\rho^2R^5$$

电场的总能量

$$W=W_{内}+W_{外}=\frac{2\pi}{45\varepsilon_0}\rho^2R^5+\frac{2\pi}{9\varepsilon_0\varepsilon_r}\rho^2R^5=\frac{2\pi\rho^2R^5}{45\varepsilon_0\varepsilon_r}(\varepsilon_r+5)$$

【例 6-14】 一无限长的导体圆柱形导体，半径为 R，沿轴线单位长度上所带电量为 λ，将此圆柱放在无限大的均匀电介质中，电介质的相对电容率为 ε_r，求

(1) 电场强度 E 的分布规律；

(2) 电势 U 的分布规律（设圆柱形导体的电势为 U_0）。

【解】 (1) 作一半径为 r、高为 l 的同轴封闭圆柱面（高斯面），由介质中的高斯定理得

$$\oint_S \boldsymbol{D}\cdot\mathrm{d}\boldsymbol{S}=2D\cdot\pi rl=\begin{cases}0, & r<R\\ \lambda l, & r>R\end{cases}$$

解之得

$$D=\begin{cases}0, & r<R\\ \dfrac{\lambda}{2\pi r}, & r>R\end{cases}$$

$$E=\frac{D}{\varepsilon_0\varepsilon_r}=\begin{cases}0, & r<R\\ \dfrac{\lambda}{2\pi r\varepsilon_0\varepsilon_r}, & r>R\end{cases}$$

(2) 圆柱形导体的电势为 U_0，由电势差的定义式有

$$U_r-U_0=\int_r^R\boldsymbol{E}\cdot\mathrm{d}\boldsymbol{l}=\int_r^R\frac{\lambda\mathrm{d}r}{2\pi\varepsilon_0\varepsilon_r r}=-\frac{\lambda}{2\pi\varepsilon_0\varepsilon_r}\ln\frac{r}{R}\quad(r>R)$$

考虑到导体为等势体，所以

$$U_r=\begin{cases}U_0, & r<R\\ U_0-\dfrac{\lambda}{2\pi\varepsilon_0\varepsilon_r}\ln\dfrac{r}{R}, & r>R\end{cases}$$

【例 6-15】 一平行板电容器，极板间距 $d=5.00\mathrm{mm}$，极板面积 $S=100\mathrm{cm}^2$，用电动势 $\varepsilon=300\mathrm{V}$ 的电源给电容器充电。

(1) 若两板间为真空，求此电容器的电容 C_0，极板上的面电荷密度 σ_0，两极板间的场强 E_0。

(2) 该电容器充电后与电源断开，再在两板间插入厚度 $d=5.00\mathrm{mm}$ 的玻璃片（相对电容率 $\varepsilon_r=5.0$），求其电容 C，两板间的场强 E 以及电势差 U。

(3) 该电容器充电后，仍与电源相接，在两极板间插入与 (2) 问中相同的玻璃片。求其电容 C'，两板间的场强 E' 以及两板上的电荷量 Q。

【解】 (1) 由平行板电容器公式得

$$C_0=\varepsilon_0\frac{S}{d}=8.85\times10^{-12}\times\frac{100\times10^{-4}}{5.00\times10^{-3}}=1.77\times10^{-11}(\mathrm{F})$$

再由 $q=UC_0=\varepsilon C_0$ 可得

$$\sigma_0=\frac{q}{S}=\frac{\varepsilon C_0}{S}=\frac{300\times1.77\times10^{-11}}{100\times10^{-4}}=5.31\times10^{-7}(\mathrm{C/m^2})$$

$$E_0=\frac{U}{d}=\frac{300}{5.00\times10^{-3}}=6.0\times10^4(\text{V/m})$$

(2) 插入介质后，电容器极板上的电荷不变。电容、场强及电势差分别为

$$C=\varepsilon_r C_0=5.0\times1.77\times10^{-11}=8.85\times10^{-11}(\text{F})$$

$$E=\frac{E_0}{\varepsilon_r}=\frac{6.0\times10^4}{5.0}=1.2\times10^4(\text{V/m})$$

$$U=Ed=1.2\times10^4\times5.00\times10^{-3}=60.0(\text{V})$$

(3) 由于介质不变，且电容器极板间的电势差不变。所以

$$C'=8.85\times10^{-11}\text{F}$$

$$E'=\frac{U}{d}=\frac{300}{5.00\times10^{-3}}=6.0\times10^4(\text{V/m})$$

$$Q=CU=88.5\times10^{-12}\times300=2.66\times10^{-8}(\text{C})$$

【例 6-16】 一平行板电容器里有两层均匀电介质，相对电容率分别为 $\varepsilon_{r1}=4.00$，$\varepsilon_{r2}=2.00$，其厚度分别为 $d_1=2.00\text{mm}$，$d_2=3.00\text{mm}$，极板面积 $S=50\text{cm}^2$，极板间电压 $U=200\text{V}$。求

(1) 每层电介质中的电场能量密度；

(2) 每层电介质中储存的电场能量；

(3) 电容器储存的总能量。

【解】 (1) 平行板电容器内 $D=\varepsilon_0\varepsilon_r E$，由 $D_1=D_2$ 有

$$E_1\varepsilon_0\varepsilon_{r1}=E_2\varepsilon_0\varepsilon_{r2}$$

$$E_2=\frac{\varepsilon_{r1}}{\varepsilon_{r2}}E_1=2E_1$$

而平行板间的电压

$$U=E_1d_1+E_2d_2=200\text{V}$$

所以

$$E_1=\frac{U}{d_1+2d_2}=\frac{200}{(2.00+6.00)\times10^{-3}}=2.5\times10^4(\text{V/m})$$

$$E_2=2E_1=5.0\times10^4\text{V/m}$$

由电场能量密度公式得

$$w_{e1}=\frac{1}{2}\varepsilon_0\varepsilon_{r1}E_1^2=\frac{1}{2}\times8.85\times10^{-12}\times4.00\times(2.5\times10^4)^2=1.11\times10^{-2}(\text{J/m}^3)$$

$$w_{e2}=\frac{1}{2}\varepsilon_0\varepsilon_{r2}E_2^2=\frac{1}{2}\times8.85\times10^{-12}\times2.00\times(5.0\times10^4)^2=2.21\times10^{-2}(\text{J/m}^3)$$

(2) 介质 1 中储存的电场能

$$W_1=w_{e1}V_1=1.11\times10^{-2}\times50\times10^{-4}\times2.00\times10^{-3}=1.11\times10^{-7}(\text{J})$$

介质 2 中储存的电场能

$$W_2=w_{e2}V_2=2.21\times10^{-2}\times50\times10^{-4}\times3.00\times10^{-3}=3.32\times10^{-7}(\text{J})$$

(3) 电容器储存的总能量

$$W=W_1+W_2=1.11\times10^{-7}+3.32\times10^{-7}=4.43\times10^{-7}(\text{J})$$

【例 6-17】 设计一圆柱电容器的电容为 C，耐压为 U，内筒附近的电场强度为 E_0。若圆柱长为 L，则圆柱电容器内外金属圆筒半径最小应各为多大？

【解】 设电容器内、外筒分别带电量 $+q$，$-q$，内筒单位长度带电量 λ，内外筒间的电

势差为U，如图6-14所示，则

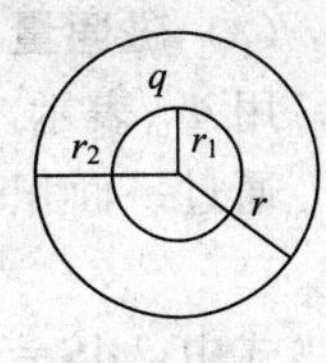

图 6-14

$$C=\frac{q}{U},\quad \lambda=\frac{q}{L}=C\frac{U}{L}$$

对两筒间距轴线r处，由高斯定理有

$$2\pi rL\cdot E=\frac{\lambda L}{\varepsilon_0},\quad E=\frac{\lambda}{2\pi\varepsilon_0 r}=\frac{CU}{2\pi\varepsilon_0 Lr}$$

由内筒表面处的场强$E=E_0$可得

$$r_1=\frac{CU}{2\pi\varepsilon_0 LE_0}$$

再由圆柱电容公式$C=\frac{2\pi\varepsilon_0 L}{\ln(r_2/r_1)}$，可得

$$r_2=r_1\mathrm{e}^{\left(\frac{2\pi\varepsilon L}{C}\right)}=\frac{CU}{2\pi\varepsilon_0 LE_0}\mathrm{e}^{\left(\frac{2\pi\varepsilon L}{C}\right)}$$

第七单元　电流与磁场

一、基本要求

（1）掌握磁感应强度的概念，理解毕奥-萨伐尔定律并能利用它和磁场叠加原理求简单情况下电流的磁场分布，特别是直线电流和载流直螺线管的磁场分布。

（2）理解磁场中高斯定理和安培环路定理。掌握安培环路定理，能利用它计算具有一定对称性的电流的磁场分布。

（3）掌握安培力和洛伦兹力公式，能进行简单计算。

（4）理解载流线圈的磁矩的定义并能计算它受均匀磁场作用时的力矩。

（5）了解磁化现象及其微观解释。

（6）了解磁介质的高斯定理和安培环路定理，能用安培环路定理处理较简单的介质中的磁场问题。

（7）了解各向同性介质中$\boldsymbol{H}$与$\boldsymbol{B}$的联系与区别。

（8）了解铁磁质的磁化机制和特性。

二、基本概念与规律

1. 磁感应强度

（1）**磁感应强度**。磁感应强度是定量描述磁场各点特性的基本物理量，其定量描述可用一带电运动粒子在磁场中的受力情况来定义，其大小为

$$B=\frac{F_{\mathrm{m}}}{qv}$$

式中，q为粒子的带电量；v为其运动速度大小；F_{m}为该粒子以不同方向运动时的最大受力（此时速度方向和磁感应强度B的方向垂直），方向可由右手法则来判断。

（2）**磁感应线**。磁感应线的切线方向表示该点的磁感应强度B的方向，而该点处穿过垂直于磁感应强度B方向单位面积上的磁感应线的根数等于该点的磁感应强度B的大小。

磁感应线的特点：①磁感应线是闭合曲线，无头无尾；②两根磁感应线不会相交；③磁感应线密处磁感应强度大，磁感应线稀疏处磁感应强度小。

（3）**磁通量**。在磁场中，通过一给定曲面的总磁感应线根数，称为通过该曲面的磁通量，用Φ_m表示。

通过一面积微元 $\mathrm{d}\boldsymbol{S}$ 的磁通量为

$$\mathrm{d}\Phi_m=\boldsymbol{B}\cdot\mathrm{d}\boldsymbol{S}=B\mathrm{d}S\cos\theta$$

式中，$\mathrm{d}\boldsymbol{S}=\mathrm{d}S\boldsymbol{e}_n$，$\boldsymbol{e}_n$ 为面元 $\mathrm{d}S$ 的法线方向上的单位矢量；θ 为磁感应强度 $\boldsymbol{B}$ 和面元矢量 $\mathrm{d}\boldsymbol{S}$ 的夹角。

通过有限曲面 S 的磁通量为

$$\Phi_m=\iint_S\boldsymbol{B}\cdot\mathrm{d}\boldsymbol{S}$$

2. 磁场的高斯定理

由于磁感应线为闭合曲线，因此穿过任一闭合曲面的磁感应线的净根数（穿出为正，穿入为负）应等于零，亦即

$$\oiint_S\boldsymbol{B}\cdot\mathrm{d}\boldsymbol{S}=0$$

上式称为磁场的高斯定理。该式反映了磁场和电场是两类不同特性的场，磁场属涡旋式的场，而电场为发散式场。

3. 毕奥-萨伐尔定律

载流导线上取一小段，由该电流元 $I\mathrm{d}\boldsymbol{l}$ 在空间某一点 P 处产生的磁场的磁感应强度为

$$\mathrm{d}\boldsymbol{B}=\frac{\mu_0}{4\pi}\frac{I\mathrm{d}\boldsymbol{l}\times\boldsymbol{e}_r}{\boldsymbol{r}^2}$$

式中，$\mu_0=4\pi\times10^{-7}\,\mathrm{H/m}$ 为真空中的磁导率；$\boldsymbol{r}$ 为电流元指向 P 点的矢量；$\boldsymbol{e}_r$ 为该矢量方向上的单位矢量。

任意电流激发的总磁感应强度为

$$\boldsymbol{B}=\int\mathrm{d}\boldsymbol{B}=\int\frac{\mu_0}{4\pi}\frac{I\mathrm{d}\boldsymbol{l}\times\boldsymbol{e}_r}{\boldsymbol{r}^2}$$

注意：（1）$\mathrm{d}\boldsymbol{B}$ 的方向由 $I\mathrm{d}\boldsymbol{l}$ 和 $\boldsymbol{r}$ 的方向根据右手法则判定；

（2）磁场也遵守叠加原理；

（3）此式为矢量积分，因此如果各个电流元所产生的磁场方向不一致，就需要先分解到坐标轴方向，再分别积分，其做法与电场类似。

4. 几种典型的恒定电流所产生的磁场

（1）有限长载流直导线的磁场（图 7-1）

$$B=\frac{\mu_0 I}{4\pi r}(\cos\theta_1-\cos\theta_2)$$

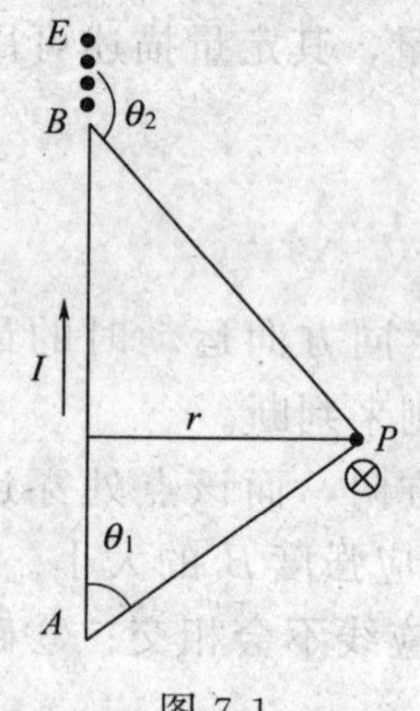

图 7-1

式中，r 为 P 点到直导线的垂直距离；θ_1为以电流流入点 A 为顶点，从电流方向 AB 扫向场点方向 AP 的一个角；θ_2为以电流流出点 B 为顶点，从电流方向 BE 扫向场点方向 BP 的一个角，方向由右手螺旋法则判断。

推论如下。

① 无限长的载流直导线附近一点的场强：$\theta_1=0$；$\theta_2=\pi$，即为无限长载流导线

$$B=\frac{\mu_0 I}{2\pi r}$$

② 半无限长的载流直导线附近一点的场强：$\theta_1=0$，$\theta_2=\pi/2$ 或 $\theta_1=\pi/2$，$\theta_2=\pi$，即为半无限长载流导线

$$B=\frac{\mu_0 I}{4\pi r}$$

半无限长直导线只有这两种情形，其他情形下要具体计算这两个角度。

(2) 半径为 R 电流为 I 的圆形载流导线轴线上距圆心距离为 x 的一点的磁感应强度

$$B=\frac{\mu_0}{2\pi}\frac{\pi R^2 I}{(R^2+x^2)^{3/2}}=\frac{\mu_0}{2\pi}\frac{IS}{(R^2+x^2)^{3/2}}$$

方向与圆电流符合右手螺旋法则。

推论如下。

① 一段张角为 φ 的载流圆弧导线在圆心（$x=0$）产生的磁感应强度为

$$B=\frac{\mu_0 I}{4\pi R}\varphi$$

② 载流圆导线在圆心处产生的磁感应强度（$\varphi=2\pi$）为

$$B=\frac{\mu_0 I}{2R}$$

③ 半圆形载流导线在圆心处产生的磁感应强度（$\varphi=\pi$）为

$$B=\frac{\mu_0 I}{4R}$$

④ N 匝载流圆导线在圆心处产生的磁感应强度为

$$B=\frac{\mu_0 I}{2R}N$$

(3) 无限长载流螺线管的磁场为

$$B=\mu_0 nI\text{(管内)},\quad B=0\text{(管外)}$$

式中，n 为单位长度上的匝数。

5. 安培环路定理

在恒定电流的磁场中，磁感应强度 B 沿任何闭合环路 L 的线积分（亦称 B 的环流）等于环路 L 所包围的电流强度的代数和的 μ_0 倍。

$$\oint_L \boldsymbol{B}\cdot \mathrm{d}\boldsymbol{l}=\mu_0\sum_{L内} I$$

理解安培环路定理要注意以下几点。

①电流的正负按规定选取，即电流方向与环路 L 的绕行方向符合右手螺旋关系时，此电流取正，否则为负。②注意理解闭合路径 L“包围”的电流的意义。对于闭合的恒定电流来说，只有与 L 相铰链的电流，才算被 L 包围的电流。或者可以这样判决：以闭合路径 L 为边界任意作一曲面，电流与这样的曲面有多少交点就有多少电流。符合右手螺旋法则时，穿进为正电流，穿出为负电流，逐一计算便可。此法较简单易行，因为是任意面都行，所以可以作一特殊面考虑。如当闭合路径在一个平面内时，可以作一个以此路径为边界的一平面来判断电流。③上式右端 $\sum I$ 为闭合路径 L 所包围的电流的代数和，但在左端的 B 却代表空间所有电流产生的磁感应强度的矢量和，其中也包括那些不被 L 所包围的电流产生的磁场，只不过后者对沿 L 的 B 的环路积分无贡献。④此式仅对恒定电流成立，时变电流的磁场另行讨论。

6. 运动电荷的磁场

以速度 $\boldsymbol{v}$ 运动的带电量为 q 的粒子在空间某一点 P 产生的磁场的磁感应强度为

$$\boldsymbol{B}=\frac{\mu_0}{4\pi}\frac{q\boldsymbol{v}\times\boldsymbol{e}_r}{r^2}$$

附：知识脉络图

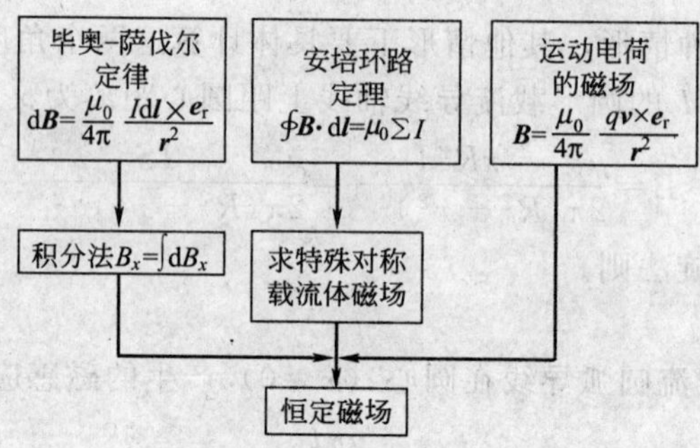

7. 磁场对运动电荷作用力——洛伦兹力

带电量为 q 的粒子以速度 $\boldsymbol{v}$ 在磁场中运动时，其受磁场的作用力称为洛伦兹力。表达式为

$$\boldsymbol{F}=q\boldsymbol{v}\times\boldsymbol{B}$$

式中，$\boldsymbol{B}$ 为粒子所在位置处的磁感应强度。

注意：(1) $\boldsymbol{F}$ 和 $\boldsymbol{v}$，$\boldsymbol{B}$ 决定的平面垂直，即 $\boldsymbol{F}\perp\boldsymbol{v}$，故洛伦兹力对电荷不做功，只改变速度的方向。

(2) 均匀磁场中，$\boldsymbol{v}\perp\boldsymbol{B}$ 时粒子做圆周运动，$\boldsymbol{v}$ 和 $\boldsymbol{B}$ 不垂直时，粒子做螺旋线运动。

(3) q 可正可负，q 为负值时，$\boldsymbol{F}$ 和 ($\boldsymbol{v}\times\boldsymbol{B}$) 方向相反。

8. 磁场对载流导线的作用——安培力

安培力是磁场对处于其中的载流导线的作用力。

电流元 $I\mathrm{d}\boldsymbol{l}$ 在磁场中受磁场的作用力为 $\mathrm{d}\boldsymbol{F}=I\mathrm{d}\boldsymbol{l}\times\boldsymbol{B}$，方向由右手法则确定。

一段任意形状的载流导线所受总的磁场作用力为

$$\boldsymbol{F}=\int\mathrm{d}\boldsymbol{F}=\int I\,\mathrm{d}\boldsymbol{l}\times\boldsymbol{B}$$

注意：(1) 上式积分为矢量积分，原则上要先分解再求各分量积分。

(2) 对处于均匀磁场中的直导线，上述积分式可变成

$$\boldsymbol{F}=I\boldsymbol{l}\times\boldsymbol{B}$$

平行电流间的相互作用力：两根平行长直导线，分别通有电流 I_1 和 I_2，它们之间距离为 d，则单位长度载流导线所受安培力为 $F=\frac{\mu_0 I_1 I_2}{2\pi d}$。

9. 磁场对载流线圈的作用

在均匀磁场中，任意形状的载流平面线圈受磁场总作用力为零，但受磁场作用的力矩为

$$\boldsymbol{M}=\boldsymbol{p}_m\times\boldsymbol{B}$$

式中，$\boldsymbol{p}_m=NIS\boldsymbol{e}_n$ 为线圈的磁矩；$\boldsymbol{e}_n$ 为载流线圈的法线方向（和所载电流成右手关

系）；N 为线圈匝数；S 为该平面线圈面积。

磁力矩的作用总是要使载流线圈的法线方向转向平行于磁感应强度的方向。

注意：(1) 载流平面线圈在匀强磁场中所受合安培力为零，但合磁力矩一般不为零，线圈只转动，不平动。

(2) 该公式对匀强磁场中任意形状的平面线圈都成立。但该公式只适用于匀强磁场，对非匀强磁场，线圈所受合安培力和合力矩一般均不为零，上述公式也不适用。

10. 磁力矩的功

直导线或载流线圈在磁场中运动时，磁场力要做功。

对匀强磁场 $$A=I\Delta\Phi$$

式中，$\Delta\Phi$ 为导线或线圈运动时闭合回路环绕的面积内磁通量的增加量（对导线，也可讲是导线切割磁感应线的根数）。

11. 带电粒子在磁场中的运动

(1) **圆周运动**。一质量为 m，带电量为 q 的正离子，以速度 v 沿垂直于磁场方向进入一均匀磁场中，此粒子在洛伦兹力的作用下做圆周运动。其半径为 $R=\frac{mv}{qB}$；回旋周期 T（即圆运动的周期）为 $T=\frac{2\pi m}{qB}$。回旋半径与粒子速度成正比，回旋周期与粒子速度无关，这一点被用在回旋加速器中来加速带电粒子。

(2) **螺旋运动**。如带电粒子进入磁场时的速度 v 的方向不与磁场方向垂直，则可将其分解为垂直磁场方向分量与平行磁场方向分量。垂直分量产生圆周运动，半径为 $R=\frac{mv_{\perp}}{qB}$，周期为 $T=\frac{2\pi m}{qB}$；平行磁场的速度分量使粒子具有沿磁场方向的匀速分运动，两种运动的合运动为一螺旋运动，其螺距为 $h=v_{/\!/}T=\frac{2\pi m}{qB}v_{/\!/}$。

12. 霍尔效应

如图 7-2 所示，在一个高为 h 厚为 b 的金属导体中通以电流，当加以外磁场 B 时，由于洛伦兹力的作用，电子的运动将向下偏转，这时底部聚集一些负电荷，上部聚集一些多余正电荷。这些电荷间会产生一电场，当导体中电子所受的洛伦兹力与这个电场力平衡时，电荷的聚集达到动态平衡，平衡条件为

$$-eE_{\mathrm{H}}+(-e)vB=0$$

由于聚积电荷产生的电场，导体两侧会出现电势差 $V_{\mathrm{H}}=E_{\mathrm{H}}h=vBh$；已知电子漂移速度 v 与电流 I 有关系 $I=nbhqv$。由此可求得

$$V_{\mathrm{H}}=\frac{IB}{nqb}=R\,\frac{IB}{b}$$

式中，$R=1/nq$ 为霍尔系数；b 为导体沿磁场方向的厚度。如果其他条件相同而载流子带正电，则将得到导体下表面带正电上表面带负电的结果，可见，通过测定霍尔电压的方向即可判定载流子的类型。

注意：(1) 实际应用中通常给定电压方向，要判断载流子的类型，常用的判断方法是先

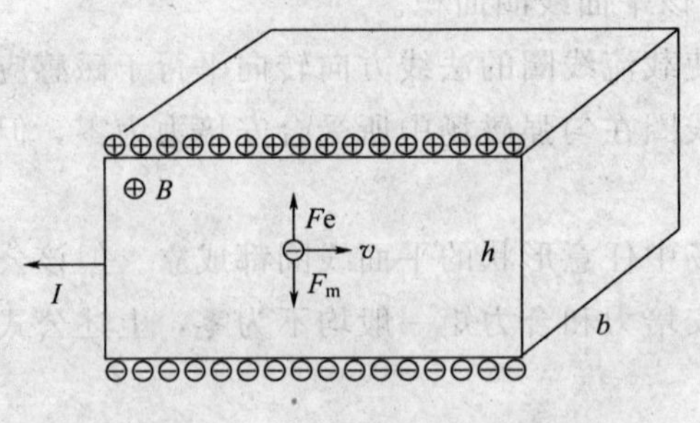

图 7-2

假定载流子为正进行判断，如果所得结果与题设一致，说明载流子就是正的，否则为负。这么做的原因是在对负载流子进行受力判断时，容易出错。

（2）载流子浓度越大，即导体的导电性越好，霍尔电压越小，这说明导电性不好的半导体霍尔效应比较明显。

（3）利用霍尔效应可以对磁场进行比较精确的测定。

附：知识脉络图

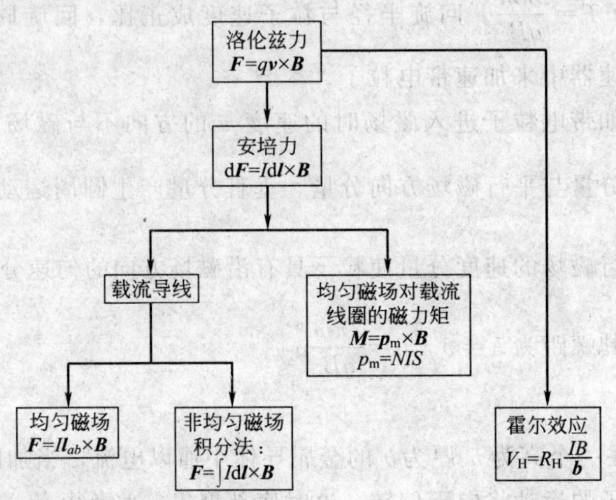

13. 介质中的磁场

介质置于外磁场中会被磁化，产生附加磁场。此时，介质中的磁感应强度 $\boldsymbol{B}$ 为外磁场的磁感应强度 $\boldsymbol{B}$ 与附加磁场的磁感应强度 $\boldsymbol{B}'$ 的矢量和，即

$$\boldsymbol{B}=\boldsymbol{B}_0+\boldsymbol{B}'$$

介质（均匀充满磁场中）的相对磁导率定义为

$$\mu_r=\frac{B}{B_0}$$

它是一个无量纲的常数，用来描述介质的磁学特性。

14. 磁介质的种类

依据相对磁导率 μ_r 的不同，磁介质可分为三类：μ_r 略大于 1 的介质称为顺磁质；μ_r 略小于 1 的介质称为抗磁质；$\mu_r \gg 1$ 的介质称为铁磁质。顺磁质和抗磁质统称弱磁质，铁磁质称为强磁质。另外，超导体 $\mu_r=0$。

15. 弱磁质磁化的微观机制

在外磁场的作用下，顺磁质各分子磁矩的方向将会发生转动，但由于热运动的影响，它们只能在一定程度上沿着外磁场方向排列，从而在整体上显示出一定的磁性，即顺磁质被磁化了。

抗磁质的磁化可用感应电流来解释。抗磁质中电子的运动相当于一个闭合回路，当介质引入外磁场后，闭合回路中会有感应电流产生，它的磁矩方向与外磁场方向相反，于是便出现了抗磁性。

16. 磁化电流

介质在外磁场中被磁化后，会产生一种沿着介质表面流动的电流——磁化电流，以 I_s 表示。

17. 磁场强度

磁场强度 $\boldsymbol{H}$ 是一个描述磁场性质的辅助量，它与磁感应强度 $\boldsymbol{B}$ 的关系为

$$\boldsymbol{H}=\frac{\boldsymbol{B}}{\mu}$$

式中，$\mu=\mu_0\mu_r$ 为介质的磁导率。

18. 介质中的安培环路定理

磁场强度 $\boldsymbol{H}$ 沿任意闭合回路的环流等于此闭合回路所围（亦即穿过以该闭合回路为周界的任意曲面）的恒定传导电流的代数和$\sum I_i$，即

$$\oint_L \boldsymbol{H}\cdot \mathrm{d}\boldsymbol{l}=\sum I_i$$

利用安培环路定理可以较方便地计算某些具有对称分布的磁场。

19. 介质中的高斯定理

通过磁介质磁场中任一封闭曲面的磁通量恒等于零，即

$$\oint_S \boldsymbol{B}\cdot \mathrm{d}\boldsymbol{S}=0$$

它说明介质中的磁场仍为无源场。

20. 铁磁质的特性

铁磁质具有如下几个特性：

（1）相对磁导率 μ_r 很大，且不为常数；

（2）有磁滞现象，磁滞回线的形状随铁磁质的不同而有所差异；

（3）反复磁化要损耗能量（称为磁滞损耗），其大小与磁滞回线所围面积成正比；

（4）有一居里点，当温度超过居里点时，铁磁质就变成一般的顺磁质。

21. 铁磁质的磁化

根据磁畴理论，在不强的外磁场作用下，磁化方向与外场方向较接近，铁磁质发生微弱磁化；之后增加外场到一定值，磁畴磁化方向突然跳跃偏转，基本上转到了与外场一致的方向，使铁磁质的磁场大增；若再增加外磁场，则只能使少量未按外场方向取向的磁矩沿着外场取向，导致磁场的缓慢增加；当各磁矩都沿外场取向后，不管如何增加外场，铁磁质的磁场均不变化，即达到了磁饱和。

由于上述过程为不可逆过程，因此，当过程反向进行，即逐步减少外场时，磁畴将不能同步复原，因而便出现了磁滞现象。

附：知识脉络图

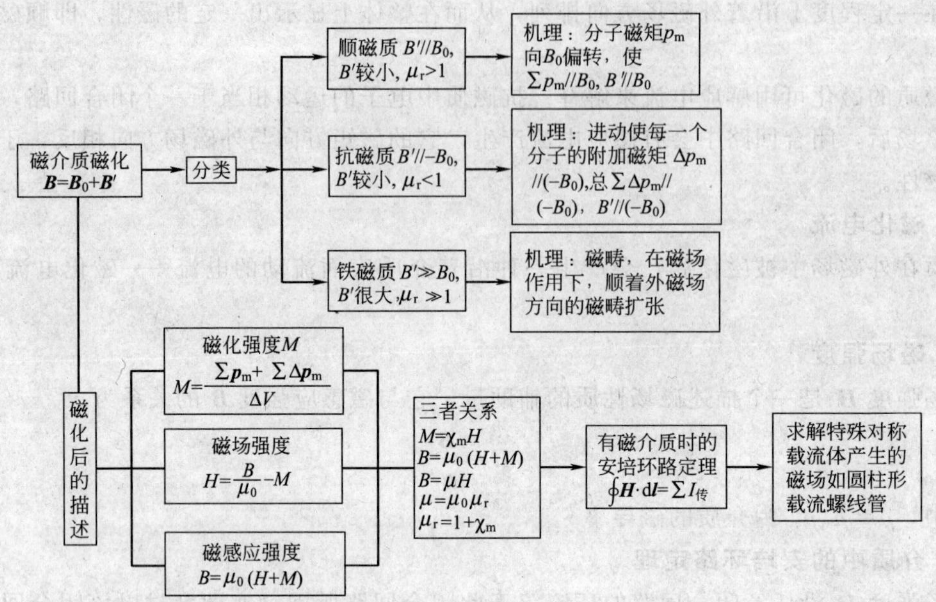

附：表 7-1、表 7-2，电场与磁场的比较

表 7-1　电介质与磁介质

	电介质及电介质中的电场		磁介质及磁介质中的磁场		
介质特征	包括	绝缘体	包括	所有物质	
	电介质分类	无极分子电介质(位移极化)	磁介质分类	弱磁质	顺磁质($\mu_r>1$)：铝，锰 抗磁质($\mu_r<1$)：铜，金
		有极分子电介质(转向极化)		强磁质	铁磁质($\mu_r\gg1$)：铁，钴，镍 超导体($\mu_r=0$)
	电场关系	极化电场与外电场反向： $E_内=E_{0外}-E'_极$	磁场关系	顺磁质、铁磁质	附加磁场与外磁场同向： $B_内=B_0+B'_{附加}$
				抗磁质、超导体	附加磁场与外磁场反向： $B_内=B_{0外}-B'_{附加}$
	介电常数 $\varepsilon=\varepsilon_0\varepsilon_r$	真空介电常数(真空电容率)： $\varepsilon_0=8.85\times10^{-12}\,N\cdot m^2/C^2$ 相对介电常数 ε_r(纯数，≥1)	磁导率 $\mu=\mu_0\mu_r$	真空磁导率：$\mu_0=4\pi\times10^{-7}\,N/A^2$ 相对磁导率 μ_r(纯数，≥1)	
重要关系	极化率	$\chi_e=\varepsilon_r-1$(纯数，>0)	磁化率	$\chi_m=\mu_r-1$(纯数，>0)	
	极化强度	$P=\chi_e D$(各向同性均匀电介质)	磁化强度	$M=\chi_m H$(各向同性均匀磁介质)	
	极化电荷面密度	$\sigma'=P_n$　(C/m²)	磁化电流线密度	$i_s=M$　(A/m)	
辅助量	电位移矢量	$D=\varepsilon_0 E+P$　(C/m²) 各向同性均匀电介质：$E=D/\varepsilon_0\varepsilon_r$	磁场强度	$H=B/\mu_0-M$　(A/m) 各向同性均匀磁介质：$B=\mu_0\mu_r H$	

表 7-2　电场与磁场

<table>
<tr><th colspan="3">电　场</th><th colspan="3">磁　场</th></tr>
<tr><td rowspan="4">高斯定理</td><td>真空</td><td>$\oint_S \boldsymbol{E}\cdot d\boldsymbol{S}=\frac{1}{\varepsilon_0}\sum q_i$</td><td rowspan="4">安培环路定理</td><td>真空</td><td>$\oint_L \boldsymbol{B}\cdot d\boldsymbol{l}=\mu_0\sum I_i$</td></tr>
<tr><td>电介质</td><td>$\oint_S \boldsymbol{D}\cdot d\boldsymbol{S}=\sum q_i$
式中，q_i 为闭合曲面所包围的自由电荷(根据电荷的正、负取正负号)</td><td>磁介质</td><td>$\oint_L \boldsymbol{H}\cdot d\boldsymbol{l}=\sum I_i$
式中，I_i 为环路 L 所包围的传导电流，与 L 方向成右螺旋时取正号。H 由 L 内、外电流决定</td></tr>
<tr><td>意义</td><td>静电场是有源场，电力线不闭合(有起止点)</td><td>意义</td><td>磁场力是非保守力，磁场是有旋场</td></tr>
<tr><td>应用要点</td><td>当电场或电荷分布具有对称性时，取高斯面 S(使 S 或其中的一部分的法向与电力线平行)，先由高斯定理求 D；对各向均匀电介质，再由下式求 E
$E=D/\varepsilon=D/\varepsilon_0\varepsilon_r$</td><td>应用要点</td><td>当磁场或电流分布具有对称性时，沿磁力线方向取环路 L，先由环路定理求 H；对各向均匀磁介质，再由下式求 B
$B=\mu H=\mu_0\mu_r H$</td></tr>
<tr><td>环路定理</td><td colspan="2">表述：$\oint_L \boldsymbol{E}\cdot d\boldsymbol{l}=0$
意义：静电力是保守力，电场是无旋场</td><td>高斯定理</td><td colspan="2">表述：$\oint_S \boldsymbol{B}\cdot d\boldsymbol{S}=0$
意义：磁场是无源场，磁力线是闭合曲线</td></tr>
<tr><td rowspan="3">能量</td><td>电容器</td><td>$W_e=\frac{1}{2}C\cdot U_{AB}^2=\frac{Q^2}{2C}=\frac{1}{2}Q\cdot U_{AB}$</td><td rowspan="3"></td><td>自感线圈</td><td>$W_m=\frac{1}{2}LI^2$(适用于 L 一定的任意线圈)</td></tr>
<tr><td rowspan="2">一般公式</td><td>$W_e=\int_V w_m dV$ (V 为电场空间)
电场能量(体)密度：$w_e=\frac{1}{2}\varepsilon_0 E^2$</td><td rowspan="2">一般公式</td><td>$W_m=\int_V w_m dV$ (V 为磁场空间)
磁场能量(体)密度：
$w_e=\frac{1}{2}\mu_0 H^2=\frac{1}{2\mu_0}B^2=\frac{1}{2}BH$</td></tr>
<tr><td>在电介质中，将 ε_0 改为 ε 或 $\varepsilon_0\varepsilon_r$</td><td>在磁介质中，将 μ_0 改为 μ 或 $\mu_0\mu_r$</td></tr>
</table>

三、典型例题

本章主要问题涉及电流的磁场、磁场对电流的作用以及介质中的磁场。

1. 在电流的磁场计算中的两种方法

(1) 用积分法或叠加法求电流的磁场，要学会由毕奥-萨伐尔定律通过积分法求任意形状载流导线的磁场，同时更应该注意到利用已有的电流磁场的结论，如长直载流导线、圆形电流（包括圆弧电流）等的磁场，通过叠加法或积分求出复杂载流导体的磁场。

(2) 另一类是用安培环路定律求磁场，这类题要求磁场必须具有某种对称性，解此类题关键是找到易于将 B 的环流展开计算的安培积分环路。

2. 磁场对载流导线的作用

其中又分磁场是均匀的还是非均匀的。均匀磁场对直导线作用力的计算较容易，而弯导线一般采用把两端连接成直导线等效。非均匀磁场对载流导线作用的计算一般要用积分法；另一类计算是求均匀磁场对载流线圈的力矩，可直接用公式求解。

*3. 介质中的安培环路定理

这是本章的难点。应注意，安培环路定理是普遍成立的，但应用安培环路定理来求解磁场问题是有条件的，那就是场的分布应该具有一定的对称性，否则就不容易计算出来的。因此，求解时必须先对磁场是否具有对称性进行必要的分析。和真空中的情形类似，用介质中的安培环路定理求解磁场问题时要注意选择好积分回路：一是要使待求场点位于积分回路上；二是要使含有 H 的线积分易于算出来。

【例 7-1】 在真空中，电流由长直导线 1 沿垂直于底边 bc 方向经 a 点流入一电阻均匀分布的正三角形金属线框，再由 b 点沿 cb 方向从三角形框流出，经长直导线 2 返回电源（图 7-3）。已知长直导线上的电流强度为 I，三角框的每一边长为 L，求正三角形的中心点 O 处的磁感应强度 $\boldsymbol{B}$。

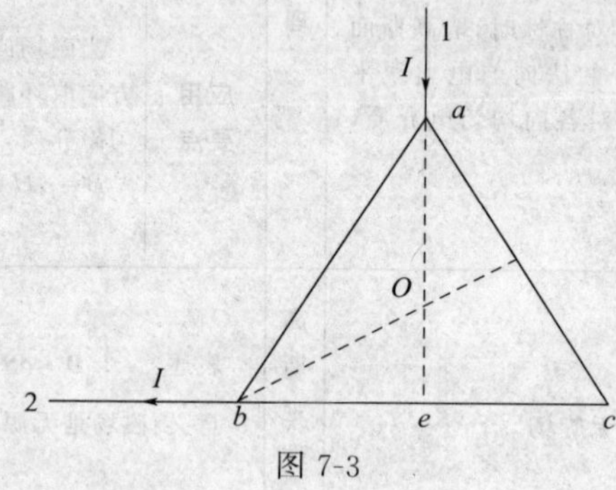

图 7-3

【解】 本题可将导线分成 $1a, ab, ac, cb, b2$ 这 5 段，故

$$B_O = B_1 + B_{ab} + B_{ac} + B_{cb} + B_2$$

因为 O 点在导线 1 的延长线上，故：$B_1 = 0$。

因为导线的电阻均匀分布，所以 $2R_{ab} = R_{acb}$，则 $I_{ab} = 2I_{ac} = 2I_{bc}$，又 ab 为一段有限长载流导线，且 $\theta_1 = 30°$，$\theta_2 = 150°$，所以

$$B_{ab} = \frac{\mu_0 I_{ab}}{4\pi a}(\cos 30° - \cos 150°)$$

式中，a 为 O 点到导线的垂直距离且 $a = \frac{\sqrt{3}}{6}L$，磁场方向垂直纸面向外。

同理 $$B_{ac} = \frac{\mu_0 I_{ac}}{4\pi a}(\cos 30° - \cos 150°)\text{，方向垂直纸面向内}$$

$$B_{cb} = \frac{\mu_0 I_{cb}}{4\pi a}(\cos 30° - \cos 150°)\text{，方向垂直纸面向内}$$

所以 $$B_{ab} + B_{ac} + B_{cb} = 0$$

对于导线 2 有：$\theta_1 = 150°$，$\theta_2 = 180°$，所以

$$B_2 = \frac{\mu_0 I}{4\pi a}(\cos 150° - \cos 180°) = \frac{\mu_0 I}{4\pi L}(2\sqrt{3} - 3)$$

故有 $$B_O = B_1 + B_{ab} + B_{ac} + B_{cb} + B_2 = \frac{\mu_0 I}{4\pi L}(2\sqrt{3} - 3)\text{，方向垂直纸面向内}$$

这是常见的一类求磁场的题目，特点是由载流均匀导线弯成某种特定形状，要求某点的磁场强度。对这种问题，可以利用磁场的叠加性，我们要把导线分成几段，并分段求解。解题时常见的错误有：不知道 ab 段与 acb 段电流不同；场点到导线的垂直距离搞错了；θ_1 和 θ_2 分辨不清。

如将图 7-3 改成如图 7-4 所示形状，O 点磁场又是多少？

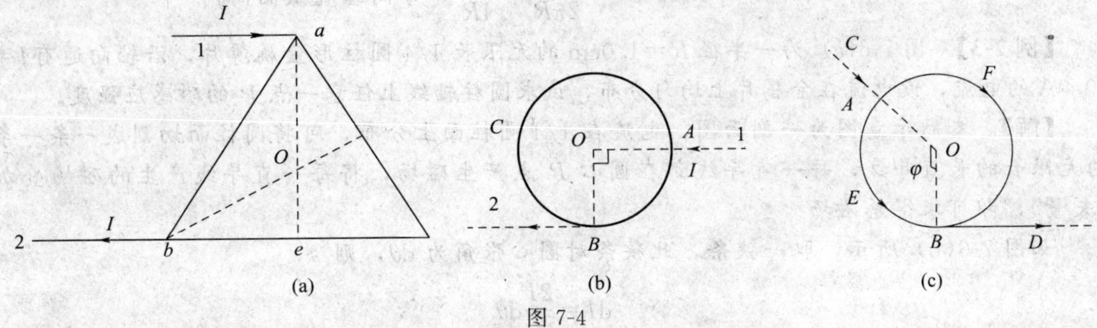

图 7-4

读者自行验证：如果将此图中圆形改成一正方形，一长方形，或任一正多边形，结果又如何？从中可以得出，只要是一个对称形状，电阻均匀，无论电流从何处流入从何处流出，则闭合导线部分在其对称中心处产生的磁感应强度都为零。

【例 7-2】 一载流导线弯成如图 7-5 所示形状，求 O 点的磁感应强度。

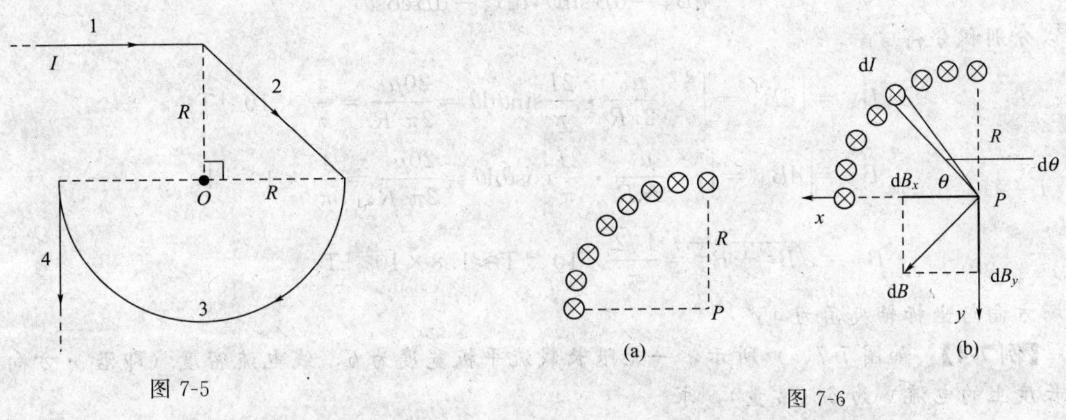

图 7-5

图 7-6

【解】 将导线分成如图所示的 4 段，并分段求解，且有

$$B_O=B_1+B_2+B_3+B_4$$

B_1 为半无限长载流直导线：

$$B_1=\frac{\mu_0 I}{4\pi R}\text{，方向垂直纸面向内}$$

B_2 为有限长载流直导线：$\theta_1=45°$，$\theta_2=135°$

$$B_2=\frac{\mu_0 I}{4\pi r}(\cos 45°-\cos 135°)=\frac{\mu_0 I}{2\pi R}\text{，方向垂直纸面向内}$$

此处 $r=\frac{\sqrt{2}}{2}R$（r 是指 O 点到线段 2 的距离），方向垂直纸面向内。

B_3 为半圆形载流导线：

$$B_3=\frac{\mu_0 I}{4R}\text{，方向垂直纸面向内}$$

B_4 为半无限长载流直导线：

$$B_4=\frac{\mu_0 I}{4\pi R}\text{，方向垂直纸面向外}$$

所以 O 点的磁感应强度

$$B_O = B_1 + B_2 + B_3 + B_4 = \frac{\mu_0 I}{2\pi R} + \frac{\mu_0 I}{4R}，方向垂直纸面向内$$

【例 7-3】 图 7-6(a) 为一半径 $R=1.0\text{cm}$ 的无限长 1/4 圆柱形金属薄片，沿轴向通有 $I=10.0\text{A}$ 的电流，设电流在金属片上均匀分布，试求圆柱轴线上任意一点 P 的磁感应强度。

【解】 本题示意图为一剖面图，电流在 1/4 圆柱面上分布，可将圆柱面切割成一条一条的无限长的长直导线，每一直导线都在圆心 P 点产生磁场，将每一直导线产生的磁场叠加（矢量），即可求得总磁场。

如图 7-6(b) 所示，取一狭条，此狭条对圆心张角为 $\mathrm{d}\theta$，则

$$\mathrm{d}I = \frac{2I}{\pi}\mathrm{d}\theta$$

此电流元在 P 点产生的磁感应强度大小为

$$\mathrm{d}B = \frac{\mu_0 \mathrm{d}I}{2\pi R}$$

建立如图 7-6(b) 所示坐标（坐标原点在 P 点），并将 $\mathrm{d}B$ 分解到两坐标轴上

$$\mathrm{d}B_x = \mathrm{d}B\sin\theta, \mathrm{d}B_y = \mathrm{d}B\cos\theta$$

分别积分得

$$B_x = \int \mathrm{d}B_x = \int_0^{\pi/2} \frac{\mu_0}{2\pi R} \cdot \frac{2I}{\pi}\sin\theta\mathrm{d}\theta = \frac{20\mu_0}{2\pi^2 R} = \frac{4}{\pi}\times10^{-4}\,\text{T}$$

$$B_y = \int \mathrm{d}B_y = \int_0^{\pi/2} \frac{\mu_0}{2\pi R} \cdot \frac{2I}{\pi}\cos\theta\mathrm{d}\theta = \frac{20\mu_0}{2\pi^2 R} = \frac{4}{\pi}\times10^{-4}\,\text{T}$$

$$B_P = \sqrt{B_x^2 + B_y^2} = \frac{4\sqrt{2}}{\pi}\times10^{-4}\,\text{T} \approx 1.8\times10^{-4}\,\text{T}$$

磁场方向与坐标轴夹角为 45°。

【例 7-4】 如图 7-7(a) 所示，一无限长载流平板宽度为 b，线电流密度（即沿 x 方向单位长度上的电流）为 δ（常量），求

(1) 与平板共面且距平板一边为 a 的任意点 P 的磁感应强度。

(2) 垂直于平板中垂线且与板距离为 a 的一点 P 点的磁感应强度。

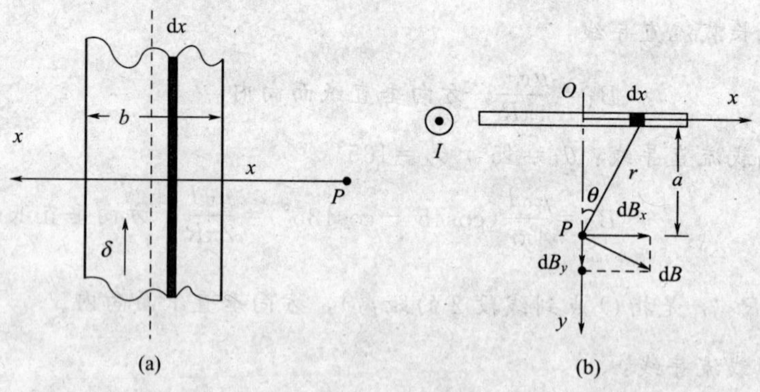

图 7-7

【解】 (1) 建立如图 7-7(a) 所示坐标，在平板上选一狭条 $\mathrm{d}x$，其电流为 $\mathrm{d}I=\delta\mathrm{d}x$，在 P 点产生的磁感应强度为

$$\mathrm{d}B = \frac{\mu_0 \mathrm{d}I}{2\pi x} = \frac{\mu_0 \delta \mathrm{d}x}{2\pi x}，方向垂直纸面向内$$

因为每一电流元在 P 点产生的磁感应强度都沿纸面向内，所以

$$B=\int \mathrm{d}B=\int_{a}^{a+b}\frac{\mu_0\delta\,\mathrm{d}x}{2\pi x}=\frac{\mu_0\delta}{2\pi}\ln\frac{a+b}{a}\text{，方向垂直纸面向内}$$

当每个电流元在所求场点的磁感应强度方向都相同时，才可直接用 $B=\int \mathrm{d}B$ 进行积分运算。

(2) 建立如图 7-7(b) 所示坐标，在平板上选取一狭条，宽为 $\mathrm{d}x$，则此狭条为一无限长载流直导线。$\mathrm{d}I=\delta\,\mathrm{d}x$，它在 P 点的磁感应强度为

$$\mathrm{d}B=\frac{\mu_0\,\mathrm{d}I}{2\pi r}=\frac{\mu_0\delta\,\mathrm{d}x}{2\pi r}$$

方向由右手螺旋法则确定，因为所有的电流元在 P 点的磁感应强度方向都不一样，所以需要将 $\mathrm{d}B$ 在相互垂直的两个坐标轴方向进行分解，即

$$\mathrm{d}B_x=\mathrm{d}B\cos\theta,\quad \mathrm{d}B_y=\mathrm{d}B\sin\theta$$

且
$$\cos\theta=\frac{a}{r}=\frac{a}{\sqrt{a^2+x^2}},\quad \sin\theta=\frac{x}{r}=\frac{x}{\sqrt{a^2+x^2}}$$

$$B_x=\int \mathrm{d}B_x=\frac{\mu_0\delta a}{2\pi}\int_{-b/2}^{b/2}\frac{\mathrm{d}x}{a^2+x^2}=\frac{\mu_0\delta a}{2\pi}\cdot\frac{1}{a}\times 2\arctan\frac{b}{2a}=\frac{\mu_0\delta}{\pi}\arctan\frac{b}{2a}$$

$$B_y=\int \mathrm{d}B_y=\frac{\mu_0\delta}{2\pi}\int_{-b/2}^{b/2}\frac{x\,\mathrm{d}x}{(a^2+x^2)^{3/2}}=0$$

$$\boldsymbol{B}=B_x\boldsymbol{i}+B_y\boldsymbol{j}=\frac{\mu_0\delta}{\pi}\arctan\frac{b}{2a}\boldsymbol{i}$$

当 b 趋于无穷大时，为无限大载流平板，其磁场强度为：$B=\frac{1}{2}\mu_0\delta$ 且方向与平板平行向右。

【例 7-5】 一无限长载流圆柱体，半径为 R，电流沿截面均匀分布。总电流为 I。

(1) 求磁场分布。

(2) 如在圆柱体内挖一个半径为 $R/2$ 且与此圆柱内切的空腔，电流仍均匀分布，且电流面密度为 δ，求圆柱体外一点 P 点磁感应强度。

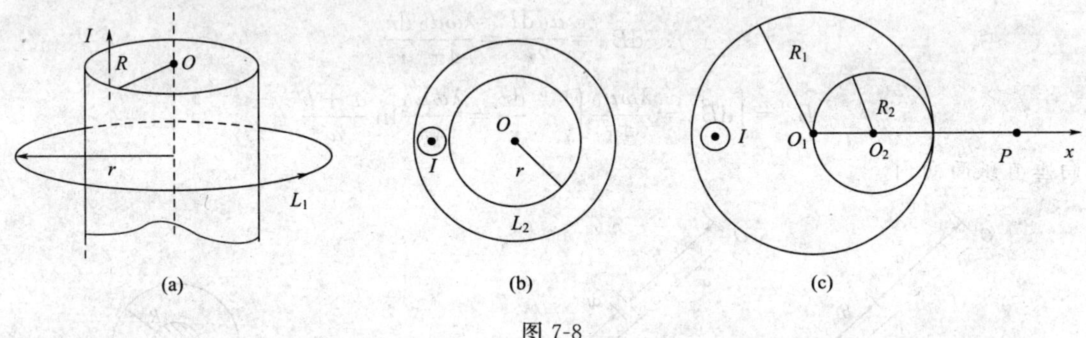

图 7-8

【解】 (1) 由电流的分布可知，磁场为柱对称磁场，在距轴线距离相等的地方磁感应强度大小相等，方向由右手螺旋法则确定。

对于柱外一点，选如图 7-8(a) 所示的安培环路 L_1，则

$$\oint_{L_1}\boldsymbol{B}\cdot\mathrm{d}\boldsymbol{l}=\oint_{L_1}B\,\mathrm{d}l\cos 0^\circ=2\pi rB=\mu_0 I$$

所以：$B=\dfrac{\mu_0 I}{2\pi r}$，结论与无限长直载流导线一样。

对于柱内一点，选如图 7-8(b) 所示的安培环路 L_2，则

$$\oint_{L_2}\boldsymbol{B}\cdot\mathrm{d}\boldsymbol{l}=\oint_{L_2}B\,\mathrm{d}l\cos 0^\circ=2\pi rB=\mu_0\,\frac{\pi r^2}{\pi R^2}I=\mu_0\,\frac{r^2}{R^2}I$$

所以，$B=\dfrac{\mu_0 I}{2\pi R^2}r$，方向由右手螺旋法则判定，方向为逆时针。

(2) 可将此问题看成一无限长圆柱体与在空心部分一载有相反方向电流的无限长载流圆柱体所产生的磁场的叠加，如图 7-8(c) 所示。大圆柱体所带电流为：$\pi R_1^2\delta$，方向向外。小圆柱体所带电流为：$\pi R_2^2\delta$，方向向内。

则大圆柱体在 P 点的磁感应强度为

$$B_1=\frac{\mu_0\pi R^2\delta}{2\pi x}=\frac{\mu_0 R^2\delta}{2x}，方向向上$$

小圆柱体在 P 点的磁感应强度为

$$B_2=\frac{\mu_0\pi(R/2)^2\delta}{2\pi(x-R/2)}=\frac{\mu_0 R^2\delta}{4(2x-R)}，方向向下$$

所以总的磁感应强度为

$$B=\frac{\mu_0 R^2\delta}{2}\left[\frac{1}{x}-\frac{1}{2(2x-R)}\right]，方向向上$$

【例 7-6】 如图 7-9(a) 所示，均匀带电刚性细杆 AB，线电荷密度为 λ，绕垂直于直线的轴 O 以 ω 角速度匀速转动（O 点在细杆 AB 延长线上）。求

(1) O 点的磁感强度 $\boldsymbol{B}_0$；

(2) 系统的磁矩 $\boldsymbol{p}_{\mathrm{m}}$；

(3) 若 $a\gg b$，求 B_0 及 p_{m}。

【解】 (1) 如图 7-9(b) 所示，对 $r\sim r+\mathrm{d}r$ 段，电荷 $\mathrm{d}q=\lambda\mathrm{d}r$，旋转形成圆电流。则

$$\mathrm{d}I=\frac{\mathrm{d}q}{T}=\frac{\lambda\omega}{2\pi}\mathrm{d}r$$

它在 O 点的磁感强度

$$\mathrm{d}B_0=\frac{\mu_0\mathrm{d}I}{2r}=\frac{\lambda\omega\mu_0}{4\pi}\frac{\mathrm{d}r}{r}$$

$$B_0=\int\mathrm{d}B_0=\frac{\lambda\omega\mu_0}{4\pi}\int_a^{a+b}\frac{\mathrm{d}r}{r}=\frac{\lambda\omega\mu_0}{4\pi}\ln\frac{a+b}{a}$$

方向垂直纸面向内。

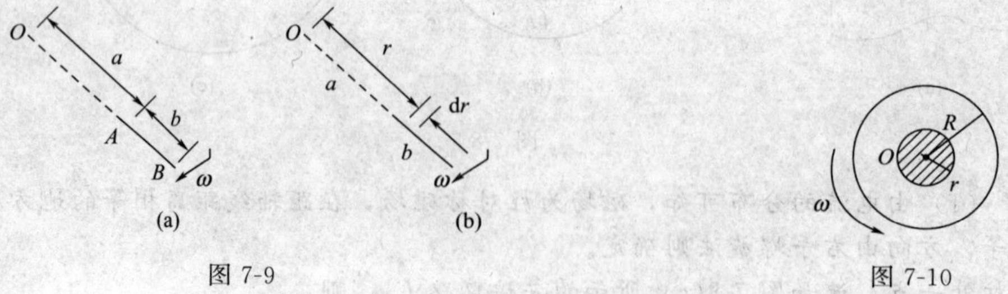

图 7-9　　　　图 7-10

(2)
$$\mathrm{d}p_{\mathrm{m}}=\pi r^2\mathrm{d}I=\frac{1}{2}\lambda\omega r^2\mathrm{d}r$$

$$p_m=\int dp_m=\int_a^{a+b}\frac{1}{2}\lambda\omega r^2 dr=\lambda\omega\frac{(a+b)^3-a^3}{6}$$

方向垂直纸面向内。

(3) 若 $a\gg b$，则 $\ln\frac{a+b}{a}\approx\frac{b}{a}$，有：$B_0=\frac{\mu_0\omega}{4\pi}\frac{\lambda b}{a}=\frac{\omega\mu_0 q}{4\pi a}$，过渡到点电荷的情况。

同理：在 $a\gg b$ 时，$(a+b)^3\approx a^3(1+3b/a)$，则 $p_m=\frac{\lambda\omega}{6}a^3\cdot\frac{3b}{a}=\frac{1}{2}q\omega a^2$，也与点电荷运动时的磁矩相同。

【例 7-7】 如图 7-10 所示，一半径为 R 的带电塑料圆盘，其中半径为 r 的阴影部分均匀带正电荷，面电荷密度为 $+\sigma$，其余部分均匀带负电荷，面电荷密度为 $-\sigma$。当圆盘以角速度 ω 旋转时，测得圆盘中心 O 点的磁感强度为零，问：R 与 r 满足什么关系？

【解】 带电圆盘转动时，可看作无数的电流圆环的磁场在 O 点的叠加。

某一半径为 ρ 的圆环的磁场为

$$dB=\mu_0 dI/2\rho$$

而

$$dI=\frac{dq}{T}=\sigma 2\pi\rho d\rho\cdot\omega/2\pi=\sigma\omega\rho d\rho$$

所以

$$dB=\mu_0\sigma\omega\rho d\rho/2\rho=\frac{1}{2}\mu_0\sigma\omega d\rho$$

正电部分产生的磁感强度为

$$B_+=\int_0^r\frac{\mu_0\sigma\omega}{2}d\rho=\frac{\mu_0\sigma\omega}{2}r$$

负电部分产生的磁感强度为

$$B_-=\int_r^R\frac{\mu_0\sigma\omega}{2}d\rho=\frac{\mu_0\sigma\omega}{2}(R-r)$$

今 $B_+=B_-$，得

$$R=2r$$

【例 7-8】 在一均匀磁场中有一半圆形载流导线，半径为 R，电流为 I，磁场方向与半圆面垂直，求半圆形载流导线所受的安培力。

【解】 在导线上选取一电流元 $Idl=IRd\theta$，如图 7-11(a) 所示。因为电流方向与磁场垂直，所以此电流元所受安培力大小为 $dF=IdlB$，方向沿着径向。

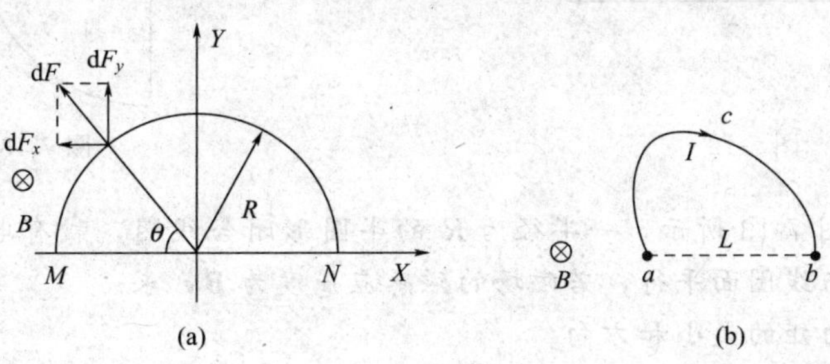

图 7-11

另取一电流元会发现所受安培力方向变了，所以需要将 dF 在相互垂直的两个方向进行分解

$$dF_x=dF\cos\theta,\ dF_y=dF\sin\theta$$

由对称性得 $$F_x=\int dF_x=0$$

所以 $$F=F_y=\int dF_y=\int dF\sin\theta=IRB\int_0^{\pi}\sin\theta d\theta=2IBR$$

方向竖直向上。

讨论： 如另有一由 N 沿直径流向 M 的电流，电流大小仍为 I。此电流受力为

$$F'=IB2R，方向向下$$

所以，若电流构成如图所示半圆形加 NM 而形成一闭合回路，则整个回路所受合外力为零，此结论可推广：任意载流回路在均匀磁场中所受磁场力合力为零。

注意：（1）此结论只在均匀磁场中适用。

（2）此结论只说合力为零，合力矩是否为零需另行计算。

如将半圆形载流导线改成任意形状的载流导线 acb，其起点与终点之间的距离为 L，如图 7-11(b) 所示，如何求它所受的磁场力？请读者自行讨论。

【例 7-9】 在一无限长载流直导线（电流为 I_1）附近，有一长为 L 的载流为 I_2，方向向右）导线 ab，导线 ab 与无限长直导线共面且垂直，近端距无限长直导线的距离为 d，求载流导线 ab 所受的磁场力。

【解】 建立如图 7-12 所示坐标。在导线 ab 上选取一电流元 $I_2 dl=I_2 dx_i$，则导线 1 在此处的磁感应强度为

$$B_x=\frac{\mu_0 I_1}{2\pi x}$$

且磁感应强度与电流元方向垂直，所以电流元所受安培力大小为

$$dF=I_2 B dx=I_2 dx\,\frac{\mu_0 I_1}{2\pi x}$$

每一电流元受力方向都为竖直向上。所以

$$F=\int_d^{d+L}dF=\frac{\mu_0 I_1 I_2}{2\pi}\int_d^{d+L}\frac{dx}{x}=\frac{\mu_0 I_1 I_2}{2\pi}\ln\frac{d+L}{d}，方向竖直向上$$

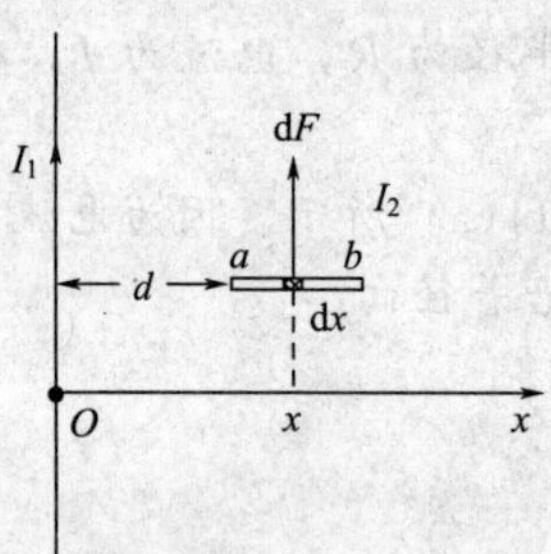

图 7-12

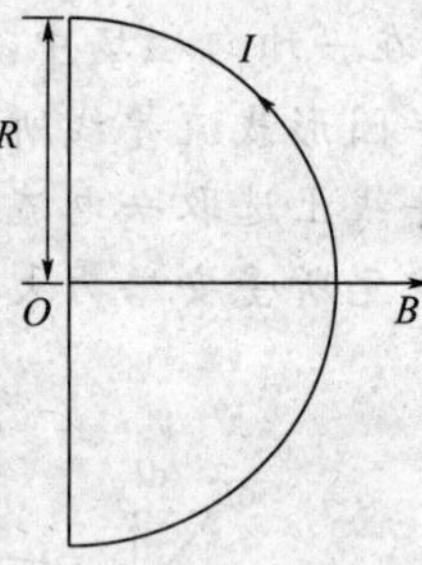

图 7-13

【例 7-10】 如图 7-13 所示，一半径为 R 的半圆形闭合线圈，载有电流为 I，放在均匀磁场中，磁场方向与线圈面平行，若磁场的磁感应强度为 $\boldsymbol{B}$，求

（1）线圈所受力矩的大小和方向。

（2）若线圈绕竖直轴转过 θ 角，则线圈所受的磁力矩的大小是多少？

（3）若线圈受力矩的作用转到线圈平面与磁场垂直的位置，则力矩做功为多少？

【解】（1）半圆形电流回路的磁矩

$$\boldsymbol{p}_m=IS\boldsymbol{e}_n=I\,\frac{1}{2}\pi R^2\boldsymbol{e}_n$$

由磁力矩公式 $\boldsymbol{M}=\boldsymbol{p}_{\mathrm{m}}\times\boldsymbol{B}$ 得

$$M=p_{\mathrm{m}}B\sin\theta=ISB\sin 90°=I\times\frac{1}{2}\pi R^2B=\frac{1}{2}\pi R^2IB$$

由右手螺旋法则得，$\boldsymbol{M}$ 的方向竖直向上。

(2) 由磁力矩公式 $\boldsymbol{M}=\boldsymbol{p}_{\mathrm{m}}\times\boldsymbol{B}$。磁力矩大小

$$M=p_{\mathrm{m}}B\sin\left(\frac{\pi}{2}-\theta\right)=\frac{1}{2}\pi R^2IB\cos\theta$$

注意：在计算力矩时用到矢量积运算中的角度是指线圈法线方向（即 $\boldsymbol{p}_{\mathrm{m}}$ 方向）与磁感应强度 $\boldsymbol{B}$ 方向的夹角，此角度与题中给出的 θ 不一样。

(3) 由磁力矩做功公式 $A=I\Delta\Phi_{\mathrm{m}}$。起始处线圈中的磁通量为零，转到题意位置处时

$$\Phi_{\mathrm{m}}=\boldsymbol{B}\cdot\boldsymbol{S}=Bs\cos 0°=BS$$

则

$$\Delta\Phi_{\mathrm{m}}=BS-0=\frac{1}{2}B\pi R^2$$

磁力矩做功为

$$A=I\cdot\Delta\Phi_{\mathrm{m}}=\frac{1}{2}BI\pi R^2$$

【例 7-11】 在以硅钢为材料制成的环形铁芯上单层密绕有线圈 500 匝。设铁芯中心的周长（即平均周长）为 0.55m。当线圈中通以一定电流时，测得铁芯中的磁感应强度为 1T，磁场强度为 3A/cm，求

(1) 线圈中的电流；

(2) 硅钢的相对磁导率。

分析：本题是已知充满均匀介质螺绕环内磁场求线圈电流。由于载流螺绕环的电流分布具有对称性，因此应该先通过介质中的环路定理来求电流，再通过 B 与 H 的关系求电磁导体。另外，根据磁场的特性知，铁芯内的磁感应（或磁场）线为一系列以环心为中心的圆周。

【解】 (1) 将磁场强度沿中心周长环路取积分，据安培环路定理 $\oint_L \boldsymbol{H}\cdot\mathrm{d}\boldsymbol{l}=\sum I_i$ 得

$$Hl=NI$$

解之得

$$I=\frac{lH}{N}=\frac{0.55\times(3\times 100)}{500}=0.33(\mathrm{A})$$

(2) 由 $\mu=\mu_0\mu_{\mathrm{r}}=\dfrac{B}{H}$ 解得

$$\mu_{\mathrm{r}}=\frac{B}{\mu_0 H}=\frac{1}{4\pi\times 10^{-7}\times 3\times 100}=2.65\times 10^3$$

【例 7-12】 一同轴电缆，芯线是半径为 R_1、磁导率为 μ_1 的铜线，包线是半径分别为 R_2 及 R_3、磁导率为 μ_3 的铝圆筒，其横截面如图 7-14 所示。设两导体内的传导电流为 I，流向相反，且均匀分布在横截面上，芯线和圆筒间充满磁导率为 μ_2 的均匀磁介质。求

(1) 磁场强度 H 的分布；

(2) 磁感应强度 B 的分布。

【解】 (1) 设电流由芯线流进，包线流出。沿顺时针方向取半径为 r 的圆周作环路（参见图 7-14），穿过环路的电流为 I'。

利用安培环路定理可得

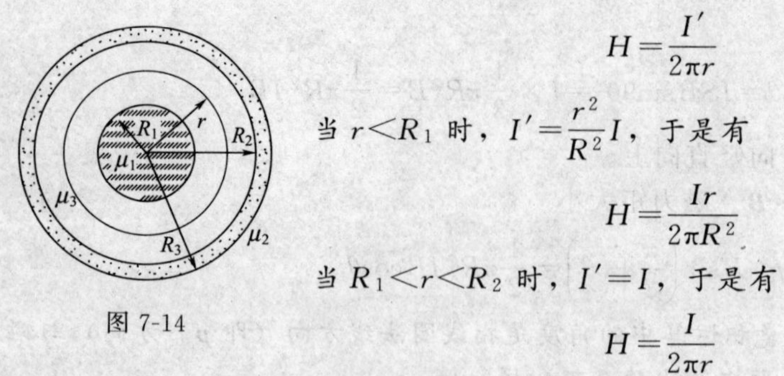

图 7-14

$$H=\frac{I'}{2\pi r}$$

当 $r<R_1$ 时，$I'=\frac{r^2}{R^2}I$，于是有

$$H=\frac{Ir}{2\pi R^2}$$

当 $R_1<r<R_2$ 时，$I'=I$，于是有

$$H=\frac{I}{2\pi r}$$

当 $R_2<r<R_3$ 时

$$I'=I-\frac{(r^2-R_2^2)I}{R_3^2-R_2^2}=\frac{(R_3^2-r^2)I}{R_3^2-R_2^2}$$

于是有

$$H=\frac{I}{2\pi r}\frac{R_2^2-r^2}{R_3^2-R_2^2}$$

当 $r>R_3$ 时，$I'=I$，于是有

$$H=0$$

(2) 当 $r<R_1$ 时，由关系式 $B=\mu H$ 得

$$B=\frac{\mu_1 Ir}{2\pi R_1^2}$$

当 $R_1<r<R_2$ 时，同理可得 $B=\frac{\mu_2 I}{2\pi r}$

当 $R_2<r<R_3$ 时，则得

$$B=\frac{\mu_3 I}{2\pi r}\frac{R_3^2-r^2}{R_3^2-R_2^2}$$

当 $r>R_3$ 时，则得 $B=0$

【例 7-13】 一铁环中心线的周长为 0.5m，横截面积为 $1.5\times10^{-4}\text{m}^2$，在环上紧密地绕有线圈 500 匝。当线圈中通有电流 3.0×10^{-3}A 时，通过环的磁通量为 3.0×10^{-6}Wb。求

(1) 环内的磁感应强度和磁场强度；

(2) 环内介质磁导率和相对磁导率。

【解】(1) 据磁场与磁通量的关系可得

$$B=\frac{\Phi}{S}=\frac{3\times10^{-6}}{1.5\times10^{-4}}=2\times10^{-2}(\text{T})$$

据介质中的安培环路定理得

$$H=\frac{NI}{l}=\frac{500\times3.0\times10^{-3}}{0.5}=3(\text{A/m})$$

(2)
$$\mu=\frac{B}{H}=\frac{2\times10^{-2}}{3.0}=6.67\times10^{-3}\ (\text{H/m})$$

$$\mu_r=\frac{\mu}{\mu_0}=\frac{6.67\times10^{-3}}{4\pi\times10^{-7}}=5311$$

【例 7-14】 螺绕环中心周长 $l=10$cm，环上均匀密绕线圈 $N=200$ 匝，线圈中通有电流

$I=100\text{mA}$。求

(1) 求管内的磁感应强度 B_0 和磁场强度 H_0；

(2) 若管内充满相对磁导率 $\mu_r=4200$ 的磁性物质，则管内的 B 和 H 是多少？

(3) 磁性物质内由导线中电流产生的 B_0 和由磁化电流产生的 B' 各是多少？

【解】 (1)
$$H_0=\frac{NI}{l}=\frac{200\times100\times10^{-3}}{10\times10^{-2}}=200(\text{A/m})$$
$$B_0=\mu_0H_0=4\pi\times10^{-7}\times200=2.5\times10^{-4}(\text{T})$$

(2)
$$H=H_0=200(\text{A/m})$$
$$B=\mu_0\mu_rH_0=\mu_rB_0=4200\times2.5\times10^{-4}=1.05(\text{T})$$

(3) 由 $B=B_0+B'$ 可得
$$B'=B-B_0=1.05-2.5\times10^{-4}=1.05(\text{T})$$

【例 7-15】 关于稳恒磁场的磁场强度 $\boldsymbol{H}$ 的下列几种说法哪个是正确的？[   ]

(A) $\boldsymbol{H}$ 仅与传导电流有关。

(B) 若闭合曲线内没有包围传导电流，则曲线上各点的 $\boldsymbol{H}$ 必为零。

(C) 若闭合曲线上各点 $\boldsymbol{H}$ 均为零，则该曲线所包围传导电流的代数和为零。

(D) 以闭合曲线 L 为边缘的任意曲面的 $\boldsymbol{H}$ 通量均相等。

【解】 (A) $\boldsymbol{B}$ 与传导电流有关，而 $\boldsymbol{M}$ 与磁化电流有关。因此，由 $\boldsymbol{H}=\boldsymbol{B}/\mu_0-\boldsymbol{M}$ 可知，$\boldsymbol{H}$ 不只是跟传导电流有关。

(B) 只要闭合曲线上处处满足 $\boldsymbol{H}\perp \text{d}\boldsymbol{l}$，$\boldsymbol{H}$ 可以不为零。

(C) 闭合曲线上各点 $\boldsymbol{H}$ 均为零，必定有 $\oint_L\boldsymbol{H}\cdot\text{d}\boldsymbol{l}=0$。

(D) 曲面的法向不同，$\boldsymbol{H}$ 的通量 $\int_S\boldsymbol{H}\cdot\text{d}\boldsymbol{S}$ 的正负也不同。

因此，只有 (C) 说法是正确的。

注意： 如果存在非稳恒电流，用全电流安培定律 $\oint_L\boldsymbol{H}\cdot\text{d}\boldsymbol{l}=\sum(I_{传}+I_{位}+I_{运})$ 判断。

【例 7-16】 一个绕有 100 匝导线的平均周长 20cm 的细环，如图 7-15 所示，载有 0.3A 电流时，铁芯的相对磁导率为 500。求铁芯中的磁感应强度 B 与磁场强度 H。

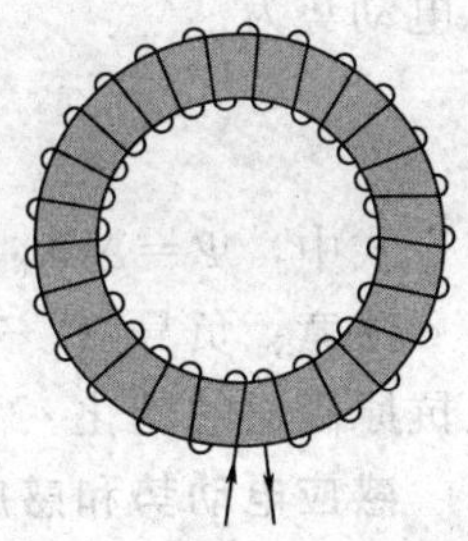

图 7-15

【解】 由安培环路定律有
$$\oint_L\boldsymbol{H}\cdot\text{d}\boldsymbol{l}=Hl=NI_{传}$$
$$H=\frac{NI}{l}=\frac{100\times0.3}{20\times10^{-2}}=150(\text{A/m})$$
$$B=\mu_0\mu_rH=4\pi\times10^{-7}\times500\times150=9.42\times10^{-2}(\text{T})$$

第八单元　电磁场与麦克斯韦方程组

一、基本要求

(1) 掌握法拉第电磁感应定律和定律中负号的意义。

（2）理解产生动生电动势的原因，能计算动生电动势并判断它的方向。

（3）理解感生电场的意义，能计算简单情况下感生电动势和感生电场并能判定其方向。

（4）理解自感和互感系数的定义及其物理意义，能计算简单载流回路的自感和互感系数。

（5）理解磁场能量的概念和磁场能量密度公式，并能计算一些简单的对称情况下磁场空间所储存的磁能。

（6）理解位移电流、位移电流密度的概念。

（7）了解麦克斯韦方程组积分形式及各方程的物理意义。

（8）了解电磁波产生的条件及其性质。

二、基本概念与规律

1. 电磁感应的基本概念与基本规律

电磁感应现象：不论什么原因引起穿过回路的磁通量 Φ_{m} 变化时，回路中有感应电动势（感应电流）存在的现象。

产生感应电流的条件：

（1）导体构成回路（如不构成回路，则没有感应电流，但有感应电动势 ε_{ab} 存在）；

（2）穿过回路的磁通量 Φ_{m} 发生变化。

楞次定律：回路中感应电流的方向，总是企图使感应电流本身产生的磁场通过回路的磁通量阻碍——反抗和补偿原磁通量的变化。

注意：（1）感应电流本身产生的磁场和原磁场的方向可以相同，可以相反。

（2）楞次定律是**能量守恒在电磁感应现象中的具体表现。**

法拉第定律：导体回路中的感应电动势 ε_{i} 的大小与穿过导体回路的磁通量的变化率成正比。由“－”号在一定的正方向下反映 ε_{i} 的方向。其数学表达式为

$$\varepsilon_{\mathrm{i}}=-\frac{\mathrm{d}\Phi_{\mathrm{m}}}{\mathrm{d}t}$$

如果导体回路由 N 匝紧密排列的相同的线圈串联组成，通过每匝的磁通量都是 Φ_{m}，则总电动势为

$$\varepsilon_{\mathrm{i}}=-N\frac{\mathrm{d}\Phi_{\mathrm{m}}}{\mathrm{d}t}=-\frac{\mathrm{d}(N\Phi_{\mathrm{m}})}{\mathrm{d}t}=-\frac{\mathrm{d}\Psi}{\mathrm{d}t}$$

式中，$\Psi=N\Phi_{\mathrm{m}}$ 称为磁通链。

注意：负号（“－”）——表示感应电动势或感应电流本身产生的通过回路的磁通量总是反抗原磁通的变化。

感应电动势和感应电流的方向判断按以下步骤进行。

（1）任意选闭合回路的绕向（一旦选定就成为标准）。

（2）规定回路所围面积的正法向 $\boldsymbol{e}_n$ 与回路绕向满足右手螺旋关系。这样

若 $\boldsymbol{e}_n$ 与磁感应强度 $\boldsymbol{B}$ 所成夹角 $\theta<\pi/2$，则 $\Phi_{\mathrm{m}}>0$；

若 $\boldsymbol{e}_n$ 与磁感应强度 $\boldsymbol{B}$ 所成夹角 $\theta>\pi/2$，则 $\Phi_{\mathrm{m}}<0$。

（3）感应电动势或感应电流是代数量，通过由法拉第电磁感应定律计算，如果 $\varepsilon_{\mathrm{i}}>0$，则 ε_{i}（或感应电流 I_{i}）的方向与所选绕向一致；如果 $\varepsilon_{\mathrm{i}}<0$，则 ε_{i}（或感应电流 I_{i}）的方向与所选绕向相反。

动生电动势：磁场不随时间变化，导体与磁场之间有相对运动（所谓切割磁力线运动）

在导体或导体回路中引起感应电动势。回路中磁通量的变化是回路的形状和面积变化所致。动生电动势是磁场对导体中载流子作用洛伦兹力的结果——洛伦兹力提供非静电力，对应的非静电场为

$$\boldsymbol{E}_{\mathrm{k}}=\frac{\boldsymbol{F}}{q}=\boldsymbol{v}\times\boldsymbol{B}$$

计算动生电动势的公式如下。

(1) 对于不成回路的导体，有

$$\varepsilon_{ab}=\int_{(a)}^{(b)}(\boldsymbol{v}\times\boldsymbol{B})\cdot\mathrm{d}\boldsymbol{l}=\int_{(a)}^{(b)}vB\sin\theta_1\cos\theta_2\,\mathrm{d}l$$

式中，$\mathrm{d}\boldsymbol{l}$ 为从 $a\to b$ 的方向；$\boldsymbol{v}$ 为切割磁力线的速度；$\boldsymbol{B}$ 为所在位置的磁感应强度；θ_1 为 $\boldsymbol{v}$ 与 $\boldsymbol{B}$ 的夹角；θ_2 为 $\boldsymbol{v}\times\boldsymbol{B}$ 与 $\mathrm{d}\boldsymbol{l}$ 的夹角，显然 $\theta_1=0,\pi$，或 $\theta_2=\pi/2$，都有 $\varepsilon_{ab}=0$。

实际上，这几种情况都对应导线不切割磁力线的情况；$\boldsymbol{v},\boldsymbol{B}$ 一般都是位置的函数，不能随意提到积分号外，做积分是对切割磁力线的导体，所以要特别注意先统一积分变量后再积分。

(2) 对于构成回路的导体，有

$$\varepsilon_{\mathrm{i}}=\oint_L(\boldsymbol{v}\times\boldsymbol{B})\cdot\mathrm{d}\boldsymbol{l}$$

(3) 动生电动势方向的判断。注意电势差 $U_{ab}=V_a-V_b$，由

$$\varepsilon_{ab}=\int_{(a)}^{(b)}(\boldsymbol{v}\times\boldsymbol{B})\cdot\mathrm{d}\boldsymbol{l}=\varphi_b-\varphi_a$$

与 $\varepsilon_i=\oint_L(\boldsymbol{v}\times\boldsymbol{B})\cdot\mathrm{d}\boldsymbol{l}$

若 $\varepsilon_{ab}>0$，则 b 点电势高，b 为正极，方向从 $a\to b$；若 $\varepsilon_{ab}<0$，则 a 点电势高，a 为正极，方向从 $b\to a$。

如果 $\varepsilon_{\mathrm{i}}>0$，则 ε_{i} 的方向与积分所选绕向一致，如果 $\varepsilon_{\mathrm{i}}<0$，则 ε_{i} 的方向与积分所选绕向相反。

感生电动势：磁场随时间变化而在导体中所产生的感应电动势。回路中磁通量的变化是由磁场变化所致。变化的磁场在空间激发感生电场（涡旋电场）——感生电场力提供非静电力。

麦克斯韦感生电场假设：变化的磁场在周围空间，甚至在磁场之外，$\boldsymbol{B}=0$ 的区域都激发一个非静电场——涡旋电场，称之为感生电场 $\boldsymbol{E}_{\mathrm{k}}$。

这种电场的电场线是无头无尾的闭合曲线——与磁场有同样的性质，是无源有旋非保守场，所以有

$$\oiint_S\boldsymbol{E}_{\mathrm{k}}\cdot\mathrm{d}\boldsymbol{S}=0,\ \oint_L\boldsymbol{E}_{\mathrm{k}}\cdot\mathrm{d}\boldsymbol{l}\neq0$$

由法拉第电磁感应定律和电动势的定义

$$\varepsilon_{\mathrm{i}}=\oint_L\boldsymbol{E}_{\mathrm{k}}\cdot\mathrm{d}\boldsymbol{l}=-\frac{\mathrm{d}\Phi_{\mathrm{m}}}{\mathrm{d}t}=-\frac{\mathrm{d}}{\mathrm{d}t}\iint_S\boldsymbol{B}\cdot\mathrm{d}\boldsymbol{S}=-\iint_S\frac{\partial\boldsymbol{B}}{\partial t}\cdot\mathrm{d}\boldsymbol{S}$$

可得**感生电场与变化磁场的关系为**

$$\oint_L\boldsymbol{E}_{\mathrm{k}}\cdot\mathrm{d}\boldsymbol{l}=-\iint_S\frac{\partial\boldsymbol{B}}{\partial t}\cdot\mathrm{d}\boldsymbol{S}$$

式中，**积分面积 S 是由积分回路 L 所围的任意曲面**。利用此积分关系式要求出感生电

场 $\boldsymbol{E}_{\mathrm{k}}$，只对少数有对称性的问题可做。

计算感生电动势的公式有如下几个。

（1）在一段导体 ab 上

$$\varepsilon_{ab}=\int_{(a)}^{(b)}\boldsymbol{E}_{\mathrm{k}}\cdot\mathrm{d}\boldsymbol{l}$$

（2）对导体回路

$$\varepsilon_{\mathrm{i}}=\oint_{L}\boldsymbol{E}_{\mathrm{k}}\cdot\mathrm{d}\boldsymbol{l}=-\frac{\mathrm{d}\Phi_{\mathrm{m}}}{\mathrm{d}t}=-\frac{\mathrm{d}}{\mathrm{d}t}\iint_{S}\boldsymbol{B}\cdot\mathrm{d}\boldsymbol{S}=-\iint_{S}\frac{\partial\boldsymbol{B}}{\partial t}\cdot\mathrm{d}\boldsymbol{S}$$

感生电动势的方向判断与动生电动势方向的判断相同。

自感电动势：当一个电流回路中的自身电流 i 变化（或者回路的大小、形状、周围的磁介质发生变化）时，它所激发的磁场通过线圈自身的全磁通也发生在变化，使线圈自身回路中产生感应电动势——自感电动势。

$$\varepsilon_{\mathrm{L}}=-\frac{\mathrm{d}\Phi_{\mathrm{L}}}{\mathrm{d}t}=-L\,\frac{\mathrm{d}i}{\mathrm{d}t}$$

式中，$\Phi_{\mathrm{L}}=Li$ 为自感磁通；L 为自感系数，它与线圈的尺寸、形状及周围磁介质的磁导率有关，L 的单位是亨利（H）。

从 $\varepsilon_{\mathrm{L}}=-L\,\frac{\mathrm{d}i}{\mathrm{d}t}$有：

$\mathrm{d}i/\mathrm{d}t>0$，$\varepsilon_{\mathrm{L}}<0$ 说明 ε_{L}与原电流方向相反；

$\mathrm{d}i/\mathrm{d}t<0$，$\varepsilon_{\mathrm{L}}>0$ 说明 ε_{L}与原电流方向相同。

公式中负号表示自感电动势将反抗线圈中电流的变化。说明自感 L 有维持原电路状态的能力，L 就是这种能力大小的量度，它表征回路电磁惯性的大小。

互感电动势：当两闭合导体回路中的电流变化时（包括两回路的几何形状、相对位置和周围磁介质变动），相互在对方回路中激起感应电动势——互感电动势。

$$\varepsilon_{12}=-\frac{\mathrm{d}\Phi_{12}}{\mathrm{d}t}=-M_{12}\frac{\mathrm{d}i_2}{\mathrm{d}t},\quad \varepsilon_{12}=-\frac{\mathrm{d}\Phi_{21}}{\mathrm{d}t}=-M_{21}\frac{\mathrm{d}i_1}{\mathrm{d}t}$$

式中，$\Phi_{12}=Mi_2$，为第二个回路在第一个回路中引起的互感磁通；$\Phi_{21}=Mi_1$ 为第一个回路在第二个回路中引起的互感磁通；$M_{12}=M_{21}=M$ 称为互感系数，它不仅与两个线圈各自的尺寸、形状及周围磁介质的磁导率有关，还与两线圈的相互位置有关，M 的单位是亨利（H）。

二线圈间的互感系数 M 与二线圈的自感系数 L_1,L_2之间的关系

$$M=k\sqrt{L_1L_2}$$

式中，k（$0\leqslant k\leqslant 1$）为两线圈间的耦合系数。

当两线圈间无互感，即两线圈各自的磁通量互不通过对方时，有 $k=0$；当两线圈的磁通互相都全部通过对方，即两线圈间无漏磁时，有 $k=1$（这种现象称为全耦合）。

有互感两线圈的串联有如下两种。

（1）顺接。串联两线圈中的磁通互相加强时叫做顺接。顺接时的总自感系数为

$$L=L_1+L_2+2M$$

（2）反接。串联两线圈中的磁通互相削弱时叫做反接。反接时的总自感系数为

$$L=L_1+L_2-2M$$

式中，L_1,L_2分别为两线圈的自感系数；M 为两线圈的互感系数。

2. 磁场的能量

自感磁能：由于L的存在，在给线圈通以电流I时，在其周围建立磁场的过程中电源克服自感电动势做功转化为磁场的能量。

$$W_m=\frac{1}{2}LI^2$$

互感磁能：由于互感的存在，在保持一载流线圈中I不变时，电源克服互感电动势做功转化为磁场的能量。

$$W_{12}=W_{21}=MI_1I_2$$

这样分别通有电流I_1和I_2的两个回路所组成的系统的总磁能为

$$W=\frac{1}{2}L_1I_1^2+\frac{1}{2}L_2I_2^2\pm MI_1I_2$$

式中，“+”表示对应两个回路I_1和I_2激发的磁通量相互加强；“−”表示对应两个回路I_1和I_2激发的磁通量相互减弱。

磁能密度：单位体积中的磁场能量称为磁能密度。

$$w_m=\frac{1}{2\mu}B^2=\frac{1}{2}\mu H^2=\frac{1}{2}\boldsymbol{B}\cdot\boldsymbol{H}$$

适用条件：只适用弱磁质，最后面的等式对各向同性的弱磁质（$\boldsymbol{B}=\mu\boldsymbol{H}$）。

体积V内，磁场所储存的总能量为

$$W=\iiint_V\frac{1}{2\mu}B^2\mathrm{d}V=\iiint_V\frac{1}{2}BH\mathrm{d}V$$

式中，V为所求磁场区域的空间体积。

如果磁场具有球对称性$B=B(r)$，则可将对体积的积分简化为对半径的积分，有

$$W=\iiint_V\frac{1}{2\mu}B^2\mathrm{d}V=\int_{R_1}^{R_2}\frac{1}{2\mu}B^2\cdot4\pi r^2\mathrm{d}r$$

3. 位移电流

麦克斯韦位移电流的假设：变化的电场$\boldsymbol{E}(\boldsymbol{r},t)$可被视为一种等效电流——位移电流$I_D$，它激发感生磁场$\boldsymbol{B}_D$（磁场强度$\boldsymbol{H}_D=\boldsymbol{B}_D/\mu_0$）——无源有旋矢量场。

$$\oiint_S\boldsymbol{B}_D\cdot\mathrm{d}\boldsymbol{S}=0,\quad\oint_L\boldsymbol{H}_D\cdot\mathrm{d}\boldsymbol{l}=I_D$$

位移电流与变化电场的关系：通过某曲面的位移电流强度I_D等于该曲面电位移通量对时间的变化率，即

$$I_D=\frac{\mathrm{d}\Phi_d}{\mathrm{d}t}=\frac{\mathrm{d}}{\mathrm{d}t}\iint_S\boldsymbol{D}\cdot\mathrm{d}\boldsymbol{S}=\iint_S\frac{\partial\boldsymbol{D}}{\partial t}\cdot\mathrm{d}\boldsymbol{S}=\iint_S\boldsymbol{j}_D\cdot\mathrm{d}\boldsymbol{S}=\oint_L\boldsymbol{H}_D\cdot\mathrm{d}\boldsymbol{l}$$

式中，$\boldsymbol{j}_D$为位移电流的位移电流密度矢量，其定义式为

$$\boldsymbol{j}_D=\frac{\partial\boldsymbol{D}}{\partial t}=\varepsilon_0\varepsilon_r\frac{\partial\boldsymbol{E}}{\partial t}$$

背景为真空时 $\varepsilon_r=1$

即空间某点的位移电流密度矢量等于该点的电位移矢量对时间的导数。$\boldsymbol{j}_D$的方向永远与电路中传导电流的方向一致，但与电场强度的方向可以相同，也可以相反。

如果$\frac{\partial\boldsymbol{E}}{\partial t}>0$，$\boldsymbol{j}_D$与该处电场强度$\boldsymbol{E}$的方向相同；

如果$\frac{\partial \boldsymbol{E}}{\partial t}<0$，$\boldsymbol{j}_{\mathrm{D}}$ 与该处电场强度 $\boldsymbol{E}$ 的方向相反。

传导电流与位移电流的异同：两者都产生磁场，但传导电流会产生焦耳热。而位移电流实质是变化的电场，无论是导体、介质或真空中都可以存在，本质上与传导电流无共同之处，是从产生磁场的能力上定义的，不伴有电荷的任何运动，所以它在导体中不产生焦耳热，比较

$$\varepsilon_{\mathrm{i}}=-\frac{\mathrm{d}\Phi_{\mathrm{m}}}{\mathrm{d}t}=-\frac{\mathrm{d}}{\mathrm{d}t}\iint_S \boldsymbol{B}\cdot\mathrm{d}\boldsymbol{S}=-\iint_S \frac{\partial \boldsymbol{B}}{\partial t}\cdot\mathrm{d}\boldsymbol{S}=\oint_L \boldsymbol{E}_{\mathrm{k}}\cdot\mathrm{d}\boldsymbol{l}$$

$$I_{\mathrm{D}}=\frac{\mathrm{d}\Phi_{\mathrm{d}}}{\mathrm{d}t}=\frac{\mathrm{d}}{\mathrm{d}t}\iint_S \boldsymbol{D}\cdot\mathrm{d}\boldsymbol{S}=\iint_S \frac{\partial \boldsymbol{D}}{\partial t}\cdot\mathrm{d}\boldsymbol{S}=\oint_L \boldsymbol{H}_{\mathrm{D}}\cdot\mathrm{d}\boldsymbol{l}$$

这两式非常对称，它说明：**动电生磁，动磁生电。**

全电流定律：通过某曲面的全电流等于通过该截面的传导电流和位移电流的代数和。

$$I_{全}=I+I_{\mathrm{D}},\quad \boldsymbol{j}_{\mathrm{S}}=\boldsymbol{j}+\boldsymbol{j}_{\mathrm{D}}$$

全电流总是连续的，闭合的。

$$\oiint_S \boldsymbol{j}_{\mathrm{S}}\cdot\mathrm{d}\boldsymbol{S}=\oiint_S\left(\boldsymbol{j}+\frac{\partial \boldsymbol{D}}{\partial t}\right)\cdot\mathrm{d}\boldsymbol{S}=0$$

全电流的安培环路定律

$$\oint_L \boldsymbol{H}\cdot\mathrm{d}\boldsymbol{l}=I+I_{\mathrm{D}}=\iint_S\left(\boldsymbol{j}+\frac{\partial \boldsymbol{D}}{\partial t}\right)\cdot\mathrm{d}\boldsymbol{S}$$

式中，S 是以 L 为边界所围的任意曲面。

4. 麦克斯韦方程组（积分形式）

$$\oiint_S \boldsymbol{D}\cdot\mathrm{d}\boldsymbol{S}=\iiint_V \rho\mathrm{d}V=\sum q_i \tag{8-1}$$

$$\oiint_S \boldsymbol{B}\cdot\mathrm{d}\boldsymbol{S}=0 \tag{8-2}$$

$$\oint_L \boldsymbol{E}\cdot\mathrm{d}\boldsymbol{l}=-\iint_S \frac{\partial \boldsymbol{B}}{\partial t}\cdot\mathrm{d}\boldsymbol{S} \tag{8-3}$$

$$\oint_L \boldsymbol{H}\cdot\mathrm{d}\boldsymbol{l}=\iint_S\left(\boldsymbol{j}+\frac{\partial \boldsymbol{D}}{\partial t}\right)\cdot\mathrm{d}\boldsymbol{S} \tag{8-4}$$

式中，V 是 S 所围的体积；S 是以 L 为边界的任意曲面。

麦克斯韦方程的物理意义：式(8-1) 说明电场是有源场；式(8-2) 说明磁场是无源场；式(8-3) 说明变化的磁场也可激发磁场；式(8-4) 说明不仅电流能激发磁场，而且变化电场也能产生磁场。由此看出，一个变化的电场总是伴随着一个磁场，一个变化的磁场总是伴随着一个电场。这表明了电磁场中电现象和磁现象之间紧密的联系，而这种联系就确定了统一的电磁场。

5. 电磁场与电磁波

变化的电磁场互相激发，互相转化、交替产生、以有限的速率由近及远在空中传播的过程——电磁波。

平面电磁波的波动方程：在无限大均匀介质中，当不存在自由电荷和传导电流时，麦克

斯韦方程组可导出平面电磁波的波动方程，沿 x 正向传播的平面电磁波的微分为

电场遵守的方程 $$\frac{\partial^2 E_y}{\partial x^2}=\varepsilon\mu\frac{\partial^2 E_y}{\partial t^2}$$

其特解为 $$E_y=E_m\cos\left[\omega\left(t-\frac{x}{u}\right)+\varphi_0\right]$$

磁场遵守的方程 $$\frac{\partial^2 H_z}{\partial x^2}=\varepsilon\mu\frac{\partial^2 H_z}{\partial t^2}$$

其特解为 $$H_z=H_m\cos\left[\omega\left(t-\frac{x}{u}\right)+\varphi_0\right]$$

由波动方程可知电磁波在真空和介质中电磁波的速率分别为

$$c=\frac{1}{\sqrt{\varepsilon_0\mu_0}}=2.99792458\times10^8\approx3\times10^8(\mathrm{m/s})$$

$$u=\frac{1}{\sqrt{\varepsilon\mu}}=\frac{c}{\sqrt{\varepsilon_r\mu_r}}=\frac{c}{n}<c$$

$n=\sqrt{\varepsilon_r\mu_r}\geqslant1$ 为介质的折射率

电磁波的基本特点如下。

(1) 传播不需要媒质，在真空中也可进行。电磁场与实物一样，有一定的质量、能量、动量和动量矩，具有粒子性，电磁场的基本粒子是光子。

(2) 电磁波是横波，且 $\boldsymbol{E}$ 振动、$\boldsymbol{H}$ 振动与传播速度 $\boldsymbol{u}$ 三者两两垂直，三者满足右手螺旋关系：传播速度 $\boldsymbol{u}$ 的方向由 $\boldsymbol{E}\times\boldsymbol{H}$ 确定；E 与 H 的大小关系为$\sqrt{\varepsilon}E=\sqrt{\mu}H$。

(3) 同步性：$\boldsymbol{E}$ 振动和 $\boldsymbol{H}$ 振动位相相同，同位相变化，即同地同时达到最大，同地同时减到最小。

(4) 线偏振性：$\boldsymbol{E}$ 振动、$\boldsymbol{H}$ 振动分别在各自确定的平面内振动。

沿 x 正向传播的平面电磁波的方程为

$$E_y=E_m\cos\left[\omega\left(t-\frac{x}{u}\right)+\varphi_0\right],\quad H_z=H_m\cos\left[\omega\left(t-\frac{x}{u}\right)+\varphi_0\right]$$

电磁波的能量密度与能流密度的特点如下。

电磁场或电磁波的能量密度（辐射能）

$$w=w_e+w_m=\frac{1}{2}\varepsilon E^2+\frac{1}{2\mu}B^2$$

对各向同性的介质 $\boldsymbol{D}=\varepsilon\boldsymbol{E}$，$\boldsymbol{B}=\mu\boldsymbol{H}$，及$\sqrt{\varepsilon}E=\sqrt{\mu}H$ 有

$$w=w_e+w_m=\frac{1}{2}\varepsilon E^2+\frac{1}{2\mu}B^2=\frac{1}{2}DE+\frac{1}{2}BH=\frac{1}{2}\varepsilon E^2+\frac{1}{2}\mu H^2=\frac{1}{2}EH=\varepsilon E^2$$

电磁波的能流密度（玻印廷矢量）：在单位时间内通过垂直于传播方向的单位面积上的辐射能称为电磁波的能流密度——辐射强度（波的强度），用 $\boldsymbol{S}$ 表示，有

$$\boldsymbol{S}=\boldsymbol{E}\times\boldsymbol{H}=w\boldsymbol{u}$$

大小：单位时间内通过垂直于传播方向上单位面积上的能量。

方向：波的传播方向即波速的方向。

如果将 S 对时间取平均值，并以 I（这是电磁波的强度，也是光学中的光强）表示

$$I=\overline{S}=\overline{EH}=\frac{1}{2}E_mH_m=\frac{1}{2}\sqrt{\frac{\varepsilon}{\mu}}\overline{E_m^2}\propto E_m^2$$

这就是后来在讨论光的干涉、衍射时，认为光强正比于电场强度振幅平方的理由。

附：知识脉络图

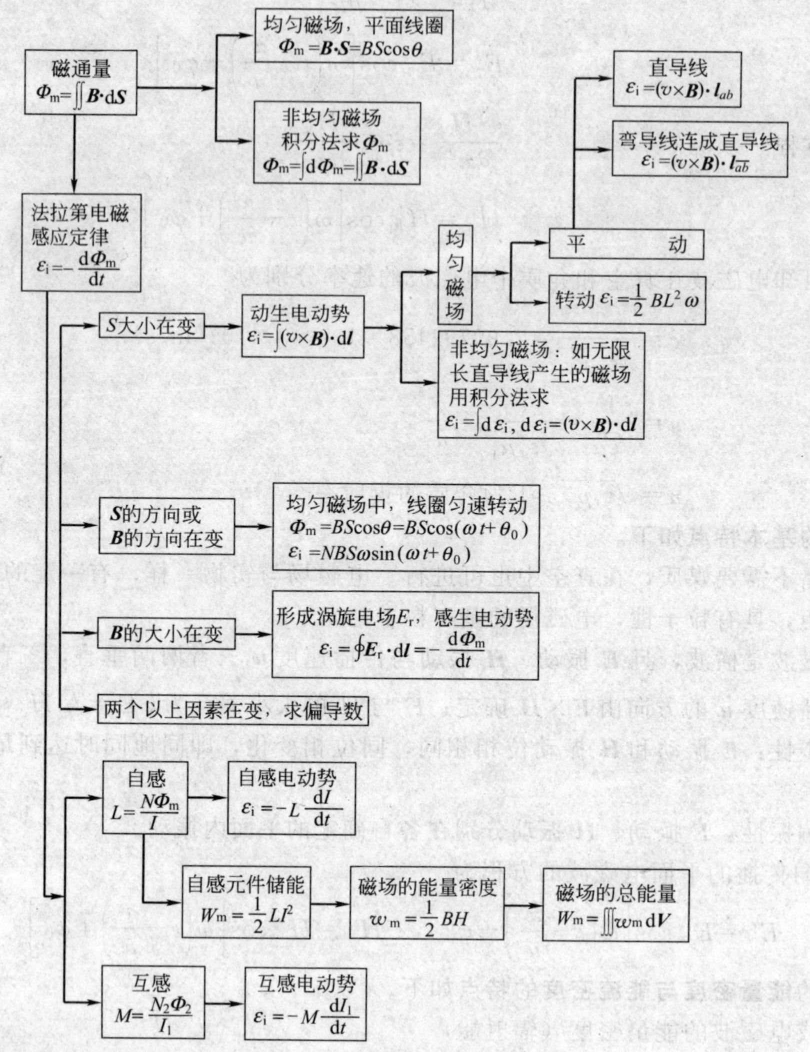

三、典型例题

【例 8-1】 一根长度为 L 的铜棒，在均匀磁场 $\boldsymbol{B}$ 中以匀角速度 ω 绕通过其一端 O 的定轴旋转着，$\boldsymbol{B}$ 的方向垂直铜棒转动的平面，如图 8-1(a) 所示。设 $t=0$ 时，铜棒与 Ob_1 成 θ 角（b_1 为铜棒转动的平面上的一个固定点），求在任一时刻 t 这根铜棒两端之间的感应电动势。

【解】 这是典型的导线在磁场中做切割磁力线运动，导线中产生动生电动势的问题，有两种解法。

解法一：直接用动生电动势的公式求解，由

$$\varepsilon_{Ob}=\int_{(O)}^{(b)}(\boldsymbol{v}\times\boldsymbol{B})\cdot d\boldsymbol{l}=\int_{(O)}^{(b)} vB\sin\theta_1\cos\theta_2\, dl$$

因为 $d\boldsymbol{l}$ 的方向沿杆的方向指向 b 点，其运动方向是逆时针切向，有 $\boldsymbol{v}\perp\boldsymbol{B}$，$\theta_1=\frac{\pi}{2}$，由

右手螺旋知 $\boldsymbol{v}\times\boldsymbol{B}$ 的方向沿杆的方向指向 O 点，与 $\mathrm{d}\boldsymbol{l}$ 的方向反平行，有 $\theta_2=\pi$，如图 8-1(b)。

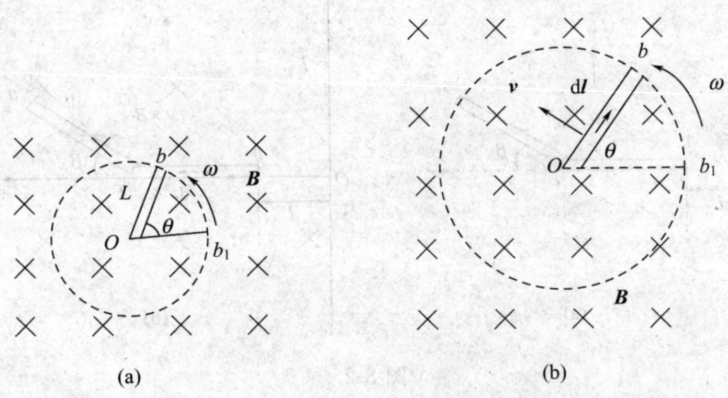

图 8-1

在铜棒切割磁力线运动中，$\mathrm{d}\boldsymbol{l}$ 上产生的动生电动势

$$\mathrm{d}\varepsilon=-vB\,\mathrm{d}l=-\omega lB\,\mathrm{d}l$$

注意： 虽然磁场均匀，但杆上不同 $\mathrm{d}l$ 处，l 是变量，从而 $v=\omega l$ 是变量，求解时要积分！所以

$$\varepsilon_{Ob}=\int_0^L-vB\,\mathrm{d}l=\int_0^L-B\omega l\,\mathrm{d}l=-\frac{1}{2}B\omega l^2\Big|_0^L=-\frac{1}{2}B\omega L^2$$

“—”表示任一时刻 t，这根铜棒两端之间的感应电动势方向从 b 指向 O，O 点电势高。

解法二：用法拉第电磁感应定律求解，由

$$\varepsilon_{\mathrm{i}}=-\frac{\mathrm{d}\Phi_{\mathrm{m}}}{\mathrm{d}t}$$

注意： 用法拉第电磁感应定律求解时，要构成**回路**，我们可以把杆在 $t_0=0$ 和任意 t 时刻所在位置之间加一段圆弧 bb_1 构成 ob_1bO 回路，选绕向为逆时针方向，则回路所围面积的正法向 $\boldsymbol{e}_{\mathrm{n}}$ 与 $\boldsymbol{B}$ 的角度为 π。

所以杆在任意位置 $\theta=\omega t$ 时，穿过回路的磁通量为

$$\Phi_{\mathrm{m}}(t)=\boldsymbol{B}\cdot\boldsymbol{S}=BS\cos\pi=-B\times\frac{1}{2}L^2\theta=-\frac{1}{2}BL^2\omega t$$

$$\varepsilon_{\mathrm{i}}=-\frac{\mathrm{d}\Phi_{\mathrm{m}}}{\mathrm{d}t}=-\frac{\mathrm{d}}{\mathrm{d}t}(BS\cos\pi)=B\frac{\mathrm{d}S}{\mathrm{d}t}=B\frac{\mathrm{d}}{\mathrm{d}t}\left(\frac{1}{2}L^2\theta\right)=\frac{1}{2}BL^2\frac{\mathrm{d}\theta}{\mathrm{d}t}=\frac{1}{2}B\omega L^2$$

又因为

$$\varepsilon_{\mathrm{i}}=\varepsilon_{Ob_1}+\varepsilon_{b_1b}+\varepsilon_{bO}=0+0-\varepsilon_{Ob}=\frac{1}{2}B\omega L^2$$

所以

$$\varepsilon_{Ob}=-\frac{1}{2}B\omega L^2$$

注意： 所加两段上不产生感应电动势（因为 Ob_1 段静止，b_1b 段上 $\boldsymbol{v}\perp\boldsymbol{B}$）。两种方法求解等效。

【例 8-2】 如图 8-2(a) 所示，一通有恒定电流 I 的长直导线旁有与之共面的导线 abc ($bc=ca=L$) 以速率 v 匀速向上运动。求：ε_{bc} 和 ε_{ca} 的值。

【解】 长直导线中通有恒定电流 I，在其周围空间产生稳恒的非均匀磁场。建立如图 8-2(b) 所示的坐标，有

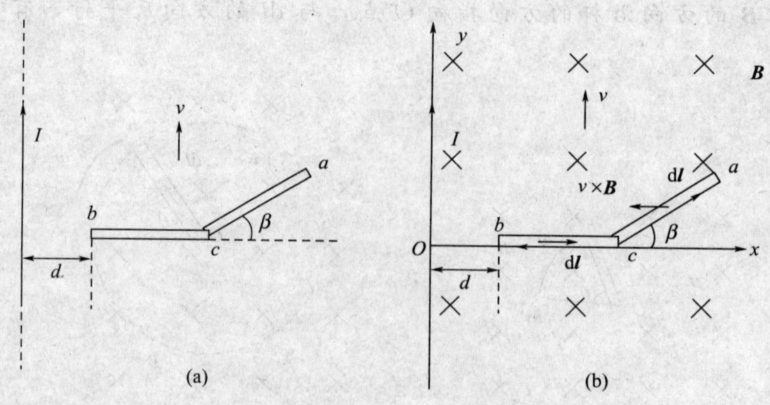

图 8-2

$$B=B(x)=\frac{\mu_0 I}{2\pi x},\quad \text{方向垂直纸面向里}$$

bc 段：$\mathrm{d}\boldsymbol{l}$ 的方向 x 轴正向，其运动方向 y 轴正向，有 $\boldsymbol{v}\perp\boldsymbol{B}$，$\theta_1=\frac{\pi}{2}$，由右手螺旋知 $\boldsymbol{v}\times\boldsymbol{B}$ 的方向为 x 轴负向，与 $\mathrm{d}\boldsymbol{l}$ 的夹角 $\theta_2=\pi$，如图 8-2(b) 所示。

$$\mathrm{d}\varepsilon=(\boldsymbol{v}\times\boldsymbol{B})\cdot\mathrm{d}\boldsymbol{l}=vB\sin\frac{\pi}{2}\cos\pi\mathrm{d}x=-vB\mathrm{d}x$$

v,β 是常数，但 B 是 x 的函数，所以

$$\varepsilon_{bc}=\int_{(b)}^{(c)}(\boldsymbol{v}\times\boldsymbol{B})\cdot\mathrm{d}\boldsymbol{l}\neq\int_0^L -vB\mathrm{d}l=-vBL$$

而要做积分，有

$$\varepsilon_{bc}=\int_{(b)}^{(c)}(\boldsymbol{v}\times\boldsymbol{B})\cdot\mathrm{d}\boldsymbol{l}=\int_d^{d+L}-vB\mathrm{d}x=\int_d^{d+L}-v\frac{\mu_0 I}{2\pi x}\mathrm{d}x$$

$$=-v\frac{\mu_0 I}{2\pi}\ln\frac{d+L}{d}<0$$

$\varepsilon_{bc}<0$，说明电动势的方向从 c 指向 b。b 点电势比 c 点高。

ca 段上：$\mathrm{d}\boldsymbol{l}$ 的方向沿杆从 c 指向 a 点，其运动方向 y 轴正向，有 $\boldsymbol{v}\perp\boldsymbol{B}$，$\theta_1=\frac{\pi}{2}$，由右手螺旋知 $\boldsymbol{v}\times\boldsymbol{B}$ 的方向为 x 轴负向，与 $\mathrm{d}\boldsymbol{l}$ 的夹角 $\theta_2=\pi-\beta$，如图 8-2(b) 所示。

$$\mathrm{d}\varepsilon=(\boldsymbol{v}\times\boldsymbol{B})\cdot\mathrm{d}\boldsymbol{l}=vB\sin\frac{\pi}{2}\cos(\pi-\beta)\mathrm{d}l=-vB\cos\beta\mathrm{d}l=-v\frac{\mu_0 I}{2\pi x}\cos\beta\mathrm{d}l$$

v,β 是常数，但 B 是 x 的函数，而积分是对 ca 段上的 $\mathrm{d}l$，所以要先统一积分变量后再积分，利用几何关系，$\cos\beta\mathrm{d}l=\mathrm{d}x$，对上式积分得

$$\varepsilon_{ca}=\int_{(c)}^{(a)}(\boldsymbol{v}\times\boldsymbol{B})\cdot\mathrm{d}\boldsymbol{l}=\int_{(c)}^{(a)}-v\frac{\mu_0 I}{2\pi x}\cos\beta\mathrm{d}l$$

$$=\int_{d+L}^{d+L+L\cos\beta}-v\frac{\mu_0 I}{2\pi x}\mathrm{d}x=-v\frac{\mu_0 I}{2\pi}\ln=\frac{d+L+L\cos\beta}{d+L}<0$$

$\varepsilon_{ca}<0$，说明电动势的方向从 a 指向 c，c 点电势比 a 点高。

注意：b 点与 a 点的电势差

$$U_{ba}=V_b-V_a=(V_b-V_c)-(V_a-V_c)=\varepsilon_{cb}-\varepsilon_{ca}>0$$

【例 8-3】 如图 8-3 所示，载有电流的 I 长直导线附近，放一导体半圆环 MeN 与长直导线共面，且端点 MN 的连线与长直导线垂直。半圆环的半径为 b，环心 O 与导线相距 a，设半圆环以速度 $\boldsymbol{v}$ 平行导线平移，求半圆环内感应电动势的大小和方向以及 MN 两端的电压 V_M-V_N。

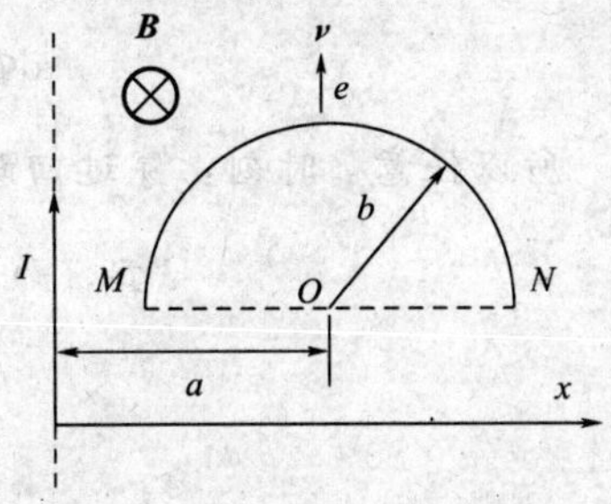

图 8-3

【解】 动生电动势 $\varepsilon_{MeN}=\int_{MN}(\boldsymbol{v}\times\boldsymbol{B})\cdot\mathrm{d}\boldsymbol{l}$

为计算简单，可引入一条辅助线 MN，构成闭合回路 $MeNM$，闭合回路总电动势

$$\varepsilon_{总}=\varepsilon_{MeN}+\varepsilon_{NM}=0\Rightarrow\varepsilon_{MeN}=-\varepsilon_{NM}=\varepsilon_{MN}$$

$$\varepsilon_{MN}=\int_{MN}(\boldsymbol{v}\times\boldsymbol{B})\cdot\mathrm{d}\boldsymbol{l}=\int_{a-b}^{a+b}-v\frac{\mu_0 I}{2\pi x}\mathrm{d}x=-\frac{\mu_0 Iv}{2\pi}\ln\frac{a+b}{a-b}$$

负号表示 ε_{MN} 的方向与 x 轴相反。所以

$$\varepsilon_{MeN}=-\frac{\mu_0 Iv}{2\pi}\ln\frac{a+b}{a-b}，方向\ N\rightarrow e\rightarrow M$$

$$U_M-U_N=-\varepsilon_{MN}=\frac{\mu_0 Iv}{2\pi}\ln\frac{a+b}{a-b}$$

【例 8-4】 如图 8-4(a) 所示，一通有电流 $I=I_0\cos\omega t$ 的长直导线旁有与之共面的带滑动边的矩形线圈 $ACDE$，CD 边以匀速 v 向右直线运动，设开始时，滑动边 CD 与对边 AE 重合，求任意 t 时刻线圈中的感应电动势。

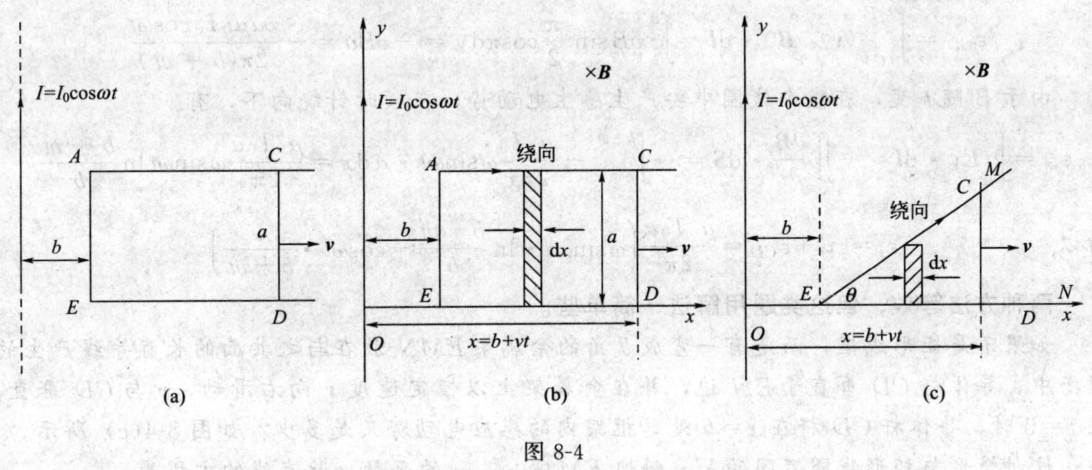

图 8-4

【解】 依题意，建立如图 8-4(b) 所示的坐标系，长直载流导线产生随时间 t、空间位置 x 变化的非均匀变化的磁场

$$B=B(x,t)=\frac{\mu_0 I}{2\pi x}=\frac{\mu_0 I_0\cos\omega t}{2\pi x}$$

方向垂直纸面向里。

解法一：设回路绕向为顺时针方向，则此回路所围面积的正法向法向 $\boldsymbol{e}_n$ 与 $\boldsymbol{B}$ 的角度为 0，由磁场分布的特点，在如图 8-4(b) 所示的小面积元 $\mathrm{d}S=a\mathrm{d}x$ 上，磁场 B 可看作常数，通过小面元的磁通量为

$$d\Phi_m = \boldsymbol{B}\cdot d\boldsymbol{S} = B\cos 0 dS = \frac{\mu_0 I}{2\pi x} a\,dx$$

所以任意 t 时刻：穿过回路的磁通量为

$$\Phi_m(t) = \iint_S \boldsymbol{B}\cdot d\boldsymbol{S} = \iint_S B\cos 0 dS = \int_b^x \frac{\mu_0 I}{2\pi x} a\,dx$$

$$= \frac{\mu_0 a I}{2\pi}\ln\frac{x}{b} = \frac{\mu_0 a}{2\pi} I_0\cos\omega t\cdot\ln\frac{b+vt}{b}$$

注意：用法拉第电磁感应定律求解问题，很关键的一步是求出任意 t 时刻穿过回路的磁通量 $\Phi_m(t)$。上式中电流 I 和 x 都是时间的函数（用复合函数的求导法时，不容易出错）。

$$\varepsilon_i = -\frac{d\Phi_m}{dt} = -\frac{\mu_0 a}{2\pi}\left(\frac{dI}{dt}\ln\frac{x}{b} + I\frac{1}{x}\cdot\frac{dx}{dt}\right) = -\frac{\mu_0 I_0 a}{2\pi}\left(-\omega\sin\omega t\cdot\ln\frac{b+vt}{b} + \cos\omega t\cdot\frac{v}{b+vt}\right)$$

即
$$\varepsilon_i = \frac{\mu_0 I_0 a}{2\pi}\left(\omega\sin\omega t\cdot\ln\frac{b+vt}{b} - \cos\omega t\cdot\frac{v}{b+vt}\right)$$

线圈中的感应电动势方向：如果 $\varepsilon_i > 0$，则 ε_i 的方向与所选绕向一致，即顺时针方向；

如果 $\varepsilon_i < 0$，则 ε_i 的方向与所选绕向相反，即逆时针方向。

可见，线圈中的感应电动势方向随时间变化。

上式中的感应电动势，第一项是感生电动势——由磁场随时间变化导致的，第二项是动生电动势——由面积随时间变化，即 CD 导线切断磁力线导致，所以此题也可由求感生电动势的公式和动生电动势的公式分别求得。

解法二：线框中只有 CD 边有切割磁力线运动，任意 t 时，CD 在 $x=b+vt$ 处，所以此时 CD 上的动生电动势为

$$\varepsilon_{CD} = \int_{(C)}^{(D)} (\boldsymbol{v}\times\boldsymbol{B})\cdot d\boldsymbol{l} = \int_0^a vB\sin\frac{\pi}{2}\cos\pi dy = -vBa = -\frac{va\mu_0 I_0\cos\omega t}{2\pi(b+vt)}$$

由于 B 随 t 变，在整个线圈中要产生感生电动势，在顺时针绕向下，有

$$\varepsilon_{ki} = \oint_L \boldsymbol{E}_k\cdot d\boldsymbol{l} = -\iint_S \frac{\partial\boldsymbol{B}}{\partial t}\cdot d\boldsymbol{S} = -\int_b^{b+vt} -\frac{\mu_0 I_0}{2\pi x}\omega\sin\omega t\cdot a\,dx = \frac{\mu_0 I_0 a}{2\pi}\omega\sin\omega t\ln\frac{b+vt}{b}$$

所以
$$\varepsilon_i = \varepsilon_{ki} + \varepsilon_{CD} = \frac{\mu_0 I_0 a}{2\pi}\left(\omega\sin\omega t\cdot\ln\frac{b+vt}{b} - \cos\omega t\cdot\frac{v}{b+vt}\right)$$

两种方法等效，但这类题用解法一简单些。

如果不是矩形线框，而是有一弯成 θ 角的金属架 EMN 放在与之共面的长直导线产生的磁场中，导体杆 CD 垂直于 EN 边，并在金属架上以恒定速度 $\boldsymbol{v}$ 向右滑动，$\boldsymbol{v}$ 与 CD 垂直。设 $t=0$ 时，导体杆 CD 杆在 $x=b$ 处，框架内的感应电动势又是多少？如图 8-4(c) 所示。

这种情形与矩形线圈不同的是，斜边 EM 是 y，x 的函数，此直线的方程为

$$y = x\tan\theta - b\tan\theta$$

设回路绕向为顺时针方向，则此回路所围面积的正法向 $\boldsymbol{e}_n$ 与 $\boldsymbol{B}$ 的角度为 0，在如图 8-4(c) 所示的小面积元

$$dS = y\,dx \quad (\text{注意 } dS \neq y\,dx/2)$$

通过小面元的磁通量为

$$d\Phi_m = \boldsymbol{B}\cdot d\boldsymbol{S} = B\cos 0 dS = \frac{\mu_0 I}{2\pi x} y\,dx$$

所以任意 t 时刻：穿过回路的磁通量为

$$\Phi_{\mathrm{m}}(t)=\iint_S \boldsymbol{B}\cdot \mathrm{d}\boldsymbol{S}=\iint_S B\cos 0\mathrm{d}S=\int_b^x \frac{\mu_0 I}{2\pi x}y\mathrm{d}x$$

$$=\int_b^x \frac{\mu_0 I}{2\pi x}(x-b)\tan\theta\mathrm{d}x=\left(\frac{\mu_0 I}{2\pi}\tan\theta\right)x-\frac{\mu_0 Ib}{2\pi}\tan\theta\cdot\ln\frac{x}{b}$$

$$=\frac{\mu_0 I}{2\pi}\tan\theta\left(x-b\ln\frac{x}{b}\right)=\frac{\mu_0 I_0\cos\omega t}{2\pi}\tan\theta\left[(b+vt)-b\ln\frac{b+vt}{b}\right]$$

$$\varepsilon_{\mathrm{i}}=-\frac{\mathrm{d}\Phi_{\mathrm{m}}}{\mathrm{d}t}=-\frac{\mu_0}{2\pi}\tan\theta\cdot\left[\frac{\mathrm{d}I}{\mathrm{d}t}\left(x-b\ln\frac{x}{b}\right)+I\left(1-\frac{b}{x}\right)\cdot\frac{\mathrm{d}x}{\mathrm{d}t}\right]$$

$$=-\frac{\mu_0 I_0}{2\pi}\tan\theta\left\{-\omega\sin\omega t\cdot\left[(b+vt)-b\ln\frac{b+vt}{b}\right]+\cos\omega t\cdot\left(1-\frac{b}{b+vt}\right)v\right\}$$

$$=\frac{\mu_0 I_0}{2\pi}\tan\theta\left\{\omega\sin\omega t\cdot\left[(b+vt)-b\ln\frac{b+vt}{b}\right]-\cos\omega t\cdot\left(1-\frac{b}{b+vt}\right)v\right\}$$

线圈中的感应电动势方向：如果$\varepsilon_{\mathrm{i}}>0$，则$\varepsilon_{\mathrm{i}}$的方向与所选绕向一致，即顺时针方向；

如果$\varepsilon_{\mathrm{i}}<0$，则$\varepsilon_{\mathrm{i}}$的方向与所选绕向相反，即逆时针方向。

【例 8-5】 如图 8-5(a) 所示，有一弯成θ角的金属架COD放在磁场中，磁感强度$\boldsymbol{B}$的方向垂直于金属架COD所在平面。一导体杆MN垂直于OD边，并在金属架上以恒定速度$\boldsymbol{v}$向右滑动，$\boldsymbol{v}$与MN垂直。设$t=0$时，$x=0$。求下列两情形下，框架内的感应电动势ε_{i}。

(1) 磁场分布均匀，且$\boldsymbol{B}$不随时间改变；

(2) 非均匀的时变磁场$B=Kx\cos\omega t$。

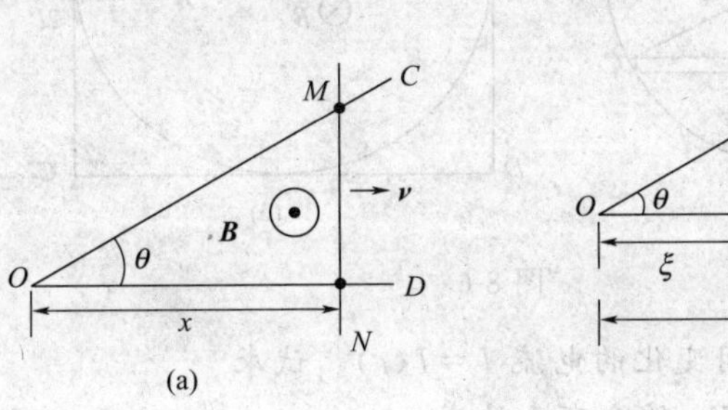

图 8-5

【解】 (1) 如图 8-5(a) 所示，因为

$$\Phi=B\frac{1}{2}xy,\quad y=\tan\theta x,\quad x=vt$$

所以，由法拉第电磁感应定律可得

$$\varepsilon=-\mathrm{d}\Phi/\mathrm{d}t=-\frac{\mathrm{d}}{\mathrm{d}t}\left(\frac{1}{2}B\tan\theta x^2\right)=-\frac{1}{2}B\tan\theta 2x\mathrm{d}x/\mathrm{d}t=B\tan\theta v^2 t$$

在导体MN内ε的方向由M向N。

(2) 对于非均匀时变磁场$B=Kx\cos\omega t$。如图 8-5(b) 所示，取回路绕行的正向为$O\to N\to M\to O$，则

$$d\Phi=B\mathrm{d}S=B\eta\mathrm{d}\xi,\quad \eta=\xi\tan\theta$$

$$d\Phi=B\xi\tan\theta\mathrm{d}\xi=K\xi^2\cos\omega t\tan\theta\mathrm{d}\xi$$

$$\Phi=\int\mathrm{d}\Phi=\int_0^x K\xi^2\cos\omega t\tan\theta\mathrm{d}\xi=\frac{1}{3}Kx^3\cos\omega t\tan\theta$$

$$\varepsilon=-\frac{\mathrm{d}\Phi}{\mathrm{d}t}=\frac{1}{3}K\omega x^3\sin\omega t\tan\theta-Kx^2 v\cos\omega t\tan\theta$$

$$=Kv^3\tan\theta\left(\frac{1}{3}\omega t^3\sin\omega t-t^2\cos\omega t\right)$$

$\varepsilon>0$，则 ε 方向与所设绕行正向一致；$\varepsilon<0$，则 ε 方向与所设绕行正向相反。

【例 8-6】 如图 8-6(a) 所示，一均匀密绕的长直螺线管，半径为 R，长为 $L(L\gg R)$，

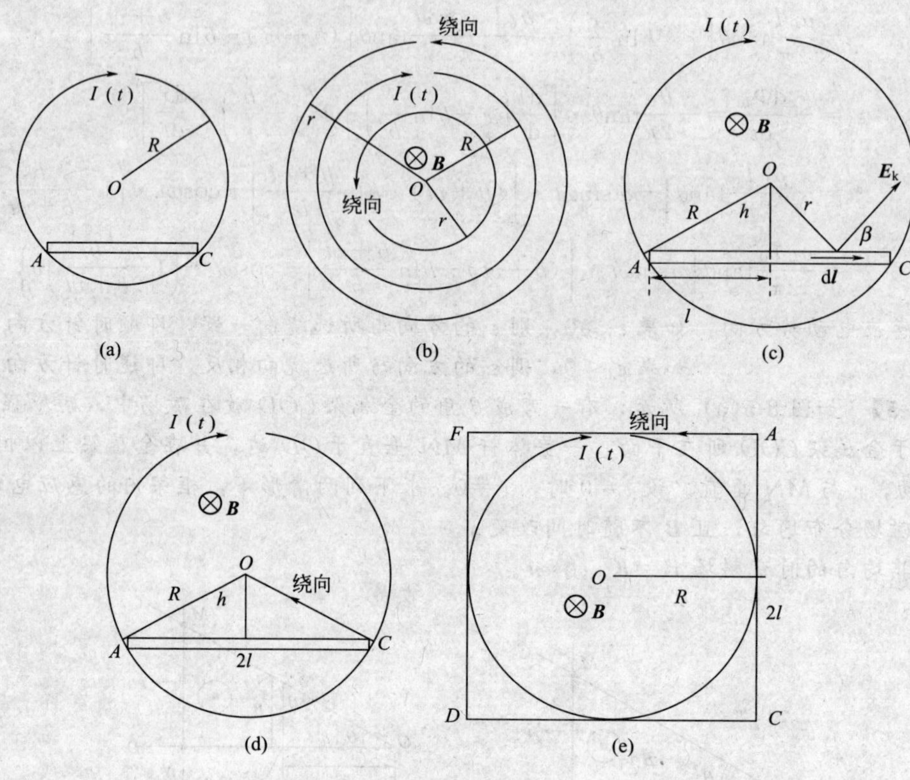

图 8-6

单位长度的匝数为 n，通有随时间变化的电流 $I=I(t)$。试求

(1) 螺线管内外的涡旋电场 $\boldsymbol{E}_k$ 的分布表达式；

(2) 螺线管内长为 $2l$ 的金属杆 AC 上的感应电动势。

【解】 (1) 依题意，$L\gg R$，可把螺线管视为无限长，从而磁场限制于螺线管内，且是均匀的（不是位置的函数，但是时间 t 的函数），有

$$B(t)=\mu_0 nI(t)$$

方向：由右手螺旋确定，在图示情况下，垂直纸面向里。管内变化的磁场在整个空间都激发涡旋电场 $\boldsymbol{E}_k$，依

$$\oint_L \boldsymbol{E}_k\cdot d\boldsymbol{l}=-\iint_S\frac{\partial \boldsymbol{B}}{\partial t}\cdot d\boldsymbol{S}=-\frac{d}{dt}\iint_S\boldsymbol{B}\cdot d\boldsymbol{S}$$

求解 $\boldsymbol{E}_k$，由于上式是积分关系，要求出积分函数，只对少数有对称性的问题可以做出（此例同学们要特别注意）。由管内磁场分布均匀，整体轴对称，从而磁场的变化率 dB/dt 也均匀，有轴对称性——由它激发的 $\boldsymbol{E}_k$ 也应有同样的轴对称：

半径 r 相同的地方，$\boldsymbol{E}_k$ 大小相等，方向沿圆周切向，涡旋电场 $\boldsymbol{E}_k$ 的电场线是以轴为心的一系列同心圆周线——选以 O 为圆心，r 为半径、逆时针绕向的环路 L 为积分回路，L 所围的圆面 S 为积分曲面，所围面积的正法向 $\boldsymbol{e}_n$ 与 $\boldsymbol{B}$ 的角度为 π，如图 8-6(b) 所示。

$r<R_1$时：$$\oint_L \boldsymbol{E}_k \cdot d\boldsymbol{l} = E_k \cdot 2\pi r$$

$$= -\frac{d}{dt}\iint_S \boldsymbol{B} \cdot d\boldsymbol{S} = -\frac{d}{dt}\iint_S B\cos\pi dS = \frac{dB}{dt}\iint_S dS = \pi r^2 \cdot \frac{dB}{dt}$$

$r>R_1$时：注意管外磁场 B 为零，磁通量只在半径 R_1的圆面内，有

$$\oint_L \boldsymbol{E}_k \cdot d\boldsymbol{l} = E_k \cdot 2\pi r$$

$$= -\frac{d}{dt}\iint_S \boldsymbol{B} \cdot d\boldsymbol{S} = -\frac{d}{dt}\iint_S B\cos\pi dS = \frac{dB}{dt}\iint_S dS = \pi R_1^2 \cdot \frac{dB}{dt}$$

解得螺线管内外的涡旋电场分布为

$$E_k = \frac{r}{2}\frac{dB}{dt} \quad (r<R_1), \qquad E_k = \frac{R_1^2}{2r}\frac{dB}{dt} \quad (r>R_1)$$

$\boldsymbol{E}_k$ 的方向：如果 $dB/dt>0$，$E_k>0$，$\boldsymbol{E}_k$ 与所选回路绕向一致——逆时针切向；

如果 $dB/dt<0$，$E_k<0$，$\boldsymbol{E}_k$ 与所选回路绕向相反——顺时针切向。

(2) 螺线管内长为 $2l$ 的金属杆 AC 上的感应电动势可用两种解法。

解法一：直接用一段导体上的感生电动势的公式，如图 8-6(c)，$d\boldsymbol{l}$ 上产生的 $d\varepsilon$ 为

$$d\varepsilon = \boldsymbol{E}_k \cdot d\boldsymbol{l} = E_k \cos\beta dl$$

$$\varepsilon_{AC} = \int_A^C \boldsymbol{E}_k \cdot d\boldsymbol{l} = \int_0^{2l} \frac{r}{2}\frac{dB}{dt}\cos\beta dl = \int_0^{2l} \frac{r}{2}\frac{dB}{dt}\frac{h}{r}dl$$

$$= \frac{h}{2} \cdot \frac{dB}{dt} \cdot 2l = l\sqrt{R_1^2 - l^2} \cdot \frac{dB}{dt} = l\sqrt{R_1^2 - l^2} \cdot \mu_0 n \cdot \frac{dI(t)}{dt}$$

方向：如果 $dB/dt>0$，即 $dI/dt>0$，$\varepsilon_{AC}>0$，方向从 $A\to C$；

如果 $dB/dt<0$，即 $dI/dt<0$，$\varepsilon_{AC}<0$，方向从 $C\to A$。

显然，如果金属杆 AC 沿半径方向放置，则由于 $\boldsymbol{E}_k \perp d\boldsymbol{l}$，有 $d\varepsilon = \boldsymbol{E}_k \cdot d\boldsymbol{l} = 0$，则在这种涡旋电场中，**沿半径方向放置的任意长度的导体杆上的感生电动势都为零。**正是利用这一点，我们可以在半径方向上加两导线 OA,OC，使之与 AC 杆构成回路，用法拉第电磁磁感应定律求解。

解法二：如图 8-6(d) 所示，回路 $ACOA$，选逆时针绕向为正，所围面积的正法向 $\boldsymbol{e}_n$ 与 $\boldsymbol{B}$ 的角度为 π，任意 t 时穿过 OAC 三角形面积的磁通量为（注意 $\boldsymbol{B}$ **均匀**）

$$\Phi_m(t) = \iint_S \boldsymbol{B} \cdot d\boldsymbol{S} = \boldsymbol{B} \cdot \boldsymbol{S}_{AOC} = BS_{AOC}\cos\pi = -B\frac{1}{2}2lh = -Blh$$

穿过回路的感生电动势为

$$\varepsilon_i = -\frac{d\Phi_m}{dt} = \frac{d}{dt}(Blh) = lh \cdot \frac{dB}{dt} = l\sqrt{R_1^2 - l^2}\mu_0 n\frac{dI(t)}{dt}$$

而由 $\varepsilon_i = \varepsilon_{AC} + \varepsilon_{CO} + \varepsilon_{OA} = \varepsilon_{AC} + 0 + 0 = \varepsilon_{AC}$，可见，三角形回路中的感生电动势就是 AC 杆上的感生电动势。

如果有一电阻为 r 的正方形金属导体回路 $ACDFA$ 包在螺线管外，如图 8-6(e) 所示，其上感生电流为何？

回路虽然没有处在磁场中，但处在感生电场中，依法拉第电磁磁感应定律，选金属环为回路、逆时针绕向为正，所围面积的正法向 $\boldsymbol{e}_n$ 与 $\boldsymbol{B}$ 的角度为 π，则半径为 R、电阻为 r 的回路中的感应电动势为

$$\varepsilon_i = -\frac{d\Phi_m}{dt} = -\frac{d}{dt}(B \cdot \pi R^2\cos\pi) = \pi R^2 \cdot \frac{dB}{dt} = \pi R^2\mu_0 n\frac{dI(t)}{dt}$$

每根导线上的感生电动势为回路中ε_i的1/4。

回路中的感应电流为

$$I_i=\frac{\varepsilon_i}{r}=\frac{\pi R^2\mu_0 n}{r}\frac{dI(t)}{dt}$$

感应电流的方向：如果$dI/dt>0$，I_i的方向与所选回路绕向一致——逆时针方向；

如果$dI/dt<0$，I_i的方向与所选回路绕向相反——顺时针切向。

如果套在螺线管外的不是金属回路，而是塑料的介质回路，则回路中有与之相等的感应电动势存在。但由于塑料回路中没有可移动的自由电荷，所以不会产生感应电流。

【例 8-7】 有两个长度L相同，匝数分别为N_1,N_2，半径分别为R_1，R_2的长直螺线管（$L\gg R_1$，$L\gg R_2$），现在将小螺线管完全放入大螺线管里（两者轴线重合），如图 8-7 所示。求

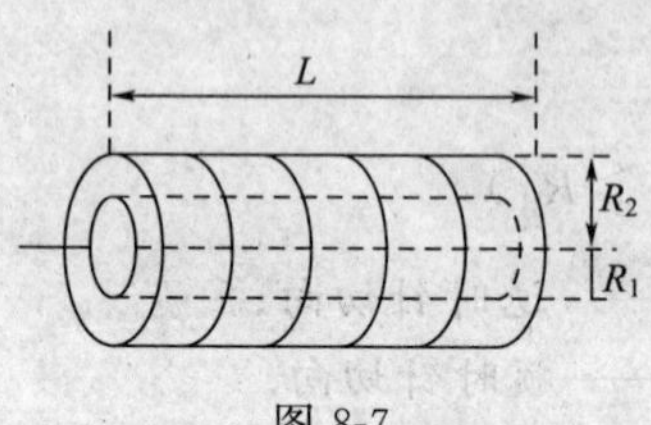

图 8-7

(1) 两螺线管的自感系数L_1,L_2；

(2) 两螺线管之间的互感系数M_{12}与M_{21}。

【解】 依题意，因$L\gg R_1$，$L\gg R_2$，可忽略边缘效应，即可认为两长直螺线管为无限长，设内外螺线管中通有电流为I_1与I_2，各自激发的磁场几乎完全集中在于螺线管内部，管内的磁感应强度分别为

$$B_1=\mu_0 n_1 I_1=\mu_0\frac{N_1}{L}I_1\quad(r<R_1)$$

$$B_2=\mu_0 n_2 I_2=\mu_0\frac{N_2}{L}I_2\quad(r<R_2)$$

由I_1所产生的磁场穿过自己螺线管截面1和外螺线管截面2的磁通链分别为

$$\Psi_1=N_1\Phi_{m1}=N_1 B_1 S_1=\mu_0 N_1^2 I_1\frac{\pi R_1^2}{L}$$

$$\Psi_{21}=N_2\Phi_{21}=N_2 B_1 S_1=\mu_0 N_2 N_1 I_1\frac{\pi R_1^2}{L}$$

注意： 内螺线管激发的磁场只在$r<R_1$内，在$R_1<r<R_2$范围内无磁场。

所以 $$\Psi_{21}=N_2 B_1 S_1=\mu_0 N_2 N_1 I_1\frac{\pi R_1^2}{L}\neq N_2 B_1 S_2=\mu_0 N_2 N_1 I_1\frac{\pi R_2^2}{L}$$

同理，由I_2所产生的磁场穿过自己螺线管截面2和内螺线管截面1的磁通链分别为

$$\Psi_2=N_2\Phi_{m2}=N_2 B_2 S_2=\mu_0 N_2^2 I_2\frac{\pi R_2^2}{L}$$

$$\Psi_{12}=N_1\Phi_{12}=N_1 B_2 S_1=\mu_0 N_1 N_2 I_2\frac{\pi R_1^2}{L}$$

(1) 由自感系数的定义求得两螺线管的自感系数L_1,L_2分别为

$$L_1=\frac{\Psi_1}{I_1}=\mu_0 N_1^2\frac{\pi R_1^2}{L}=\mu_0 n_1^2 V_1$$

$$L_2=\frac{\Psi_2}{I_2}=\mu_0 N_2^2\frac{\pi R_2^2}{L}=\mu_0 n_2^2 V_2$$

式中，$n_1=\frac{N_1}{L}$，$n_2=\frac{N_2}{L}$分别是两螺线管单位长度的匝数；$V_1=\pi R_1^2 L$，$V_2=\pi R_2^2 L$分别是两螺线管管内的体积。

(2) 由互感系数的定义求得两螺线管之间的互感系数 M_{12} 与 M_{21} 分别为

$$M_{12}=\frac{\Psi_{12}}{I_2}=\mu_0 N_1 N_2\frac{\pi R_1^2}{L}=\mu_0 n_1 n_2 V_1$$

$$M_{21}=\frac{\Psi_{21}}{I_1}=\mu_0 N_1 N_2\frac{\pi R_1^2}{L}=\mu_0 n_1 n_2 V_1$$

可见，$M_{12}=M_{21}$，此结论对任意两线圈均成立。在求解另一些问题时，求 M 只需先求 Ψ_{12} 或者 Ψ_{21} 即可，视具体情况看求哪一个方便而做（下面的例子就是典型问题）。

如果两螺线管的半径相同，情况会怎样？

由于 $R_1=R_2$，$V_1=V_2$，$N_1\neq N_2$，则 $L_1\neq L_2$，但 $M=\sqrt{L_1L_2}$。

【例 8-8】 一无限长直导线通以电流 $I=I_0\sin\omega t$，和直导线在同一平面内有一矩形线框，其短边与直导线平行，线框的尺寸及位置如图 8-8(a) 所示。求

(1) 直导线和线框的互感系数。

(2) 线框中的互感电动势。

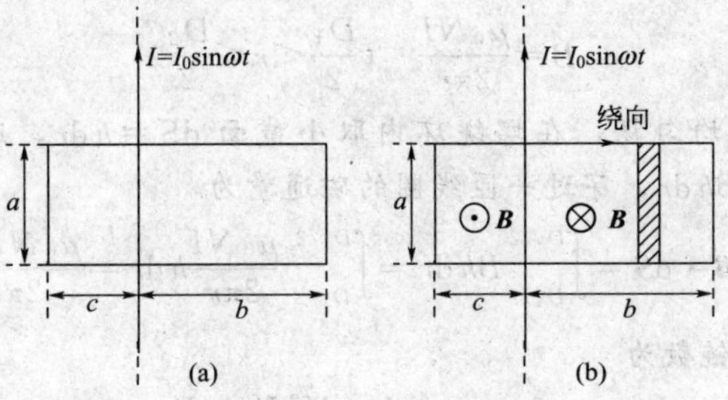

图 8-8

【解】 (1) 依题意（求直导线的磁场穿过线框中的磁通量方便），建立如图 8-8(b) 的坐标系，长直导线产生的磁场：

$$B(x,t)=\frac{\mu_0 I}{2\pi x}$$

方向由右手螺旋法判断，如图 8-8(b) 所示，以顺时针绕向为正，任意 t 时刻穿过线圈的磁通量为

$$\Phi_{\mathrm{m}}(t)=\iint_S \boldsymbol{B}\cdot\mathrm{d}\boldsymbol{S}=\iint_S B\,\mathrm{d}S\cos 0^\circ=\int_c^b\frac{\mu_0 I}{2\pi x}a\,\mathrm{d}x=\frac{\mu_0 Ia}{2\pi}\ln\frac{b}{c}$$

注意：长直导线左、右两边相等面积上的磁通量大小相等，但符号相反，互相抵消。

所以直导线和线框的互感系数 M 为

$$M=\frac{\Phi_{\mathrm{m}}}{I}=\frac{\mu_0 a}{2\pi}\ln\frac{b}{c}$$

可见，互感系数 M 仅与两线圈（长直导线可视为无限大闭合线圈的一部分）的尺寸、相对位置以及背景（如果直导线和线框在介质中，则上式中的 μ_0 要换为 μ）有关。如果要直导线和线框的互感系数 $M=0$，则 $b=c$，即直导线是线框的中垂线。

(2) 线框中的互感电动势为

$$\varepsilon_{\mathrm{i}}=-M\frac{\mathrm{d}I}{\mathrm{d}t}=-\frac{\mu_0 a}{2\pi}\ln\frac{b}{c}\cdot I_0\frac{\mathrm{d}\sin\omega t}{\mathrm{d}t}=-\frac{\mu_0 a}{2\pi}\ln\frac{b}{c}\cdot I_0\omega\cos\omega t$$

方向：如果 $\varepsilon_{\mathrm{i}}>0$，$\varepsilon_{\mathrm{i}}$ 的方向为顺时针绕向；反之为逆时针绕向。

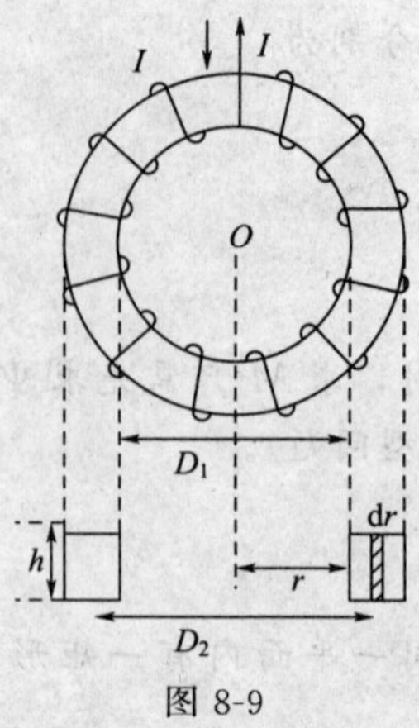

图 8-9

【例 8-9】 一矩形截面的螺绕环，总匝数为 N，几何尺寸如图 8-9 所示，图中下半部两矩形表示螺绕环的截面。

(1) 求螺绕环的自感系数 L；若 $h=0.01\text{m}$，$N=100$ 匝，$D_2/D_1=e$ 时，L 的值为多少？

(2) 若线圈通以交变电流 $I=I_0\cos\omega t$，求螺绕环线圈上的自感电动势 ε_L。

(3) 若线圈通以电流 I，求环内储存的磁能 W_m。

【解】 (1) 设螺绕环线圈通有电流 I，由于电流分布的圆对称可知：磁场只集中在螺绕环内，以环心为中心，半径为 r 的圆环路上各点的 B 大小相等，方向沿环路切向，磁感应线为同心圆——选一半径为 $r(D_1/2<r<D_2/2)$ 的磁感应线为安培环路，由安培环路定理知

$$\oint_L \boldsymbol{B}\cdot \mathrm{d}\boldsymbol{l}=2\pi rB=\mu_0 NI$$

解得环内磁场为

$$B=\frac{\mu_0 NI}{2\pi r}\quad \left(\frac{D_1}{2}<r<\frac{D_2}{2}\right)$$

由于环内磁场是非均匀场，在螺绕环内取小截面 $\mathrm{d}S=h\mathrm{d}r$，通过该面元的磁通量为 $\mathrm{d}\Phi_m=\boldsymbol{B}\cdot\mathrm{d}\boldsymbol{S}=B\mathrm{d}S=Bh\mathrm{d}r$，穿过一匝线圈的磁通量为

$$\Phi_m=\iint_S \boldsymbol{B}\cdot\mathrm{d}\boldsymbol{S}=\int_{D_1/2}^{D_2/2}Bh\,\mathrm{d}r=\int_{D_1/2}^{D_2/2}\frac{\mu_0 NI}{2\pi r}h\,\mathrm{d}r=\frac{\mu_0 NIh}{2\pi}\ln\frac{D_2}{D_1}$$

穿过螺绕环的磁通链数为

$$\Psi=N\Phi_m=\frac{\mu_0 N^2 Ih}{2\pi}\ln\frac{D_2}{D_1}$$

由自感系数的定义求得螺绕环的 L 为

$$L=\frac{\Psi}{I}=\frac{\mu_0 N^2 h}{2\pi}\ln\frac{D_2}{D_1}$$

可见，自感系数 L 仅由线圈的尺寸、形状、所处的介质背景决定，与线圈中有无电流无关。但在求解 L 的过程中，可假设线圈中通有电流 I（用 $L=\Psi/I$ 求时，I 可以是稳恒的，也可是交变的；用 $L=-\dfrac{\varepsilon_L}{\mathrm{d}I/\mathrm{d}t}$ 求时，要假设 I 是交变的）。

代入 $h=0.01\text{m}$，$N=100$ 匝，$D_2/D_1=e$，有

$$L=\frac{\Psi}{I}=\frac{\mu_0 N^2 h}{2\pi}\ln\frac{D_2}{D_1}=\frac{4\pi\times10^{-7}\times100^2\times0.01}{2\pi}\ln e=2\times10^{-5}(\text{H})$$

讨论：如果将该螺绕环锯成两个半环式的螺绕环，则两个半环螺线管的自感系数 L_1、L_2 为多少？

整个螺绕环可以看成两个半环式的螺绕环的串联顺接，有

$$L=\frac{\Psi}{I}=\frac{\Psi_1+\Psi_2+\Psi_{12}+\Psi_{21}}{I}=L_1+L_2+2M=L_1+L_2+2\sqrt{L_1L_2}$$

因为 $L_1=L_2$，所以

$$L_1=L_2=L/4$$

如果环中充满相对磁导率为 μ_r 的磁介质，则螺绕环的 L 要增大 μ_r 倍，为

$$L=\frac{\Psi}{I}=\frac{\mu_0\mu_r N^2 h}{2\pi}\ln\frac{D_2}{D_1}$$

如果螺绕环很细，即内外半径相差很小（平均半径为 R，横截面为 S，单位长度的匝数为 $n=\dfrac{N}{2\pi R}$，螺绕环管内的体积 $V=2\pi RS$），则环内磁场可认为均匀，有

$$B=\frac{\mu_0\mu_r NI}{2\pi R}=\mu_0\mu_r nI$$

穿过螺绕环的磁通链数为

$$\Psi=N\Phi_m=2\pi Rn\cdot\mu_0\mu_r nI\cdot S=Vn^2\mu_0\mu_r I$$

这种螺绕环的 L 为

$$L=\frac{\Psi}{I}=\mu_0\mu_r n^2 V$$

与长直螺线管的自感系数有相同的数学表达式。

(2) 因线圈中有随时间交变的电流 $I=I_0\cos\omega t$，则由 I 所激发的磁场 B 也是变化的，所以螺绕环线圈上有自感电动势 ε_L，由自感电动势的定义有

$$\varepsilon_L=-L\frac{d\Psi}{dt}=-\frac{\mu_0 N^2 h}{2\pi}\ln\frac{D_2}{D_1}\cdot\frac{dI}{dt}=\frac{\mu_0 N^2 h}{2\pi}\ln\frac{D_2}{D_1}\cdot\omega I_0\sin\omega t$$

注意：自感电动势也可由法拉第定律求解，有

$$\varepsilon_i=-\frac{d\Psi}{dt}=-\frac{\mu_0 N^2 h}{2\pi}\ln\frac{D_2}{D_1}\cdot\frac{dI}{dt}=\frac{\mu_0 N^2 h}{2\pi}\ln\frac{D_2}{D_1}\cdot\omega I_0\sin\omega t=\varepsilon_L$$

但已知 L 时，由自感电动势的定义求解更简单！反过来也可利用自感电动势的定义，结合法拉第定律求 L。

$$L=-\frac{\varepsilon_L}{dI/dt}=-\frac{\varepsilon_i}{dI/dt}=\frac{\mu_0 N^2 h}{2\pi}\ln\frac{D_2}{D_1}$$

(3) 当线圈通以电流 I 时，环内储存的磁能 W_m 由自感磁能的表达式 $W_m=\dfrac{1}{2}LI^2$ 得

$$W_m=\frac{1}{2}LI^2=\frac{\mu_0 N^2 hI^2}{4\pi}\ln\frac{D_2}{D_1}$$

也可先求高为 h、半径在 r 和 $r+dr$ 的同轴圆柱薄筒体积元 $dV=2\pi rh\,dr$ 内的磁能密度

$$w_m=\frac{1}{2\mu_0}B^2=\frac{\mu_0 N^2 I^2}{8\pi^2 r^2}$$

则环内储存的磁能 W_m 为

$$W_m=\int_{D_1/2}^{D_2/2}w_m\cdot 2\pi rh\,dr=\int_{D_1/2}^{D_2/2}\frac{\mu_0 N^2 I^2 h}{4\pi r}dr=\frac{\mu_0 N^2 I^2 h}{4\pi}\ln\frac{D_2}{D_1}$$

两种方法求解等效。从后一种方法也告诉我们求解自感系数的第三种方法：已知自感磁能时，可由 $W_m=\dfrac{1}{2}LI^2$ 来解出

$$L=\frac{2W_m}{I^2}=\frac{\mu_0 N^2 h}{2\pi}\ln\frac{D_2}{D_1}$$

【例 8-10】 在真空中，有半径为 R 的两块金属圆形板。构成平行板电容器，如图 8-10 (a) 所示。若两极板与一交变电源相接，极板上带电量随时间的变化规律为 $q=q_0\cos\omega t$，忽略边缘效应。求

(1) 两极板间位移电流密度矢量 $\boldsymbol{j}_D$ 的大小、方向以及两板间的位移电流 I_D；

(2) 电容器内与两极板中心连线相距为 r 处的磁感应强度 $\boldsymbol{B}_D$。

【解】 (1) 对平行板电容器，忽略边缘效应，极板间电位移矢量均匀分布，位移电流成

柱状对称分布。设任意 t 时，极板上的自由电荷的面密度为 $\sigma_0(t)$，则两极板间的电位移为

$$D=\sigma_0=\frac{q}{S}=\frac{q_0}{\pi R^2}\cos\omega t$$

方向：在图示电流 I 的方向下，$\boldsymbol{D}$ 从左极板指向向右极板。

依位移电流密度矢量 $\boldsymbol{j}_\mathrm{D}=\dfrac{\partial \boldsymbol{D}}{\partial t}$，得 $\boldsymbol{j}_\mathrm{D}$ 的大小为

$$j_\mathrm{D}=\left|\frac{\partial D}{\partial t}\right|=\left|\frac{q_0\omega}{\pi R^2}\sin\omega t\right|$$

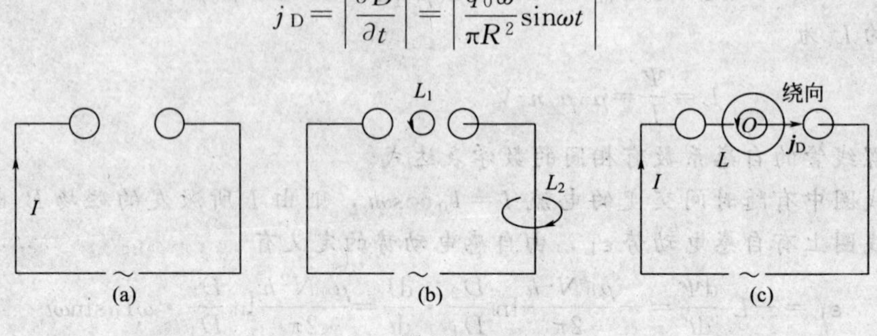

图 8-10

方向：如果 $\dfrac{\partial \boldsymbol{D}}{\partial t}<0$（放电），$\boldsymbol{j}_\mathrm{D}$ 与板间电位移矢量 $\boldsymbol{D}$ 的方向（也是电场 $\boldsymbol{E}$ 的方向）相反；如果 $\dfrac{\partial \boldsymbol{D}}{\partial t}>0$（充电），$\boldsymbol{j}_\mathrm{D}$ 与板间电位移矢量 $\boldsymbol{D}$ 的方向（也是电场 $\boldsymbol{E}$ 的方向）相同；两板间的位移电流 $\boldsymbol{I}_\mathrm{D}$ 为

$$I_\mathrm{D}=\frac{\mathrm{d}\Phi_\mathrm{d}}{\mathrm{d}t}=\iint_S\frac{\partial \boldsymbol{D}}{\partial t}\cdot\mathrm{d}\boldsymbol{S}=j_\mathrm{D}S=\left|\frac{q_0\omega}{\pi R^2}\sin\omega t\right|\pi R^2=q_0\omega\,|\sin\omega t|$$

上式积分是对板间与平行板等大的任一圆面进行的。

这与电路中传导电流的电流强度 $I=\dfrac{\mathrm{d}q}{\mathrm{d}t}=q_0\omega\,|\sin\omega t|$ 相等。

注意：由于两板间的位移电流 I_D 等于电路中传导电流 I，所以如图 8-10(b) 所示，沿极板间半径 r 小于 R 的圆环路 L_1 的磁场强度 $\boldsymbol{H}$ 的环流与沿环路 L_2 的磁场强度 $\boldsymbol{H}$ 的环流之间有

$$\oint_{L_1}\boldsymbol{H}\cdot\mathrm{d}\boldsymbol{l}'=j_\mathrm{D}\pi r^2=\frac{I}{\pi R^2}\pi r^2<\oint_{L_2}\boldsymbol{H}\cdot\mathrm{d}\boldsymbol{l}'=I$$

(2) 由全电流的安培环路定律有

$$\oint_L\boldsymbol{H}\cdot\mathrm{d}\boldsymbol{l}=I+I_\mathrm{D}=\iint_S\left(\boldsymbol{j}+\frac{\partial \boldsymbol{D}}{\partial t}\right)\cdot\mathrm{d}\boldsymbol{S}$$

式中，S 是以 L 为边界所围的任意曲面。

由于位移电流成柱状对称分布，激发的磁场 $\boldsymbol{H}_\mathrm{D}$，$\boldsymbol{B}_\mathrm{D}$ 有同样的轴对称性——离两极板中心连线相距为 r 远的圆环上 $\boldsymbol{H}_\mathrm{D}$，$\boldsymbol{B}_\mathrm{D}$ 大小相等，方向与 $\boldsymbol{j}_\mathrm{D}$ 满足右手螺旋的圆周切向，由变化的电场激发的感生磁场的磁感应线是以极板中心连线为轴的同心圆周线。选其为积分环路——即选以极板中心联线上某点 O 为圆心，r 为半径的圆周 L 为积分回路，L 所围圆面 S 为积分曲面。如图 8-10(c) 所示，环路 L 绕向逆时针方向（从右向左看），L 所围圆面的正法向与 $\boldsymbol{j}_\mathrm{D}$ 方向一致。注意，电容器内无传导电流，$\boldsymbol{j}=0$。

当 $r<R$ 时 $$\oint_L\boldsymbol{H}\cdot\mathrm{d}\boldsymbol{l}=H\cdot 2\pi r=\iint_S\boldsymbol{j}_D\cdot\mathrm{d}\boldsymbol{S}=j_\mathrm{D}\cdot\pi r^2=\pi r^2\,\frac{\partial D}{\partial t}$$

当 $r>R$ 时：注意大于极板半径的地方 $\boldsymbol{j}_D$ 为零，I_D 只在半径 R 的圆面内，有

$$\oint_L \boldsymbol{H}\cdot d\boldsymbol{l}=H\cdot 2\pi r=\iint_S \boldsymbol{j}_D\cdot d\boldsymbol{S}=j_D\cdot \pi R^2=\pi R^2\ \frac{\partial D}{\partial t}$$

解得磁场分布为（注意平行板间的 D 仅是 t 的函数）

$$H=\frac{r}{2}\frac{dD}{dt}\ (r<R),\qquad H=\frac{R^2}{2r}\frac{dD}{dt}\ (r>R)$$

方向：如果 $dD/dt>0$，$H>0$，$\boldsymbol{H}$ 与所选回路绕向一致；

如果 $dD/dt<0$，$H<0$，$\boldsymbol{H}$ 与所选回路绕向相反。

这与通有变化的电流、半径为 R 的长直螺线管，管内有变化的磁场，从而在管内外激发的感生电场分布

$$E_k=\frac{r}{2}\frac{dB}{dt}\ (r<R),\qquad E_k=\frac{R_1^2}{2r}\frac{dB}{dt}\ (r>R)$$

完全类似。

由于是在真空中，有 $\boldsymbol{B}=\mu_0$，解得

$$B_D=\mu_0 H=\frac{\mu_0 r}{2}\frac{dD}{dt}=-\frac{\mu_0 r}{2}q_0\omega\cos\omega t\qquad (r<R)$$

$$B_D=\mu_0 H=\frac{\mu_0 R}{2r}\frac{dD}{dt}=-\frac{\mu_0 R^2}{2r}q_0\omega\cos\omega t\qquad (r>R)$$

方向与 $\boldsymbol{H}$ 方向的讨论相同。

第二篇模拟题一

一、选择题（每题 3 分，共 30 分）

1. 如题图 2-1 所示，半径为 R_1 的均匀带电球面 1，带电量为 Q_1，其外有一同心的半径为 R_2 的均匀带电球面 2，带电量为 Q_2，则离球心为 r（$R_1<r<R_2$）处的某点场强为[　　]。

(A) $\boldsymbol{E}=\dfrac{Q_1}{4\pi\varepsilon_0 r^2}\boldsymbol{r}$　(B) $\boldsymbol{E}=\dfrac{Q_1+Q_2}{4\pi\varepsilon_0 r^2}\boldsymbol{r}$　(C) $\boldsymbol{E}=\dfrac{Q_1}{4\pi\varepsilon_0 r^3}\boldsymbol{r}$　(D) $\boldsymbol{E}=\dfrac{Q_1+Q_2}{4\pi\varepsilon_0 r^3}\boldsymbol{r}$

2. 关于电场强度与电势之间的关系，下列说法中，哪一种是正确的？[　　]

(A) 电场中，场强为零的点，电势必为零

(B) 电场中，电势为零的点，电场强度必为零

(C) 在场强不变的空间，电势处处相等

(D) 在电势不变的空间，电场处处为零

3. 已知某电场的电场线分布情况如题图 2-2 所示，现观察到一负电荷从 M 点移到 N 点，有人根据这个图得出下列几点结论，其中哪点是正确的？[　　]

(A) 电场强度 $E_M<E_N$　　(B) 电势 $U_M<U_N$

(C) 电势能 $W_M<W_N$　　(D) 电场力的功 $A>0$

4. 一铜板厚度为 $D=1.00$mm，放置在磁感应强度为 $B=1.35$T 的匀强磁场中，磁场方向垂直于导体的侧表面，如题图 2-3 所示，现测得铜板上下两面电势差为 $U=1.10\times10^{-5}$V，已知铜板中自由电子数密度 $n=4.20\times10^{28}/\text{m}^3$，电子电量 $e=1.60\times10^{-19}$C，则此铜板中的电流为 [　　] A。

(A) 82.2　　(B) 54.8　　(C) 30.8　　(D) 22.2

5. A，B 两个电子都垂直于磁场方向射入一均匀磁场而做圆周运动，A 电子的速率是 B

电子速率的两倍，设R_A,R_B分别为A电子与B电子的轨道半径，T_A,T_B分别为它们各自的周期，则［　　］。

(A) $R_A : R_B = 2$，$T_A : T_B = 2$　　(B) $R_A : R_B = 1/2$，$T_A : T_B = 1$

(C) $R_A : R_B = 1$，$T_A : T_B = 1/2$　　(D) $R_A : R_B = 2$，$T_A : T_B = 1$

6. “无限大”均匀带电平面A，其附近放一与它平行的有一定厚度的“无限大”平面导体板B，如题图2-4所示。已知A上的电荷面密度为$+\sigma$，则在导体板B的两个表面1和2上的感生电荷面密度为［　　］。

(A) $\sigma_1 = -\sigma$，$\sigma_2 = +\sigma$　　(B) $\sigma_1 = -\frac{1}{2}\sigma$，$\sigma_2 = +\frac{1}{2}\sigma$

(C) $\sigma_1 = -\frac{1}{2}\sigma$，$\sigma_1 = -\frac{1}{2}\sigma$　　(D) $\sigma_1 = -\sigma$，$\sigma_2 = 0$

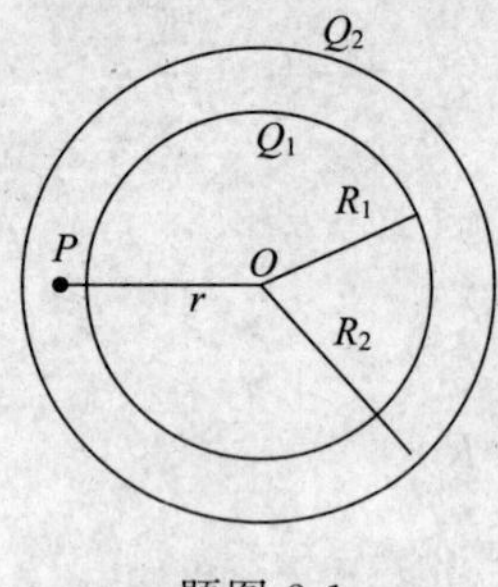

题图2-1

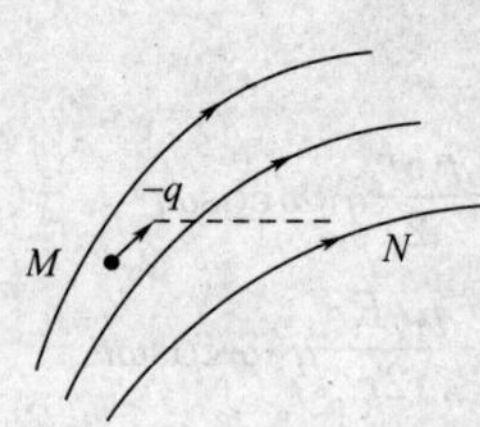

题图2-2

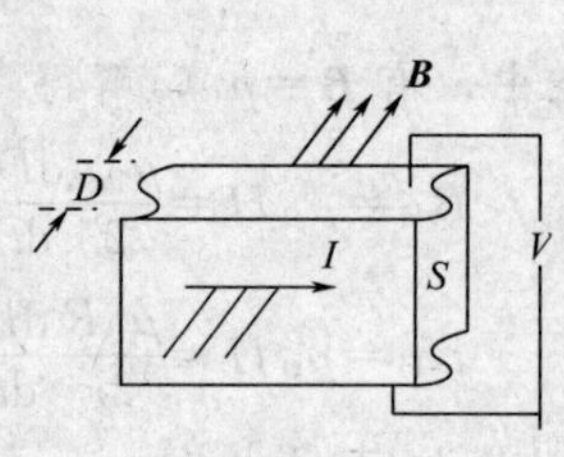

题图2-3

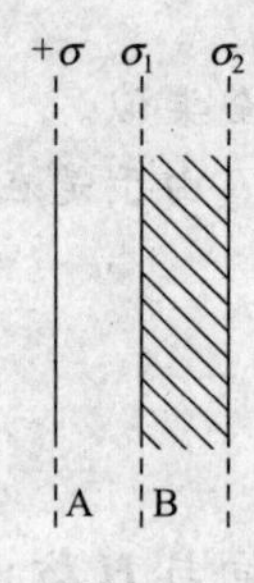

题图2-4

7. 两个半径相同的金属球，一为空心，一为实心，比较两者各自孤立时的电容值有［　　］。

(A) 空心球电容值大　　(B) 实心球电容值大

(C) 两球电容值相等　　(D) 大小关系无法确定

8. 一个大平行板电容器水平放置，两极板间的一半空间充有各向同性均匀电介质，另一半为空气，如题图2-5所示。当两极板带上恒定的等量异号电荷时，有一个质量为m、带电荷为$+q$的质点，在极板间的空气区域中处于平衡。此后，若把电介质抽去，则该质点［　　］。

(A) 保持不动　(B) 向下运动　(C) 向上运动　(D) 是否运动不能确定

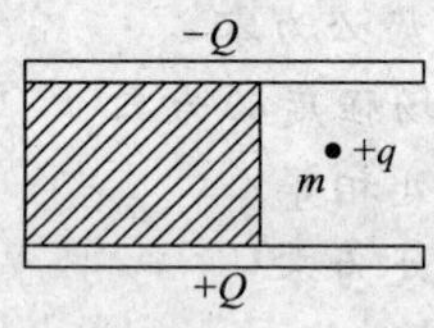

题图2-5

9. 磁介质有三种，用相对磁导率μ_r表征它们各自的特性时［　　］。

(A) 顺磁质$\mu_r > 0$，抗磁质$\mu_r < 0$，铁磁质$\mu_r \gg 1$

(B) 顺磁质$\mu_r > 1$，抗磁质$\mu_r = 1$，铁磁质$\mu_r \gg 1$

(C) 顺磁质$\mu_r > 1$，抗磁质$\mu_r < 1$，铁磁质$\mu_r \gg 1$

(D) 顺磁质$\mu_r < 0$，抗磁质$\mu_r < 1$，铁磁质$\mu_r > 0$

10. 对位移电流，有下述四种说法，请指出哪一种说法正确［　　］。

(A) 位移电流是指变化电场

(B) 位移电流是由线性变化磁场产生的

(C) 位移电流的热效应服从焦耳-楞次定律

(D) 位移电流的磁效应不服从安培环路定理

二、填空题（每题 3 分，共 27 分）

1. 真空中有一半径为 R 的半圆细环，均匀带电 Q，如题图 2-6 所示。设无穷远处为电势零点，则圆心 O 点处的电势 $U_O=$________，若将一带电量为 q 的点电荷从无穷远处移到圆心 O 点，则电场力做功 $A=$________。

2. 如题图 2-7 所示，平行的无限长直载流导线 A 和 B 电流强度为 I，垂直纸面向外，两根载流导线之间相距为 a，则

(1) $\overline{AB}$中点（P 点）的磁感应强度 $\boldsymbol{B}_P=$________。

(2) 磁感应强度 $\boldsymbol{B}$ 沿图中环路 l 的线积分为________。

3. 有一半径为 $R=0.2\text{m}$，通有电流为 $I=5\text{A}$ 的半圆形闭合线圈。按题图 2-8 所示方式置于均匀外磁场 $\boldsymbol{B}$ 中，$B=0.5\text{T}$，磁场方向与线圈平面平行，则线圈中圆弧形载流导线 abc 所受安培力的大小 $F_{abc}=$________，线圈所受磁力矩的大小 $M=$________，其方向________。

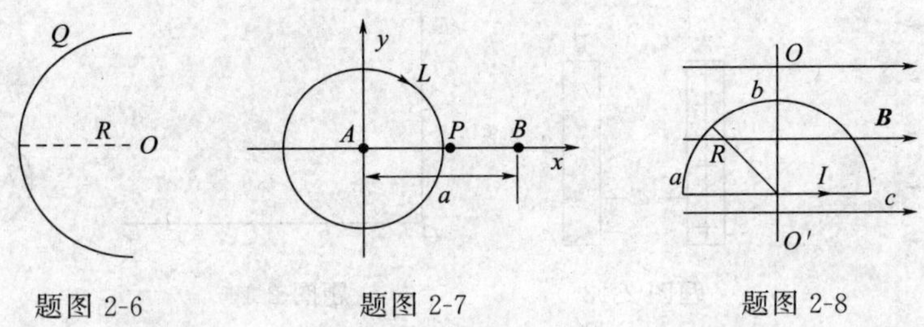

题图 2-6　　题图 2-7　　题图 2-8

4. 用力 $\boldsymbol{F}$ 把电容器中的电介质板拉出，在题图 2-9(a) 情况下，电容器中储存的静电能量将________；在题图 2-9(b) 的情况下，电容器中储存的静电能量将________。（填“增加”、“减少”或“不变”）

5. 如题图 2-10 所示，有一根无限长直导线绝缘地紧贴在矩形线圈的中心轴 OO'上，则直导线与矩形线圈间的互感系数为________。

6. 电荷分别为 q_1和 q_2的两个点电荷单独在空间各点产生的静电场强分别为 $\boldsymbol{E}_1$ 和 $\boldsymbol{E}_2$，空间各点总场强为 $\boldsymbol{E}=\boldsymbol{E}_1+\boldsymbol{E}_2$。现在作一封闭曲面 S，如题图 2-11 所示。则以下两式分别给出通过 S 的电场强度通量 $\oint \boldsymbol{E}_1 \cdot \mathrm{d}\boldsymbol{S}=$________，$\oint \boldsymbol{E} \cdot \mathrm{d}\boldsymbol{S}=$________。

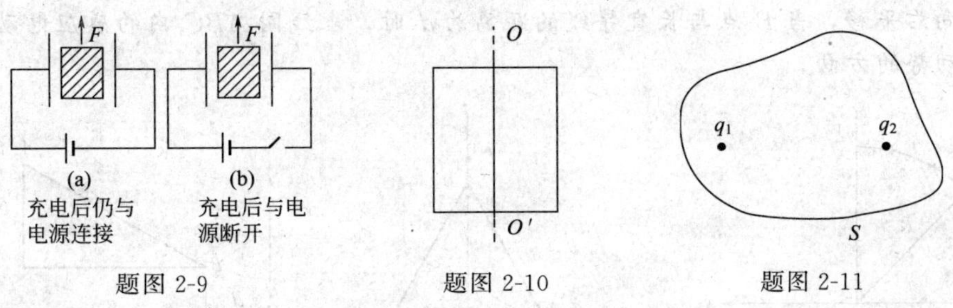

题图 2-9　　题图 2-10　　题图 2-11

7. 如题图 2-12 所示，均匀磁场中放一均匀带正电荷的圆环，其线电荷密度为 λ，圆环可绕通过环心 O 与环面垂直的转轴旋转。当圆环以角速度 ω 转动时，圆环受到的磁力矩为________，其方向________。

8. 如题图 2-13 所示，把一块原来不带电的金属板 B，移近一块已带有正电荷 Q 的金属板 A，平行放置。设两板面积都是 S，板间距离是 d，忽略边缘效应。当 B 板不接地时，两板间电势差 $U_{AB}=$________；B 板接地时两板间电势差 $U'_{AB}=$________。

9. 一空气平行板电容器，电容为 C，两板间距离为 d，充电后，两板间相互作用力为 F。则两极板间电势差为________，极板上的电荷为________。

三、作图题（3 分）

E 为静电场分布，r 表示离球对称中心的距离。在题图 2-14 中作出半径为 R 的均匀带正电球体所产生的电场的 E-r 关系的曲线。

四、证明题（10 分）

一半径为 R 的均匀带电细圆环，其电荷线密度为 λ，水平放置。今有一质量为 m、电荷为 q 的粒子沿圆环轴线自上而下向圆环的中心运动（题图 2-15）。已知该粒子在通过距环心高为 h 的一点时的速率为 v_1，试证明该粒子到达环心时的速率。

$$v_2=\left[v_1^2+2gh-\frac{\lambda qR}{m\varepsilon_0}\left(\frac{1}{R}-\frac{1}{\sqrt{h^2+R^2}}\right)\right]^{1/2}$$

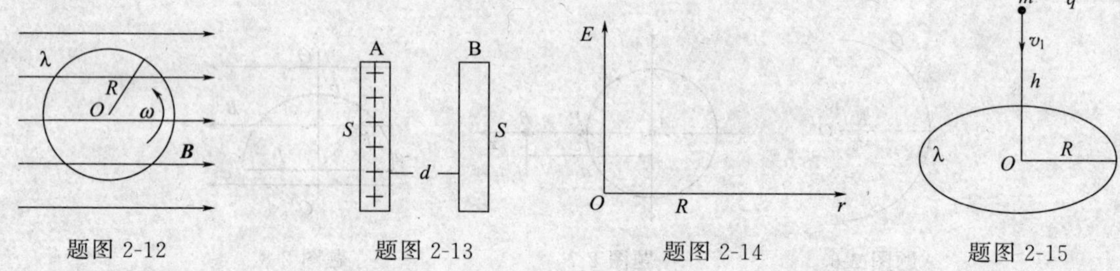

题图 2-12　　题图 2-13　　题图 2-14　　题图 2-15

五、计算题（每题 10 分，共 30 分）

1. 一细玻璃棒被弯成半径为 R 的 1/4 圆弧，其上均匀分布电量 $+Q$，如题图 2-16 所示，试求圆心 O 处的电场强度。

2. 在真空中，电流由长直导线 1 沿垂直于底边 bc 方向经 a 点流入一电阻均匀分布的正三角形金属线框，再由 b 点沿 cb 方向从三角形框流出，经长直导线 2 返回电源（题图 2-17）。已知长直导线上的电流强度为 I，三角框的每一边长为 L，求正三角形的中心点 O 处的磁感应强度 $\boldsymbol{B}$。

3. 如题图 2-18 所示，无限长直导线，通以恒定电流 I，有一与之共面的直角三角形线圈 ABC，已知 AC 边长为 b，且与长直导线平行，BC 边长为 a，若线圈以垂直于导线方向的速度 $\boldsymbol{v}$ 向右平移，当 B 点与长直导线的距离为 d 时，求线圈 ABC 内的感应电动势的大小和感应电动势的方向。

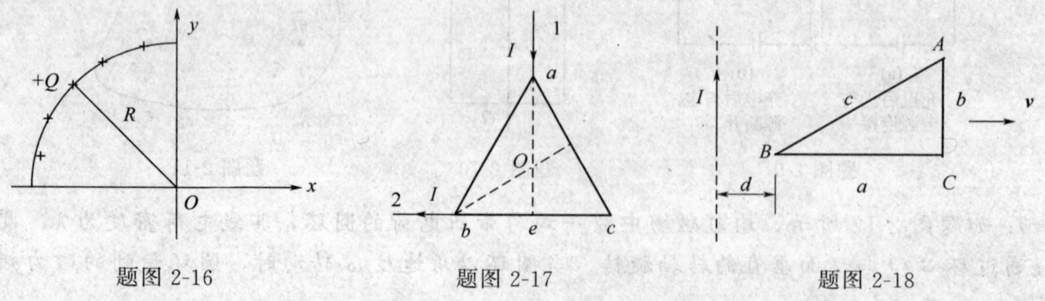

题图 2-16　　题图 2-17　　题图 2-18

第二篇模拟题二

一、选择题（每题3分，共30分）

1. 关于高斯定理的理解有下面几种说法，其中正确的是［　　］。

(A) 如果高斯面上 $\boldsymbol{E}$ 处处为零，则该面内必无电荷

(B) 如果高斯面内无电荷，则高斯面上 $\boldsymbol{E}$ 处处为零

(C) 如果高斯面上 $\boldsymbol{E}$ 处处不为零，则高斯面内必有电荷

(D) 如果高斯面内有净电荷，则通过高斯面的电场强度通量必不为零

2. 无限长直圆柱体，半径为 R，沿轴向均匀流有电流. 设圆柱体内（$r<R$）的磁感强度为 B_i，圆柱体外（$r>R$）的磁感强度为 B_e，则有［　　］。

(A) B_i,B_e均与 r 成正比　　(B) B_i,B_e均与 r 成反比

(C) B_i与 r 成反比，B_e与 r 成正比　　(D) B_i与 r 成正比，B_e与 r 成反比

3. 两个同心薄金属球壳，半径分别为 R_1和 R_2($R_2>R_1$)，若分别带上电量为 q_1和 q_2 的电荷，则两者的电势分别为 U_1和 U_2（选无穷远处为电势零点）。现用导线将两球壳相连接，则它们的电势为［　］。

(A) U_1　　(B) U_2　　(C) U_1+U_2　　(D) $\frac{1}{2}(U_1+U_2)$

4. 一导体球外充满相对介电常量为 ε_r 的均匀电介质，若测得导体表面附近场强为 E，则导体球面上的自由电荷面密度 σ 为［　　］。

(A) $\varepsilon_0 E$　　(B) $\varepsilon_0\varepsilon_r E$　　(C) $\varepsilon_r E$　　(D) $(\varepsilon_0\varepsilon_r-\varepsilon_0)E$

5. 顺磁物质的磁导率［　　］。

(A) 比真空的磁导率略小　　(B) 比真空的磁导率略大

(C) 远小于真空的磁导率　　(D) 远大于真空的磁导率

6. 关于稳恒电流磁场的磁场强度 $\boldsymbol{H}$，下列几种说法中哪个是正确的？［　　］。

(A) $\boldsymbol{H}$ 仅与传导电流有关

(B) 若闭合曲线内没有包围传导电流，则曲线上各点的 $\boldsymbol{H}$ 必为零

(C) 若闭合曲线上各点 $\boldsymbol{H}$ 均为零，则该曲线所包围传导电流的代数和为零

(D) 以闭合曲线 L 为边缘的任意曲面的 $\boldsymbol{H}$ 通量均相等

7. 如题图 2-19 所示，两个线圈 P 和 Q 并联地接到一电动势恒定的电源上。线圈 P 的自感和电阻分别是线圈 Q 的两倍，线圈 P 和 Q 之间的互感可忽略不计。当达到稳定状态后，线圈 P 的磁场能量与 Q 的磁场能量的比值是［　　］。

(A) 4　　(B) 2　　(C) 1　　(D) $\frac{1}{2}$

8. 有两个直径相同带电量不同的金属球，一个是实心的，一个是空心的，现使两者相互接触一下再分开，则两导体球上的电荷［　　］。

(A) 不变化　　(B) 平均分配

(C) 集中到空心导体球上　　(D) 集中到实心导体球上

9. 一个带负电荷的质点，在电场力作用下从 A 点出发经 C 点运动到 B 点，其运动轨迹如题图 2-20 所示。已知质点运动的速率是递增的，下面关于 C 点场强方向的四个图示中正确的是［　］。

10. 在如题图 2-21 所示的装置中，当不太长的条形磁铁在闭合线圈内做振动时（忽略

空气阻力）[　　]。

(A) 振幅会逐渐加大　　(B) 振幅会逐渐减小

(C) 振幅不变　　(D) 振幅先减小后增大

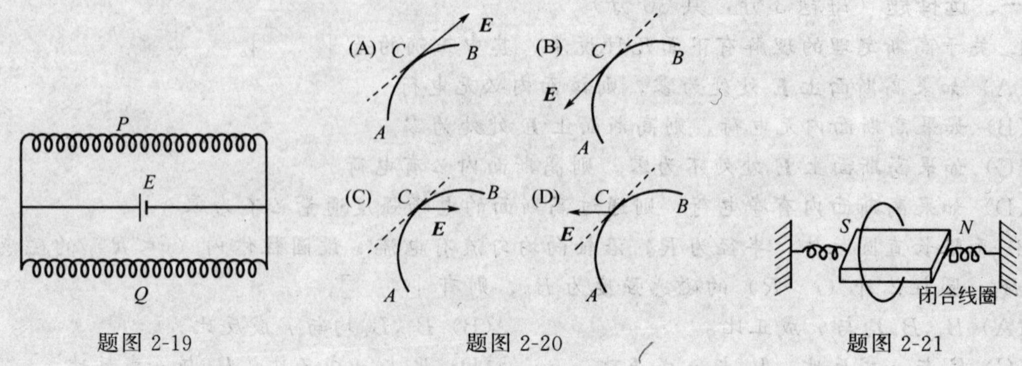

题图 2-19　　题图 2-20　　题图 2-21

二、填空题（每题 3 分，共 24 分）

1. 静电场中有一质子（带电荷 $e=1.6\times10^{-19}$）沿题图 2-22 所示路径从 a 点经 c 点移动到 b 点时，电场力做功 8×10^{-15}J。则当质子从 b 点沿另一路径回到 a 点过程中，电场力做功 $A=$________；若设 a 点电势为零，则 b 点电势 $U_b=$________。

2. 在一根通有电流 I 的长直导线旁，与之共面地放着一个长、宽各为 a 和 b 的矩形线框，线框的长边与载流长直导线平行，且二者相距为 b，如题图 2-23 所示。在此情形中，线框内的磁通量 $\Phi=$________。

3. 有一半径为 a，流过稳恒电流为 I 的 1/4 圆弧形载流导线 bc，按如题图 2-24 所示方式置于均匀外磁场 $\boldsymbol{B}$ 中，则该载流导线所受的安培力大小为________。

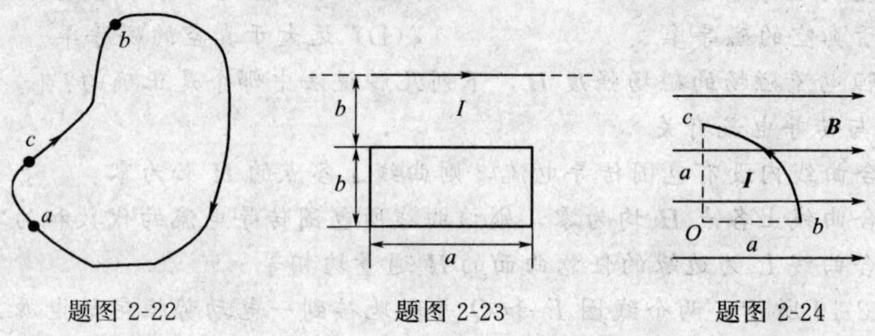

题图 2-22　　题图 2-23　　题图 2-24

4. 如题图 2-25 所示，将一负电荷从无穷远处移到一个不带电的导体附近，则导体内的电场强度________，导体的电势________。（填“增大”、“不变”或“减小”）

5. 一无限长直导线，通有 $I=1$A 的电流，直导线外紧包一层相对磁导率 $\mu_r=2$ 的圆筒形磁介质，直导线半径 $R_1=0.1$cm，磁介质的内半径为 R_1，外半径为 $R_2=0.2$cm。则距直导线轴线为 $r_1=0.15$cm 处的磁感强度为________，距轴线为 $r_2=0.25$cm 处的磁场强度为________。（真空的磁导率 $\mu_0=4\pi\times10^{-7}$T·m/A）

6. 在半径为 R 的圆柱形空间内有一磁感应强度为 $\boldsymbol{B}$ 的均匀磁场，如题图 2-26 所示，$\boldsymbol{B}$ 的大小以速率 $\mathrm{d}B/\mathrm{d}t$ 变化。有一长度为 l_0 的金属棒 ab，则金属棒 ab 内的感生应电动势的大小 $\varepsilon=$________，a 点的感生电场的大小 $E_k=$________。

7. 如题图 2-27 所示，一半径为 r 的很小的金属圆环，在初始时刻与一半径为 $a(a\gg r)$ 的大金属圆环共面且同心。在大圆环中通以恒定的电流 I，方向如图。如果小圆环以匀角速

度 ω 绕其任一方向的直径转动，并设小圆环的电阻为 R，则任一时刻 t 通过小圆环的磁通量 $\Phi=$________，小圆环中的感应电流 $i=$________。

8. 半径为 r 的两块圆板组成的平行板电容器充了电，在放电时两板间的电场强度的大小为 $E=E_0\mathrm{e}^{-t/RC}$，式中 E_0,R,C 均为常数，则两板间的位移电流的大小为________，其方向与场强方向________。

三、作图题（3 分）

题图 2-28 中所示为静电场的等势（位）线图，已知 $U_1>U_2>U_3$。在图上画出 a，b 两点的电场强度方向，并比较它们的大小 E_a________E_b（填"<"、"="或">"）。

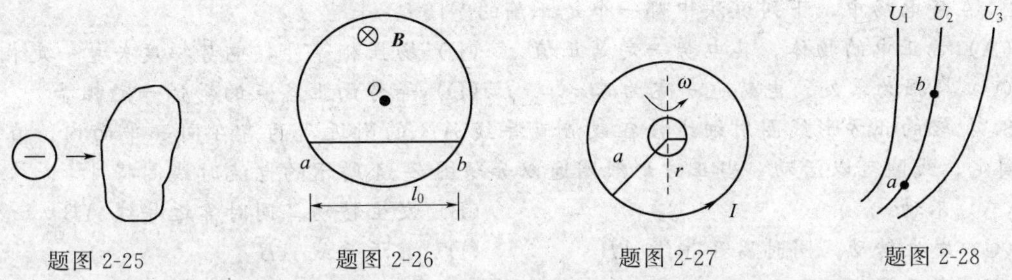

题图 2-25　　题图 2-26　　题图 2-27　　题图 2-28

四、判断题（每题 1 分，共 3 分）（在要判断正误的说法后面括号中填写√或×）

一带电体可作为点电荷处理的条件是：

(1) 电荷必须呈球形分布。（　）

(2) 带电体线度与它到其他带电体之间距离相比可忽略不计。（　）

(3) 电量很小。（　）

五、证明题（10 分）

一三角形闭合导线，如题图 2-29 放置。在这三角形区域中的磁感强度为 $\boldsymbol{B}=B_0x^2y\mathrm{e}^{-at}\boldsymbol{k}$，式中 B_0和 a 是常量，$\boldsymbol{k}$ 为 z 轴方向单位矢量。试证明导线中的感生电动势

$$\varepsilon=-\frac{\mathrm{d}\Phi_\mathrm{m}}{\mathrm{d}t}=\frac{b^5}{60}\cdot aB_0\mathrm{e}^{-at}$$

六、计算题（每题 10 分，共 30 分）

1. 一段半径为 a 的细圆弧，对圆心的张角为 θ_0，其上均匀分布有正电荷 q，如题图 2-30所示。试以 a,q,θ_0 表示出圆心 O 处的电场强度。

2. 一无限长导线弯成如题图 2-31 所示的形状，设各线段都在同一平面内（纸面内），其中第二段是半径为 R 的 1/4 圆弧，其余为直线，导线中通有电流 I，求图中 O 点处的磁感应强度的大小、方向。

3. 半径为 R 的半圆线圈 ACD 通有电流 I_2，置于电流为 I_1的无限长直线电流的磁场中，直线电流 I_1恰过半圆的直径，两导线相互绝缘（题图 2-32）。求半圆线圈受到长直线电流 I_1的磁力。

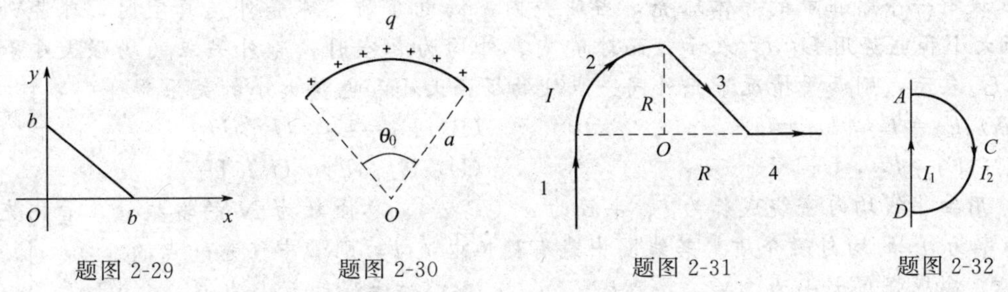

题图 2-29　　题图 2-30　　题图 2-31　　题图 2-32

第二篇模拟题三

一、选择题（共 30 分，每题 3 分）

1. 点电荷$-q$位于圆心O处，A,B,C,D为同一圆周上的 4 个点，如题图 2-33 所示。现将一试验电荷从A点分别移动到B,C,D各点，则［　　］。

(A) 从A到B，电场力做功最大　　(B) 从A到C，电场力做功最大

(C) 从A到D，电场力做功最大　　(D) 从A到各点，电场力做功相等

2. 在静电场中，下列说法中哪一个是正确的？［　　］。

(A) 带正电的物体，其电势一定是正值　　(B) 场强相等处，电势梯度矢量一定相等

(C) 场强为零处，电势也一定为零　　(D) 等势面上各点的场强一定相等

3. 把轻的正方形线圈用细线挂在载流直导线AB的附近，两者在同一平面内，直导线AB固定，线圈可以活动。当正方形线圈通以如题图 2-34 所示的电流时线圈将［　　］。

(A) 不动　　(B) 发生转动，同时靠近导线AB

(C) 发生转动，同时离开导线AB　　(D) 靠近导线AB

(E) 离开导线AB

4. 一个通有电流I的导体，厚度为D，横截面积为S，放置在磁感应强度为B的匀强磁场中，磁场方向垂直于导体的侧表面，如题图 2-35 所示。现测得导体上下两面电势差为V，则此导体的霍尔系数等于［　　］。

(A) $\dfrac{VDS}{IB}$　　(B) $\dfrac{IBV}{DS}$　　(C) $\dfrac{VD}{IB}$　　(D) $\dfrac{IVS}{BD}$

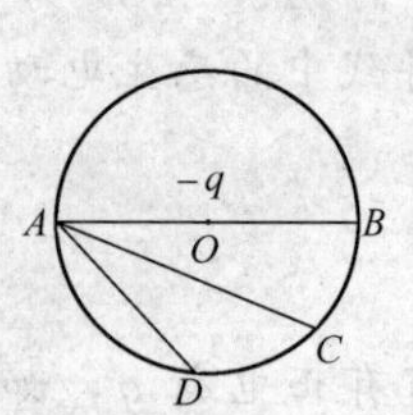

题图 2-33

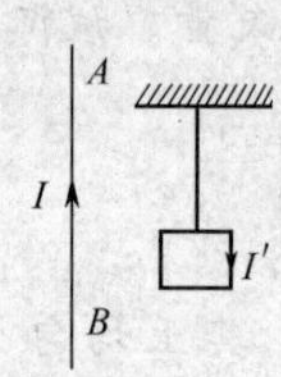

题图 2-34

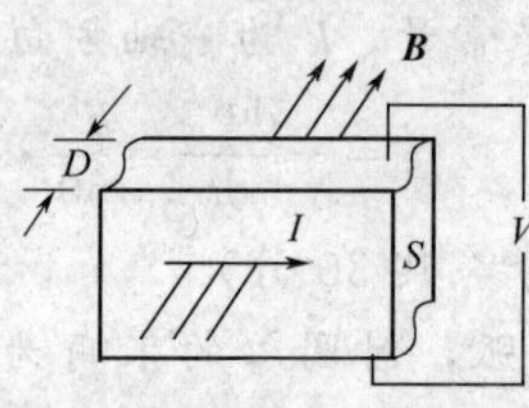

题图 2-35

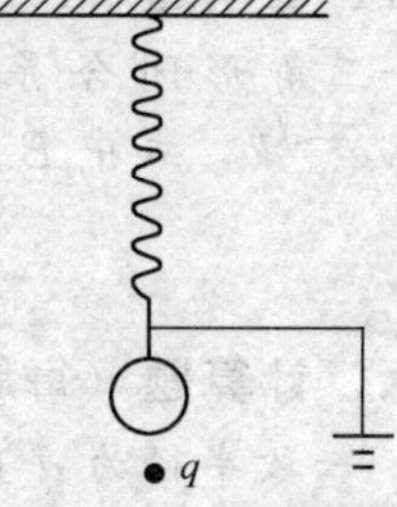

题图 2-36

5. 有一接地的金属球，用一弹簧吊起，金属球原来不带电。若在它的下方放置一电荷为q的点电荷，如题图 2-36 所示，则［　　］。

(A) 只有当$q>0$时，金属球才下移　　(B) 只有当$q<0$时，金属球才下移

(C) 无论q是正是负金属球都下移　　(D) 无论q是正是负金属球都不动

6. 设有一个带正电的导体球壳，当球壳内充满电介质、球壳外是真空时，球壳外一点的场强大小和电势用E_1,U_1表示；而球壳内、外均为真空时，壳外一点的场强大小和电势用E_2,U_2表示，则两种情况下壳外同一点处的场强大小和电势大小的关系为［　　］。

(A) $E_1=E_2$，$U_1=U_2$　　(B) $E_1=E_2$，$U_1>U_2$

(C) $E_1>E_2$，$U_1>U_2$　　(D) $E_1<E_2$，$U_1<U_2$

7. 用细导线均匀密绕成长为l、半径为a（$l\gg a$）、总匝数为N的螺线管，管内充满相对磁导率为μ_r的均匀磁介质。若线圈中载有稳恒电流I，则管中任意一点的［　　］。

(A) 磁感强度大小为$B=\mu_0\mu_r NI$　　(B) 磁感强度大小为$B=\mu_r NI/l$

(C) 磁场强度大小为 $H=\mu_0 NI/l$　　(D) 磁场强度大小为 $H=NI/l$

8. 圆柱形无限长载流直导线置于均匀无限大磁介质之中，若导线中流过的稳恒电流为 I，磁介质的相对磁导率为 $\mu_r(\mu_r>1)$，则与导线接触的磁介质表面上的磁化电流 I' 为[　　]。

(A) $(1-\mu_r)I$　　(B) $(\mu_r-1)I$　　(C) $\mu_r I$　　(D) $\frac{I}{\mu_r}$

9. 半径为 a 的圆线圈置于磁感强度为 $\boldsymbol{B}$ 的均匀磁场中，线圈平面与磁场方向垂直，线圈电阻为 R；当把线圈转动使其法向与 $\boldsymbol{B}$ 的夹角 $\alpha=60°$ 时，线圈中通过的电荷与线圈面积及转动所用的时间的关系是[　　]。

(A) 与线圈面积成正比，与时间无关　　(B) 与线圈面积成正比，与时间成正比

(C) 与线圈面积成反比，与时间成正比　　(D) 与线圈面积成反比，与时间无关

10. 有一无限长通电流的扁平铜片，宽度为 a，厚度不计，电流 I 在铜片上均匀分布，在铜片外与铜片共面，离铜片右边缘为 b 处的 P 点（题图 2-37）的磁感强度 $\boldsymbol{B}$ 的大小为[　　]。

(A) $\frac{\mu_0 I}{2\pi(a+b)}$　　(B) $\frac{\mu_0 I}{2\pi a}\ln\frac{a+b}{b}$

(C) $\frac{\mu_0 I}{2\pi b}\ln\frac{a+b}{b}$　　(D) $\frac{\mu_0 I}{\pi(a+2b)}$

二、填空题（每题 3 分，共 21 分）

1. 如题图 2-38 所示，真空中两个正点电荷 Q，相距 $2R$。若以其中一点电荷所在处 O 点为中心，以 R 为半径作高斯球面 S，则通过该球面的电场强度通量＝________；若以 $\boldsymbol{r}_0$ 表示高斯面外法线方向的单位矢量，则高斯面上 a、b 两点的电场强度分别为________。

2. 如题图 2-39 所示，磁感强度 $\boldsymbol{B}$ 沿闭合曲线 L 的环流 $\oint_L \boldsymbol{B}\cdot d\boldsymbol{l}=$________________。

3. 题图 2-40 中 A_1A_2 的距离为 0.1m，A_1 端有一电子，其初速度 $v=1.0\times10^7$ m/s，若它所处的空间为均匀磁场，它在磁场力作用下沿圆形轨道运动到 A_2 端，则磁场各点的磁感强度 $\boldsymbol{B}$ 的大小 $B=$________，方向为________，电子通过这段路程所需时间 $t=$________。

（电子质量 $m_e=9.11\times10^{-31}$kg，基本电荷 $e=1.6\times10^{-19}$C）

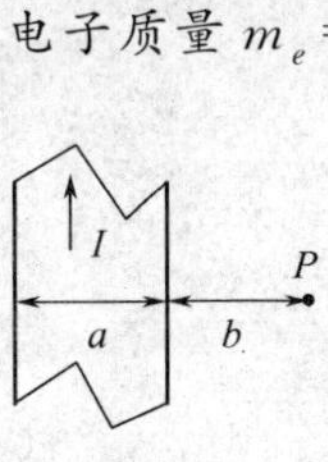

题图 2-37

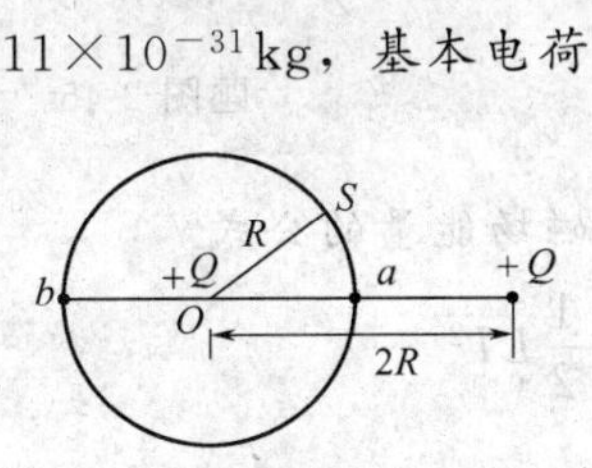

题图 2-38

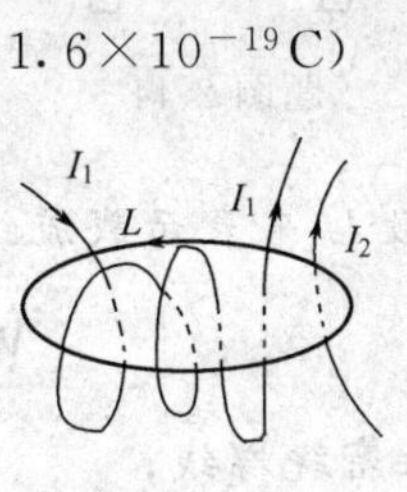

题图 2-39

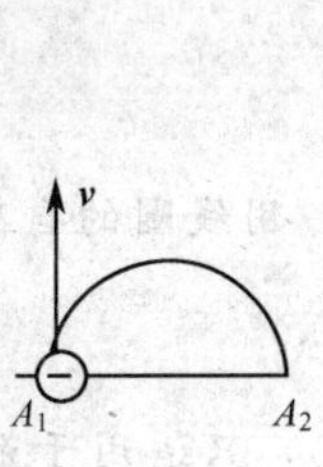

题图 2-40

4. 带有电荷 q、半径为 r_A 的金属球 A，与一原先不带电、内外半径分别为 r_B 和 r_C 的金属球壳 B 同心放置如题图 2-41 所示。则图中 P 点的电场强度 $\boldsymbol{E}=$________。如果用导线将 A、B 连接起来，则 A 球的电势 $U=$________。（设无穷远处电势为零）

5. 导线 abc（$ab=bc=l$）在均匀磁场中以 v 向上运动，如题图 2-42 所示，则导线 ab 上的动生电动势 $\varepsilon_{ab}=$________，导线 bc 上的 $\varepsilon_{cb}=$________，c 点的电势比 b 点的电势________。

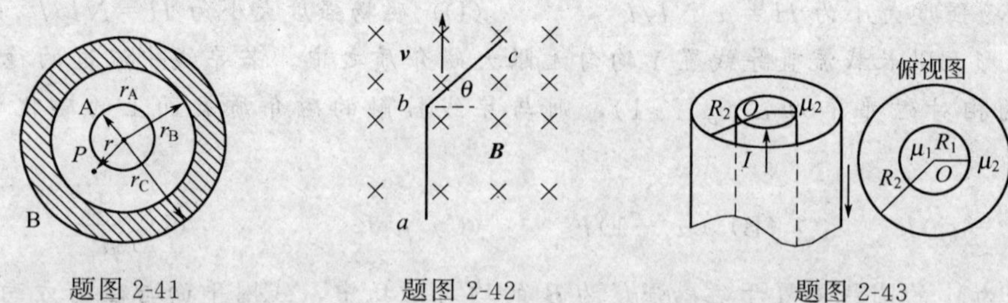

题图 2-41　　题图 2-42　　题图 2-43

6. 软磁材料的特点是________，它们适于用来制造________。

7. 如题图 2-43 所示，一个磁导率为 μ_1 的无限长均匀磁介质圆柱体，半径为 R_1，其中均匀地通过电流 I。在它外面还有一半径为 R_2 的无限长同轴圆柱面，其上通有与前者方向相反的电流 I，两者之间充满磁导率为 μ_2 的均匀磁介质。则在 $0<r<R_1$ 的空间磁场强度 $\boldsymbol{H}$ 的大小等于________。

三、作图题（3 分）

圆形平行板电容器，试画出如题图 2-44 所示的放电过程中，极板间某点 P 处电场强度的方向和磁场强度的方向。

四、判断题（每题 1 分，共 6 分）（在要判断正误的说法后面括号中填写√或×）

1. 两根无限长载流直导线相互正交放置，如题图 2-45 所示。I_1 沿 Y 轴的正方向，I_2 沿 Z 轴的负方向。若载流 I_1 的导线不能动，载流 I_2 的导线可以自由运动，则载流 I_2 的导线开始运动的趋势是：

(1) 绕 X 轴转动；　　(　　)

(2) 绕 Y 轴转动；　　(　　)

(3) 沿 X 方向平动。　　(　　)

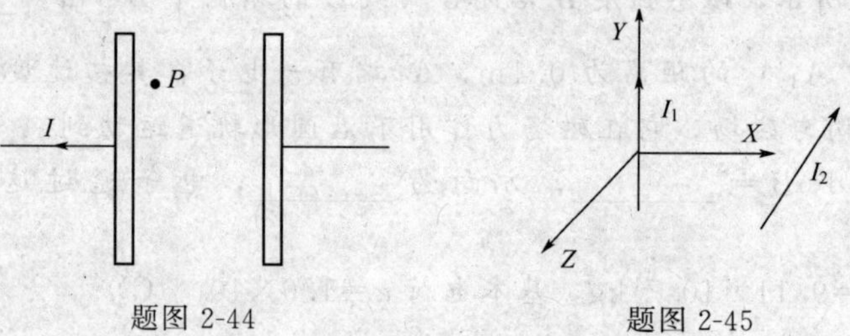

题图 2-44　　题图 2-45

2. 用线圈的自感系数 L 来表示载流线圈磁场能量的公式

$$W=\frac{1}{2}LI^2$$

(1) 只适用于无限长密绕螺线；　　(　　)

(2) 只适用于单匝圆线圈；　　(　　)

(3) 适用于自感系数 L 一定的任意线圈。　　(　　)

五、证明题（10 分）

如题图 2-46 所示，一电荷线密度为 λ 的长直带电线（与一正方形线圈共面并与其一对边平行）以变速率 $v=v(t)$ 沿着其长度方向运动，正方形线圈中的总电阻为 R。求证：t 时刻方形线圈中感应电流 $|i(t)|=\dfrac{\mu_0}{2\pi R}\lambda a\left|\dfrac{\mathrm{d}v(t)}{\mathrm{d}t}\right|\ln 2$（不计线圈自身的自感）。

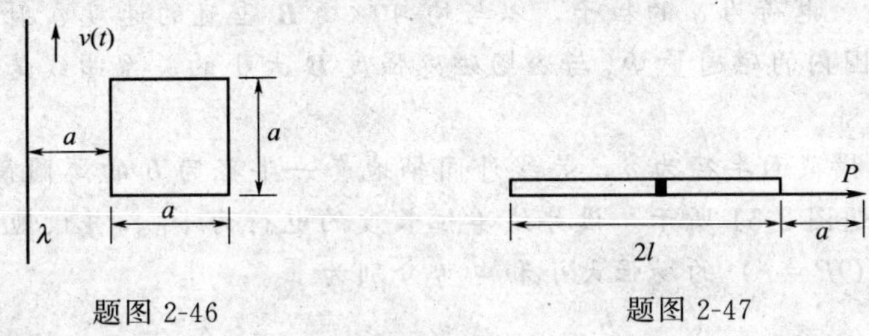

题图 2-46　　题图 2-47

六、计算题（共 30 分，每题 10 分）

1. 如题图 2-47 所示，电荷 q 均匀分布在长为 $2l$ 的细杆上，求在杆外延长线上与杆端距离为 a 的 P 点的电势（设无穷远处为电势零点）。

2. 有一长直导体圆管，内外半径分别为 R_1 和 R_2。如题图 2-48 所示，它所载的电流 I_1 均匀分布在其横截面上。导体旁边有一绝缘“无限长”直导线，载有电流 I_2，且在中部绕了一个半径为 R 的圆圈。设导体管的轴线与长直导线平行，相距为 d，而且它们与导体圆圈共面。求圆心 O 点处的磁感强度 $\boldsymbol{B}$。

3. 如题图 2-49 所示，载有电流 I 的长直导线附近，放一导体半圆环 MeN 与长直导线共面，且端点 MN 的连线与长直导线垂直。半圆环的半径为 b，环心 O 与导线相距 a，设半圆环以速度 $\boldsymbol{v}$ 平行导线平移，求半圆环内感应电动势的大小和方向以及 MN 两端的电压 U_M-U_N。

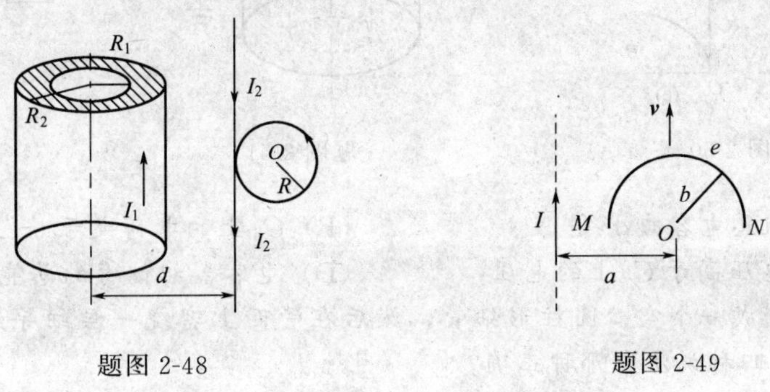

题图 2-48　　题图 2-49

第二篇模拟题四

一、选择题（共 30 分，每题 3 分）

1. 一平行板电容器始终与端电压一定的电源相连，当电容器两极板间为真空时，电场强度为 $\boldsymbol{E}_0$，电位移为 $\boldsymbol{D}_0$，而当两极板间充满相对介电常量为 ε_r 的各向同性均匀电介质时，电场强度为 $\boldsymbol{E}$，电位移为 $\boldsymbol{D}$，则［　　］。

(A) $\boldsymbol{E}=\boldsymbol{E}_0/\varepsilon_r$，$\boldsymbol{D}=\boldsymbol{D}_0$　　(B) $\boldsymbol{E}=\boldsymbol{E}_0$，$\boldsymbol{D}=\varepsilon_r\boldsymbol{D}_0$

(C) $\boldsymbol{E}=\boldsymbol{E}_0/\varepsilon_r$，$\boldsymbol{D}=\boldsymbol{D}_0/\varepsilon_r$　　(D) $\boldsymbol{E}=\boldsymbol{E}_0$，$\boldsymbol{D}=\boldsymbol{D}_0$

2. 取一闭合积分回路 L，使三根载流导线穿过它所围成的面。现改变三根导线之间的相互间隔，但不越出积分回路，则［　　］。

(A) 回路 L 内的 $\sum I$ 不变，L 上各点的 $\boldsymbol{B}$ 不变

(B) 回路 L 内的 $\sum I$ 不变，L 上各点的 $\boldsymbol{B}$ 改变

(C) 回路 L 内的 $\sum I$ 改变，L 上各点的 $\boldsymbol{B}$ 不变

(D) 回路 L 内的 $\sum I$ 改变，L 上各点的 $\boldsymbol{B}$ 改变

3. 一质量为 m、电荷为 q 的粒子，以与均匀磁场 $\boldsymbol{B}$ 垂直的速度 v 射入磁场内，则粒子运动轨道所包围范围内的磁通量 Φ_m 与磁场磁感强度 $\boldsymbol{B}$ 大小的关系曲线是题图 2-50(a)～(e) 中的哪一条？[　　]

4. 一长直导线横截面半径为 a，导线外同轴地套一半径为 b 的薄圆筒，两者互相绝缘，并且外筒接地，如题图 2-51 所示。设导线单位长度的电荷为 $+\lambda$，并设地的电势为零，则两导体之间的 P 点（$OP=r$）的场强大小和电势分别为 [　　]。

(A) $E=\dfrac{\lambda}{4\pi\varepsilon_0 r^2}$，$U=\dfrac{\lambda}{2\pi\varepsilon_0}\ln\dfrac{b}{a}$　　(B) $E=\dfrac{\lambda}{4\pi\varepsilon_0 r^2}$，$U=\dfrac{\lambda}{2\pi\varepsilon_0}\ln\dfrac{b}{r}$

(C) $E=\dfrac{\lambda}{2\pi\varepsilon_0 r}$，$U=\dfrac{\lambda}{2\pi\varepsilon_0}\ln\dfrac{a}{r}$　　(D) $E=\dfrac{\lambda}{2\pi\varepsilon_0 r}$，$U=\dfrac{\lambda}{2\pi\varepsilon_0}\ln\dfrac{b}{r}$

5. 两个完全相同的电容器 C_1 和 C_2，串联后与电源连接。现将一各向同性均匀电介质板插入 C_1 中，如题图 2-52 所示，则 [　　]。

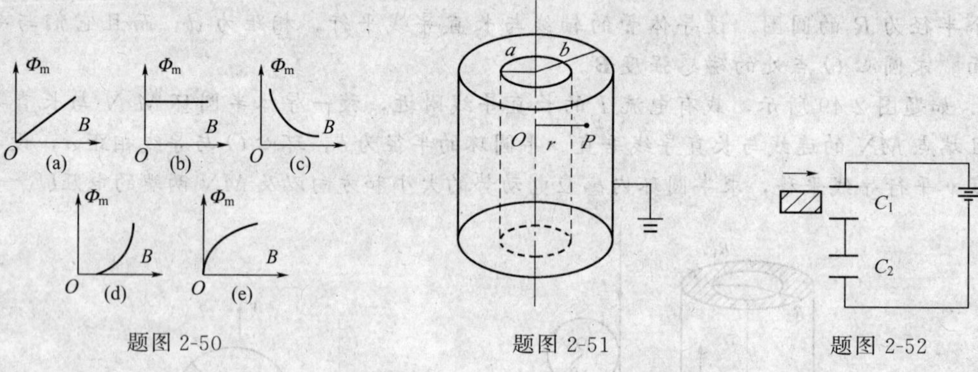

题图 2-50　　题图 2-51　　题图 2-52

(A) 电容器组总电容减小　　(B) C_1 上的电荷大于 C_2 上的电荷

(C) C_1 上的电压高于 C_2 上的电压　　(D) 电容器组储存的总能量增大

6. 用顺磁质制成一个空心圆柱形细管，然后在管面上密绕一层细导线。当导线中通以稳恒电流时，下述四种说法中哪种正确？[　　]

(A) 管外和管内空腔处的磁感强度均为零

(B) 介质中的磁感强度比空腔处的磁感强度大

(C) 介质中的磁感强度比空腔处的磁感强度小

(D) 介质中的磁感强度与空腔处的磁感强度相等

7. 在铁环上绕有 $N=200$ 匝的一层线圈，若电流强度 $I=2.5\text{A}$，铁环横截面的磁通量为 $\Phi=5\times10^{-4}\text{Wb}$，且铁环横截面的半径远小于铁环的平均半径，则铁环中的磁场能量为 [　　]。

(A) 0.300J　　(B) 0.250J　　(C) 0.157J　　(D) 0.125J

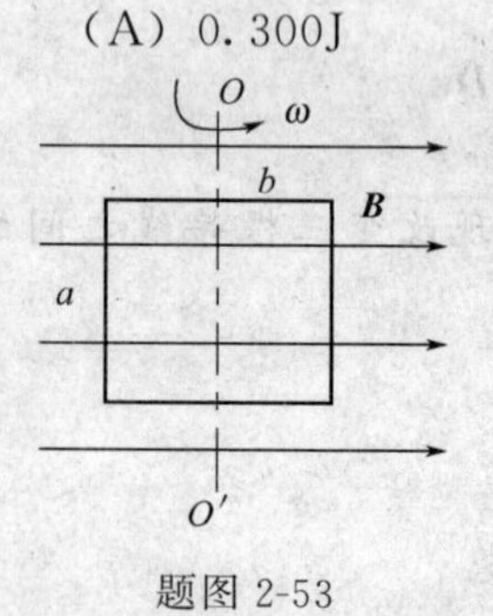

题图 2-53

8. 一矩形线框长为 a 宽为 b，置于均匀磁场中，线框绕 OO' 轴，以匀角速度 ω 旋转（如题图 2-53 所示）。设 $t=0$ 时，线框平面处于纸面内，则任一时刻感应电动势的大小为 [　　]。

(A) $2abB\,|\cos\omega t|$　　(B) ωabB

(C) $\dfrac{1}{2}\omega abB\,|\cos\omega t|$　　(D) $\omega abB\,|\cos\omega t|$

(E) $\omega abB\,|\sin\omega t|$

9. 有一半径为 R 的单匝圆线圈，通以电流 I，若将该导线弯成

匝数 $N=2$ 的平面圆线圈，导线长度不变，并通以同样的电流，则线圈中心的磁感强度和线圈的磁矩分别是原来的［　　］。

(A) 4 倍和 1/8　　(B) 4 倍和 1/2　　(C) 2 倍和 1/4　　(D) 2 倍和 1/2

10. 一个平行板电容器，充电后与电源断开，当用绝缘手柄将电容器两极板间距离拉大，则两极板间的电势差 U_{12}、电场强度的大小 E、电场能量 W 将发生如下变化［　　］。

(A) U_{12} 减小，E 减小，W 减小　　(B) U_{12} 增大，E 增大，W 增大

(C) U_{12} 增大，E 不变，W 增大　　(D) U_{12} 减小，E 不变，W 不变

二、填空题（每题 3 分，共 24 分）

1. 由一根绝缘细线围成边长为 L 的正方形线圈，使它均匀带电，其电荷线密度为 λ，则在正方形中心处的电场强度 $E=$________。

2. 题图 2-54 中曲线表示一种球对称性静电场的电势分布，r 表示离对称中心的距离。这是________的电场。

3. 真空中均匀带电的球面和球体，如果两者的半径和总电荷都相等，则带电球面的电场能量 W_1 与带电球体电场能量 W_2 相比，W_1____W_2。（填“大于”、“小于”或“等于”）

4. 在真空中，电流由长直导线 1 沿半径方向经 a 点流入一由电阻均匀的导线构成的圆环，再由 b 点沿切向流出，经长直导线 2 返回电源（题图 2-55）。已知直导线上的电流强度为 I，圆环半径为 R，$\angle aOb=90°$，则圆心 O 点处的磁感强度的大小 $B=$________。

5. 截面积为 S，截面形状为矩形的直的金属条中通有电流 I。金属条放在磁感强度为 $\boldsymbol{B}$ 的匀强磁场中，$\boldsymbol{B}$ 的方向垂直于金属条的左、右侧面（题图 2-56）。在图示情况下金属条的上侧面将积累________电荷，载流子所受的洛伦兹力 $f_m=$________。

（注：金属中单位体积内载流子数为 n）

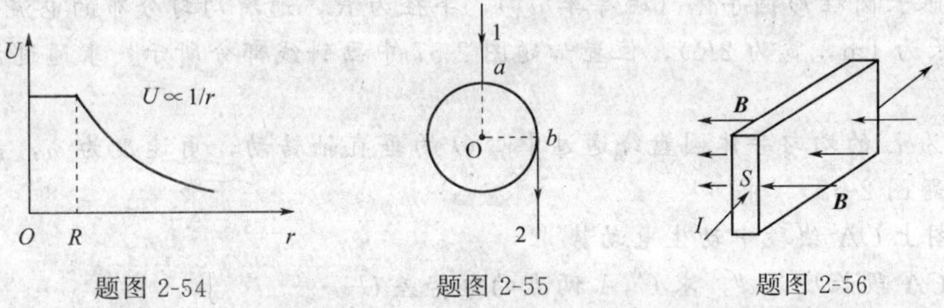

题图 2-54　　题图 2-55　　题图 2-56

6. 一平行板电容器，充电后与电源保持连接，然后使两极板间充满相对介电常量为 ε_r 的各向同性均匀电介质，这时两极板上的电荷是原来的________倍；电场强度是原来的________倍；电场能量是原来的________倍。

7. 在一根铁芯上，同时绕有两个线圈。初级线圈的自感系数为 L_1，次级线圈的自感系数为 L_2。设两个线圈通以电流时，各自产生的磁通量全部穿过两个线圈。若初级线圈中通入变化电流 $i_1(t)$，次级线圈断开，则次级线圈中的感应电动势为________。

8. 平行板电容器的电容 C 为 $20.0\mu F$，两板上的电压变化率为 $dU/dt=1.50\times10^5$ V/s，则该平行板电容器中的位移电流为________。

三、判断题（每题 1 分，共 6 分）（在要判断正误的说法后面括号中填写√或×）

下面列出的是真空中静电场的场强和电势大小。

(1) 点电荷 q 的电场：$\boldsymbol{E}=\dfrac{q}{4\pi\varepsilon_0 r^2}$（$r$ 为点电荷到场点的距离）　　(　　)

(2) 点电荷 q 的电势：$U=\frac{q}{4\pi\varepsilon_0 r^2}$（设无穷远处为电势零点） (　　)

(3)“无限长”均匀带电直线（电荷线密度 λ）的电场：$\boldsymbol{E}=\frac{\lambda}{2\pi\varepsilon_0 r^3}\boldsymbol{r}$ (　　)

（$\boldsymbol{r}$ 为带电直线到场点的垂直于直线的矢量）

(4)“无限大”均匀带电平面（电荷面密度 σ）的电场：$\boldsymbol{E}=\frac{\sigma}{2\varepsilon_0}$ (　　)

(5) 半径为 R 的均匀带电球面（电荷面密度 σ）外的电场：$\boldsymbol{E}=\frac{\sigma R^2}{\varepsilon_0 r^3}\boldsymbol{r}$ (　　)

（$\boldsymbol{r}$ 为球心到场点的矢量）

(6) 半径为 R 的均匀带电球面（电荷面密度 σ）球内的电场：$E=0$ (　　)

四、证明题（10 分）

两个同心的均匀带电球面，内球面半径为 R_1、带电荷 Q_1，外球面半径为 R_2、带电荷 Q_2。设无穷远处为电势零点，P 点在两个球面之间、距离球心为 r 处。证明

(1) 电场强度为 $\boldsymbol{E}=\frac{Q_1}{4\pi\varepsilon_0 r^3}\boldsymbol{r}$；

(2) 电势 $U=\frac{Q_1}{4\pi\varepsilon_0 r}+\frac{Q_2}{4\pi\varepsilon_0 R_2}$。

五、计算题（共 30 分，每题 10 分）

1. 两个点电荷，电量分别为 $+q$ 和 $-3q$，相距为 d。试求：(1) 在它们的连线上电场强度 $E=0$ 的点与电荷量为 $+q$ 的点电荷相距多远？(2) 若选无穷远处电势为零，两点电荷之间电势 $U=0$ 的点与电荷量为 $+q$ 的点电荷相距多远？

2. 一无限长圆柱形铜导体（磁导率 μ_0），半径为 R，通有均匀分布的电流 I。今取一矩形平面 S（长为 1m，宽为 $2R$），位置如题图 2-57 中画斜线部分所示。求通过该矩形平面的磁通量。

3. 半径为 L 的均匀导体圆盘绕通过中心 O 的垂直轴转动，角速度为 ω，盘面与均匀磁场 $\boldsymbol{B}$ 垂直（题图 2-58）。求

(1) 求图上 OA 线段中动生电动势。

(2) 设 CA 段长度为 d，求 C,A 两点的电势差 U_{AC}。

(3) E 是圆盘边缘上的一点，求 E，A 两点的电势差 U_{AE}。

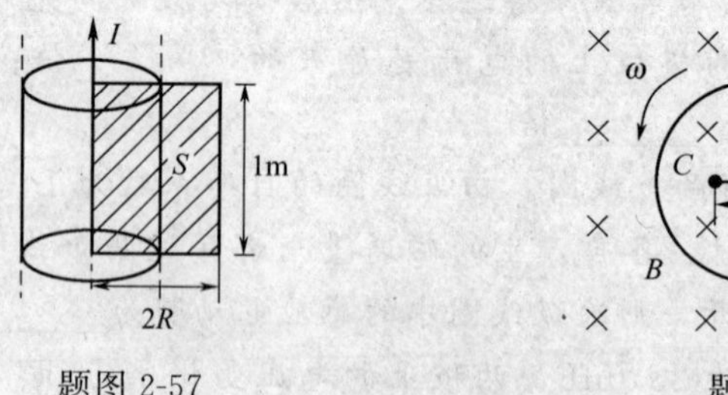

题图 2-57　　题图 2-58

第三篇
波动光学

第九单元　光的干涉

一、基本要求

（1）理解获得相干光的两种方法——分波阵面和分振幅法的意义。能分析、确定杨氏双缝干涉、劈尖干涉、牛顿环干涉条纹的位置。

（2）理解光程的物理意义，掌握其计算方法，包括和半波损失相应的光程以及它和相差的关系；知道薄透镜不引起附加光程差的意义。

（3）了解增透膜的原理和迈克尔逊干涉仪的基本结构和工作原理。

二、基本概念与基本规律

1. 光干涉的基本知识

光或光波是一定波段的电磁波，它包括红外线、可见光、紫外线和射线等（频率约为 $10^{12}\sim10^{16}$ Hz）。可见光的波长范围是 400～760nm，频率约为 $3.9\times10^{14}\sim7.5\times10^{14}$ Hz。

（1）**光速和折射率**。光波在真空和介质中的速率分别为

$$c=\frac{1}{\sqrt{\varepsilon_0\mu_0}}=2.99792458\times10^8\approx3\times10^8\,(\text{m/s})$$

$$u=\frac{1}{\sqrt{\varepsilon\mu}}=\frac{c}{\sqrt{\varepsilon_r\mu_r}}=\frac{c}{n}<c$$

$n=\sqrt{\varepsilon_r\mu_r}\geqslant1$ 为介质的折射率。由于光波穿过不同介质时，频率或角频率是不变的，所以同一频率 ν 的单色光由一种媒质进入另一种媒质时，波速和波长随介质的不同而不同！

频率 ν 的单色光在真空和介质中的波长分别为

$$\lambda=\frac{c}{\nu},\quad \lambda_n=\frac{u}{\nu}=\frac{\lambda}{n}$$

可见，频率 ν 的单色光在真空中的波长最长。

注意：复色光在媒质中传播时，媒质对不同波长成分（或频率）表现出不同的折射率，这种现象称光的色散。色散形成的彩色光带称为光谱。

（2）**光矢量和光强**。光波中参与物质相互作用（感光作用、生理作用）的是 $\boldsymbol{E}$ 矢量，称为光矢量。空间各点光矢量的大小、方向随时间和空间作周期性变化。

沿 x 正向传播的平面光波的方程为（注意光是横波）

$$E_y=E_{\mathrm{m}}\cos\left[\omega\left(t-\frac{x}{u}\right)+\varphi_0\right],\quad H_z=H_{\mathrm{m}}\cos\left[\omega\left(t-\frac{x}{u}\right)+\varphi_0\right],$$

按电磁波的理论，光的强度 I 是电磁波的平均能量密度 $\overline{S}$（对时间平均）正比于光矢量振幅的平方。

$$I=\overline{S}=\overline{EH}=\frac{1}{2}E_{\mathrm{m}}H_{\mathrm{m}}=\frac{1}{2}\sqrt{\frac{\varepsilon}{\mu}}\overline{E_{\mathrm{m}}^2}\propto E_{\mathrm{m}}^2$$

（3）**光程和光程差**。光程 L：光在介质中所经历的几何路程 r 与介质折射率 n 的乘积 nr。

光程的来历：由于频率 ν 的单色光在不同介质中传播时波速和波长随介质的不同而不同 $\left(\lambda_n=\dfrac{\lambda}{n}\right)$，光在折射率为 n 的媒质中传播，几何路程为 r 两处的光振动的相位差 $\Delta\varphi=2\pi\dfrac{r}{\lambda_n}=2\pi\dfrac{nr}{\lambda}$，从相位改变这一角度考虑，在介质中光线经过 r 距离所发生的相位改变，等于真空中经过 nr 距离所发生的相位改变。因此，光在媒质中行进 r 按“相位变化等效”折合到真空中就是 nr（即光在真空中的波长长些，多走几何距离才能与在介质中引起的相位差相同）。

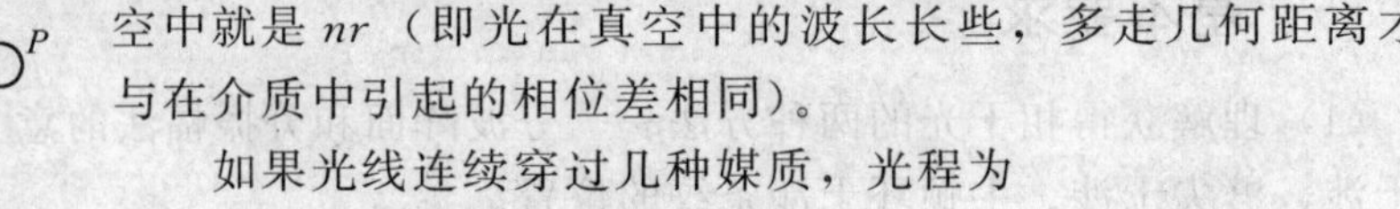

图 9-1

如果光线连续穿过几种媒质，光程为

$$L=\sum_i n_i r_i=\sum_i \frac{c}{u_i}r_i=\sum_i c\,\Delta t_i$$

可见，光程就是将光在介质中所走过的路程，折算为光在真空中的路程。

有了光程的概念后，凡涉及的波长都用真空中的波长，给计算带来方便。

光程差 δ：两束光线的光程之差。见图 9-1。

$$\delta=n_2r_2-n_1r_1$$

如果 $n_2=n_1=n$，则 $\delta=n(r_2-r_1)$；

如果 $n=1$，光程差 $\delta=r_2-r_1$，就是波程差。

光线在媒质中传播时，已知两束光的光程差，可根据下式求相位差

$$\Delta\varphi=\varphi_{20}-\varphi_{10}-\left(\frac{2\pi}{\lambda_2}r_2-\frac{2\pi}{\lambda_1}r_1\right)=\varphi_{20}-\varphi_{10}-\frac{2\pi}{\lambda}(n_2r_2-nr_1)=\varphi_{20}-\varphi_{10}-\frac{2\pi}{\lambda}\delta$$

在两光源的初相差相同，$\varphi_{20}-\varphi_{10}=0$ 时，有 $\Delta\varphi=2\pi\dfrac{\delta}{\lambda}$。

（4）**光的干涉现象**。当两列或两列以上频率相同，振动方向相同，相位差恒定的光波在它们的叠加区域里，在观察的时间内，在某些地方光强始终加强，在某些地方光强始终减弱，有稳定空间分布的现象。

这种光的强弱分布的稳定整体图形，称为干涉花样。干涉是波动的共性之一。

（5）**光的相干条件（必要条件）**。①两列光的频率相同；②两列光的振动方向相同；③在叠加处两列光的振动的相位差恒定。

相干光应该是单色光，即频率恒定的一列无限长正弦（或余弦）光波。

但注意：普通光源的发光每次约持续 10^{-8}s，发出一个长度有限的光波波列。分子、原子的发光是随机的，不同原子发出的波列，或同一原子的不同时刻发出的波列，相互间在振动方向上、相位上没有什么联系，是不相干的。

(6) **相干光的获得**。考虑到普通光源的发光特点和光的相干条件，为了从普通光源获得满足相干条件的两列相干光，要求：①光源必须是点光源；②从一个波列上分出两列相干波列来。这种“一分为二”的方法有分波阵面法和分振幅法。

如图 9-2(a)、(b) 所示，从同一波列分割出来的子波列经历不同的光程之后相遇，才能相干。

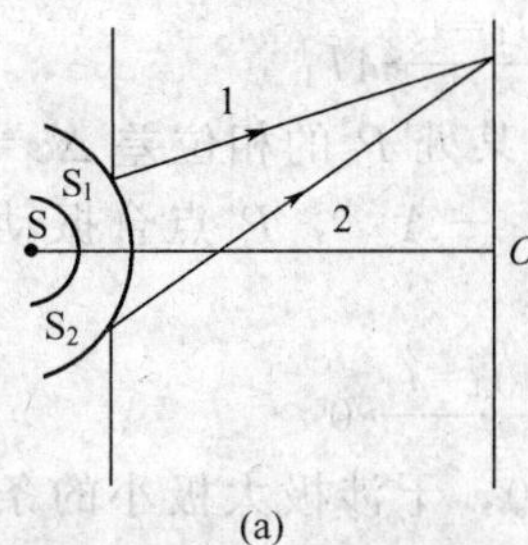

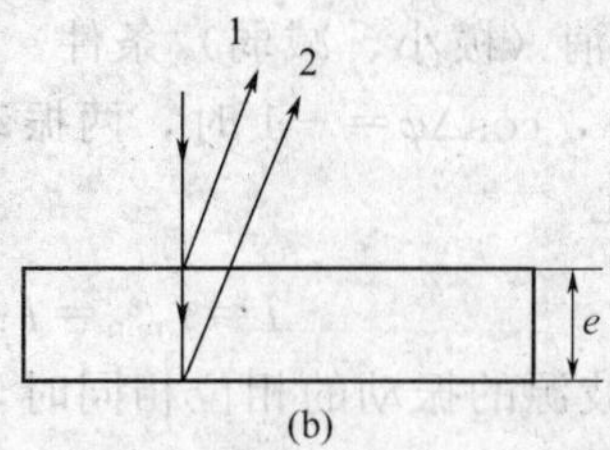

图 9-2

实际上光源不可能是点光源，要发生干涉则对波源的线度是有要求的——空间相干性；又因相干光应该是单色光，但光源发出的光的频率不可能唯一，谱线都有一定的宽度，所以 $\Delta\lambda$ 要小（准单色光）——时间相干性。

时间相干性来源于原子辐射发光的时间 Δt（相干时间）有限，所以波列有一定的长度 L（相干长度），因此能产生干涉的最大光程差 δ_m 应等于波列长度 L。

“波列的长度是有限的”与“谱线是有宽度的”这两种说法等价。

因此，光的干涉除了满足相干的三个必要条件外，还要注意光的空间相干性与时间相干性问题。

(7) **相干叠加与非相干叠加**。干涉——研究光波在空间各点相对强度的稳定分布。设两列相干光波传到 P 点的光矢量分别为（图 9-1）

$$E_1=A_1\cos\left(\omega t+\varphi_{10}-\frac{2\pi r_1}{\lambda}\right)=A_1\cos(\omega t+\varphi_1)$$

$$E_2=A_2\cos\left(\omega t+\varphi_{20}-\frac{2\pi r_1}{\lambda}\right)=A_2\cos(\omega t+\varphi_2)$$

按同方向同频率的谐振动的合成，P 点合振动的方程为

$$E=E_1+E_2=A\cos(\omega t+\varphi)$$

其中合振幅为 $\qquad A=\sqrt{A_1^2+A_2^2+2A_1A_2\cos(\varphi_2-\varphi_1)}$

P 点合振动的光强

$$I=A^2=A_1^2+A_2^2+2A_1A_2\cos(\varphi_2-\varphi_1)=I_1+I_2+2\sqrt{I_1I_2}\cos\Delta\varphi=I_1+I_2+I_{12}$$

其中：I_{12} 称为干涉项，$\Delta\varphi=\varphi_2-\varphi_1$ 为两相干光在相遇点在同一时刻的相位差，即

$$\Delta\varphi=\varphi_2-\varphi_1=\varphi_{20}-\varphi_{10}-\frac{2\pi}{\lambda}(r_2-r_1)$$

空间各点合振动强度、干涉项 I_{12} 随位置不同而不同，但有稳定分布——相干叠加，干涉场中某点处的光强取决于光振动矢量的合成。A_1,A_2 确定后，光强由干涉点上光振动的

相位差 $\Delta\varphi=\varphi_2-\varphi_1$ 决定。

如果两列光波频率不同，或振动方向垂直，相差 $\Delta\varphi$ 是 t 的函数，则在观察时间内，空间各点的 $\overline{\cos\Delta\varphi}=0$（对时间平均），干涉项 $I_{12}\equiv 0$，则空间各处的合光强 $I=I_1+I_2$——非相干叠加，形成均匀照明。

（8）**干涉加强和减弱的条件。**

① 干涉相长（极大、加强）条件。如果两相干波在某处 P 的相位差 $\Delta\varphi=\pm 2k\pi$，$k=0,1,2,3,\cdots$，$\cos\Delta\varphi=1$ 时，两振动同相，$A=A_1+A_2$，P 点合振动的光强有最大值——明纹中心

$$I=I_{\max}=I_1+I_2+2\sqrt{I_1 I_2}\xrightarrow{I_1=I_2}4I_1$$

② 干涉相消（极小、减弱）条件。如果两相干波在某处 P 的相位差 $\Delta\varphi=\pm(2k+1)\pi$，$k=0,1,2,3,\cdots$，$\cos\Delta\varphi=-1$ 时，两振动反相，$A=|A_1-A_2|$，P 点合振动的光强有最小值——暗纹中心

$$I=I_{\min}=I_1+I_2-2\sqrt{I_1 I_2}\xrightarrow{I_1=I_2}0$$

当两相干波源的振动的相位相同时，即 $\varphi_{20}-\varphi_{10}=0$，干涉极大极小的条件用光程差表示，由 $\Delta\varphi=\varphi_2-\varphi_1=\varphi_{20}-\varphi_{10}-\dfrac{2\pi}{\lambda}(r_2-r_1)=\dfrac{2\pi}{\lambda}(r_1-r_2)=\dfrac{2\pi}{\lambda}\delta$，有如下条件。

干涉相长（极大、加强）条件：$\delta=\pm k\lambda$，$k=0,1,2,3,\cdots$，即 δ 为波长整数倍的空间各点是明纹中心处。

干涉相消（极小、减弱）条件：$\delta=\pm(2k+1)\lambda/2$，$k=0,1,2,3,\cdots$，即 δ 为半波长的奇数倍的各点是暗纹中心处。

在任意相差的叠加点，其光强

$$I=I_1+I_2+2\sqrt{I_1 I_2}\cos\Delta\varphi\xrightarrow{I_1=I_2}4I_1\cos^2\frac{\Delta\varphi}{2}$$

从而可知：两强度相等的相干波（两列波的振幅相等）相干叠加产生的干涉效果最明显。由于干涉的结果，光的能量在空间发生了重新分布（总能量守恒）。光强极大、极小之处是干涉明条纹或暗条纹的中心，明暗中心之间光强连续变化，如图 9-3 所示。

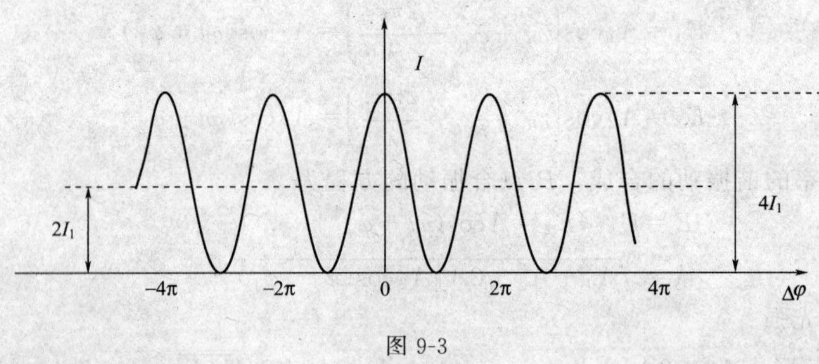

图 9-3

2. 杨氏双缝干涉——典型的分波阵面干涉

干涉装置：S 为单色线光源，S_1，S_2 为与 S 等距离的两条非常近的平行窄缝（宽度视为无限小），如图 9-4 所示。

相干光的获得：S_1，S_2 是来自 S 的同一波阵面上的两个不同部分，它们是同相位、等光强的相干光源。此装置是分波阵面法的典型例子。

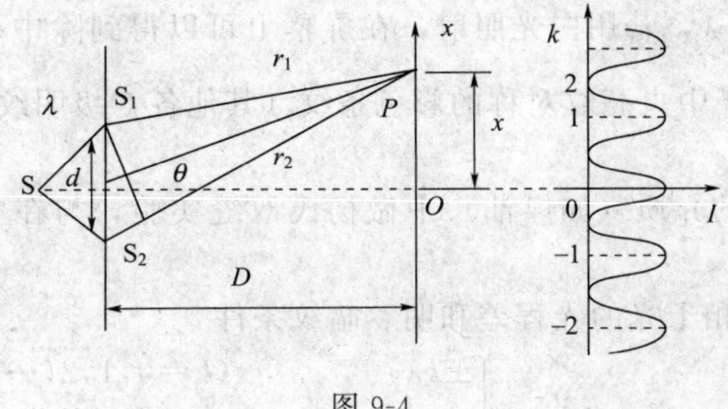

图 9-4

S_1,S_2的衍射光到达屏上 P 点的光程差决定与 S_1,S_2确定的平面平行的接收屏上各点的明暗。

由图 9-4 可知，两相干光在 P 点的光程差（$x \ll D$，$d \ll D$，$\sin\theta \approx \tan\theta$）

$$\delta = r_2 - r_1 = d\sin\theta \approx d\tan\theta = d\,\frac{x}{D}$$

由干涉极大与极小条件得出屏上明、暗纹中心位置

$$\delta = d\,\frac{x}{D} = \begin{cases} \pm k\lambda & (k=0,1,2,\cdots) \longrightarrow \text{明纹中心} \\ \pm(2k-1)\dfrac{\lambda}{2} & (k=1,2,\cdots) \longrightarrow \text{暗纹中心} \end{cases}$$

解得明、暗纹中心的位置分别为

$$x_{k\text{明}} = \pm k\,\frac{D}{d}\lambda \qquad k=0,1,2,\cdots$$

$$x_{k\text{暗}} = \pm(2k-1)\frac{D}{d}\frac{\lambda}{2} \qquad k=1,2,\cdots$$

注意：屏上光程差 $\delta \neq \pm k\lambda$、$\pm(2k\pm1)\lambda/2$ 的点的光强介于最明和最暗之间，从而认为条纹都有一定的宽度，所以前面得到的公式是最明和最暗处——条纹宽度的中心。把明纹看成一条线，就认为暗纹有宽度——两相邻明纹中心之间的间距；反之亦然。

干涉条纹的特点如下。

(1) $k=0$，$x_{\text{明}}=0$——零级明纹（中央明纹）；

$k=\pm1$，±2，…依次得到±1，±2，…，级明纹和暗纹。k 称为干涉级。

(2) 干涉条纹的宽度（相邻明纹或暗纹中心之间的距离）

$\Delta x = \dfrac{D\lambda}{d}$，与干涉级 k 无关

(3) 各级明纹中心处的光强相等，与 k 无关。

$$I = 4I_1\cos^2\frac{\Delta\varphi}{2} = 4I_1\cos^2\frac{\pi}{\lambda}\delta \longrightarrow I_{\max} = 4I_1\cos^2\frac{\pi}{\lambda}(\pm k\lambda) = 4I_1$$

所以，杨氏干涉条纹是一组明暗相间的等间隔、等宽度、等光强关于中央明纹对称的与缝平行的直条纹（等光程差线是与狭缝平行的等间隔的直线）。条纹位置及光强分布如图 9-4所示。

讨论 (1) 从条纹间距的公式 $\Delta x = \dfrac{D\lambda}{d}$ 可知，两缝的间距 d 变小，屏与缝的距离 D 变大，用波长长的光（λ 大）做实验，则 Δx 变大，干涉效果明显。当 d 变大，其他条件不变，则 Δx 变小，所以条纹变密，向屏中央的 0 级集中。D 大到一定程度，条纹过于细密无法分辨，拥挤在一起成为一条明亮带。

(2) 从 $x_{k明}=\pm k\dfrac{D}{d}\lambda$，若用白光照射，在屏幕上可以得到除中央零级亮纹（$k=0$，对所有 λ 一样）以外，关于中央亮纹对称的彩色条纹（其他各 k 级明纹出现的位置随 λ 的不同而不同）。

(3) 在折射率为 n 的介质（如煤油）中做杨氏双缝实验，与在空气中相比，则条纹间距变密。

在屏上 P 处，由两相干光的光程差和明、暗纹条件

$$\delta=nd\sin\theta\approx nd\tan\theta=nd\frac{x}{D}=\begin{cases}\pm k\lambda & (k=0,1,2,\cdots)\longrightarrow 明纹中心\\ \pm(2k-1)\dfrac{\lambda}{2} & (k=1,2,\cdots)\longrightarrow 暗纹中心\end{cases}$$

得出屏上明、暗纹中心的位置分别为

$$x_{k明}=\pm k\frac{D}{nd}\lambda,\ k=0,1,2,\cdots;\quad x_{k暗}=\pm(2k-1)\frac{D}{nd}\frac{\lambda}{2},\ k=1,2,\cdots$$

干涉条纹的宽度

$$\Delta x=\frac{D\lambda}{nd}$$

(4) 如果在双缝的一条缝上加一厚度为 a，折射率为 n 的透明薄片（图 9-5），则条纹要发生移动。

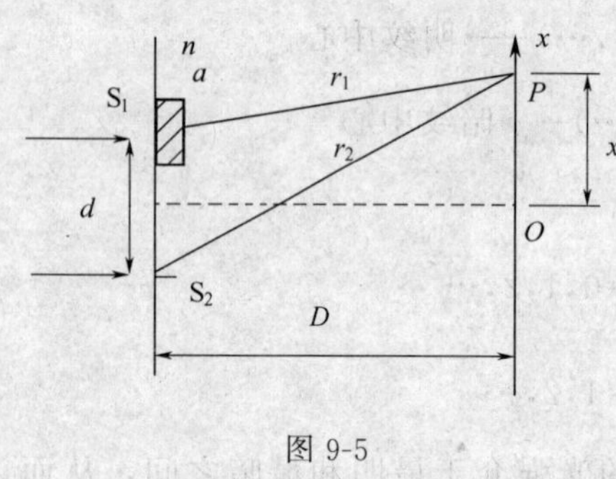

图 9-5

因为不加薄片时的两相干光在 P 点的光程差 $\delta=r_2-r_1=d\sin\theta$ 相比，两种情况下两光程差的差——附加光程差 Δ，它引起条纹移动 Δk，有 $\Delta=\delta-\delta'=(n-1)a=\Delta k\lambda$。可知原来的零级（$\delta=0$），现在是 $\Delta k=\dfrac{(n-1)\ a}{\lambda}$级。

所以，原来的 k 级明（暗）纹，现在变为 $k+\Delta k$ 级。

现在明纹中心位置

$$x_{k明}=\frac{D(\Delta k\pm k)}{d}\lambda=\frac{D[(n-1)a\pm k\lambda]}{d},\quad k=0,1,2,\cdots$$

$k=0$，$x_{0明}\neq0$——零级明纹不在中央位置。现在零级明纹中心在 $x_{0明}=\dfrac{D[(n-1)a]}{d}$，这说明原中央零级明纹向加薄片的那一端移动，即在真空中传播的光靠加长几何距离来补偿加了薄片后引起的附加光程差 Δ。但条纹的间距不变，仍为 $\Delta x=\dfrac{D\lambda}{d}$。

反过来，如果从实验中知道原来 k 级现在是 k'级，则可间接测出薄片的厚度 a，或者薄片的折射率 n

$$a=\frac{(k'-k)\lambda}{n-1},\quad n=\frac{(k'-k)\lambda}{a}+1$$

注意：附加光程差 Δ 引起条纹移动，移动的级数 Δk 与附加光程差 Δ 关系为

$$\Delta=\delta-\delta'=\Delta k\lambda$$

Δk 不一定为整数。条纹每移动一条，光程差的变动为一个波长。在光学实验中，经常采用的透镜不引起附加光程差。

洛埃镜、菲涅耳双面镜、菲涅耳双棱镜的干涉情况与此相似。

特别注意：洛埃镜实验的主要目的在于证明，如果光是从光疏介质（n_1）传向光密介

质（n_2，而 $n_2>n_1$）并在其分界面上反射时将发生**半波损失**——反射光的相位突变 π，相当于损失了半个波长的光程差。如图 9-6 所示，从实光源 S_1 和虚光源 S_2（反射光源）发出的相干光在 O 点的光程差 $\delta=0$，O 本该是亮点，但却是暗点，因为反射光的相位突变 π——相当于损失了半个波长的光程差。即相干光在 O 点的光程差 $\delta=\lambda/2$。

3. 薄膜干涉

实验条件：让一束入射角为 i 的光入射到放在均匀透明介质 n_1 和 n_3 中，厚度为 e、折射率为 n_2 的薄膜上。

相干光的获得：利用均匀透明薄膜的第一表面和第二表面对入射光的依次反射和透射获得相干光让其相遇产生干涉。如图 9-7 所示。由于强度逐次减小，通常只讨论反射光相干光 1、2 的干涉问题——这是入射光在界面上的分裂，即振幅的分裂，是分振幅法的典型例子。

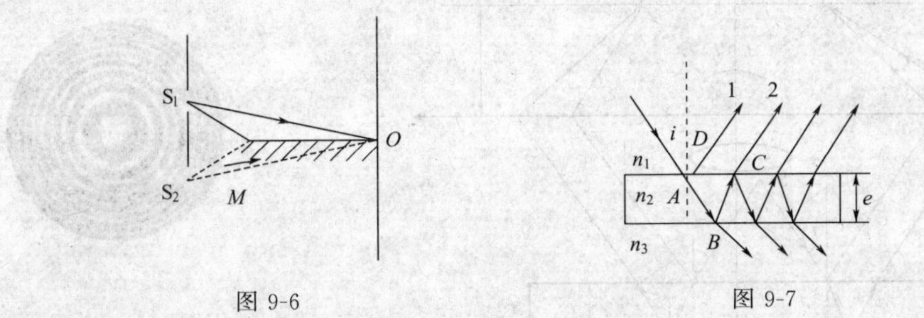

图 9-6　　　　图 9-7

注意：两相干光 1、2 都是经过介面的反射而得到的，要考虑是否有半波损失问题——当光从光疏到光密介质时的反射光有半波损失。这样，当薄膜干涉中涉及的三种介质的折射率呈楼梯形分布：

$n_1>n_2>n_3$——没有考虑半波损失；

$n_1<n_2<n_3$——不考虑半波损失（有两次半波损失，附加光程差为 λ，只引起条纹的移动或条纹的级次，不改变条纹的明暗位置）。

如图 9-7 所示，没有或者不考虑半波损失时，薄膜上下表面反射光的光程差为：

$$\delta=2e\sqrt{n_2^2-n_1^2\sin^2 i} \tag{9-1}$$

当薄膜干涉中涉及的三种介质的折射率呈夹心形分布。

$n_1>n_2<n_3$ 或 $n_1<n_2>n_3$——考虑半波损失，薄膜上下表面反射光的光程差为：

$$\delta=2e\sqrt{n_2^2-n_1^2\sin^2 i}+\frac{\lambda}{2} \tag{9-2}$$

从式(9-1)、式(9-2) 可知，薄膜干涉时，两反射相干光的光程差是薄膜厚度 e 和入射光倾角 i 的函数。当光线垂直入射薄膜时，干涉的极值条件为

$$2en_2+\left(\frac{\lambda}{2},0\right)=\begin{cases}k\lambda & (k=1,2,\cdots)\text{极大}\\(2k+1)\dfrac{\lambda}{2} & (k=0,1,2,\cdots)\text{极小}\end{cases}$$

其中，等式左边的括号中，考虑半波损失时，取 $\lambda/2$，不考虑半波损失时，取 0。

薄膜干涉有以下两类。

(1) **等厚干涉**：平行光以相同的倾角 i 入射到厚度不均匀的薄膜上。由式(9-1) 或式(9-2) 可见，光程差是薄膜厚度 e 的函数，在相遇点的光强由薄膜厚度 e 处的光程差决定——膜厚 e 相同的地方光程差相同，对应同一 k 级条纹。

因此，等厚干涉的条纹形状由薄膜等厚点的轨迹决定而形成在薄膜的表面附近。

（2）**等倾干涉**：能发出各种倾角 i 的扩展光源照明厚度 e、折射率 n_2 均匀薄膜，相遇点的光强由入射光的不同倾角 i 对应的光程差决定——扩展光源照明平行平面薄膜，条纹形成在无穷远处，可用凸透镜汇聚到焦平面上观察。入射倾角 i 相同的那些光线，光程差相同、干涉情况相同，构成某级干涉条纹。光源上一点向膜发出的倾角相等的光线构成一个圆锥面，经膜反射后在焦平面上形成一个圆，圆的位置决定于倾角 i，与光源上的点无关。

因此，等倾干涉条纹是一组同心圆，形成在透镜的焦平面上，条纹级次越高，半径越小，里疏外密。面光源上各点的等倾干涉条纹严格重合，它们的非相干叠加增强了条纹的亮度。如图 9-8 所示。

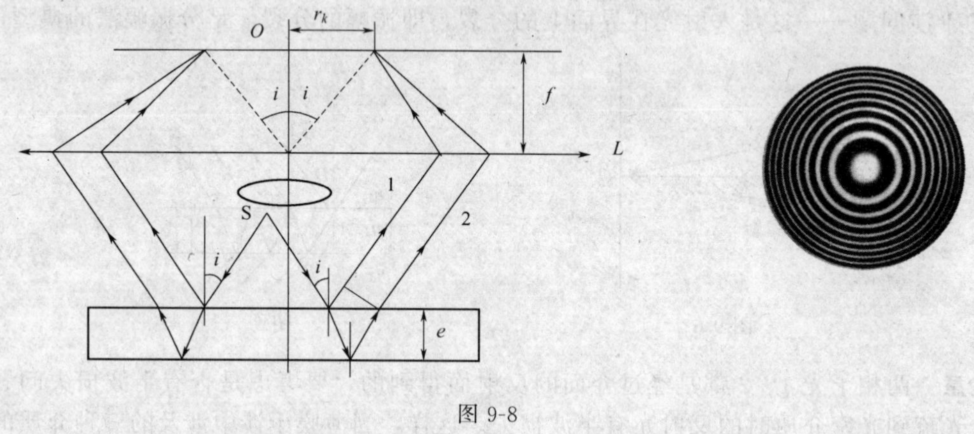

图 9-8

（1）**劈尖膜——分振幅等厚干涉的例子 1**。

实验装置：两块玻璃一端叠合，另一端夹很薄的纸片或头发丝形成 θ（$\theta \approx 10^{-4}$ rad）很小的劈尖。

如果劈尖中夹的是空气——空气劈尖（$n_2=1$，$n_1>n_2<n_3$，考虑半波损失）；

如果劈尖中夹的是介质（或者就是劈形介质）——介质劈尖（是否考虑半波损失看 n_1，n_2，n_3 的关系），如图 9-9(a)、(b) 所示。

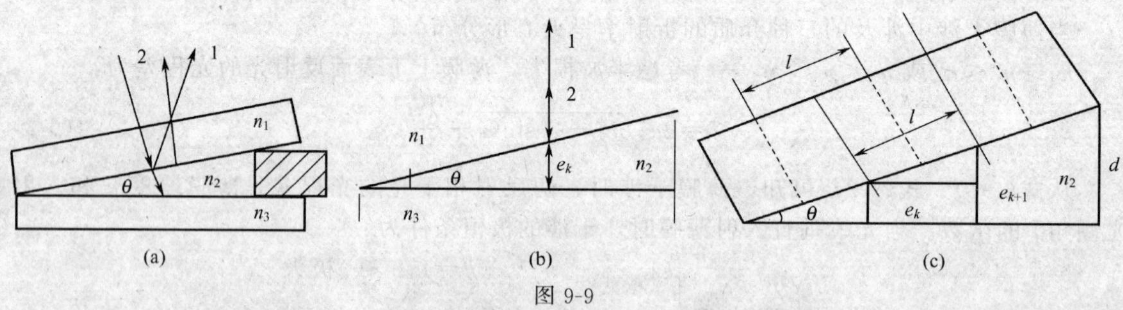

图 9-9

用单色光垂直（$i=0$）入射到劈面上，在 n_1 与 n_2 介面反射出光 1，透射进介质 n_2 后，在 n_2 与 n_3 介面上反射出光 2，这两束光在劈面上相遇发生干涉。

干涉条纹：相同 e_k 处两干涉光的光程差相同，形成同一 k 级干涉条纹，不同 e_k 处两干涉光的光程差不同，干涉结果不同。由于等厚点的轨迹是直线，从而在劈面上形成明暗相间的、分布均匀等光强平行劈棱的直条纹。

如果 n_1，n_2，n_3 呈夹心形分布，考虑半波损失，劈上任一厚度 e_k 处两相干光 1,2 的光程差和干涉极大、极小的条件为

$$2n_2e+\frac{\lambda}{2}=\begin{cases}k\lambda & (k=1,2,\cdots)k\neq 0(\text{因为 } e\geqslant 0)\longrightarrow\text{明纹中心}\\(2k+1)\frac{\lambda}{2} & (k=0,1,2,\cdots)\longrightarrow\text{暗纹中心}\end{cases}$$

解得 k 级明纹和暗纹对应的厚度分别为：

$$e_{k明}=\left(k-\frac{1}{2}\right)\frac{\lambda}{2n_2},k=1,2,\cdots;\quad e_{k暗}=\frac{k\lambda}{2n_2},k=0,1,2,\cdots$$

显然 $k=0$，$e_{0暗}=0$——考虑半波损失时，劈棱处是零级暗纹。

如果 n_1,n_2,n_3 呈楼梯形分布，不考虑（或没有）半波损失，劈上任一厚度 e_k 处两相干光 1、2 的光程差和干涉极大、极小的条件为

$$2n_2e=\begin{cases}k\lambda & (k=0,1,2,\cdots)\rightarrow\text{明纹中心}\\(2k+1)\frac{\lambda}{2} & (k=0,1,2,\cdots)\longrightarrow\text{暗纹中心}\end{cases}$$

解得 k 级明纹和暗纹对应的厚度分别为

$$e_{k明}=\frac{k\lambda}{2n_2},k=0,1,2,\cdots;\quad e_{k暗}=\frac{(2k+1)\lambda}{4n_2},k=0,1,2,\cdots$$

显然 $k=0$，$e_{0明}=0$——不考虑半波损失时，劈棱处是零级明纹。

可见，考虑半波损失与不考虑半波损失的条纹明暗互补。

如图 9-9(c) 所示，相邻明纹或暗条纹之间膜的厚度差

$$\Delta e=e_{k+1}-e_k=\frac{\lambda}{2n_2}$$

相邻明纹或暗条纹间距（也是明、暗纹的宽度）

$$l=\frac{\Delta e}{\sin\theta}\approx\frac{\lambda}{2n_2\theta}$$

讨论：① 当用白光照射时，将看到由劈尖边缘逐渐分开的彩色直条纹。同一 k 级，λ 小的在 e 小的地方。

② 楔角 θ 越小，干涉条纹分布就越稀疏——l 大。

③ 板向上平移，条纹向劈棱方向移动；板向下平移，条纹向劈背方向移动，条纹宽度不变——因为同一厚度处是同一级干涉条纹。

④ 劈棱不动上板上翅，θ 增大，则条纹变密且向着劈棱方向移动；θ 变小，则条纹变疏且向着劈背方向移动。

⑤ 此实验可用来测微小厚度和波长：如图 9-9(c)，劈棱处是暗纹，对应厚度 d 处数出 k 个暗纹，则 $d=(k-1)\Delta e=(k-1)\lambda/2$。如果已知厚度 d，用此式可测出波长。

测微小角度：通过测 m 个相邻的明纹或暗纹的间距 $(m-1)l$ 和 m 个相邻的明纹或暗纹的厚度差 $(m-1)\Delta e$ 来计算 $\theta=\frac{\Delta e}{l}=\frac{(m-1)\Delta e}{(m-1)l}$。

检查平面平不平：如平面是平的，则劈面上出现的是直条纹；如不平，则条纹发生弯曲。如果条纹背向劈棱处扭曲，不平的平面是凸起（$e\downarrow$ 条纹上移），如果条纹朝向劈棱处扭曲，不平的平面是凹起（$e\uparrow$ 条纹下移）。如图 9-10 所示。

(2) **牛顿环——分振幅等厚干涉的例子 2。**

实验装置：如图 9-11 所示。一个曲率半径 R 很大的平凸透镜（n_1）下表面和平板玻璃（n_3）上表面之间的空隙构成空气薄膜（$n_2=1$，也可是透明介质 n_2）——各处 θ 不等的对称劈尖。

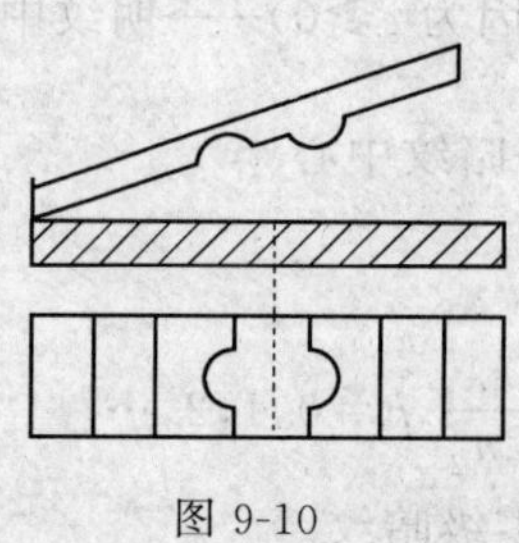

图 9-10

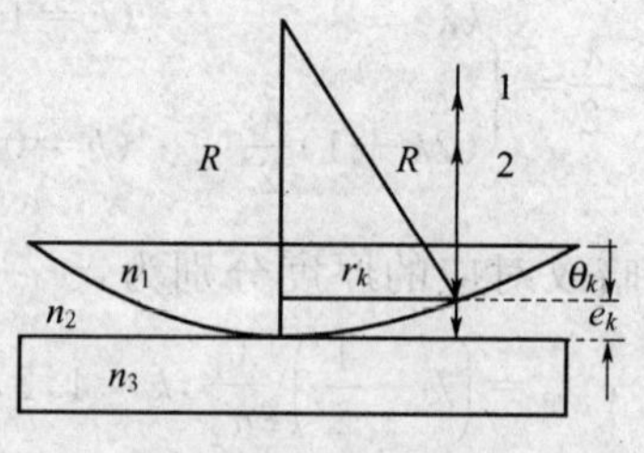

图 9-11

用单色光垂直（$i=0$）入射到平凸透镜的曲面上在 n_1 与 n_2 介面反射出光 1，透射进介质 n_2 后，在 n_2 与 n_3 介面上反射出光 2。这两束光相遇发生干涉。

干涉条纹：相同厚度 e_k 处两干涉光的光程差相同，形成同一 k 级干涉条纹，不同 e_k 处两干涉光的光程差不同，干涉结果不同，由于等厚点的轨迹是圆，从而在平凸透镜平面上形成明暗相间的分布不均匀、里疏外密的一组同心圆条纹，中心处是圆形暗斑（考虑半波损失）或是圆形亮斑（不考虑半波损失）。

由图 9-11 可知，膜厚 e_k 处对应的等厚线半径为 $r_k\approx\sqrt{2Re_k}$，对应 e_k 处的两相干反射光的光程差和干涉极大和极小条件如下。

如果 n_1，n_2，n_3 呈夹心形，考虑半波损失，有

$$\delta=2n_2e_k+\frac{\lambda}{2}=2n_2\frac{r_k^2}{2R}+\frac{\lambda}{2}=\begin{cases}k\lambda & (k=1,2,\cdots)k\neq 0\longrightarrow\text{明环中心}\\(2k+1)\dfrac{\lambda}{2} & (k=0,1,2,\cdots)\longrightarrow\text{暗环中心}\end{cases}$$

得出 k 级明环、暗环的半径为：

$$r_{k明}=\sqrt{\frac{(2k-1)R\lambda}{2n_2}}\quad(k=1,2,3,\cdots),\ r_{k暗}=\sqrt{\frac{kR\lambda}{n_2}}\quad(k=0,2,3,\cdots)$$

如果 n_1,n_2,n_3 呈楼梯形，则不考虑（或没有）半波损失，则 $\delta=2n_2e_k=2n_2\dfrac{r_k^2}{2R}$，其他讨论与上面的相同。

讨论：① k 增大，环的半径 r 也增大，所以对牛顿环实验，级别高的条纹在外，级别是从环心往外数。

② r_k 与 k 的平方根为正比，因此条纹分布不均匀，越往外（k 大），条纹越密，这是因为牛顿环是一个 θ 不等的对称劈尖，越往外 θ_k 越大，而条纹宽度与 θ_k 反比。如图 9-12 所示。

③ 平凸透镜半径 R 变小，即各处 θ_k 变大，或者平凸透镜往上平移，即各处 e_k 变大，则条纹向中心浓缩且条纹变密。反之亦然。

如图 9-13 所示，平凸透镜往上平移为 d 时，某点厚度由 $e_k\rightarrow e_k+d$，则在视场中移过这点的条纹数由附加光程差

$\Delta=\delta'-\delta=2n_2d=\Delta k\lambda$ 决定。

它引起条纹向中心收进 $\Delta k=2n_2d/\lambda$ 条，中心不再是零级暗纹（或零级明纹）。

④ 可以用来测量光波波长和透镜的半径：测量出 m 级和 k 级的暗环半径（考虑半波损失），$r_m^2=\dfrac{mR\lambda}{n_2}$，$r_k^2=\dfrac{kR\lambda}{n_2}$，间接测出 $R=n_2\dfrac{r_m^2-r_k^2}{(m-k)\lambda}$ 或 $\lambda=n_2\dfrac{r_m^2-r_k^2}{(m-k)R}$。也可由这种方法测某种透明介质的折射率 n_2。

（3）**迈克尔逊干涉仪——分振幅等倾干涉的例子 1**（分振幅法产生双光束干涉的仪器）。

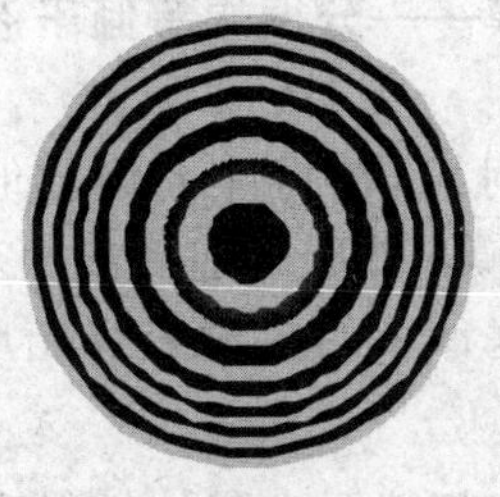
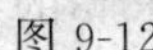

图 9-12

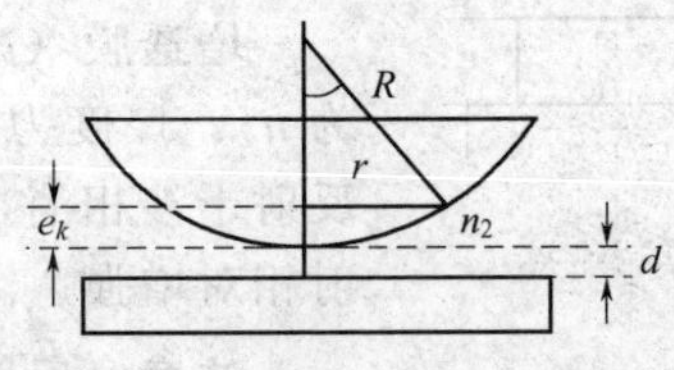

图 9-13

实验装置：如图 9-14(a) 所示，能发出各种 i 的扩展面光源 S，两面精密磨光的平面反射镜 M_1 和 M_2 互相垂直地放置在两臂上，两块材料、厚薄均匀几何形状完全相同的光学平晶 G_1，G_2。G_1 是分光板，G_2 是补偿板（起补偿光程的作用）。

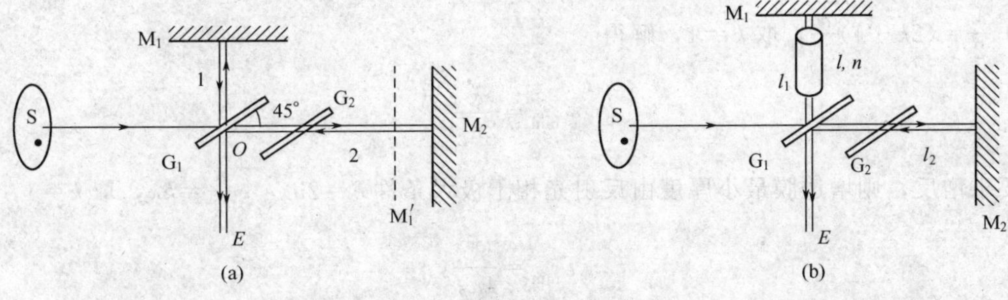

图 9-14

相干光的获得：经分光板 G_1 将一束入射光分振幅形成光强近于相等的反射和透射的两束传播方向互相垂直的再经两平面镜 M_1 和 M_2 反射后通过透镜会聚的两反射光的干涉。

实验原理：依平面镜成像原理，这一干涉可看成是 M_1' 和 M_2（或 M_2' 和 M_1）所夹的空气薄膜的干涉。

干涉条纹：调节 M_1 和 M_2 严格垂直——M_1' 和 M_2 平行时，就形成厚度均匀的平行平面空气膜，可观察到等倾干涉（图 9-8）。调节 M_1 和 M_2 不严格垂直——M_1' 和 M_2 不平行时，就形成劈尖形的空气膜，可观察到等厚干涉——明暗相间的直条纹，如图 9-9(c) 所示。

在光学中，迈克尔逊干涉仪主要用于长度和折射率的测量。

干涉条纹移动一条，M_1' 与 M_2 之间的空气膜厚度改变 $\frac{\lambda}{2}$，如已知 λ、条纹移动数 Δk，可测得微小厚度的变化 $\Delta e=\Delta k\frac{\lambda}{2}$。

如已知 Δe，Δk，可测得光谱线的波长以及精细结构。

在迈克尔逊干涉仪的一条臂上放一长为 l、折射率 n 待测的介质时，如图 9-14(b) 所示，将引起附加光程差使原来条纹要移动 Δk 条，有

$$\Delta=\delta-\delta'=(2l_2-2l_1)-\{2l_2-[2(l_1-l)+2nl]\}=2(n-1)l=\Delta k\lambda$$

通过数出条纹移动数 Δk，测得介质的折射率

$$n=\frac{\Delta k\lambda}{2l}+1$$

反过来，已知 n，也可测微小长度

$$l=\frac{\Delta k\lambda}{2(n-1)}$$

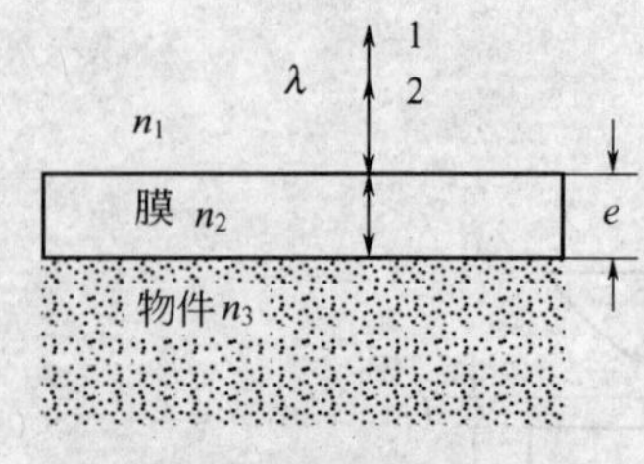

图 9-15

(4) **增透膜增反膜——分振幅等倾干涉的例子 2**。如图 9-15 所示。

增透膜（减少反射）：在物件上均匀地镀上一层折射率为 n_2，厚度为 e 的薄膜，使膜的前后表面对某种波长 λ 的光反射干涉相消，从而这种 λ 的入射光线光反射光强减弱，透射相对增强。

注意：反射光完全相消要求膜的折射率 $n_2=\sqrt{n_1 n_3}$。

增反膜（减少透射）：在物件上镀上一层折射率为 n_2，厚度为 e 的薄膜使得某种波长 λ 的光反射是干涉相长，从而这种 λ 的光反射光强加强。

如果镀上的介质 n_2 使 n_1, n_2, n_3 呈夹心形分布：要考虑半波损失。

在正入射（$i=0$）情况下，要求增透，则增透膜最小厚度由反射光相干极小条件 $\delta=2n_2 e+\dfrac{\lambda}{2}=(2k+1)\dfrac{\lambda}{2}$，取 $k=1$，解得

$$e_{\min}=\frac{\lambda}{2n_2}$$

要求增反，则增透膜最小厚度由反射光相干极大条件 $\delta=2n_2 e+\dfrac{\lambda}{2}=k\lambda$，取 $k=1$，得

$$e_{\min}=\frac{\lambda}{4n_2}$$

如果镀上的介质 n_2 使 n_1, n_2, n_3 呈楼梯形分布：不必考虑半波损失。

要求增透，则增透膜最小厚度由反射光相干极小条件 $\delta=2n_2 e=(2k+1)\dfrac{\lambda}{2}$，取 $k=0$，得

$$e_{\min}=\frac{\lambda}{4n_2}$$

要求增反，则增透膜最小厚度由反射光相干极大条件 $\delta=2n_2 e=k\lambda$，取 $k=1$，得

$$e_{\min}=\frac{\lambda}{2n_2}$$

4. 多光束干涉

可用分波阵面法获得 N 条频率相同、振动方向相同、位相差恒定且光振动振幅基本相同，两相邻平行光线的光程差相等的相干光。如图 9-16 所示，一束单色光垂直薄膜入射照在 N 条平行、分割波面相同的面积的单狭缝上，缝上每一点作为新的子波源（同相位的），可发出各种衍射角（$-\pi/2<\theta<\pi/2$）的光线，对应点发出 N 条衍射角为 θ 的平行相干光，通过透镜会聚在 θ 方向上，不同 θ 的平行相干光通过透镜会聚在不同的 θ 方向上，由于光程差是 θ 的函数，从而在屏上形成明暗相间的多光束干涉条纹。

设两相邻缝中心之间的距离为 $d=a+b$——光栅常数（a——透光缝的宽度，b——不透光部分的宽度）。从图 9-17(b) 可知：

两相邻光线的光程差和位相差为 $\delta=d\sin\theta$，$\alpha=2\pi\delta/\lambda$。根据波动理论，$N$ 个振幅相等、位相依次落后 α 的相干波在 P 点会聚引起合振动的振幅：

$$A_{合}=A_i\frac{\sin N\alpha/2}{\sin\alpha/2}$$

相干波在会聚点 P 的光强为

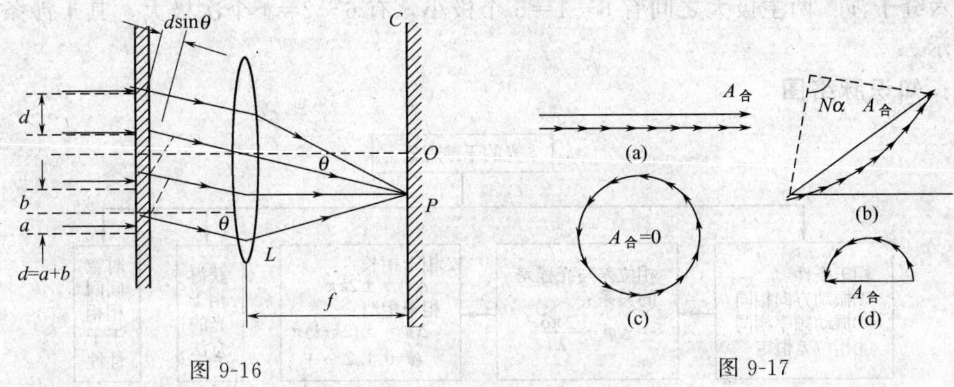

图 9-16　　　　　图 9-17

$$I=A_i^2\ \frac{\sin^2 N\alpha/2}{\sin^2\alpha/2}$$

由于 θ 不同，δ 不同，α 不同，会聚点的光强就不同。

多光束干涉的主极大条件：$\alpha=\pm 2k\pi$，$\delta=d\sin\theta=\pm k\lambda$，即

$$d\sin\theta=(a+b)\sin\theta=\pm k\lambda,\quad k=0,1,2,\cdots\text{有限个}(\theta_{\max}=\pi/2)$$

——光栅方程，决定光强有最大值的位置，即相邻两缝衍射角为 θ 的平行光线的光程差等于波长的整数倍时，会聚在 θ 方向上是亮纹，各级主极大等光强，都为 $I=N^2I_i$。主极大的条件可用光矢量 **A** 的叠加来解释，如图 9-17(a) 所示。

$\theta=0$ 的平行光是等光程的，会聚在对透镜光心的张角为 0 处（O 处），这是有最大光强处，对应中央明纹（$k=0$）的中心。

多光束干涉的干涉极小条件：$N\alpha=\pm 2k'\pi$，$\alpha=\pm 2k'\pi/N$，$\delta=d\sin\theta=\pm k'\lambda/N$，$k'=1,2,\cdots,N-1,N+1,\cdots$，特别注意 $k'\neq 0,N,2N,3N,\cdots$

——即 N 个位相依次落后偶数个 π/N 的矢量组成封闭图形，合矢量的振幅 $A=0$ 光强有极小值 $I=0$，如图 9-17(c) 所示。

多光束干涉的次极大条件：由极值条件$\dfrac{\mathrm{d}}{\mathrm{d}\alpha}\left(A_i^2\ \dfrac{\sin^2 N\alpha/2}{\sin^2\alpha/2}\right)=0$，可解得

$$N\alpha=\pm(2k''+1)\pi,\ \alpha=\pm(2k''+1)\pi/N,\ \delta=\mathrm{d}\sin\theta=\pm(2k''+1)\lambda/2N$$
$$k''=0,1,2,\cdots$$

如图 9-17(d) 所示，N 个位相依次落后的奇数个 π/N 的矢量，其中偶数个组成封闭图形，还有一些振动的总位相差为 π——使合矢量的振幅 A 是次极大，光强有次极大值（比主极大处亮纹光强小得多）。

可以证明：N 束光相干，两个相邻主极大之间有 $N-1$ 个极小，$N-2$ 个次极大［对双缝干涉，两主极大之间有一个（2−1）极小，有零个（2−2）次极大——双缝不谈主极大］。

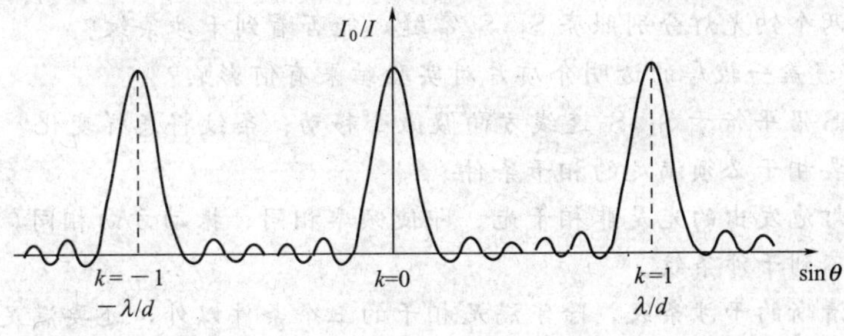

图 9-18

对六缝干涉：两主极大之间有 6－1＝5 个极小，有 6－2＝4 个次极大，其干涉条纹如图 9-18 所示。

附：知识脉络图

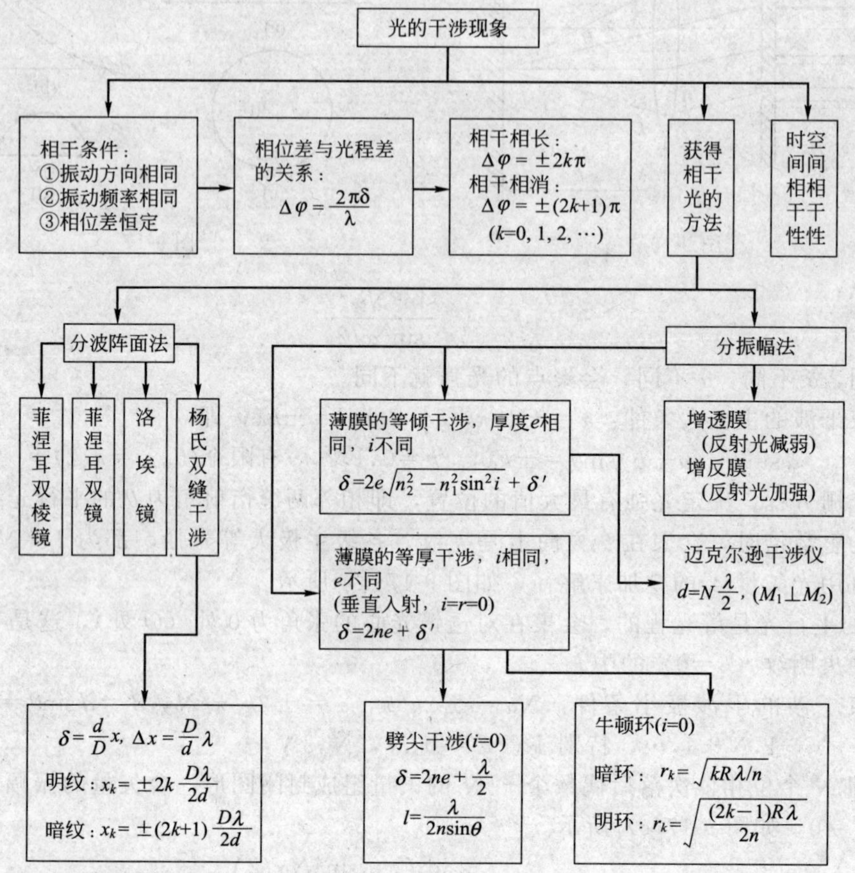

三、典型例题

分析干涉问题注意以下几点：

(1) 弄清两相干光是如何得到的；

(2) 正确计算出相干光在干涉点处的光程差；注意有没有、要不要考虑半波损失；

(3) 分析干涉条纹的特点，注意干涉极大、极小的条件；光程差决定干涉条纹的形状(明、暗位置)，附加光程差决定条纹的移动。

【例 9-1】 在杨氏双缝干涉实验中：

(1) 如果用两个钠光灯分别照亮 S_1,S_2 窄缝，能否看到干涉条纹?

(2) 在 S_1 上覆盖一较厚的透明介质片对实验结果有何影响?

(3) 线光源 S 沿平行于 S_1,S_2 连线方向做微小移动；条纹将怎样变化?

【解】 注意要相干必须满足的相干条件。

(1) 由两个灯泡发出的光是非相干光。即使频率相同、振动方向相同，也不会有恒定的相位差，所以看不到干涉条纹。

(2) 要看到清晰的干涉条纹，除了满足相干的三个条件以外，还要满足两束光的光程差小于相干长度的条件。一条缝上覆盖厚介质片，双缝衍射光在屏上的光程差将接近或超出光的相干长度，造成干涉条纹模糊，甚至消失。

(3) 设 S 下移到 S_0，如图 9-19 所示。此时 $S_0S_1 \neq S_0S_2$，S_1，S_2 不再是同相位光源，0 级中央明纹将从屏中央 O 点移开。中央明纹应在 $\delta=0$ 之处，设为 P_0 点，由 $(l_2+r_2)-(l_1+r_1)=0$ 决定。

因为 $l_1>l_2$，所以 $r_2>r_1$。即原来 0 级明纹上移。因为 S 只做微小移动，只改变 S_1、S_2 之间的初相位差，条纹的结构并不变化，所以屏上的干涉条纹整体向上平移。

【例 9-2】 杨氏双缝干涉实验中，在 S_1 上覆盖一折射率为 n_1、厚度为 e 的薄透明介质片，用同样厚度的玻璃片，但折射率 $n_2(>n_1)$ 覆盖缝 S_2，如图 9-20 所示。求

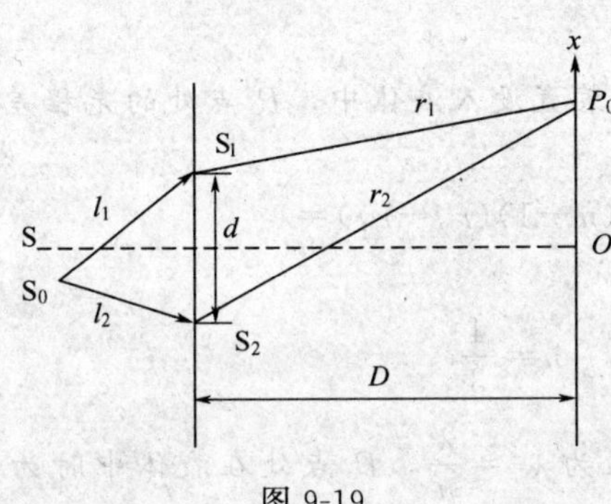

图 9-19

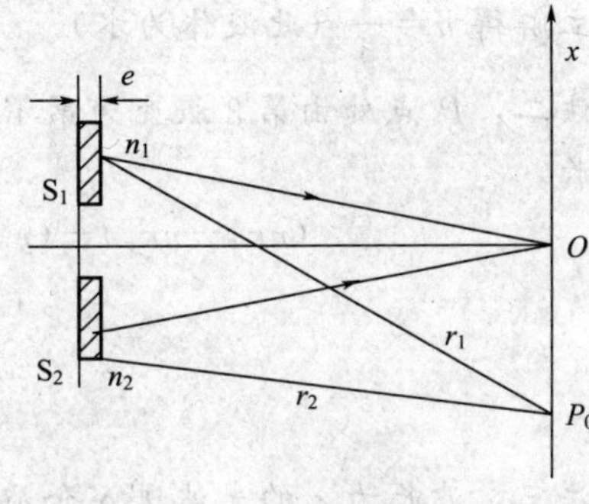

图 9-20

(1) 屏中央 O 点处的光程差。

(2) 如果 O 点处的光程差 $\delta_0'=7\lambda$，O 点处现在是明纹还是暗纹？干涉级是多少？

(3) 若光源波长为 0.55μm，$n_1=1.35$，$n_2=1.58$ 求透明介质和玻璃的厚度 e。

(4) 若双缝相距 0.60mm，屏与狭缝的距离为 1.5m，求 0 级亮纹中心所在位置。

【解】 (1) 屏中央 O 点处的光程差由 $\delta_0=0$ 改变为：$\delta_0'=(n_2-n_1)d$。

(2) 因 O 点处的光程差 $\delta_0'=7\lambda$，所以该处现在是第七级亮条纹。屏幕上的干涉条纹将向下 $(n_2>n_1)$ 整体平移 7 个条纹间距，条纹间距不变。

(3) 由 $\delta_0'=(n_2-n_1)e=\Delta=7\lambda$，解得厚度 e 为

$$e=\frac{7\lambda}{n_2-n_1}=\frac{7\times 0.55}{1.58-1.35}=16.74(\mu\text{m})$$

(4) 因屏幕上的干涉条纹将向下整体平移 7 个条纹间距，条纹间距不变，所以可先求明纹间距

$$\Delta x=\frac{D\lambda}{d}=\frac{1.5\times 10^3\times 0.55\times 10^{-3}}{0.60}=1.38(\text{mm})$$

得到新的 0 级条纹在屏幕上的位置（即到屏中心的距离）是条纹间距的 7 倍处，有

$$x_0'=-7\Delta x=-9.66\text{mm}$$

也可由 $\delta'=d\sin\theta-(n_2-n_1)e=d\dfrac{x}{D}-(n_2-n_1)e=k\lambda=0$，解得

$$x_0'=-\frac{D(n_2-n_1)e}{d}=-7\frac{D\lambda}{d}=-7\Delta x$$

【例 9-3】 杨氏双缝干涉实验中，已知屏幕上的 P 点处为第 3 级明条纹，如图 9-21 所示。若将整个装置浸入某种透明液体中，P 点处为第 4 级明条纹。求此液体

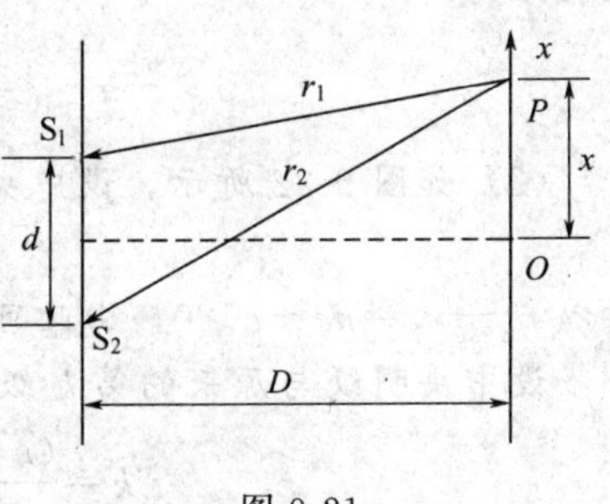

图 9-21

的折射率。

【解】 注意在空气和液体中时，尽管 S_1，S_2 至干涉点 P 的几何路程没有变，但浸入液体后光程、光程差发生了变化，至使 P 点处由第 3 级变为第 4 级，根据干涉级与光程差的关系解此题。

解法一：在空气中第 3 级明条纹条件

$$r_2-r_1=3\lambda$$

在液体中第 4 级明条纹条件

$$nr_2-nr_1=4\lambda$$

两式联立解得 $n=\dfrac{4}{3}$（此液体为水）

解法二：P 点处由第 3 级变为第 4 级，就是说装置没入液体中，P 点处的光程差增加了一个波长。

$$(nr_2-nr_1)-(r_2-r_1)=\lambda,(n-1)(r_2-r_1)=\lambda$$

而

$$r_2-r_1=3\lambda$$

所以

$$n-1=\frac{1}{3},\quad n=\frac{4}{3}$$

解法三：波长为 λ 的光波进入介质中波长缩短为 $\lambda_n=\dfrac{\lambda}{n}$，$P$ 点处在液体中时为第 4 级亮条纹，就是说 S_1、S_2 至 P 点的几何程差是介质中波长的 4 倍，即

$$r_2-r_1=4\lambda_n=4\frac{\lambda}{n}$$

因为

$$r_2-r_1=3\lambda$$

所以

$$n=\frac{4}{3}$$

讨论：上述三种方法相似，但考虑问题的出发点不同，装置没入水中，波长变短，干涉条纹宽度 $\Delta x=\dfrac{D\lambda}{d}\rightarrow\Delta x=\dfrac{D\lambda}{nd}$ 变小，OP 之间原来容纳 3 条，没入水中后容纳了 4 条。

【例 9-4】 双缝干涉实验中，波长 $\lambda=550\text{nm}$ 的单色平行光垂直入射到缝间距 $d=2\times10^{-4}\text{m}$ 的双缝上，屏到双缝的距离 $D=2\text{m}$，求

(1) 中央明纹两侧的两条第 10 级明纹中心的间距；

(2) 用一厚度为 $e=6.6\times10^{-6}\text{m}$、折射率为 $n=1.58$ 的玻璃片覆盖一缝后，零级明纹将移到原来的第几级明纹处？

【解】 (1) 根据明条纹的形成条件 $x=\pm k\dfrac{D\lambda}{d}$，中央明纹两侧的两条第 10 级明纹中心的间距为

$$x_{10}-x_{-10}=20\frac{D\lambda}{d}=20\times\frac{2\times550\times10^{-9}}{2\times10^{-4}}=0.11(\text{m})$$

(2) 如图 9-22 所示，设中央明纹移到屏幕上的 P 点，两缝的光程差为

$$\Delta=r_2-(r_1-e+ne)=0$$

所以 $r_2-r_1=ne-e>0$，由此可以看出，中央明纹应上移。

设中央明纹与原来的第 k 级明纹相对应，则 $r_2-r_1=k\lambda$，$ne-e=k\lambda$，所以

$$k=\frac{(n-1)e}{\lambda}=\frac{(1.58-1)\times6.6\times10^{-6}}{550\times10^{-9}}=7$$

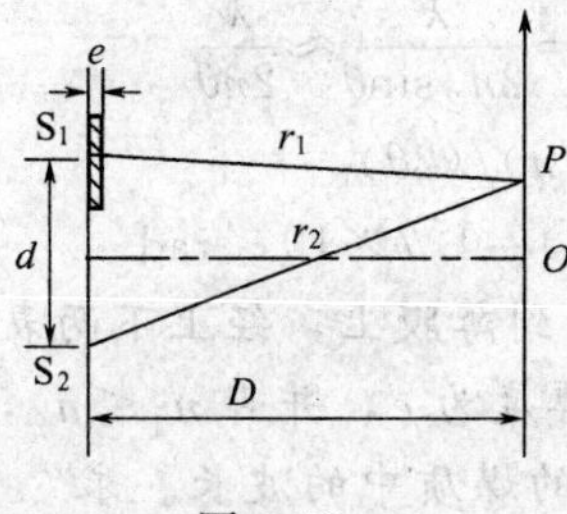

图 9-22

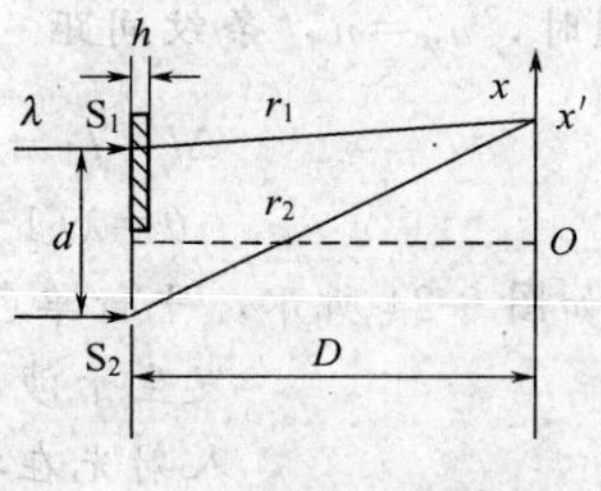

图 9-23

【例 9-5】 双缝干涉实验装置如图 9-23 所示，双缝与屏之间的距离 $D=120\text{cm}$，两缝之间的距离 $d=0.5\text{mm}$，用波长 $\lambda=500\text{nm}$（$1\text{nm}=10^{-9}\text{m}$）的单色光垂直照射双缝。

(1) 求原点 O（零级明条纹所在处）上方的第 4 级明条纹的坐标 x。

(2) 如果用厚度 $h=1.0\times10^{-2}\text{mm}$，折射率 $n=1.50$ 的透明薄膜覆盖在图中的 S_1 缝后面，求上述第四级明条纹的坐标 x'。

【解】 (1) 根据明条纹的形成条件 $x=\pm k\dfrac{D\lambda}{d}$，原点 O（零级明条纹所在处）上方的第 4 级明条纹的坐标为

$$x_4=4\frac{D\lambda}{d}=4\times\frac{120\times10^{-2}\times500\times10^{-9}}{0.5\times10^{-3}}=4.8\times10^{-3}(\text{m})$$

(2) 根据 D,d,x',r_1 和 r_2 的几何关系

$$x'=D\tan\theta\approx D\sin\theta,\quad r_2-r_1=d\frac{x'}{D},\quad x'=\frac{D(r_2-r_1)}{d}$$

根据明条纹的形成条件，x' 处两条光线的光程差为

$$\delta'=r_2-(r_1-h+nh)=4\lambda$$

$$r_2-r_1=(n-1)h+4\lambda,\quad x'=\frac{D(r_2-r_1)}{d}=\frac{D}{d}[(n-1)h+4\lambda]$$

所以 $x'=\dfrac{120\times10^{-2}}{0.5\times10^{-3}}[(1.50-1)\times1.0\times10^{-2}\times10^{-3}+4\times500\times10^{-9}]=1.68\times10^{-2}(\text{m})$

【例 9-6】 用波长 $\lambda=500\text{nm}$ 的平行光垂直照射折射率 $n=1.33$ 的劈形膜，观察反射光的等厚干涉条纹。从劈形膜的棱算起，求第 5 条明纹中心对应的膜厚度。

【解】 对于夹心型介质劈形膜，薄膜上下表面的反射光的光程差为

$$\Delta=2ne+\frac{\lambda}{2}$$

根据薄膜干涉明纹的形成条件 $\Delta=2ne+\dfrac{\lambda}{2}=k\lambda\quad(k=1,2,\cdots)$

所以第 k 级明纹对应的薄膜厚度为 $e_k=\dfrac{(2k-1)}{4n}\lambda\quad(k=1,2,\cdots)$

第 5 条明纹对应的薄膜厚度 $e_5=\dfrac{9\lambda}{4n}=\dfrac{9.5\times500}{4\times1.33}=846(\text{nm})$

【例 9-7】 折射率为 1.60 的两块标准平面玻璃板之间形成一个劈形膜（劈尖角 θ 很小）。用波长 $\lambda=600\text{nm}$（$1\text{nm}=10^{-9}\text{m}$）的单色光垂直入射，产生等厚干涉条纹。假如在劈形膜内充满 $n=1.40$ 的液体时的相邻明纹间距比劈形膜内是空气时的间距缩小 $\Delta l=0.5\text{mm}$，那么劈尖角 θ 应是多少？

【解】 空气劈形膜时，$n_2=1$，条纹间距 $l_1=\dfrac{\lambda}{2n_2\sin\theta}\approx\dfrac{\lambda}{2\theta}$

液体劈形膜时，$n_2=n$，条纹间距 $$l_2=\frac{\lambda}{2n_2\sin\theta}\approx\frac{\lambda}{2n\theta}$$

$$\Delta l=l_1-l_2=\lambda(1-1/n)/(2\theta)$$

所以 $$\theta=\lambda(1-1/n)/(2\Delta l)=1.7\times10^{-4}\text{rad}$$

【例 9-8】 如图 9-24 所示，平行单色光垂直照射到薄膜上，经上下两表面反射的两束光发生干涉，若薄膜的厚度为 e，并且 $n_1<n_2$，$n_2>n_3$，λ_{n1} 为入射光在折射率为 n_1 的媒质中的波长。求

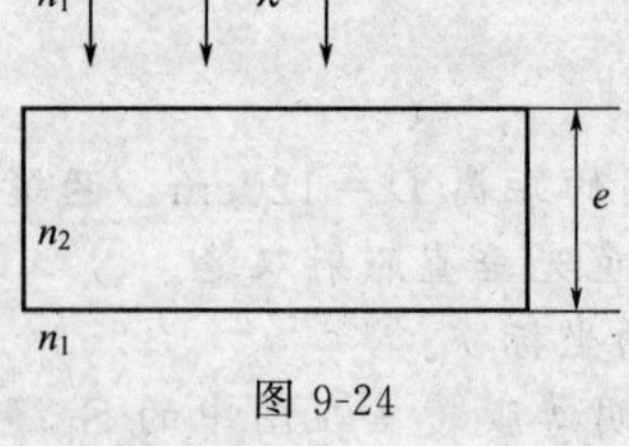

图 9-24

(1) 两束反射光在相遇点的位相差为多少?

(2) 如果 $n_2=1.38$，观察反射光的干涉时，发现对 $\lambda=500\text{nm}$ 的光波干涉相消，对$\lambda'=600\text{nm}$ 的光波干涉相长．且在 500nm 到 600nm 之间没有别的波长是最大限度相消或相长的情形。求介质膜的厚度 e 为多少?（$1\text{nm}=10^{-9}\text{m}$）

【解】 (1) 薄膜的厚度为 e，并且 $n_1<n_2$，$n_2>n_3$，折射率呈夹心型分布，要考虑半波损失，则两反射光在相遇点的光程差为 $\delta=2n_2e+\frac{\lambda}{2}$，因相位差 $\Delta\varphi$ 与光程差 δ 的关系为 $\Delta\varphi=\frac{2\pi}{\lambda}\delta$，所以两束反射光在相遇点的位相差为

$$\Delta\varphi=\frac{2\pi}{\lambda}\delta=\frac{2\pi\times2n_2e}{n_1\lambda_{n1}}+\pi=\frac{4\pi n_2e}{n_1\lambda_{n1}}+\pi$$

注意：λ 为真空中的波长。在介质 n_1 中，此光的波长 $\lambda_{n1}=\lambda/n_1$；在介质 n_2 中，此光的波长 $\lambda_{n2}=\lambda/n_2$，有 $\lambda_{n2}=\frac{\lambda}{n_2}=\frac{n_1\lambda_{n1}}{n_2}$。所以也可由两反射光的波程差 $\delta=2e+\frac{\lambda_{n2}}{2}$，对应的位相差 $$\Delta\varphi=\frac{2\pi}{\lambda_{n2}}\delta=\frac{2\pi\times2e}{\lambda_{n2}}+\pi=\frac{4\pi n_2e}{n_1\lambda_{n1}}+\pi$$

(2) 依题意有如下公式

对 λ $$2n_2e+\frac{\lambda}{2}=\frac{1}{2}(2k+1)\lambda \tag{9-3}$$

对 λ' $$2n_2e+\frac{\lambda'}{2}=k\lambda' \tag{9-4}$$

由式(9-3)、式(9-4) 解得 $$k=\frac{\lambda'}{2(\lambda'-\lambda)}=\frac{600}{2\times(600-500)}=3$$

将 k,λ 代入式(9-3) 得

$$e=\frac{k\lambda}{2n_2}=543.48\text{nm}$$

【例 9-9】 在如图 9-25 所示的牛顿环装置中，把玻璃平凸透镜和平面玻璃（设玻璃折射率 $n_1=1.50$）之间的空气（$n_2=1.00$）改换成水（$n_2'=1.33$）。求第 k 个暗环半径的相对改变量 $(r_k-r_k')/r_k$。

【解】 两种情况下，都是要考虑半波损失的，所以在空气中时第 k 个暗环半径为

$$r_k=\sqrt{kR\lambda}\quad(n_2=1.00)$$

充水后第 k 个暗环半径为

$$r_k'=\sqrt{kR\lambda/n_2'}\quad(n_2'=1.33)$$

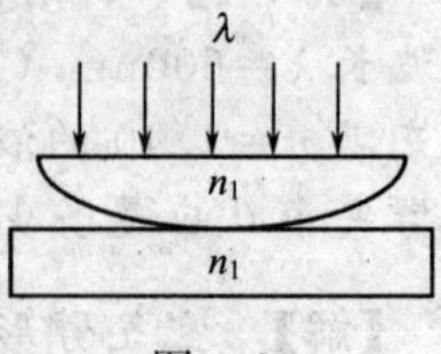

图 9-25

干涉环半径的相对变化量为

$$\frac{r_k - r_k'}{r_k} = \frac{\sqrt{kR\lambda}\,(1-1/\sqrt{n_2'})}{\sqrt{kR\lambda}} = 1-1/\sqrt{n_2'} = 13.3\%$$

【例 9-10】 在牛顿环装置的平凸透镜和平板玻璃间充以某种透明液体，观测到第 10 个明环的直径由充液前的 14.8cm 变成充液后的 12.7cm，求这种液体的折射率 n。

【解】 根据夹心型牛顿环的明环半径公式 $r_k = \sqrt{\dfrac{(2k-1)R\lambda}{2n}}$，在充液前和充液后的第 10 个明环的半径如下

充液前 $$r_{10} = \sqrt{\frac{(2k-1)R\lambda}{2}} = \sqrt{\frac{19R\lambda}{2}}$$

充液后 $$r_{10}' = \sqrt{\frac{(2k-1)R\lambda}{2n}} = \sqrt{\frac{19R\lambda}{2n}}$$

所以 $$n = \frac{r_{10}^2}{r_{10}'^2} = \frac{d_{10}^2}{d_{10}'^2} = \left(\frac{14.8}{12.7}\right)^2 = 1.36$$

【例 9-11】 如图 9-26(a) 所示，牛顿环装置的平凸透镜与平板玻璃有一小缝隙 e_0。现用波长为 λ 的单色光垂直照射，已知平凸透镜的曲率半径为 R。求反射光形成的牛顿环的各明环半径。

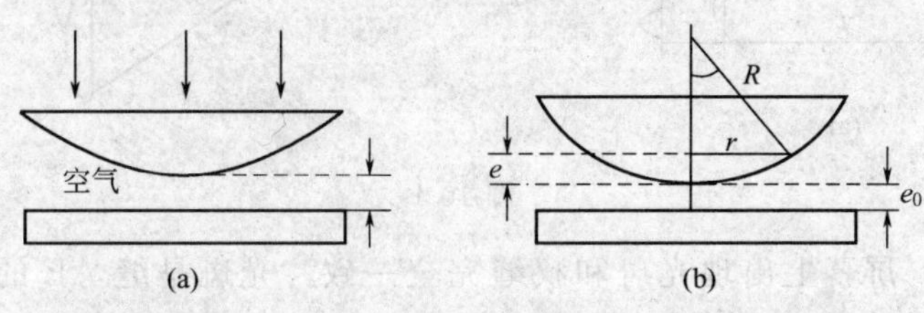

图 9-26

【解】 设某暗环半径为 r，由图 9-26(b)，根据几何关系，近似有

$$e = r^2/(2R) \tag{9-5}$$

再根据干涉极大条件有

$$2e + 2e_0 + \frac{1}{2}\lambda = k\lambda \tag{9-6}$$

式中，k 为大于零的整数。

将式(9-5) 代入式(9-6) 可得各明环半径

$$r = \sqrt{R\left[\left(k-\frac{1}{2}\right)\lambda - 2e_0\right]}$$

式中，k 为整数，且 $k > \dfrac{2e_0}{\lambda} + \dfrac{1}{2}$。

第十单元 光的衍射

一、基本要求

(1) 了解惠更斯-菲涅耳原理。掌握用半波带法分析单缝夫琅和费衍射条纹的产生及其

暗纹位置的计算，能大致画出单缝衍射的光强分布曲线。

（2）理解光栅衍射条纹的特点及产生这些特点的原因，掌握用光栅方程计算谱线位置的方法。

（3）了解光栅光谱的特点及其在科学技术和生产中的应用。

（4）了解光学仪器的分辨本领和 X 射线的衍射。

二、基本概念与规律

1. 衍射的基本知识

光的衍射现象：光线在传播过程中，如果遇到障碍物，当障碍物的线度和光的波长可以相比时，光就偏离原来的直线传播的路径，即发生光绕过障碍物的边缘，偏离直线传播而进入几何阴影，并出现光强不均匀重新分布的现象。如图 10-1 所示。

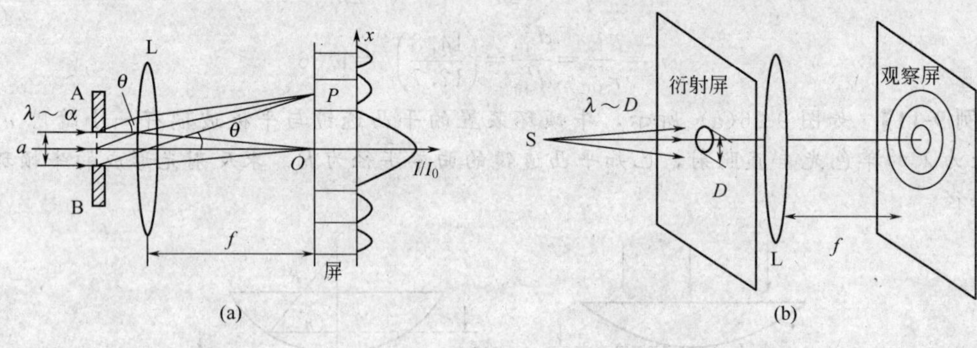

图 10-1

实验中，$a \gg \lambda$，屏幕上出现光斑和狭缝完全一致，光斑是缝 AB 的几何投影；$D \gg \lambda$，小孔成像。这时光可看成直线传播。缝宽 a 越小，条纹越宽越清晰。D 越小，中心亮斑越大，周围圆环越清晰。

衍射现象的特点：光束向受到限制的方向扩展，对光束的限制越厉害，则衍射图样越扩展，衍射现象越严重，效应越显著。

衍射的分类有如下几种。

（1）**菲涅耳衍射**（发散光的衍射——近场衍射）：光源和观察屏（或二者之一）离开衍射屏（即障碍物）有限远。

（2）**夫琅和费衍射**（平行光的衍射——远场衍射）：光源和观察屏都离衍射屏无限远。

惠更斯原理：媒质中波阵面上的各点，都可以看成是发射子波的波源，其后任意时刻这些子波的包迹就是该时刻的新的波阵面。用它可以定性解释光的衍射、折射、反射现象，但遗憾的是它不涉及波的时间和空间的周期性，不能说明光强的重新分布，因而不能解释衍射现象中的明暗相间条纹（相位、振幅的变化）的形成，也无法解释子波为什么没有“后退波”的问题。

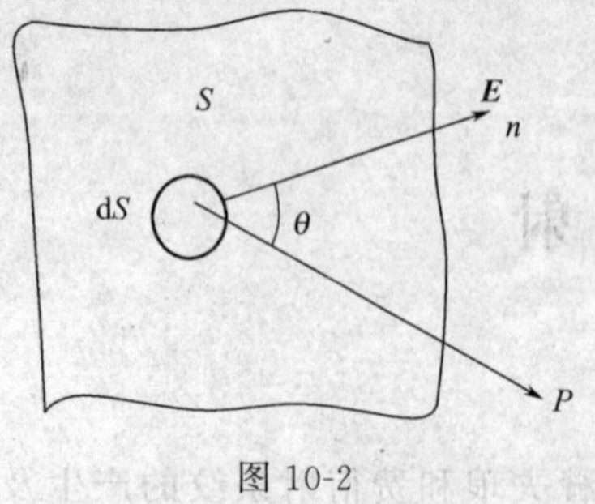

图 10-2

惠更斯-菲涅耳原理：子波相干原理——衍射时波场中各点的强度由同一波阵面上各子波经传播到该点相遇时的相干叠加决定。

如图 10-2 所示，dS 在 P 点引起的光振动

$$dE(P)=C\frac{K(\theta)}{r}\cos\left[\omega t-\frac{2\pi r}{\lambda}+\varphi_0(dS)\right]dS$$

式中，C 为比例系数；r 为 dS 到 P 点的距离（注意球面波的振幅与 r 反比）；$K(\theta)$ 为倾斜因子，它是随 θ 增加而缓慢减少的函数，$\theta=0$，$K(\theta)=1$，$\theta\geqslant\pi/2$，$K(\theta)=0$，$dE(P)=0$——所以子波没有“后退波”。

整个波阵面 S 在 P 点引起的合振动是各面积元发出的无穷子波在 P 点相互干涉的总效应，由菲涅耳衍射积分公式给出为

$$E(P)=\iint_S C\frac{K(\theta)}{r}\cos\left[\omega t-\frac{2\pi r}{\lambda}+\varphi_0(\mathrm{d}S)\right]\mathrm{d}S=A_P\cos[\omega t+\varphi(P)]$$

P 处光的强度 $I_P\propto A_P^2$，所以，波传到的任何一点都是子波的波源，各子波在空间某点的相干叠加，就决定了该点波的强度。

从“子波相干”原理给出衍射现象以定量的描述，我们有衍射的另一定义为：光线因干涉而呈弯曲的结果。

2. 单缝夫琅和费衍射——平行光的衍射

单缝夫琅和费衍射可通过如图 10-3 所示的实验装置观察，借助于两个凸透镜来实现。

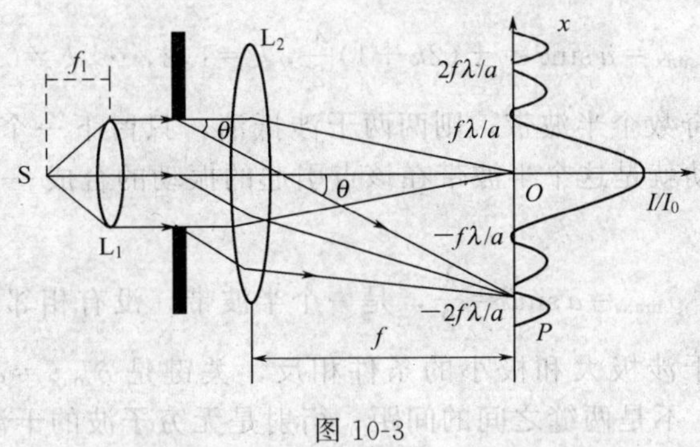

图 10-3

为了说明衍射条纹的形成，作半定量分析——用菲涅耳半波带法解释单缝衍射现象。

半波带法：如果对衍射角为 θ 的这束平行光，将单缝（宽度为 a）处的波面 AB 恰好能分割成 m（$m=2,3,\cdots$）个等宽的平行窄带——使每两个相邻等份窄带上的对应点发出的沿 θ 方向的子波光线的光程差为 $\lambda/2$，则这两条窄带对 P 点的光强贡献为 0。这样等分的长窄条带称为半波带，如图 10-4 所示。

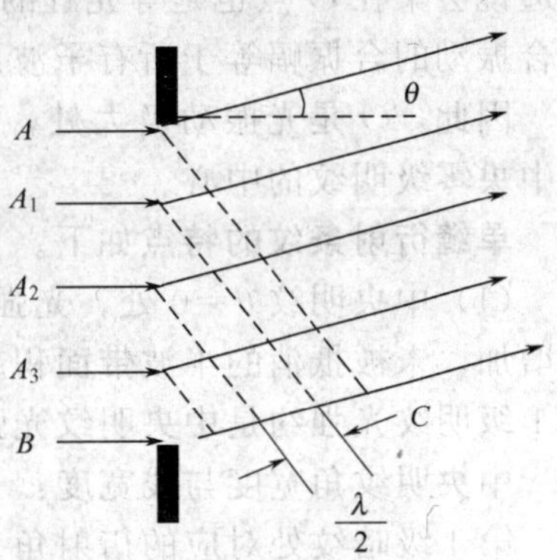

注意：透镜不引起附加的光程差，所以衍射角 θ 的那束平行光在会聚点 P 的光程差由进透镜前的光程差决定。于是，讨论衍射角为 θ 的这束平行光在会聚点 P 的光强时，就关心最上面 A 处和最下面 B 处发出的两条衍射角为 θ 光线之间的所谓最大光程差

$$\delta_{\max}=a\sin\theta=\pm m\frac{\lambda}{2}$$

图 10-4

单缝衍射极小的条件：对于衍射角为 θ 的某束平行光，若最大光程差为

$$\delta_{\max}=a\sin\theta=2k'\frac{\lambda}{2}=k'\lambda,\quad k'=\pm1,\pm2,\cdots,\quad k'\neq0$$

即如果单缝 AB 可分割成偶数个半波带，则在屏上会聚的 θ 处，相邻半波带两两干涉抵消，在该处的光振动的合振幅为零——出现光强极小，θ 方向上是暗纹中心。如图 10-5(a) 所示。

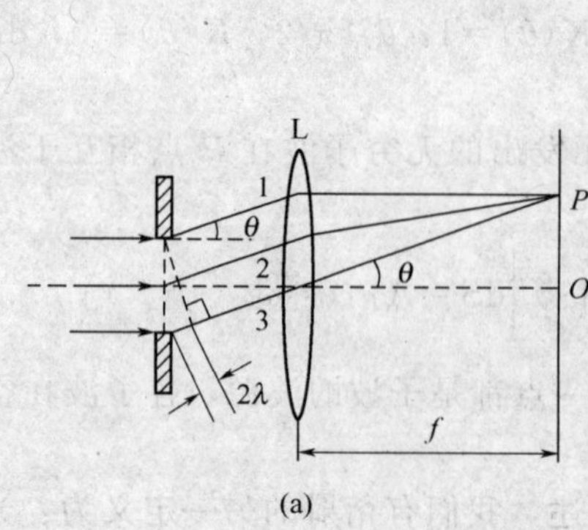

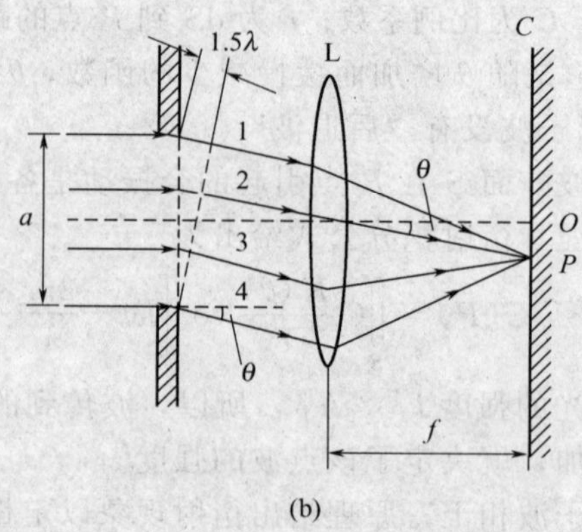

图 10-5

$k' \neq 0$，因为 $k'=0$ 时，$\theta=0$，而这是中央明纹中心。

明纹极大条件（近似）为：对于衍射角为 θ 的某束平行光，若最大光程差为

$$\delta_{\max}=a\sin\theta=\pm(2k+1)\frac{\lambda}{2},\ k=1,2,\cdots,\ k\neq 0$$

即如果单缝 AB 可分成奇数个半波带，则两两干涉抵消，只留下一个波带上子波没有抵消，屏上会聚的 θ 处的光振动就是这个半波带在该点引起的振动的合成——明纹中心。如图 10-5（b）所示。

$k\neq 0$，因为 $k=0$ 时 $\delta_{\max}=a\sin\theta=\dfrac{\lambda}{2}$，是一个半波带，没有相邻波带干涉相消问题了。

注意：这些条件与干涉极大和极小的条件相反，关键是 $\delta_{\max}=a\sin\theta$ 是一个最大光程差，a 是一条缝的宽度，不是两缝之间的间距；衍射是无穷子波的干涉，而不是两条光线的相干。

中央明纹：$\theta=0$ 处，AB 波面上各子波源发出的 $\theta=0$ 的这束平行光进透镜前等光程，经透镜会聚在 O 点也是等光程的，因而这束平行光到达 O 点是同相位振动，故在 O 点引起的合振动的合振幅等于所有子波发出的光振动的振幅之和。

因此，O 是光振动极大处，与 O 对应且与缝平行的这一条是强度最大、最亮的明纹，即中央零级明纹的中心。

单缝衍射条纹的特点如下。

（1）中央明纹 $\theta=0$ 处，光强最大，其他各级明纹光强迅速下降。因为 θ 越大，半波带数增加，未被抵消的半波带面积越小，明纹的光强就越小。中央明纹集中了大部分的光能，第 1 级明纹光强约是中央明纹光强的 5%，第 2 级明纹是中央明纹光强的 1.7%。

中央明纹角宽度与线宽度：±1 级暗纹之间的角间距和间距。

第 1 级暗纹处对应的衍射角 θ_1，由暗纹极小公式，令 $k'=1$ 有 $a\sin\theta_1=\lambda$，解得中央明纹角宽度 $\Delta\theta_0=2\theta_1\approx 2\dfrac{\lambda}{a}$——与波长正比，与缝宽反比（衍射反比定律）。中央明纹线宽度

$$\Delta x_0=2f\tan\theta_1\approx 2f\frac{\lambda}{a}$$

（2）各级明纹角宽度与线宽度。

k' 级暗纹（一条线）的角位置和位置由极小条件解得

$$\theta_{k'}\approx\frac{k'\lambda}{a},\quad x_{k'}=f\tan\theta_{k'}\approx\frac{k'\lambda}{a}f,\ k'=\pm1,\pm2,\cdots,\ k'\neq 0$$

k 级明纹的角位置和位置由明纹极大条件解得

$$\theta_k \approx \pm(2k+1)\frac{\lambda}{2a}, \quad x_k = f\tan\theta_k \approx \pm(2k+1)\frac{\lambda}{2a}f, k=1,2,\cdots,k\neq 0$$

k 明纹角宽度和线宽度：由相邻的 $k'+1$ 级与 k'级极小的角位置和线位置之差决定为

$$\Delta\theta = \theta_{k'+1} - \theta_{k'} \approx \frac{\lambda}{a}, \quad \Delta x = x_{k'+1} - x_{k'} \approx f\ \frac{\lambda}{a}$$

与 k 级无关，所以除中央明纹以外，其他各级明纹等宽度，为中央明纹的一半。

注意：对于高级次明纹，衍射角 θ_k 可能较大，$\theta_k \approx \sin\theta_k \approx \tan\theta_k$ 是否成立要视计算的中间结果而定。

因此，单缝衍射条纹为一组以中央明纹（最宽最亮）对称的、一系列光强分布不均匀的等宽度（中央明纹宽度一半）的明暗相间的与缝平行的直条纹。

讨论：(1) 波长对条纹宽度的影响：$\Delta x \propto \lambda$，波长越长，条纹宽度越宽，所以波长的光衍射效果好。

如果用白光做光源，则由于各级明条纹在屏幕上的位置与波长成正比，所以除中央为白色明条纹外（各种波长的光在此都是极大），其他同一衍射级 k，λ 小的出现在 θ_k 小的地方，从而靠近中央白色明条纹处的是紫光，红光在外，这样两侧各级都为彩色条纹——该衍射图样称为衍射光谱。

(2) 缝宽变化对条纹的影响：缝宽越小，条纹宽度越宽，条纹分散得越开，衍射现象越显著；反之，缝越宽，条纹向中央靠拢，衍射越不明显。$a \gg \lambda$ 时，衍射现象消失。各级衍射条纹向中央靠拢，密集得无法分辨形成单一的明条纹——线光源 S 通过透镜所形成的几何光学的像。显示了光的直线传播的性质。

所以，几何光学是波动光学在 $\frac{\lambda}{a} \to 0$（$a \gg \lambda$）时的极限情形。只有当光是直线传播时，透镜才能形成物的几何像。否则透镜所成的像是一个衍射图样。

(3) 当狭缝垂直于透镜的主光轴上下运动或透镜中心与缝中心不在一条直线上时，衍射条纹的位置不变。因为透镜总能把相同衍射角 θ 的平行光会聚在屏上 θ 方向上的某一固定方向上，而不管这束光从何而来。如图 10-6 所示。衍射角为 0 的平行光束经过透镜后在焦平面上聚焦的角位置也不变，仍为 0，所以衍射条纹的整体不发生任何变化。

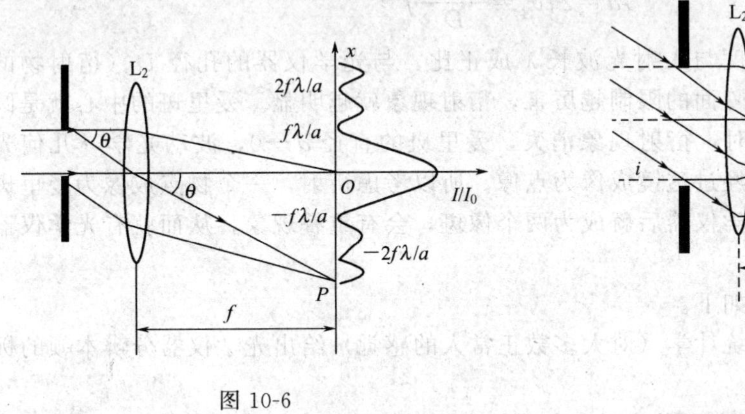

图 10-6

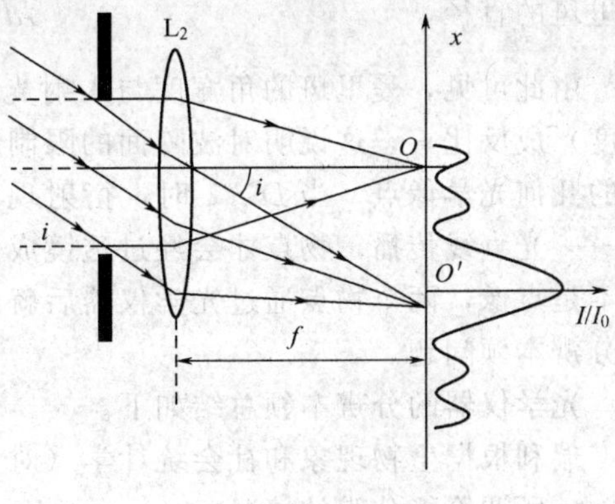

图 10-7

(4) 光线斜入射时，由光程差为 0 的子波构成的中央明纹出现在现在入射光线的方向上。如图 10-7 所示。条纹结构不变，整体发生平移，中心由 O 至 O'。

3. 圆孔夫琅和费衍射

实验装置：如图 10-8 所示，借助于两个凸透镜来实现。单色平行光垂直照射在小圆孔（直径 $D\sim\lambda$）上时，衍射光经透镜聚焦后在焦面的屏上可观察到圆孔的夫琅和费衍射条纹——中央是一明亮的圆斑，周围出现一组明暗相间的同心圆条纹。

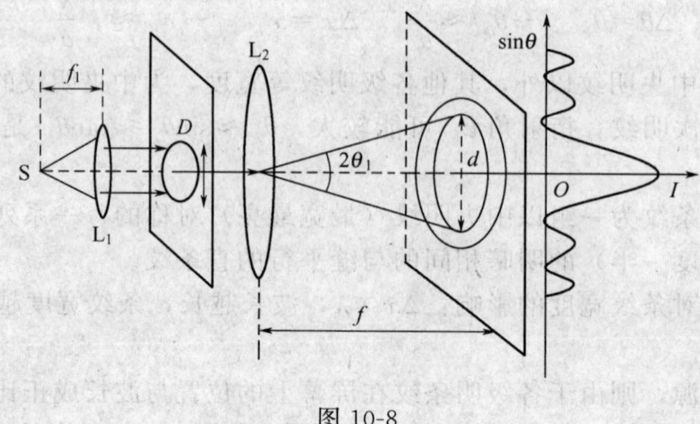

图 10-8

由第一暗环所围的中央光斑称为爱里斑，它的直径 d 大于圆孔的直径 D，并特别亮，集中了衍射光能量的 83.8%。

爱里斑的角直径：爱里斑对透镜光心（即圆孔中心，因两者离得很近）的张角——亦即第 1 级暗环处所对应的衍射角 $2\theta_1$。

利用菲涅耳积分法可证圆孔的夫琅和费衍射的暗纹条件满足

$$\sin\theta=k'\frac{1.22\lambda}{D},\quad k'=1,2,\cdots$$

令 $k'=1$，得到第 1 级暗环的衍射角

$$\theta\approx\sin\theta_1=\frac{1.22\lambda}{D}$$

所以，爱里斑的角直径为

$$2\theta_1=\frac{2.44\lambda}{D}$$

爱里斑的直径
$$d=2f\theta_1=\frac{2.44\lambda}{D}f$$

由此可见，爱里斑的角宽度与入射光波长 λ 成正比，与光学仪器的孔径 D（衍射物的线度）成反比——这说明对波阵面的限制越厉害，衍射现象就越明显。爱里斑的中心就是圆孔的几何光学像点。当 $D\gg\lambda$ 时，衍射现象消失，爱里斑的直径 $d\rightarrow0$，波动光学→几何光学——光直线传播，物点才会经过透镜成像为点像。所以考虑衍射，一个物点成像为爱里斑而不是点像，两个物点通过光学仪器后就成为两个像斑，会有重叠现象，从而就有光学仪器的分辨本领问题。

光学仪器的分辨本领总结如下。

瑞利根据生物现象和社会统计学（对大多数正常人的感觉）给出光学仪器分辨本领的标准——所谓恰能分辨的情况。

瑞利判据：对两个等光强非相干物点的衍射图样，如果第一个衍射图样的爱里斑中心正好与第二个衍射图样的爱里斑的边缘（第一级暗纹极小处）重合时，就是恰能分辨。即两个爱里斑中心的角距离 $\delta\theta_{\min}$ =爱里斑的半角距离 θ_1 时，两物点的像恰能分辨。如图 10-9 所示。

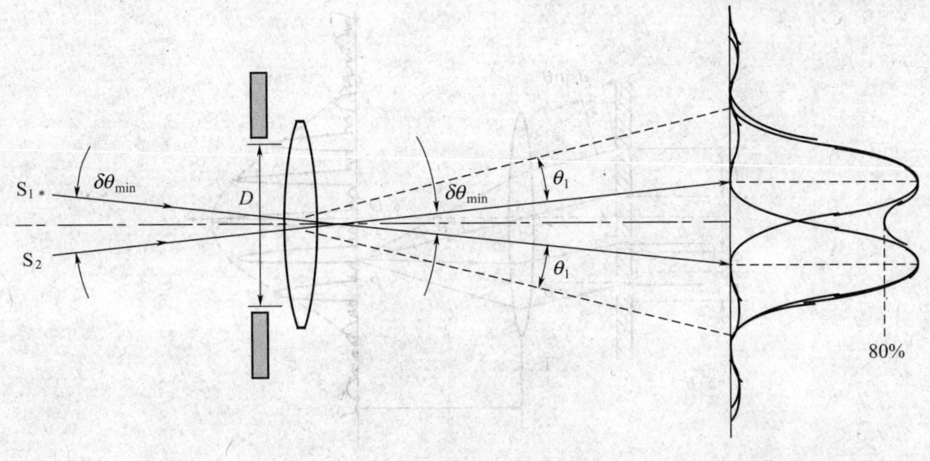

图 10-9

最小分辨角：在恰能分辨时，两个点光源在透镜前所张的角度——即恰能分辨时两个衍射中心的角间距等于爱里斑半角距离 θ_1 时为该光学仪器的最小分辨角。

$$\delta\theta_{min}=\theta_1=\frac{1.22\lambda}{D}$$

这样，当两物点对透镜光心的张角 $\delta\theta>\delta\theta_{min}$，则两物点可分辨；当两物点对透镜光心的张角 $\delta\theta<\delta\theta_{min}$，则两物点不可分辨；当两物点对透镜光心的张角 $\delta\theta=\delta\theta_{min}$，则两物点恰能分辨。

光学仪器的分辨率（分辨本领）R：最小分辨角的倒数

$$R=1/\delta\theta_{min}=\frac{D}{1.22\lambda}$$

分辨率 R 越大，即最小分辨角 $\delta\theta_{min}$ 越小，分辨本领越高。提高光学仪器的分辨率的方法是要么增大透镜的直径 D，要么用波长 λ 短的光作光源。

4. 光栅衍射

光栅：由大量等间距、等宽度的平行狭缝（或反射面）构成的光学元件。黑白光栅是由大量等宽度等间距的平行狭缝构成的衍射屏。

光栅常数 d：两相邻缝中心之间的距离。

在一块不透明的障碍板上刻划出一系列平行等距又等宽的狭缝，就构成一种透射光栅。如果光栅的每条狭缝的缝宽都为 a，缝间间隔（即刻痕）都为 b，那么光栅常数

$$d=a+b$$

一般光栅的光栅常数约为 $10^{-6}\sim10^{-4}$ m 的数量级。

光栅衍射：一束单色平行光垂直照射到光栅上，在光栅后面平行地放置凸透镜 L，在透镜的焦平面处放置接受屏，则由来自每一个单缝上许多子波（同相位）以及来自各单缝对应的子波彼此相干叠加而形成。它是单缝衍射和多缝干涉的总效果——光栅上的每一条缝的单缝衍射在 θ 方向上 P 点产生一个光振动，N 条缝在 P 点产生的 N 个振幅相同的光振动，它们的相干叠加决定 P 点的光强。

光栅衍射条纹：在黑暗背景上呈现窄细明亮的平行直条纹。谱线（即缝间干涉主极大）强度受单缝衍射光强分布曲线的调制。光栅缝数越多，谱线越细、越亮——光栅衍射的条纹是每缝发出的一条衍射角为 θ 的 N 条平行光的多光束干涉条纹（光强分布）受到多个非相干叠加的单缝衍射条纹（光强分布）调制的结果，如图 10-10 所示。

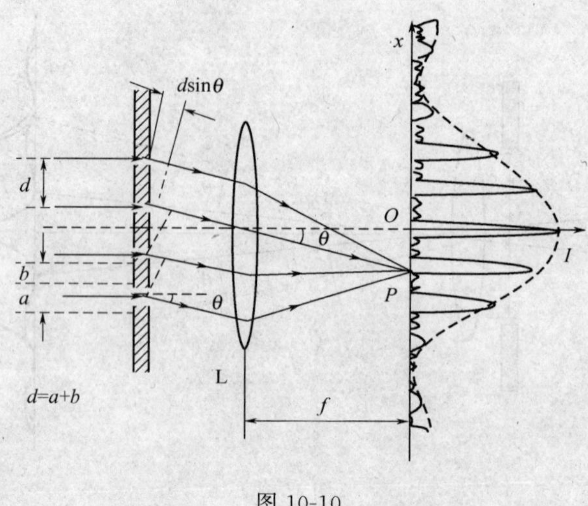

图 10-10

所以，光栅衍射中看到的亮纹是由干涉主极大决定位置但光强不等的干涉条纹。

讨论：(1) 光栅方程——光栅衍射主极大条件。

在某个 θ 方向上，相邻两缝出射的衍射角 θ 的两条平行光在 P 点会聚时的光程差 $\delta=d\sin\theta$，依多光束干涉的主极大条件知光栅衍射明条纹的位置应满足

$$d\sin\theta=(a+b)\sin\theta=k\lambda \quad (k=0,\pm1,\pm2,\cdots)$$

上式就是光栅衍射主极大条件，称为**光栅方程**。

满足此方程的 θ 方向上，即相邻两缝光线的光程差等于波长的整数倍，干涉加强形成亮纹。即每个单缝各出来的一条衍射角 θ 的 N 条平行光在会聚点 P 产生的振动加强，光强有极大值。

(2) 各级明纹和暗纹中心的位置。主要由多光束的极大、极小条件决定。

零级中央主极大明纹：由光栅方程，令 $k=0$，得 $\theta=0$，$x=0$。这是 $\theta=0$ 的一束平行光在屏上的会聚点。

各级明纹（光强比零级明纹小）的位置：由光栅方程，注意 $\tan\theta\approx\sin\theta$，有

$$x_k=f\tan\theta_k\approx\frac{k\lambda}{d}f=\frac{k\lambda}{a+b}f \quad (k=0,\pm1,\pm2,\cdots\text{有限个})$$

各级暗纹的位置：由多光束的极小条件 $\delta=d\sin\theta=k'\lambda/N$，得光栅衍射极小的位置

$$x_{k'}=f\tan\theta_{k'}\approx\frac{k'\lambda}{Nd}f=\frac{k'\lambda}{N(a+b)}f$$

$k'=\pm1,\pm2,\cdots,\pm N-1,\pm N+1,\cdots$有限个(特别注意 $k'\neq0,\pm N,\pm2N,\pm3N\cdots$)

(3) **缺级现象**。在某个 θ 方向上，当干涉主极大刚好与单缝衍射极小重合时，则本该出现干涉主极大亮纹处，实际上是暗纹的现象。所谓缺级指的是所缺的干涉主极大的级 k。

这是因为光栅衍射是单缝衍射和缝间干涉的总效果，N 条单缝在屏上产生的 N 幅光强分布图是完全重合的，它们的干涉得到衍射图样。单缝衍射极小的地方，N 个分振动都为 0，即使它们之间的干涉是互相加强的，总效果还是 0。

缺级条件：光栅常数 $d=a+b$ 与透光缝的宽度 a 之比为整数 m，即 $\frac{d}{a}=\frac{a+b}{a}=m$。

缺极时，衍射角同时满足干涉主极大和单缝衍射极小条件，所以有

$$\begin{cases} d\sin\theta = k\lambda \\ a\sin\theta = k'\lambda \end{cases} \Rightarrow k = \frac{d}{a}k' \quad (k' = \pm 1, \pm 2, \cdots), \quad k' \neq 0, \pm N, \pm 2N, \pm 3N, \cdots$$

解得所缺的干涉主极大的级别 $k = mk' = \pm m$，$\pm 2m$，$\pm 3m$，…有限个。（缺级是以 0 级主极大为对称的；共缺偶数个级）

注意：缺级的出现不一定非要求 d/a 是整数不可，尽管 d/a 不是整数，但乘以 k'（$k' \neq 1$）以后 k 取整数，也会缺级。

（4）衍射中央明纹内含几级干涉主极大亮纹。即求在单缝衍射中央明纹角宽度 $2\theta_1$ 中有几条干涉主极大亮纹？

由单缝衍射一级极小条件 $a\sin\theta_1 = \lambda$，结合这一条件与干涉主极大条件，设在 $2\theta_1$ 内的干涉主极大的最大级别为 k_m，则有 $\sin\theta_1 = \frac{k_m\lambda}{d} = \frac{\lambda}{a}$，解得 $k_m = \frac{d}{a} = \frac{a+b}{a}$。

如果 $k_m \neq$ 整数，则取整为 m，则中央零级衍射明纹内含 $2m+1$ 条干涉亮纹（没有缺级现象），级别为 $k = 0, \pm 1, \pm 2, \cdots, \pm m$。

如果 $k_m =$ 整数 m，则中央零级衍射明纹内含 $2m-1$ 条干涉亮纹（有缺级现象），级别为 $k = 0, \pm 1, \pm 2, \cdots, \pm m-1$。$\pm m$ 级是屏上中心往外所看到的最先缺的级。

（5）视场上能看到的最多亮条纹数和最高级别。

由 $|\sin\theta| \leqslant 1$，$\sin\theta_{\max} = \sin\frac{\pi}{2} = 1$ 和光栅方程

$$d\sin\frac{\pi}{2} = (a+b)\sin\frac{\pi}{2} = k_{\max}\lambda$$

解得，在给定光栅常数 $a+b$ 的情况下，视场上能看到的亮条纹的最高级别

$$k_{\max} = \frac{d}{\lambda} = \frac{a+b}{\lambda}$$

如果 $k_{\max} \neq$ 整数，则取整为 $k_{\max}$，则视场上能看到的亮条纹数为 $2k_{\max}+1$ 条（如有缺级现象，要减去所缺的级），干涉亮纹级别为 $k = 0, \pm 1, \pm 2, \cdots, \pm k_{\max}$。

如果 $k_{\mathrm{m}} =$ 整数，则视场上能看到的亮条纹数为 $2k_{\max}-1$ 条干涉亮纹（如有缺级现象，要减去所缺的级），级别为 $k = 0, \pm 1, \pm 2, \cdots, \pm k_{\max}-1$。$\pm k_{\max}$ 级是 $\pm\pi/2$ 处，看不到。

如图 10-11 所示，是 $N=4$，$\frac{d}{a} = \frac{a+b}{a} = 4$。图中缺 ± 4 和 ± 8 级亮纹，中央衍射明纹内有 7 条亮纹。

注意：因为条纹是关于中央亮纹对称的，视场上能看到的亮条纹总数一定为奇数条。单缝极小条件中，$k' \neq 0$，所以视场上所缺的级数一定是偶数个。

（6）光线斜入射时的光栅方程

$$d(\sin\theta \pm \sin i) = k\lambda \quad (k = 0, \pm 1, \pm 2, \cdots)$$

i 为入射角，θ 为衍射角，由光栅法线逆时针转向光线，角度为正。如图 10-12 所示。光线斜入射零级明纹不在中心。零级明纹在 $k=0$，$\theta_0 = \pm i$ 处。

注意：光线斜入射时，光栅缝上每一点子波源的相位不同，正入射时，缝上每一点波源是同相位的。此外，当平行光线斜入射到光栅上时，在视场范围内可以看到更高级的主极大亮纹，由

$|\sin\theta| \leqslant 1$，$\sin\theta_{\max} = \sin\frac{\pi}{2} = 1$ 和光栅方程 $d\left(\sin\frac{\pi}{2} \pm \sin i\right) = k_{\max}\lambda$

解得，在给定光栅常数（$a+b$）的情况下，视场上在一侧能看到的亮条纹的最高级别

$I_单$
单缝衍射光强曲线
$\sin\theta$
−2
−1
0
1
2
(λ/a)
$I_多$
多光束干涉光强曲线
$\sin\theta$
−8
−4
0
4
8
(λ/d)
I
$N^2 I_{0单}$
单缝衍射
轮廓线
光栅衍射
光强曲线
$\sin\theta$
−8
−4
0
4
8
(λ/d)
图 10-11

$d\sin\theta$
x
d
O
i
i
O'
$d\sin i$
f
图 10-12

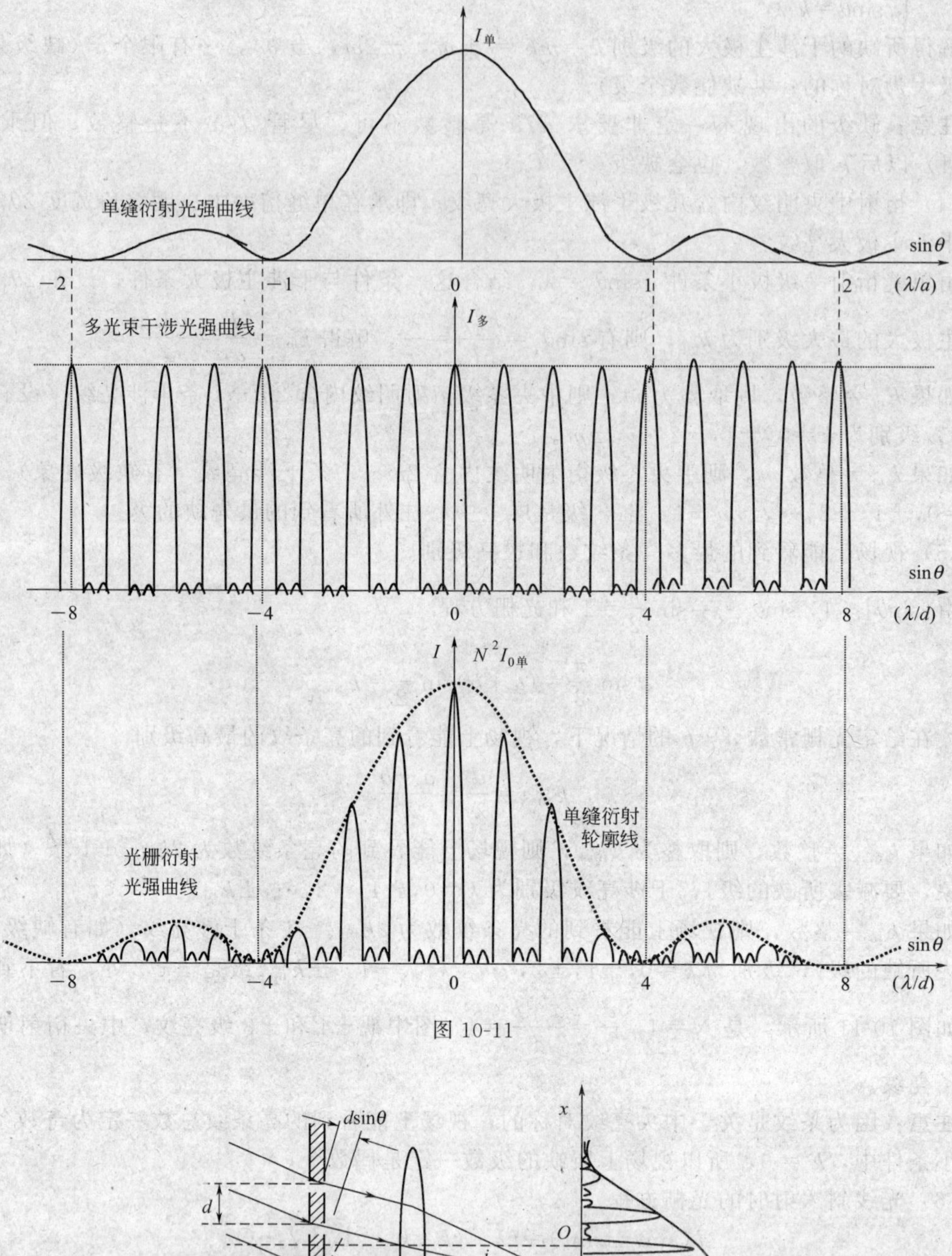

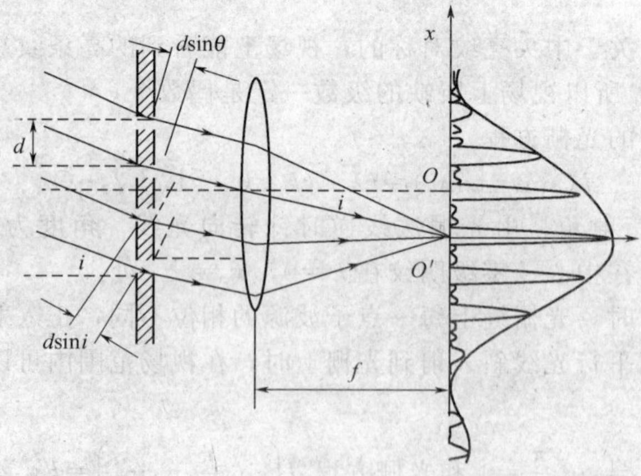

$$k_{\max}=\frac{d(1+\sin i)}{\lambda}>\frac{d}{\lambda}$$

另一侧能看到的亮条纹的最高级别

$$k_{\max}=\frac{d(1-\sin i)}{\lambda}<\frac{d}{\lambda}$$

视场中的总条纹数与正入射时一样。

（7）光栅常数 d 与缝宽 a 对条纹的影响。

如果 $d=a+b\gg a$，即 a 小、b 大——仅考虑双缝或多缝的纯干涉，衍射效应可略。屏上图样是双缝、多缝干涉图样。

如果 $d=a+b\sim a$，即 a 大、b 小——仅考虑双缝或多缝的纯衍射，干涉效应可略。每个缝的单缝衍射图样清晰，屏上图样是多个单缝衍射图样的非相干叠加。

一般情况下既要考虑干涉，又要考虑衍射。干涉与衍射是同时存在的，干涉总伴随衍射，衍射是各子波的干涉——都证明光的波动性，都是光的叠加效应。

5. X 射线衍射

X 射线是波长很短的电磁波。波长 λ_x 在 0.001～10nm 间。它是原子内壳层电子跃迁产生的一种辐射和高速电子在靶上骤然减速时伴随的辐射。

研究它的衍射，用普通光栅［$d=10^{-6}\sim10^{-5}\,\mathrm{m}\gg\lambda_x$（X 射线的波长）］就观察不到它的衍射现象。而晶体的晶格常数 d（两原子平面层的间距）与 X 光的波长同数量级，所以晶体可作为 X 光的三维空间光栅。

衍射中心：波长为 λ_x 的 X 光以掠射角 φ（是一束平行的 X 射线入射后，它与晶面的夹角）射向晶面，每一个格点都成为相干波源——子波的发射中心（每个原子都是散射子波的子波源），向各个方向发射出衍射线——散射，这些散射波产生干涉。

它们的干涉叠加分为如下几类。

点间散射光的干涉：同一晶面上的不同格点子波波源发出子波的相干叠加，如图 10-13（a）所示。

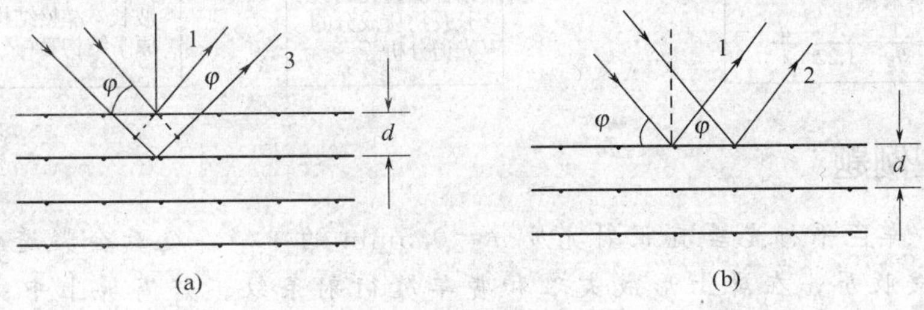

图 10-13

一束平行的相干的 X 射线以掠射角 φ 入射到晶面上。实验证实：只有按反射线方向叠加的强度为最大，即在符合反射定律的方向上可以得到强度最大的射线。

同一晶面上相邻格点散射的 1,2 两反射线的光程差为零，干涉在此反射线方向上产生点间干涉 0 级主极大，其他级极大忽略不计。

面间散射光的干涉：不同晶面上各格点发出子波的相干叠加（即各晶面上的反射 0 级主极大再发生干涉）。如图 10-13(b) 所示。

当一束平行的相干的 X 射线以掠射角 φ 入射时，则相邻晶面上的反射线 1,3 的光程差为 $\delta=2d\sin\varphi$，各个晶面上衍射中心发出的子波相干的光强就随这相邻两原子层反射线的光

程差即掠射角 φ 的改变而改变。

布拉格公式：面间干涉有极大的条件

$$2d\sin\varphi=k\lambda \quad (k=1,2,3,\cdots)$$

对一定的晶面系，当入射线的掠射角 φ 符合布拉格条件时，各层晶面的反射线干涉后将相互加强。从而在满足此式的 φ 方向上形成 k 级干涉主极大，并在接收的感光胶片上形成亮斑。

附：知识脉络图

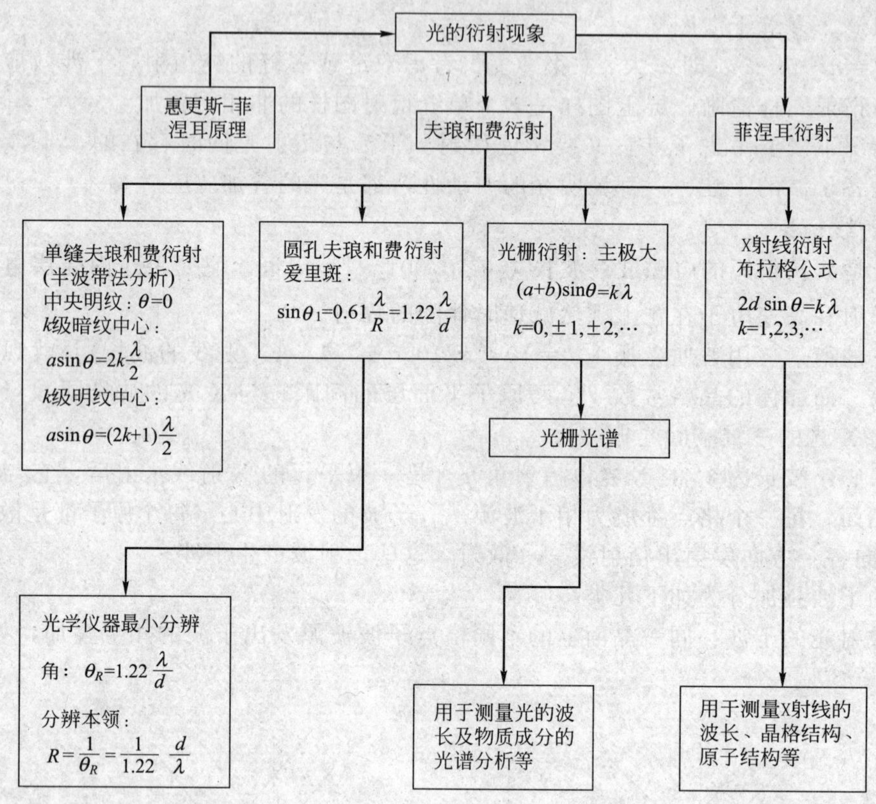

三、典型例题

【例 10-1】 单色平行光垂直照射宽度 $a=0.5\text{mm}$ 的单缝，缝后会聚透镜的焦距 $f=1.00\text{m}$ 处置一接收屏，在屏上形成夫琅和费单缝衍射条纹。若离屏上中央明纹中心为 1.5mm 的 P 点处看到的是一条亮纹。求

(1) 入射光的波长。

(2) P 处亮纹的级次以及从 P 处看来，狭缝处的波面被分成几个半波带。

(3) 中央明纹及第 2 级明纹的宽度。

【解】 (1) P 点处的 $\sin\theta\approx\frac{x}{f}$ 为已知，代入单缝衍射的明纹条件

$$a\sin\theta=\pm(2k+1)\frac{\lambda}{2} \quad (k=1,2,3,\cdots)$$

得

$$a\sin\theta=a\frac{x}{f}=(2k+1)\frac{\lambda}{2} \quad (k=1,2,3,\cdots)$$

所以 $$\lambda=\frac{2ax}{(2k+1)f}=\frac{1.5}{2k+1}\times10^{-6}\,\mathrm{m}=\frac{15\times10^2}{2k+1}\,\mathrm{nm}$$

当 $k=1$ 时，$\lambda=500\mathrm{nm}$；$k=2$ 时，$\lambda=300\mathrm{nm}$；…

$k\geqslant2$ 时求出波长均不在可见光范围内，所以入射光波长可唯一地确定为 $\lambda=500\mathrm{nm}$。

(2) 依半波带法的思想，单缝波阵面分成奇数半波带时，相邻半波带两两相抵消，剩余的一个在相应方向上产生一明纹，其级次与半波带数的关系就是其明纹条件。

所以，半波带数 $=2k+1$　在 $\lambda=500\mathrm{nm}$ 时，$k=1$，P 处为一级亮纹处。

从 P 看来单缝处波阵面可分为 3 个半波带。

(3) 中央明纹宽度是±1 级暗纹之间的宽度，一级衍射暗条纹的衍射角很小，总可以有 $\theta_1\approx\sin\theta_1\approx\tan\theta_1$，那么中央明纹角宽度和线宽度可表示为

中央明纹角宽度　$\Delta\theta_0\approx2\sin\theta_1=2\,\frac{\lambda}{a}=2\times10^{-3}\,\mathrm{rad}$

中央明纹线宽度　$\Delta x_0\approx f\Delta\theta_0=2\times10^{-3}\,\mathrm{m}=2\mathrm{mm}$

第 2 级明纹角宽度由第 3 级暗纹和第 2 级暗纹的角间距决定，由单缝衍射极小条件 $a\sin\theta=k'\lambda$，令 $k'=3$ 和 2 得

第 2 级明纹角宽度　$\Delta\theta_2\approx\sin\theta_3-\sin\theta_2=\frac{\lambda}{a}=1\times10^{-3}\,\mathrm{rad}$

第 2 级明纹线宽度

$$\Delta x_2=x_3-x_2=f(\tan\theta_3-\tan\theta_2)\approx f(\sin\theta_3-\sin\theta_2)=f\,\frac{\lambda}{a}=1\times10^{-3}\,\mathrm{m}=1\mathrm{mm}$$

讨论：此题中因 $\frac{\lambda}{a}=1\times10^{-2}$，作近似 $\theta\approx\sin\theta\approx\tan\theta$ 是完全可以的。单缝衍射明纹的光强随级次增大，减弱很快，对于可观测到的条纹上述近似一般是成立的，只要单缝宽度 a 不是特别窄（窄到和 λ 同数量级），上面的近似就可以。但是对于高级次明纹，衍射角 θ_k 可能较大，$\theta_k\approx\sin\theta_k\approx\tan\theta_k$ 是否成立要视计算的中间结果而定。

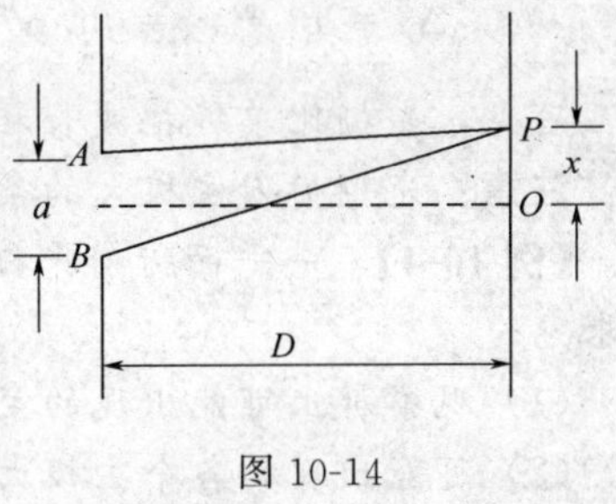

图 10-14

【例 10-2】 如图 10-14 所示，在宽度 $a=0.6\mathrm{mm}$ 的狭缝后 $D=40\mathrm{cm}$ 处，有一与狭缝平行的屏，如以平行单色光自左面垂直照射狭缝，在屏上形成衍射条纹，若在离 O 点为 $x=1.4\mathrm{mm}$ 的 P 点，看到的是明条纹中心。试求

(1) 入射光的波长；

(2) P 点条纹的级数；

(3) 从 P 点看来对该光波而言，狭缝处的波阵面可分作的半波带的数目。

【解】 (1) 根据单缝衍射的明纹条件

$$a\sin\theta=a\,\frac{x}{D}=\frac{2k+1}{2}\lambda$$

$$\lambda=\frac{2ax}{(2k+1)D}=\frac{2\times0.6\times10^{-3}\times1.4\times10^{-3}}{(2k+1)\times40\times10^{-2}}\times10^9\,\mathrm{nm}=\frac{42}{2k+1}\times10^2\,\mathrm{nm}$$

对于可见光　$3.9<\frac{42}{2k+1}<7.6$，　$\frac{42}{7.6}<2k+1<\frac{42}{3.9}$，　$5<2k+1<10$

当 $2k+1=7$ 时，$\lambda=600\mathrm{nm}$，当 $2k+1=9$ 时，$\lambda=466.7\mathrm{nm}$。

（2）当 $2k+1=7$ 时，P 点条纹的级数为第 3 级，当 $2k+1=9$ 时，P 点条纹的级数为第 4 级。

（3）当 $2k+1=7$ 时，半波带的数目为 7 个，当 $2k+1=9$ 时，半波带的数目为 9 个。

【例 10-3】 波长为 500nm 和 520nm 的两种单色光同时入射到 $d=0.002\text{cm}$ 的衍射光栅上，紧靠光栅后用焦距 $f=2\text{m}$ 的透镜把光线会聚在屏上。求

（1）这两种单色光第一级谱线间的距离。

（2）如果这两种单色光同时入射到 $a=0.002\text{cm}$ 的单缝上，则这两种单色光第 1 级谱线间的距离又为多少？

【解】（1）由光栅方程

$$d\sin\theta=(a+b)\sin\theta=k\lambda \quad (k=0,\pm1,\pm2,\cdots)$$

设 x 为谱线与中央明纹极大（焦点处）的距离，令 $k=1$ 解出两种单色光 $\lambda=500\text{nm}$ 与 $\lambda'=520\text{nm}$ 的第 1 级谱线间的距离为 Δx_1，有

$$d\sin\theta_1=\lambda, \quad d\sin\theta_1'=\lambda'$$

且有

$$\sin\theta\approx\tan\theta=x/f$$

所以，两种单色光第一级谱线间的距离为

$$\Delta x=x_1'-x_1=f\tan\theta_1'-f\tan\theta_1\approx f\sin\theta_1'-f\sin\theta_1=f\frac{\lambda'-\lambda}{d}=2\text{mm}$$

（2）由单缝衍射明纹公式 $a\sin\theta=\pm(2k+1)\dfrac{\lambda}{2}$（$k=1,2,3,\cdots$），取 $k=1$ 可知

$$a\sin\theta_1=\frac{3}{2}\lambda, \quad a\sin\theta_1'=\frac{3}{2}\lambda'$$

所以，两种单色光第 1 级明纹间的距离为

$$\Delta x=x_1'-x_1=f\tan\theta_1'-f\tan\theta_1\approx f\sin\theta_1'-f\sin\theta_1=\frac{3}{2}f\frac{\lambda'-\lambda}{a}=1.5\text{mm}$$

可见，光栅比单缝把波长相近的谱线分得开些，光栅的分辨率更高些。

注意：光栅衍射主极大的条件与单缝衍射的明纹条件是不同的。

【例 10-4】 一平面衍射光栅宽 2cm，共有 8000 条缝，用钠黄光（589.3nm）垂直入射，试求

（1）观察屏上可能出现的主极大的最大级数；

（2）可能出现的各个主极大对应的衍射角。

【解】（1）$d=\dfrac{2\times10^{-2}}{8000}=2.5\times10^{-6}(\text{m})$，根据光栅方程 $d\sin\varphi=k\lambda$，得

$$k_m\leqslant\frac{d}{\lambda}=\frac{2.5\times10^{-6}}{589.3\times10^{-9}}=4.2$$

观察屏上可能出现的主极大的最大级数 $k_m=4$。

（2）$\sin\theta_1=\dfrac{\lambda}{d}=0.2357$，$\theta_1=15.1^\circ$；$\sin\theta_2=\dfrac{2\lambda}{d}=0.4714$，$\theta_2=31.3^\circ$

$\sin\theta_3=\dfrac{3\lambda}{d}=0.7072$，$\theta_3=50.0^\circ$；$\sin\theta_4=\dfrac{4\lambda}{d}=0.9429$，$\theta_4=78.4^\circ$

【例 10-5】 用一束具有两种波长的平行光垂直入射到光栅上，$\lambda_1=600\text{nm}$，$\lambda_2=400\text{nm}$，发现距中央明条纹中心 5cm 处 λ_1 光的第 k 级主极大和 λ_2 光的第 $k+1$ 级主极大相重合，放置在光栅与屏之间的透镜的焦距 $f=50\text{cm}$，试问

（1）上述 k 值为多少？

(2) 光栅常数 d 值为多少？

【解】 (1) 由光栅方程得

$$d\sin\theta=k\lambda_1,\ d\sin\theta=(k+1)\lambda_2$$

所以 $$k\lambda_1=(k+1)\lambda_2,\ 3k=2(k+1),\ k=2$$

(2) 当衍射角较小时，由 $x=f\tan\theta\approx f\sin\theta$ 得

$$\sin\theta=\frac{x}{f}=\frac{5\times10^{-2}}{50\times10^{-2}}=0.1$$

所以光栅常数 $$d=\frac{k\lambda_1}{\sin\theta}=\frac{2\times600\times10^{-9}}{0.1}=1.2\times10^{-5}(\mathrm{m})$$

【例 10-6】 波长 $\lambda=600\mathrm{nm}$ ($1\mathrm{nm}=10^{-9}\mathrm{m}$) 的单色光垂直入射到一光栅上，测得第 2 级主极大的衍射角为 30°，且第 3 级是缺级。

(1) 光栅常数 $a+b$ 等于多少？

(2) 透光缝可能的最小宽度 a 等于多少？

(3) 在选定了上述 $a+b$ 和 a 之后，求视场范围内可能观察到的全部主极大的级次。

【解】 (1) 依题意，由光栅衍射主极大公式解得

$$a+b=\frac{k\lambda}{\sin\theta}=\frac{2\times600}{\sin30^\circ}=2400(\mathrm{nm})=2.4\times10^{-4}\mathrm{cm}$$

(2) 若第 3 级不缺级，则由光栅方程得

$$(a+b)\sin\theta_3=3\lambda \tag{10-1}$$

由于第 3 级缺级，则对应于最小可能的 a，θ_3 方向应是单缝衍射第 1 级暗纹，有

$$a\sin\theta_3=\lambda \tag{10-2}$$

式(10-1)、式(10-2) 比较有 $(a+b)/a=3$，得

$$a=(a+b)/3=800\mathrm{nm}=0.8\times10^{-4}\mathrm{cm}$$

或者直接由缺级条件 $(a+b)/a=m$，由题给第 3 级是缺级（第一次缺级）解得

$$(a+b)/a=3,\quad a=(a+b)/3=800\mathrm{nm}=0.8\times10^{-4}\mathrm{cm}$$

(3) 由 $|\sin\theta|\leqslant1$，$\sin\theta_{\max}=\sin\dfrac{\pi}{2}=1$ 和光栅方程有

$$d\sin\frac{\pi}{2}=(a+b)\sin\frac{\pi}{2}=k_{\max}\lambda$$

解得，在给定光栅常数 $(a+b)$ 的情况下，视场上能看到的亮条纹的最高级别

$$k_{\max}=\frac{d}{\lambda}=\frac{(a+b)}{\lambda}=4(\text{整数})$$

注意：所缺的级数为

$$k=\frac{a+b}{a}k'\quad(k'=\pm1,\pm2,\cdots)$$

因此 $$k=\pm3,\pm6,\pm9,\cdots\text{缺级}$$

又因为 $k_{\max}=4$ 就是整数，说明最高级次 ±4 出现在 $\theta=\pm90^\circ$ 的方向上。$\theta=\pm90^\circ$ 时的条纹实际上是看不到的，所以视场上实际呈现 $k=0,\pm1,\pm2$ 级明纹。

由于 $(a+b)/a=3$，则 $k=0,\pm1,\pm2$ 级明纹，也是单缝衍射中央明纹光强轮廓线内的 5 条衍射主极大明纹。

【例 10-7】 波长 $\lambda=500\mathrm{nm}$ 的单色平行光垂直投射在每厘米有 2500 条的平面光栅上，缝宽 $a=1\mu\mathrm{m}$，光栅后会聚透镜的焦距 $f=50\mathrm{cm}$，试求

(1) 单缝衍射中央明纹宽度；

(2) 在单缝衍射中央明纹宽度内有几个光栅衍射主极大；

(3) 总共可看到多少条谱线；

(4) 若将垂直入射改变为入射角 $i=30°$ 的斜入射，衍射光谱的最高级次和可看到的光谱线总数。

【解】 (1) 由单缝衍射第1级极小有

$$a\sin\theta_1=\lambda,\quad \sin\theta_1=\frac{\lambda}{a}=\frac{0.5}{1.0}=\frac{1}{2}$$

第1级极小的角位置

$$\theta_1=30°\ (\text{注意这种情况下，}\tan\theta_1=\sin\theta_1/\cos\theta_1\text{，不能}\approx\sin\theta_1)$$

第1级极小角在屏上离中心的位置

$$x_1=f\tan\theta\approx 28.9\text{cm}$$

中央明纹宽度
$$\Delta x_0=2x_1=57.8\text{cm}$$

(2) 光栅常数
$$d=\frac{1}{2500}\text{cm}=4\times10^{-6}\text{m}$$

由光栅方程与单缝衍射第1级极小条件知在单缝衍射第1级极小处，光栅衍射主极大的最高级次

$$k_m=\frac{d}{a}=\frac{4}{1}=4\ (\text{整数})$$

所以，在单缝衍射中央明纹宽度内，光栅衍射主极大的级次是 $k=0$，±1，±2，±3，共有 $2k_m-1=7$ 个主极大。±4 级主极大与单缝衍射 ±1 级重合而缺级。

(3) 在衍射角 $\theta=\frac{\pi}{2}$ 处，衍射条纹的最高级次 $k_{\max}=\frac{d}{\lambda}=\frac{4.0}{0.5}=8$，本该出现 $2k_{\max}-1=15$ 条明纹，但 $\pm4,\pm8,\pm12,\cdots$ 这样级别的主极大缺级，所以屏上实际出现的明条纹级别为 $k=0,\pm1,\pm2,\pm3,\pm5,\pm6,\pm7$ 共13条。

(4) 如果平行光以 $i=30°$ 斜入射光栅，参见图10-12，在 $\theta=-\frac{\pi}{2}$ 方向上，衍射光谱的最高级次

$$k_-=\frac{d(-1+\sin i)}{\lambda}=\frac{4(-1+0.5)}{0.5}=-4$$

在 $\theta=\frac{\pi}{2}$ 方向上，衍射光谱的最高级次

$$k_+=\frac{d(1+\sin i)}{\lambda}=\frac{4(1+0.5)}{0.5}=12$$

又考虑到 $k=-4,+4,+8,+12$ 级缺级，实际看到的级次是 $k=-3,-2,-1,0,+1,+2,+3,+5,+6,+7,+9,+10,+11$ 共13条明条纹，与正入射时一样多，但斜入射时可看到更高级的谱线。

注意： $k=-4$，$k=+12$ 级既在 $\theta=\pm\pi/2$ 处，又是所缺的级。

【例10-8】 波长 $\lambda=50\text{nm}$ 的单色平行光垂直投射在一个平面光栅上。已知光栅常数 $d=3\mu\text{m}$，缝宽 $a=1\mu\text{m}$，光栅后会聚透镜的焦距 $f=50\text{cm}$。试求

(1) 此光栅的夫琅和费衍射中的单缝衍射中央明纹包络线的线宽度；

(2) 视场范围内可能呈现的全部主极大的级次；

(3) 如果这是一个5缝（$N=5$）平面光栅，请以 $\sin\theta$（θ 为衍射角）为横轴，相对光

强 I 为纵轴，画出这个五缝光栅的单缝衍射中央明纹包络线宽度内光强分布的示意图。

【解】 (1) 由单缝衍射第 1 级极小条件 $a\sin\theta=\lambda$ 得

$$\sin\theta=\frac{\lambda}{a}=\frac{500\times10^{-9}}{1\times10^{-6}}=\frac{1}{2}$$

第 1 级极小的角位置 $\theta=30°$，单缝衍射中央明纹的线宽度

$$\Delta x_0=2f\tan30°=57.8\text{cm}$$

(2) 由谱线的最高级次 $k_m=\dfrac{d}{\lambda}=\dfrac{3\times10^{-6}}{500\times10^{-9}}=6$，在 $\theta=\pm\dfrac{\pi}{2}$处，$k=\pm6$ 看不到。由缺级条件 $d/a=3$，有 $\pm3,\pm6$ 缺级，所以在视场范围内可能呈现的全部主极大的级次为 $k=0,\pm1,\pm2,\pm4,\pm5$ 共 9 条。

(3) $N=5$，两个主极大之间有四个极小，三个次极大，光强分布曲线如图 10-15 所示。

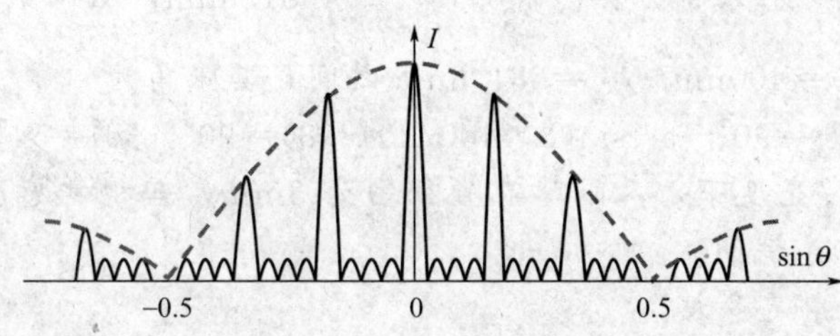

图 10-15

【例 10-9】 用钠光（$\lambda=589.3\text{nm}$）垂直照射到某光栅上，测得第 3 级光谱的衍射角为 60°。

(1) 若换用另一光源测得其第 2 级光谱的衍射角为 30°，求后一光源发光的波长。

(2) 若以白光（400～760nm）照射在该光栅上，求其第 2 级光谱的张角。

【解】 (1) 由光栅方程

$$d\sin\theta=(a+b)\sin\theta=k\lambda \quad (k=0,\pm1,\pm2,\cdots)$$

依题意，$\lambda=589.3\text{nm}$，$k=3$，有

$$(a+b)\sin\theta_3=3\lambda$$

解得 $\quad a+b=3\lambda/\sin\theta_3,\quad \theta_3=60°$

又波长为 λ'时，$k=2$，有

$$a+b=2\lambda'/\sin\theta_2,\quad \theta_2=30°$$

由以上两式得 $\quad 3\lambda/\sin\theta_3=2\lambda'/\sin\theta_2$

解得要求的波长 $\quad \lambda'=510.3\text{nm}$

(2) 光栅常数 $\quad a+b=3\lambda/\sin\theta_3=2043.8\text{nm}$

由光栅方程可求得第 2 级光谱中波长最短的 $\lambda_1=400\text{nm}$ 光在屏上的角位置

$$\theta_{12}=\arcsin(2\times400/2043.8)=23°$$

波长最长的 $\lambda_2=760\text{nm}$ 光在屏上的角位置

$$\theta_{22}=\arcsin(2\times760/2043.8)=48°$$

白光第 2 级光谱的张角 $\quad \Delta\theta_2=\theta_{22}-\theta_{12}=25°$

注意： 各种波长的 0 级重叠在一起，在 $\theta=0$ 方向上形成中央亮纹。其他级上不同波长的条纹位置错开才形成光谱，各级谱线靠近中央一侧（内侧）为短波长的紫色，外侧为长波长的红色。级次越高，彩带越宽。光谱级别较大时，一是会出现级别高的波长短的光与级别低的波长长的光发生重叠，颜色变得杂乱无章；二是会出现高级别的光谱不能完整的出现在

视场范围内。

例如，$\lambda_1=400\text{nm}$ 的光与 $\lambda=600\text{nm}$ 的光发生重叠时，$\sin\theta=\dfrac{k_1\lambda_1}{d}=\dfrac{k_2\lambda}{d}$，有 $\dfrac{k_1}{k_2}=\dfrac{\lambda}{\lambda_1}=\dfrac{600}{400}=\dfrac{3}{2}$，则 $\lambda_1=400\text{nm}$ 的光的第 3 级（$k_1=3$）与 $\lambda=600\text{nm}$ 的光的第 2 级（$k_2=3$）就会发生重叠。

第三级光谱（$k=3$）中，对应 $\lambda_2=760\text{nm}$ 的光在屏上的角位置

$$\sin\theta=\frac{k_2\lambda}{d}=\frac{3\times760}{2043.8}=1.12>1$$

这说明第 3 级红光谱线已不在视场范围内，那么在视场范围中能出现的最大波长 λ_x 所对应的 $\theta=\pi/2$，由光栅方程求得 $\lambda_x=\dfrac{d\sin90^\circ}{3}=\dfrac{d}{3}=681.3\text{nm}$，从而第三级光谱不能全部出现，其波长范围在的 $\lambda_1=400\text{nm}\sim\lambda_x=681.3\text{nm}$ 之间，其张角为

$$\Delta\theta_3=90^\circ-\arcsin(3\times400/2043.8)=90^\circ-36^\circ=54^\circ$$

【例 10-10】 在通常亮度下，人眼瞳孔直径约为 3mm，若视觉感受最灵敏的光波长为 550nm（$1\text{nm}=10^{-9}\text{m}$）。试问

（1）人眼最小分辨角是多大？

（2）在教室的黑板上，画的等号的两横线相距 2mm，坐在距黑板 10m 处的同学能否看清？

【解】（1）已知 $D=3\text{mm}$，$\lambda=550\text{nm}$，人眼的最小分辨角为

$$\delta\theta_{\min}=1.22\lambda/D=2.24\times10^{-4}\,\text{rad}$$

（2）设等号两横线相距 $\Delta x=2\text{mm}$ 时，人距黑板 l 刚好看清，则

$$l=\Delta x/\delta\theta_{\min}=8.9\text{m}$$

所以距黑板 10m 处的同学看不清楚。

【例 10-11】 波长为 0.168nm 的 X 射线以掠射角 θ 射向某晶体表面时，在反射方向出现第一级极大，已知晶体的晶格常数为 0.168nm，求掠射角 $\theta=$？

【解】 根据布拉格公式 $2d\sin\theta=k\lambda$，对于第一级极大：$2d\sin\theta=\lambda$，所以

$$\sin\theta=\frac{\lambda}{2d}=\frac{0.168}{2\times0.168}=\frac{1}{2},\quad \theta=30^\circ$$

第十一单元　光的偏振

一、基本要求

（1）了解光的五种偏振状态，理解起偏和检偏的意义，理解马吕斯定律。

（2）了解光在反射和折射时偏振状态的变化，理解布儒斯特定律。

（3）了解双折射现象和单轴晶体中 o 光、e 光的传播方向的惠更斯作图法。

（4）了解四分之一波片的意义，了解偏振光的干涉。

（5）了解偏振光的应用，知道人工双折射和旋光的意义。

二、基本概念与规律

横波是波的传播方向垂直波矢量的振动方向——光是横波，即光矢量 $\boldsymbol{E}$ 的振动方向总

是垂直光的传播方向 $\boldsymbol{u}$，这样光矢量 $\boldsymbol{E}$ 在垂直光的传播方向 $\boldsymbol{u}$ 的平面内（$\boldsymbol{E}\times\boldsymbol{H}$ 决定的平面，如图 11-1 所示）就可取各种各样的振动方向，即光矢量有多种振动状态。这样光是横波就意味着在一般情况下：光矢量是关于光的传播方向轴对称的，而有对称性时，就可以破坏对称性使之不对称，从而出现光的偏振性。

对纵波，由于波矢量的振动方向平行波的传播方向，垂直 $\boldsymbol{u}$ 的平面不存在，波矢量的振动方向就是唯一的，振动状态就只有一种，所以就没有关于传播方向对称与不对称的问题，从而纵波也就无偏振可谈。

所以，光的偏振性证实光是横波，电磁波是横波。

1. 光的偏振

研究光的振动方向的特性——即光的振动方向对传播方向是否有对称性以及对称程度如何。

2. 光的偏振态

光矢量在垂直于传播方向平面内（以这一平面存在为前提）的各种振动状态。

按对光的传播方向是否对称就可将光分为：自然光与偏振光。

偏振光按对光的传播方向对称程度有：线偏振光、部分偏振光、圆偏振光、椭圆偏振光。

3. 自然光

光矢量在垂直 $\boldsymbol{u}$ 的平面上的各个可能方向上的无规则取向，平均而言使光矢量具有环绕光的传播方向轴对称的光。即自然光是在一段时间 τ 内，等振幅的各种振动方向的光矢量等几率出现在垂直 u 的平面内的各个方向上且各个方向振动的光强相等的非相干光。如图 11-2 所示，这些互不相关、不同时刻的各个光矢量的末端在垂直 u 的平面上组成一个圆，从而光矢量对时间平均而言，关于光的传播方向轴对称。

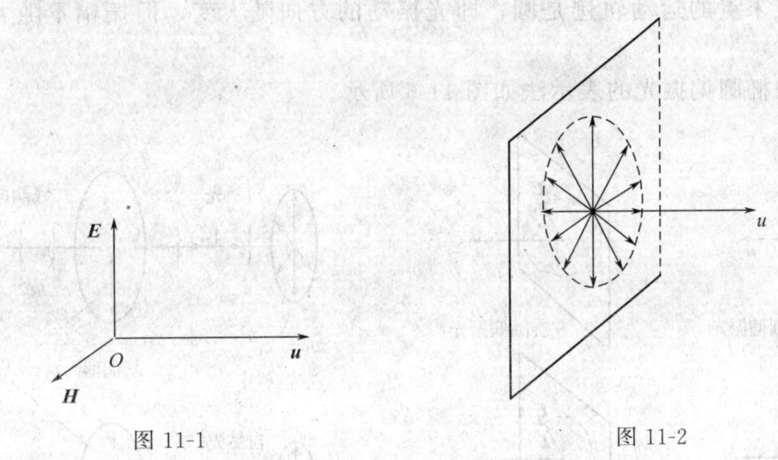

图 11-1　　　　图 11-2

自然光可用在垂直 u 的平面上的一对互相独立、振动方向互相垂直、振幅相等但毫无固定位相关系的光振动（线偏振光）表示。

自然光的表示法：如图 11-3 所示（图中有相同数量的小点和小竖线，小点表示光振动垂直纸面，小竖线表示光振动在纸面内）。

注意：这是自然光的一种表示方法，是一个对各个不相关或不同时刻各种取向的光矢量对时间的平均效果。

4. 偏振光

不论什么原因使得某一方向的光振动占优势或只有某一方向的光振动的光。

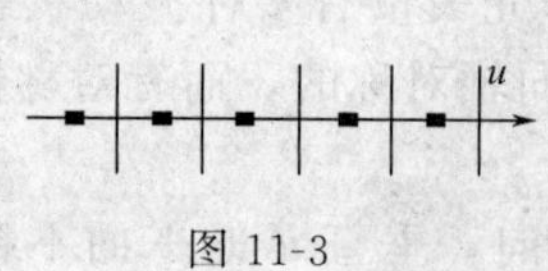

图 11-3

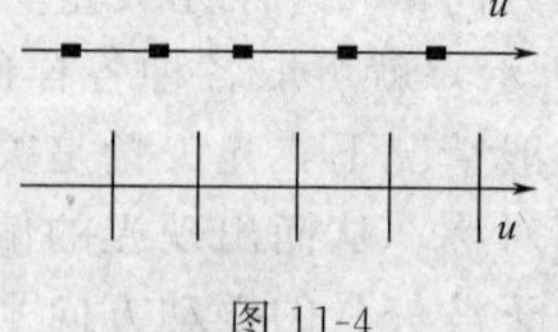

图 11-4

（1）线偏振光（也称完全偏振光、平面偏振光）：在垂直 u 的平面上，光矢量 $\boldsymbol{E}$ 只沿一个固定方向振动且不随时间改变的光。

线偏振光的表示法：如图 11-4 所示，小点表示光振动垂直纸面的线偏振光，小竖线表示光振动在纸面内的线偏振光。

（2）部分偏振光：在垂直 u 的平面上，光矢量 $\boldsymbol{E}$ 沿某一方向的振动占优势，各方向振动的振幅不同的光。

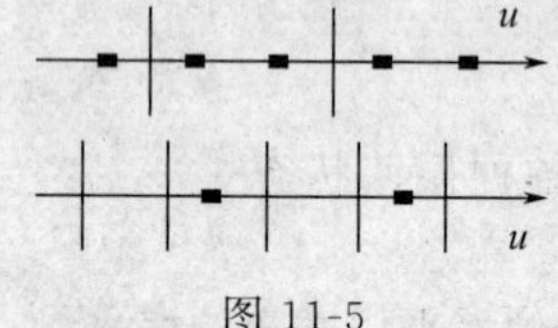

图 11-5

部分偏振光是各个方向的光振动都有，但在不同方向上出现的几率不一样，是自然光与完全偏振光的组合。

在时间 τ 内，部分偏振光各时刻的光矢量的末端在垂直 u 的平面上组成一个椭圆。所以部分偏振光可用在垂直 u 的平面上的一对互相独立、振动方向互相垂直、振幅不等（光强不等）、但毫无固定位相关系的光振动（线偏振光）表示。

部分偏振光表示法：如图 11-5 所示（图中有不同数量的小点和小竖线）。

（3）圆偏振光与椭圆偏振光：在垂直 u 的平面上，光矢量 $\boldsymbol{E}$ 只沿一个方向振动，但这个光振动的方向和振幅随时间按一定频率旋转和变化的光。

如果光矢量末点的运动轨迹是椭圆，即光振动的方向和振幅都随 t 变——椭圆偏振光。

如果光矢量末点的运动轨迹是圆，即光振动的方向随 t 变，但振幅不随 t 变——圆偏振光。

圆偏振光与椭圆偏振光的表示法如图 11-6 所示。

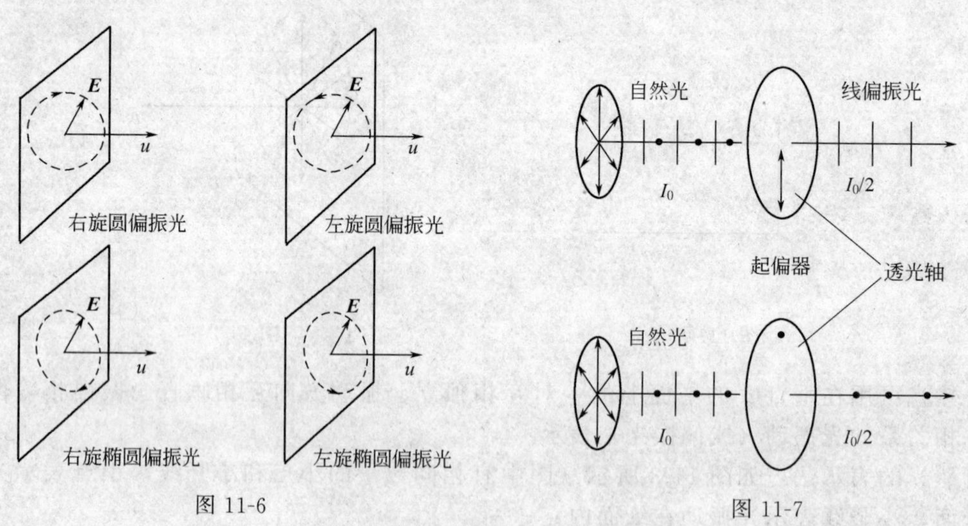

图 11-6　　图 11-7

注意：（1）自然光与部分偏振光都可分解为两束相互独立、振动方向相互垂直、光强相等（等于自然光光强一半，$I_0=I_x+I_y$，$I_x=I_y=I_0/2$）或不等、无固定位相差且不可合成的线偏振光；

（2）线偏振光、椭圆或圆偏振光都可分解为两束等幅或不等幅、振动方向相互垂直、有固定相位差（线偏振光对应 $\Delta\varphi=0,\pi$，椭圆或圆偏振光对应 $\Delta\varphi=\pm\pi/2$，$\pm\pi/4$，$\pm3\pi/4$）可合成的线偏振光。

（3）圆偏振光与椭圆偏振光的光矢量末端在时间 τ 内、在垂直 u 的平面上扫一个圆或椭圆，与自然光和部分偏振光各时刻的光矢量的末端在垂直 u 的平面上组成一个圆或椭圆有差别，但对时间的平均效果一样，这是偏振片不能区分它们的原因。

5. 线偏振光的获得

（1）二向色性。利用物质的二向色性制成偏振器件，如偏振片。

二向色性的定义：某些物质（如电解石晶体、硫酸碘奎宁晶体、浸碘的聚乙烯醇薄膜等）对相互垂直的两个光振动具有吸收程度不同（选择吸收）的性质，称二向色性。

偏振片基本上只允许光矢量在某一特定方向上振动的光通过，偏振片的这一特殊方向称透振方向或偏振化方向。这样一束自然光通过偏振片后，透射光就是线偏振光，且这一线偏振光的光强是自然光光强的1/2。如图11-7所示。

起偏：产生偏振光的过程。

检偏：检查入射光偏振性的过程，如图11-8所示。

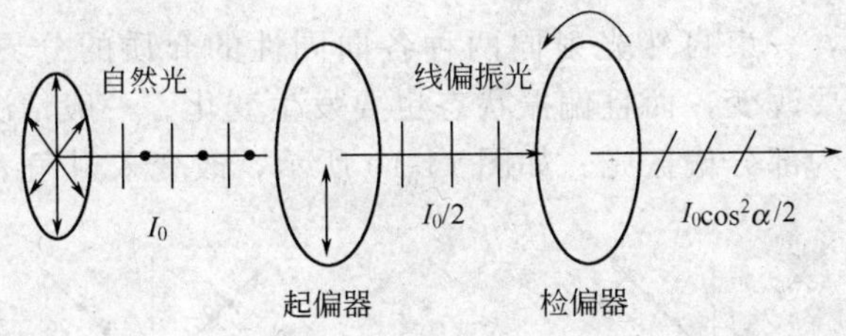

图 11-8

通常是根据改变两个偏振片的相对位置时，即改变起偏与检偏器的两个偏振化方向时，光强发生变化的情况来检验是否为偏振光。

将待检测光垂直通过一偏振片，以入射光线为轴旋转偏振片，观察透射光强：

有消光现象——是线偏振光；

光强不变——是自然光，或圆偏振光；

光强变化，但无消光现象——是椭圆偏振光，或部分线偏振光。

这种方法不能区分自然光与圆偏振，椭圆偏振光与部分线偏振光，要进一步把它们区分开，则在上述偏振片的前面插入一 $\lambda/4$ 片，然后再旋转偏振片，观察透射光：

光强仍不变——是自然光；有消光现象——是圆偏振光；

光强变化，但仍无消光现象——是部分线偏振光；有消光现象——是椭圆偏振光。

这是因为 $\lambda/4$ 片会把圆偏振光、椭圆偏振光变成线偏振光。

马吕斯定律：一束强度为 I_0 的线偏振光通过检偏器后，出射光（透射光）的强度

$$I=I_0\cos^2\alpha$$

式中，α 为检偏器前线偏振光振动方向与检偏器偏振化方向（透振方向）之间的夹角，也是起偏器与检偏器的两个透光轴之间的夹角。

当 $\alpha=\pm\pi/2$，$I=0$——消光；$\alpha=0,\pi$，$I=I_0$，有最大值；α 是其他值的情况，$0<I<I_0$ 介于两者之间。

注意：马吕斯定律就是振幅投影定律。设入射光矢量的振动方向与偏振片的偏振化方向之间的夹角为 α，如图11-9所示。那么从偏振片透出的线偏光的振动方向平行于偏振片的偏振化方向，振幅为 $A=A_0\cos\alpha$，强度为

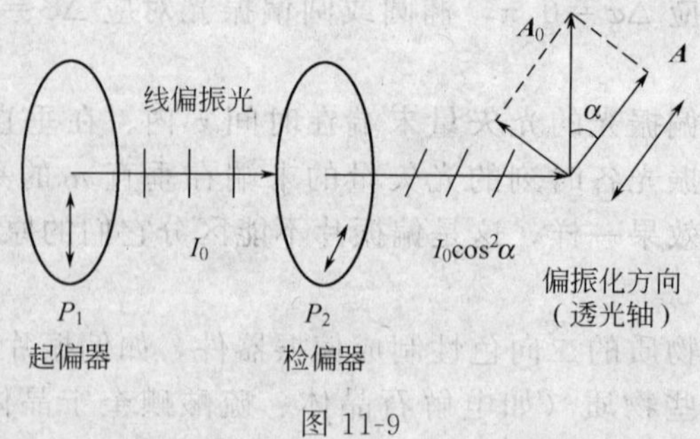

图 11-9

$$I = A^2 = A_0^2\cos^2\alpha = I_0\cos^2\alpha$$

公式中 I_0 表示线偏振光的强度，如果自然光的强度为 I_0，通过起偏振片后强度减半为 $I_0/2$，经检偏器后出射光的强度为 $I=\dfrac{I_0}{2}\cos^2\alpha$。

（2）反射光和折射光的偏振。利用光的反射和折射的偏振性制成偏振器件，如玻璃片堆。

实验和理论都表明：一束自然光射向两种各向同性的介质的分界面上发生反射和折射时，不仅光的传播方向要改变，而且偏振状态也要发生变化。一般情况下以任意角度 i 入射时，反射光和折射光都为部分偏振光。如图 11-10 所示，改变入射角 i，使

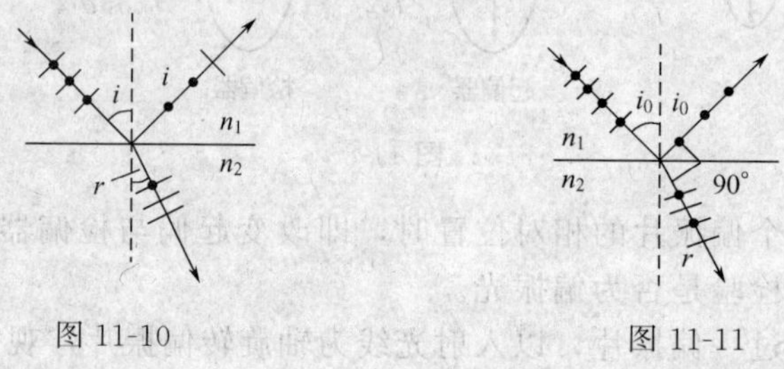

图 11-10　　图 11-11

$$i = i_0 = \arctan\frac{n_2}{n_1}$$

时反射光是振动方向垂直于入射面的线偏振光，而折射光仍是部分偏振光——在入射面的光振动占优，如图 11-11 所示。

i_0 被称为布儒斯特角，也叫起偏角。

布儒斯特定律：自然光以布儒斯特角入射在两种各向同性介质的介面上时，反射光是光振动垂直于入射面的线偏振光。这种情况下折射光线与反射光线垂直。即 $i_0 + r = 90°$。

（3）双折射。利用光通过各向异性晶体时的双折射现象制成偏振器件，如尼科尔棱镜、渥拉斯顿棱镜等。

双折射现象：一束光（可以是自然光也可以是线偏振光）通过某些各向异性晶体（光学性质随方向而异的某些晶体，如方解石、石英、冰等）和介质时在其内部出现两条折射光的现象。

如图 11-12 所示，一束自然光射入各向异性晶体方解石上分为两束折射光线，遵从折射定律的那束光线称 o 光，不遵从折射定律的那束光线称 e 光。o 光和 e 光都是线偏振光。

光轴：在各向异性晶体内有一确定的方向，光沿这个方向传播时不发生双折射，这个方向称为晶体的光轴。

只有一个光轴的晶体称单轴晶体。如图 11-13 所示，o 光和 e 光沿光轴方向的传播速度

相同（$u_o=u_e$），所以沿光轴方向传播时不发生双折射（光轴方向上各向异性晶体对 o 光和 e 光的折射率相同 $n_o=n_e$）。

光线的主平面：晶体内由一条光线和晶体光轴确定的平面叫这条光线的主平面。o 光的振动垂直于 o 光的主平面，e 光的振动在 e 光的主平面内——当入射面含有光轴时，两个主平面重合，入射光、o 光、e 光都在入射面内。o 光振动与 e 光振动垂直；当光轴与入射面不平行时，两个主平面不重合，有很小的夹角，e 光一般不在入射面内，此时 o 光振动和 e 光振动也不垂直，但相差不大。

产生双折射的原因：这是因为在各向异性的晶体内，o 光和 e 光的传播速度不同，因而折射率不同所造成的。如图 11-14 所示。各向异性晶体对 o 光是各向同性的，只是对 e 光各向异性。

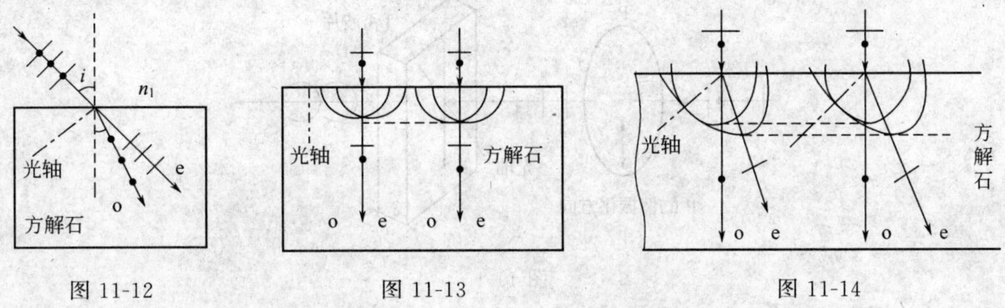

图 11-12　　图 11-13　　图 11-14

正晶体：在垂直光轴方向上，o 光的速率和 e 光的速率之差 u_o-u_e 最大，且 $u_o>u_e$，即在垂直光轴方向上 e 光的折射率大于 o 光的折射率 $n_o<n_e$，如石英、冰。

负晶体：在垂直光轴方向上，o 光的速率和 e 光的速率之差 u_e-u_o 最大，且 $u_o<u_e$，即在垂直光轴方向上 e 光的折射率小于 o 光的折射率 $n_o>n_e$，如方解石、电气石。

用惠更斯原理可解释双折射现象，参见相关参考书。

6. 圆偏振光、椭圆偏振光的获得

（1）波片。从单轴晶体上切割下来的平行平面薄片，光轴与晶体表面平行。

如图 11-15 所示，光垂直入射晶片表面，在晶体内分成 o 光和 e 光，它们振动方向相互垂直（o 光光振动垂直入射面，小点表示，e 光光振动在入射面内，小横线表示）、传播方向相同（都沿入射光方向）、但传播速度不同，折射率不同。因此这种情况虽然 o 光和 e 光的出射方向相同，但仍有双折射现象。

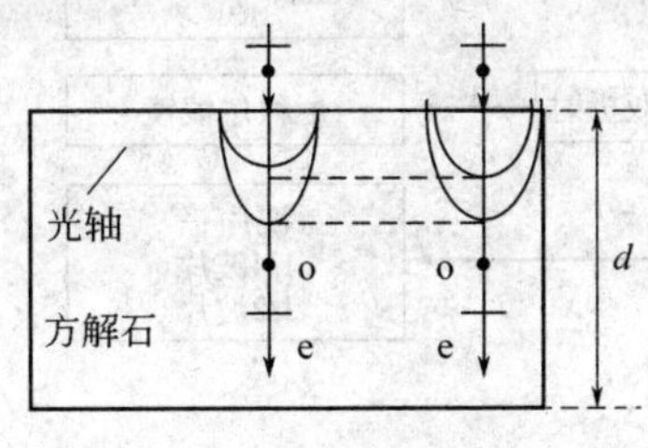

图 11-15

波片的作用：通过厚度为 d 的晶片后 o 光和 e 光之间产生一个光程差

$$\delta=(n_o-n_e)d$$

1/2 波片：能使光程差 $\delta=k\lambda+\dfrac{\lambda}{2}$（$k=0,1,2,\cdots$）的波片。

1/4 波片：能使光程差$\delta=\frac{k\lambda}{2}+\frac{\lambda}{4}$（$k=0,1,2,\cdots$）的波晶片。

注意：$\frac{\lambda}{2}$波片、$\frac{\lambda}{4}$波片都是相对某一特定波长而言的。

(2) 圆偏振光的获得。获得圆偏振光的装置如图 11-16 所示。偏振片的偏振化方向与$\frac{\lambda}{4}$波片的光轴成$\alpha=45°$角，自然光垂直入射偏振片，从$\frac{\lambda}{4}$波片透出的是振幅相等、振动方向垂直、相位差为$\Delta\varphi=\frac{2\pi}{\lambda}\delta=\pm\frac{\pi}{2}$的两个简谐线偏振光，它们合成为圆偏振光。

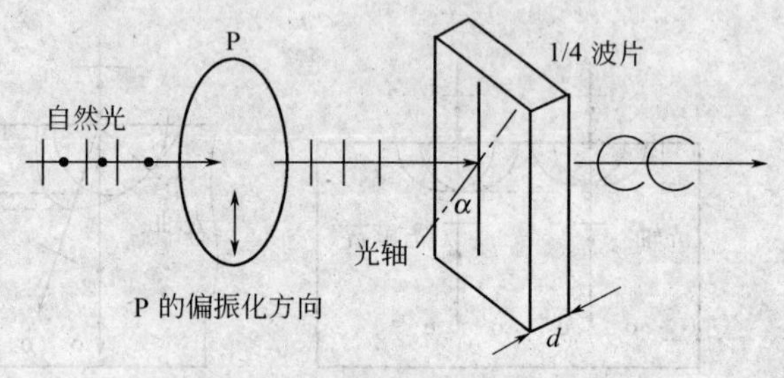

图 11-16

(3) 椭圆偏振光的获得。获得椭圆偏振光的装置如图 11-16 所示。但α不取 45°，0°，90°。

附：知识脉络图

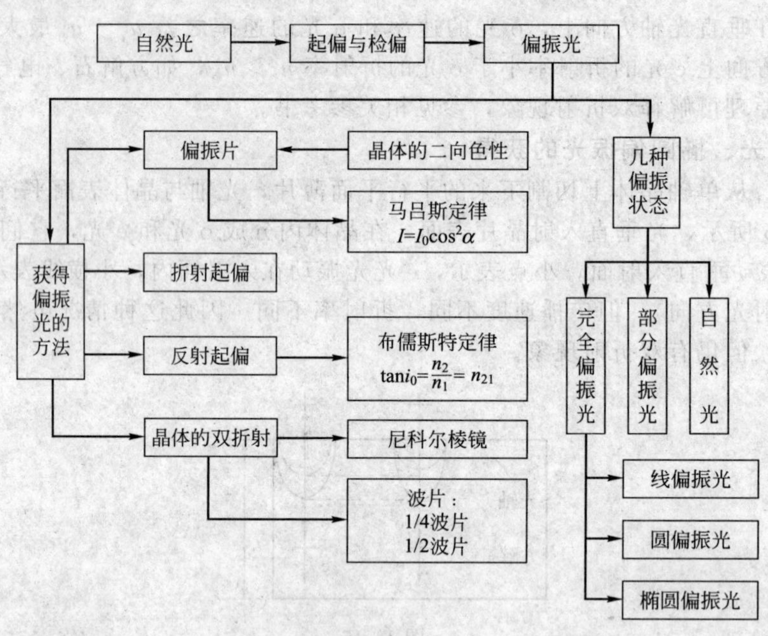

三、典型例题

【例 11-1】 一束光强为I_0的自然光垂直入射在三个叠在一起的偏振片P_1，P_2，P_3上，已知P_1与P_3的偏振化方相互垂直。

(1) 求P_2与P_3的偏振化方向之间夹角为多大时，穿过第三个偏振片的透射光强为

$I_0/8$；

(2) 若以入射光方向为轴转动 P_2，当 P_2 转过多大角度时，穿过第三个偏振片的透射光强由原来的 $I_0/8$ 单调减小到 $I_0/16$？此时 P_2、P_1 的偏振化方向之间的夹角多大？

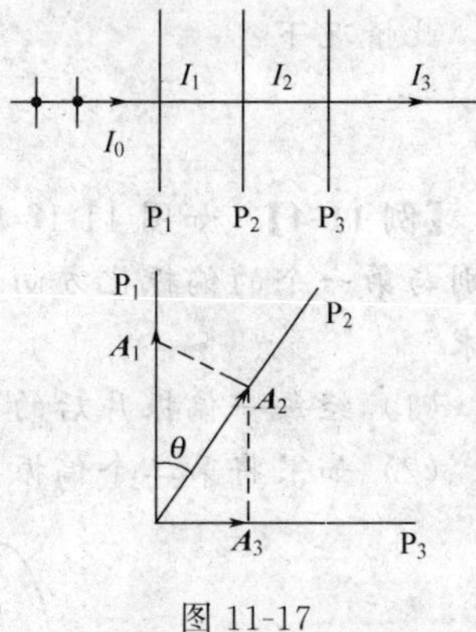

图 11-17

【解】 (1) 光强为 I_0 的自然光透过 P_1 后的光强 $I_1=I_0/2$

如图 11-17 所示，设 P_2 与 P_1 的偏振化方向之间的夹角为 θ，则透过 P_2 后的光强为

$$I_2=A_2^2=A_1^2\cos^2\theta=I_1\cos^2\theta=\frac{I_0}{2}\cos^2\theta$$

透过 P_3 后的光强为

$$I_3=A_3^2=A_2^2\cos^2\left(\frac{1}{2}\pi-\theta\right)=I_2\cos^2\left(\frac{1}{2}\pi-\theta\right)$$

$$=\frac{1}{2}I_0\cos^2\theta\sin^2\theta=(I_0\sin^2 2\theta)/8$$

由题意可知 $I_3=I_0/8$，则 $\theta=45°$。

(2) 转动 P_2，若使 $I_3=I_0/16$，则 P_1 与 P_2 偏振化方向的夹角 $\theta=22.5°$，所以 P_2 转过的角度为 $45°-22.5°=22.5°$。

【例 11-2】 由自然光和线偏振光混合而成的部分偏振光通过理想的偏振片，转动偏振片测量透射光强，发现光强最大值是最小值的 5 倍，求光束中线偏振光和自然光的强度之比。

【解】 自然光可看做随意位置上的等光强的两个不相干的垂直振动，通过偏振片时，不管偏振片的透振方向如何都是光强减半。线偏振光通过偏振片，光强变化严格遵守马吕斯定律，透光最大时，线偏振光完全通过，透光最小时为 0。

设光束中自然光的强度为 I_0，线偏振光的强度为 I，则依据题给条件有

$$\frac{I_{\max}}{I_{\min}}=\frac{\dfrac{I_0}{2}+I}{\dfrac{I_0}{2}+0}=5$$

解得

$$\frac{I}{I_0}=2$$

【例 11-3】 有两个偏振片叠在一起，其偏振化方向之间的夹角为 45°。一束强度为 I_0 的光垂直入射到偏振片上，该入射光由强度相同的自然光和线偏振光混合而成。此入射光中线偏振光矢量沿什么方向才能使连续透过两个偏振片后的光束强度最大？在此情况下，透过第一个偏振片的和透过两个偏振片后的光束强度各是多大？

【解】 设两个偏振片以 P_1,P_2 表示，以 θ 表示入射光中线偏振光的光矢量振动方向与 P_1 的偏振化方向之间的夹角，则透过 P_1 后的光强度 I_1 为

$$I_1=\frac{1}{2}\left(\frac{1}{2}I_0\right)+\frac{1}{2}I_0\cos^2\theta$$

连续透过 P_1,P_2 后的光强 I_2

$$I_2=I_1\cos^2 45°=\left[\frac{I_0}{4}+\frac{1}{2}(I_0\cos^2\theta)\right]\cos^2 45°$$

要使 I_2 最大，应取 $\cos^2\theta=1$，即 $\theta=0$，入射光中线偏振光的光矢量振动方向与 P_1 的偏振化方向平行。

此情况下 $$I_1=3I_0/4$$

$$I_2=\frac{3I_0}{4}\cos^2 45°=3\ \frac{I_0}{8}$$

【例 11-4】 如图 11-18 所示，将三个偏振片叠放在一起，第二个与第三个的偏振化方向分别与第一个的偏振化方向成 45°和 90°角，强度为 I_0 的自然光垂直入射到这一堆偏振片上。试求

(1) 经每一偏振片后的光强和偏振状态；

(2) 如果将第二个偏振片抽走，情况又如何？

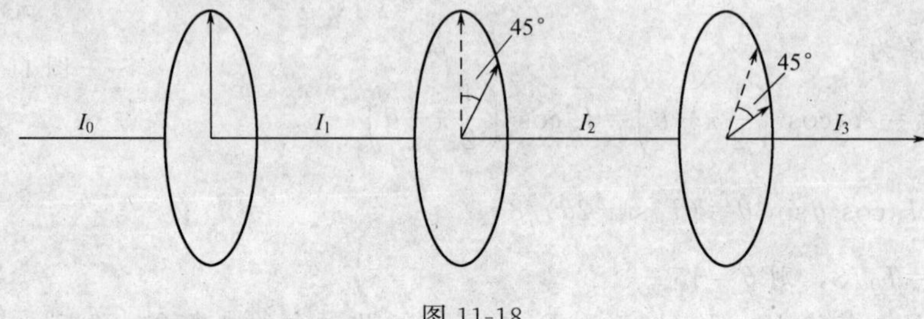

图 11-18

【解】 (1) 根据马吕斯定理，经第一个偏振片后，$I_1=\frac{1}{2}I_0$；经第二个偏振片后，$I_2=I_1\cos^2 45°=\frac{1}{4}I_0$；经第三个偏振片后，$I_3=I_2\cos^2 45°=\frac{1}{8}I_0$；经每一偏振片后的偏振状态皆为线偏振光。

(2) 如果将第二个偏振片抽走，则 I_1 不变，$I_3=0$。

【例 11-5】 如图 11-19 所示，透明介质Ⅰ,Ⅱ,Ⅲ和Ⅰ的三个交界面相互平行。一束自然光由Ⅰ中入射。试证明：若Ⅰ,Ⅱ交界面和Ⅲ,Ⅰ交界面上的反射光都是线偏振光，则必有 $n_2=n_3$。

【解】 根据布儒斯特定律，若Ⅰ,Ⅱ交界面上的反射光是线偏振光，则光在Ⅰ,Ⅱ交界面上的入射角满足关系式 $\tan i=\frac{n_2}{n_1}$，$n_1\sin i=n_2\cos i$，光在Ⅱ,Ⅲ交界面Ⅰ上的入射角为 $\gamma=90°-i$。

设光在Ⅲ,Ⅰ交界面上的入射角为 i'，根据折射定律，$n_2\sin\gamma=n_3\sin i'$，$n_3\sin i'=n_2\cos i=n_1\sin i$，光在Ⅲ,Ⅰ交界面上的折射角为 i。若Ⅲ,Ⅰ交界面上的反射光是线偏振光，则 $i'=90°-i$，$n_2=n_3$。

【例 11-6】 有一平面玻璃板放在水中，如图 11-20 所示，板面与水面夹角为 θ。设水和玻璃的折射率分别为 1.333 和 1.517。已知图中水面的反射光是完全偏振光，欲使玻璃板面的反射光也是完全偏振光，θ 角应是多大？

【解】 根据题目已知条件，水的折射率为 $n=1.333$，玻璃的折射率为 $n'=1.517$，光在水面和玻璃表面的入射角分别为 i_1 和 i_2，设光在水和空气的交界面上的折射角为 γ。根据布儒斯特定律，$i_1=\arctan n=53.12°$，$\gamma=90°-i_1=36.88°$。

根据几何关系，$(90°-i_2)+\gamma=90°-\theta$，$i_2=\theta+\gamma$。

欲使玻璃板面的反射光也是完全偏振光，则

$$i_2=\arctan\frac{n'}{n}=48.69°,\ \theta=i_2-\gamma=11.8°$$

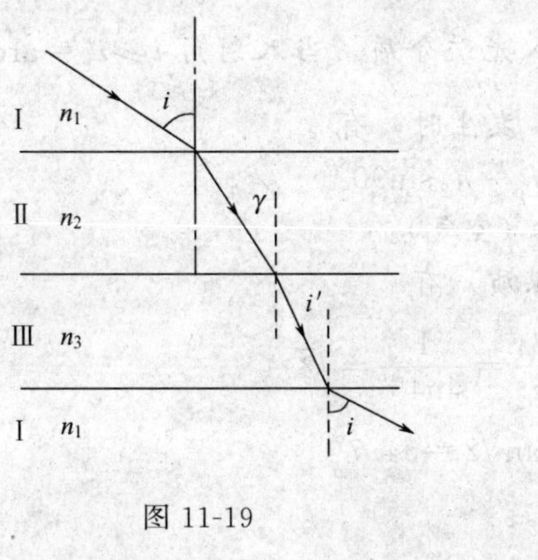

图 11-19

图 11-20

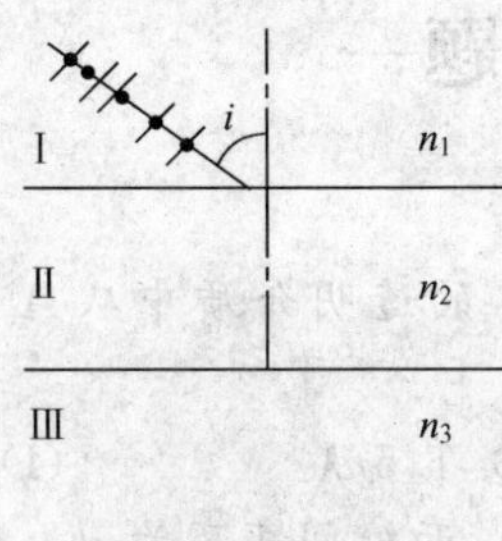

(a)

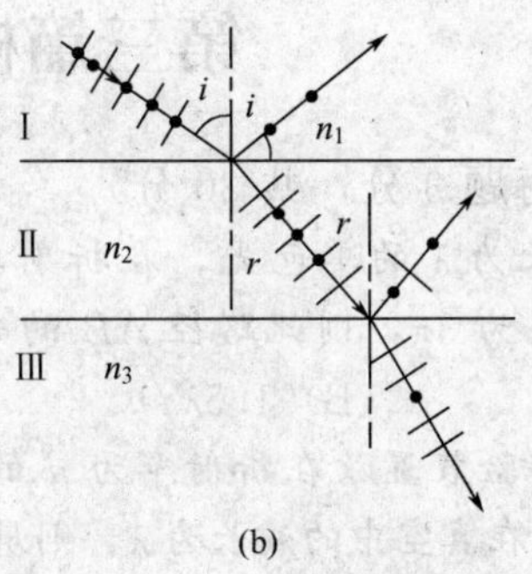

(b)

图 11-21

【例 11-7】 如图 11-21(a) 安排的三种透光媒质Ⅰ,Ⅱ,Ⅲ，其折射率分别为 $n_1=1.33$，$n_2=1.50$，$n_3=1$。两个交界面相互平行。一束自然光自媒质Ⅰ中入射到Ⅰ与Ⅱ的交界面上，设反射光为线偏振光。

(1) 求入射角 i；

(2) 媒质Ⅱ，Ⅲ界面上的反射光是不是线偏振光？为什么？

【解】 (1) 依题意，入射的自然光自媒质Ⅰ中入射到Ⅰ与Ⅱ的交界面上，反射光为线偏振光，则据布儒斯特定律有

$$\tan i=(n_2/n_1)=1.50/1.33$$

所以

$$i=48.44°(=48°26')$$

(2) 令介质Ⅱ中的折射角为 r，则据布儒斯特定律有

$$i+r=90°$$

所以

$$r=90°-i=41.56°$$

此 r 在数值上等于在Ⅱ,Ⅲ界面上的入射角。

若Ⅱ,Ⅲ界面上的反射光是线偏振光，则必满足布儒斯特定律

$$\tan i_0=n_3/n_2=1/1.5$$

$$i_0=33.69°$$

因为 $r\neq i_0$，故Ⅱ,Ⅲ界面上的反射光不是线偏振光。而是部分偏振光，如图 11-21(b) 所示。

【例 11-8】 某种透明媒质对于空气的临界角（指全反射）等于 45°，光从空气射向此媒质时的布儒斯特角是多少？

【解】 全反射现象（光从光密介质进入光疏介质，当入射角 $i \geqslant i_c = \arcsin \dfrac{n_2}{n_1}$ 时，入射光全部返回原来介质，没有折射线的现象）发生时，有

$$n_1 \sin i_c = n_2 \sin 90°$$

式中，n_1 为透明介质的折射率；$n_2 = 1$（空气）。

又由布儒斯特定律（光从空气射向此媒质）有

$$\tan i_0 = \frac{n_1}{n_2} = \frac{1}{\sin 45°} = \sqrt{2}$$

可得

$$i_0 = \arctan\sqrt{2} = 54.7°$$

也可知这透明媒质的折射率为 $n_1 = \sqrt{2}$。

第三篇模拟题一

一、选择题（每题 3 分，共 30 分）

1. 在真空中波长为 λ 的单色光，在折射率为 n 的透明介质中从 A 沿某路径传播到 B，若 A、B 两点相位差为 3π，则此路径 AB 的光程为［　　］。

(A) 1.5λ　　(B) $1.5\lambda/n$　　(C) $1.5n\lambda$　　(D) 3λ

2. 把双缝干涉实验装置放在折射率为 n 的水中，两缝间距离为 d，双缝到屏的距离为 D $(D \gg d)$，所用单色光在真空中的波长为 λ，则屏上干涉条纹中相邻的明纹之间的距离是［　　］。

(A) $n\lambda D/d$　　(B) $\lambda D/(nd)$　　(C) $\lambda d/(nD)$　　(D) $\lambda D/(2nd)$

3. 在题图 3-1 所示的三种透明材料构成的牛顿环装置中，用单色光垂直照射，在反射光中看到干涉条纹，则在接触点 P 处形成的圆斑为［　　］。

(A) 全明　　(B) 全暗

(C) 左半部明，右半部暗　　(D) 左半部暗，右半部明

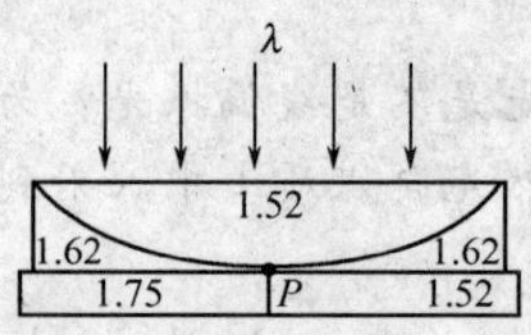

题图 3-1

注：图中数字为各处的折射率

4. 在迈克尔逊干涉仪的一支光路中，放入一片折射率为 n 的透明介质薄膜后，测出两束光的光程差的改变量为一个波长 λ，则薄膜的厚度是［　　］。

(A) $\lambda/2$　　(B) $\lambda/(2n)$　　(C) λ/n　　(D) $\lambda/2(n-1)$

5. 在单缝夫琅和费衍射实验中波长为 λ 的单色光垂直入射到单缝上。对应于衍射角为 30°的方向上，若单缝处波面可分为 3 个半波带，则缝宽度 a 等于［　　］。

(A) λ　　(B) 1.5λ　　(C) 3λ　　(D) 2λ

6. 一束平行单色光垂直入射在光栅上，当光栅常数 $(a+b)$ 为下列哪种情况时（a 代表每条缝的宽度，b 代表缝间不透光的宽度），$k=3$、6、9 等级次的主极大均不出现？［　　］。

(A) $a+b=2a$　　(B) $a+b=3a$　　(C) $a+b=4a$　　(D) $a+b=6a$

7. 在双缝衍射实验中，若每条缝宽 $a=0.030\text{mm}$，两缝中心间距 $d=0.15\text{mm}$，则在单缝衍射的两个第一极小条纹之间出现的干涉明条纹数为［ ］。

(A) 2　　(B) 5　　(C) 9　　(D) 12

8. 波长为 0.426nm（$1\text{nm}=10^{-9}\text{m}$）的单色光，以 70°角掠射到岩盐晶体表面上时，在反射方向出现第一级极大，则岩盐晶体的晶格常数为［ ］。

(A) 0.039nm　　(B) 0.227nm　　(C) 0.584nm　　(D) 0.629nm

9. 光从水面反射时起偏角为 53°，如果一束以 53°的入射角射入水中，则折射角为［ ］。

(A) 53°　　(B) 35°　　(C) 90°　　(D) 37°

10. 光强为 I_0 的自然光依次通过两个偏振片 P_1 和 P_2，若 P_1 和 P_2 的偏振化方向的夹角 $\alpha=30°$，则透射偏振光的强度 I 是［ ］。

(A) $I_0/4$　　(B) $\sqrt{3}I_0/4$　　(C) $\sqrt{3}I_0/2$

(D) $I_0/8$　　(E) $3I_0/8$

二、填空题（每题 3 分，共 30 分）

1. 在双缝干涉实验中，光的波长为 600nm（$1\text{nm}=10^{-9}\text{m}$），双缝间距为 2mm，双缝与屏的间距为 300cm。在屏上形成的干涉图样的明条纹间距为________mm。

2. 一个平凸透镜的顶点和一平板玻璃接触，用单色光照射，观察反射光形成的牛顿环，测得中央暗斑外第 k 个暗环半径为 r_1，现将透镜和玻璃板之间的空气换成某种液体（其折射率小于玻璃的折射率），第 k 个暗环的半径变为 r_2，由此可知该液体的折射率为________。

3. 如题图 3-2 所示，平板玻璃和凸透镜构成牛顿环装置，全部浸入 $n=1.60$ 的液体中，凸透镜可沿 OO' 上下移动，用波长 $\lambda=500\text{nm}$（$1\text{nm}=10^{-9}\text{m}$）的单色光垂直入射，从上向下观察，看到中心是一个暗斑，此时凸透镜顶点距平板玻璃的距离最少是________nm。

4. 一束波长为 λ 的单色光由空气垂直入射到折射率为 n 的透明薄膜上，透明薄膜放在空气中，要使反射光得到干涉加强，则薄膜最小的厚度为________。

5. 在单缝夫琅和费衍射实验中，设第一级暗纹的衍射角很小，若钠黄光（$\lambda_1\approx589\text{nm}$）中央明纹宽度为 4.0mm，则 $\lambda_2\approx442\text{nm}$ 的蓝紫色光的中央明纹宽度为________。

6. 如题图 3-3 所示为一多缝夫琅和费衍射光强分布曲线，已知入射光波的波长为 600nm，θ 表示衍射角，则这是 $N=$________条缝的光栅产生的衍射光强分布图；每条缝的宽度 $a=$________nm；光栅常数 $d=$________nm。

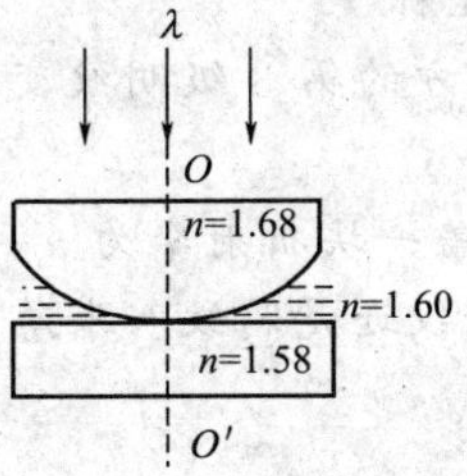

题图 3-2

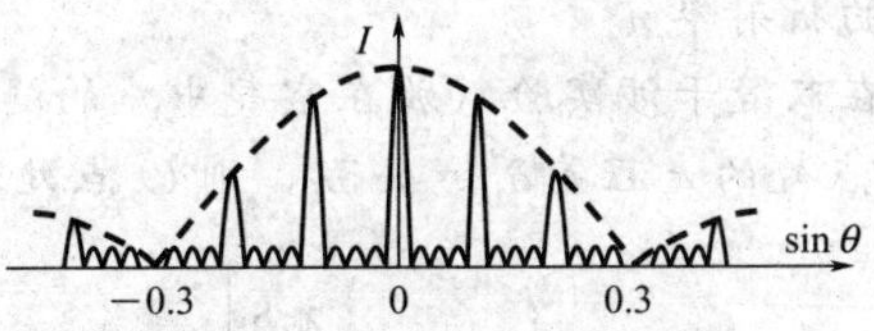

题图 3-3

7. 在通常亮度下，人眼瞳孔直径约为 3mm，对波长为 550nm 的绿光，最小分辨角是________rad，教师在教室的黑板上，画的等号的两横线相距 2mm，坐在距黑板________m 处的同学刚好能看清（保留三位有效数字）。

8. 设汽车前灯光波长按 $\lambda=500\text{nm}$ 计算，两车灯的距离 $S=1.22\text{m}$，在夜间人眼的瞳孔直径为 $D=5\text{mm}$，试根据瑞利判据计算人眼刚能分辨上述两只车灯时，人与汽车的距离 $L=$ ________m。

9. 一束光线由空气（折射率 $n_1=1.0$）射向玻璃（折射率 $n_2=1.732$），若没有检测到反射光，则就偏振状态来说入射光为________，入射角 $i=$ ________。

10. 三个偏振片 P_1，P_2 与 P_3 堆叠在一起，P_1 与 P_3 的偏振化方向相互垂直，P_2 与 P_1 的偏振化方向之间的夹角为 30°。强度为 I_0 的自然光垂直入射于偏振片 P_1，并依次透过偏振片 P_1，P_2 与 P_3，则通过三个偏振片后透射光的光强为________。

三、判断题（每小题 1 分，共 6 分）（在要判断正误的说法后面括号中填写√或×）

1. 在双缝干涉实验中，用单色自然光，在屏上形成干涉条纹。若在两缝后放一个偏振片，则：

(1) 干涉条纹的间距不变，但明纹的亮度加强。（ ）

(2) 干涉条纹的间距不变，但明纹的亮度减弱。（ ）

(3) 干涉条纹的间距变窄，且明纹的亮度减弱。（ ）

2. 一束自然光自空气射向一块平板玻璃，如题图 3-4 所示，设入射角等于布儒斯特角 i_0，则对在界面 2 的反射光有三种说法，请判断正误：

(1) 在界面 2 的反射光是自然光。（ ）

(2) 在界面 2 的反射光是部分偏振光。（ ）

(3) 在界面 2 的反射光是完全偏振光。（ ）

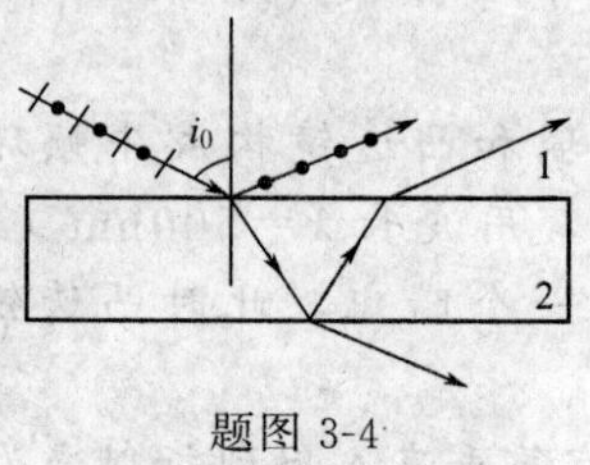

题图 3-4

四、分析题（4 分）

要使一束线偏振光通过偏振片之后振动方向转过 90°，至少需要让这束光通过几块理想偏振片？在此情况下，透射光强最大是原来光强的几倍？

五、计算题（每题 10 分，共 30 分）

1. 双缝干涉实验装置放在空气中，如题图 3-5 所示，双缝与屏之间的距离 $D=2\text{m}$，两缝之间的距离 $d=0.2\text{mm}$，用波长 $\lambda=600\text{nm}$ 的单色光垂直照射双缝。求

(1) 原点 O（零级明纹所在处）上方的第 3 级明纹的坐标 x_3。

(2) 若将整个装置浸入某种透明液体中时，原点 O 上方的第 3 级明纹变为了第 4 级明纹，求此液体的折射率 n。

(3) 如果在双缝干涉实验（放在空气中）的缝 S_2 后覆盖一块折射率为 $n=1.50$ 的薄片，这时屏幕上 O 点处的光程差 $\delta_0'=4.5\lambda$，则 O 点处现在是明纹还是暗纹？求薄片的厚度 h。

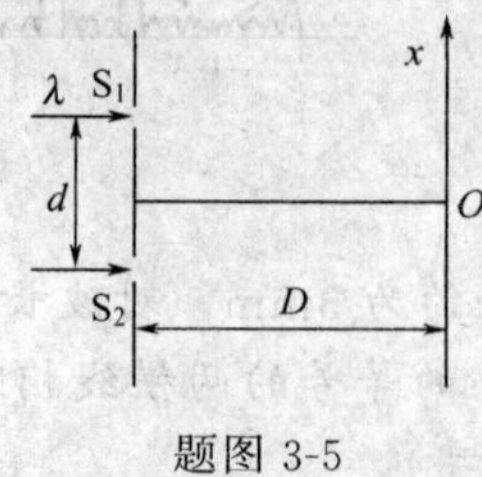

题图 3-5

2. 两块平行平面玻璃构成空气劈尖，用波长 500nm 的单色平行光垂直照射劈尖上表面。

(1) 求从棱算起的第 10 条暗纹处空气膜的厚度；

(2) 使膜的上表面向上平移 Δe，条纹如何变化？若 $\Delta e=2.0\mu m$，原来第 10 条暗纹处现在是第几级？

3. 一束具有两种波长 λ_1 和 λ_2 的平行光垂直照射到一衍射光栅上，测得波长 λ_1 的第 3 级主极大衍射角和 λ_2 的第 4 级主极大衍射角均为 30°，已知 $\lambda_1=560nm$ ($1nm=10^{-9}m$)。试求

(1) 光栅常数 $a+b$；

(2) 波长 λ_2；

(3) 若光栅常数与缝宽的比值 $\frac{a+b}{a}=5$，则对 λ_1 的光，屏上可能看到的全部主极大的级次。

第三篇模拟题二

一、选择题 (每题 3 分，共 30 分)

1. 用白光进行双缝实验，若用一个纯红色的滤光片遮盖一条缝，用一个纯蓝色的滤光片遮盖另一条缝，则 [ ]。

(A) 干涉条纹的宽度将发生改变　　(B) 产生红光和蓝光两套彩色干涉条纹

(C) 干涉条纹的亮度将发生改变　　(D) 不产生干涉

2. 双缝间距为 0.5mm，被一波长为 600nm 的单色光垂直照射。在缝后 120cm 处的屏上测得干涉条纹间距为 [ ]。

(A) 1.00mm　　(B) 0.1mm　　(C) 14.4mm　　(D) 1.44mm

3. 单色光从空气射入水中，下列哪种说法是正确的？[ ]。

(A) 波长变短，光速变慢　　(B) 波长不变，频率变大

(C) 频率不变，光速不变　　(D) 波长不变，频率不变

4. 单色平行光垂直照射在薄膜上，经上下两表面反射的两束光发生干涉，如题图 3-6 所示。若薄膜的厚度为 e，且 $n_1<n_2>n_3$，λ_1 为入射光在 n_1 中的波长，则两束反射光的光程差为 [ ]。

(A) $2n_2e$　　(B) $2n_2e-\lambda_1/(2n_1)$

(C) $2n_2e-n_1\lambda_1/2$　　(D) $2n_2e-n_2\lambda_1/2$

5. 一平板玻璃 ($n=1.60$)，板上有一油滴 ($n=1.35$)，展成中央稍高、很扁的圆锥形薄膜，如题图 3-7 所示。设锥高为 $1\mu m$，当用 $\lambda=600nm$ 的单色光垂直照射时，则在反射方向看到的干涉条纹将是 [ ]。

(A) 边缘为明纹，中央为暗纹　　(B) 边缘为暗纹，中央为明纹

(C) 边缘为暗纹，中央为暗纹　　(D) 边缘为明纹，中央为明纹

6. 如题图 3-8 所示，两平面玻璃板 OA 与 OB 构成一空气劈尖，一平面单色光垂直入射到劈尖上，当 A 板与 B 板的夹角 θ 增大时，干涉图样将发生什么变化？[ ]。

(A) 干涉条纹间距增大，并向 O 方向移动

(B) 干涉条纹间距减少，并向 B 方向移动

(C) 干涉条纹间距减少，并向 O 方向移动

(D) 干涉条纹间距增大，并向 B 方向移动

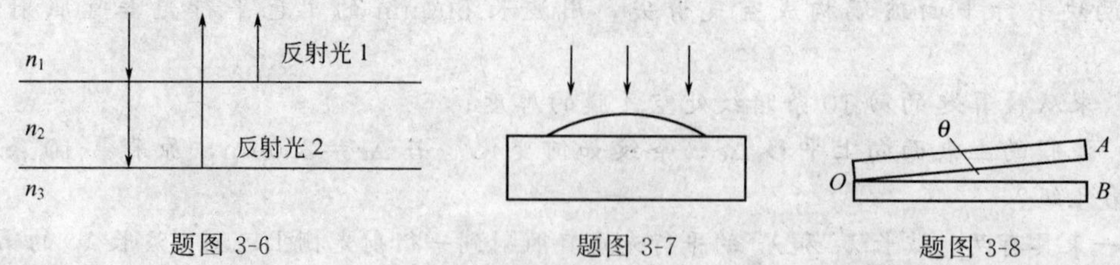

题图 3-6　　题图 3-7　　题图 3-8

7. 在白光垂直照射单缝而产生的衍射图样中，波长为 λ_1 的光的第 3 级明纹与波长为 λ_2 的光的第四级明纹相重合，则这两种光的波长之比 λ_1/λ_2 为 [　　]。

(A) 3/4　　(B) 4/3　　(C) 7/9　　(D) 9/7

8. 波长为 400nm 的光垂直投射到每厘米 6000 条刻线的光栅上，能观察到的最高级数是 [　　] 级。

(A) 3　　(B) 2　　(C) 5　　(D) 4

9. 若双星发光的波长为 540nm，则以孔径为 127cm 的望远镜来分辨双星的最小角距为 [　　] rad。

(A) 3.2×10^{-3}　　(B) 1.8×10^{-3}　　(C) 5.4×10^{-7}　　(D) 5.2×10^{-7}

10. 自然光从空气入射到某介质表面上，当折射角为 30°时，反射光是完全偏振光，则此介质的折射率为 [　　]。

(A) 1/2　　(B) $\sqrt{2}/2$　　(C) $\sqrt{3/2}$　　(D) $\sqrt{3}$

二、填空题（每题 3 分，共 30 分）

1. 在实验中用波长 $\lambda=500$nm 的单色光做杨氏双缝实验，现将厚 $e=6.0\times10^{-4}$cm，折射率 $n=1.5$ 的透明薄膜遮住上方的缝，则视场中干涉条纹将向________移动，一共移动了________个条纹。

2. 用波长为 λ 的单色光垂直照折射率为 n_2 的劈尖薄膜（$n_1>n_2$，$n_3>n_2$），观察反射光的干涉，如题图 3-9 所示。从劈尖顶开始，第二条明纹对应的膜厚 $e=$________。

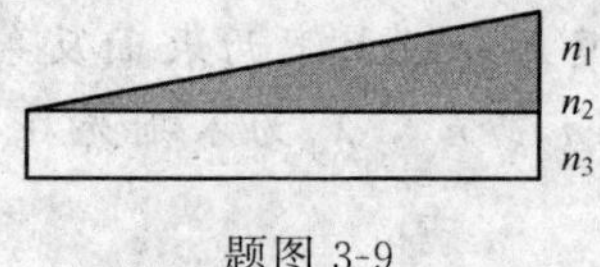

题图 3-9

3. 用白光为光源做牛顿环实验，得到一系列的同心彩色环纹。在同一级环纹中，偏离中心最远的光是________。

4. 用波长为 $\lambda=640$nm 的光照射迈克尔逊干涉仪，若其中一条光路中插入一折射率为 $n=1.5$ 的薄片，望远镜视场中心有 10 个条纹移过，则薄片厚度为________μm。

5. 若衍射光栅的光谱中，发现 $k=3$ 缺级，则 $k=6$ 是否必定缺级？________；又若发现 $k=6$ 为缺级，则 $k=3$ 是否一定缺级？________（填“是”或“否”）。

6. 平行单色光垂直入射在缝宽为 $a=0.15$mm 的单缝上，缝后有焦距 $f=400$mm 的凸透镜，在其焦平面上放置观察屏幕。现测得屏幕中央明条纹两侧的两个第 3 级暗纹之间的距离为 8mm，则入射光的波长为________。

7. 一宇航员在 160km 高空，恰好能分辨地面上两个发射波长为 550nm 的点光源，假定宇航员的瞳孔直径为 2mm，则两点光源的间距为________。

8. 一束波长为 500nm 的平行单色光垂直入射在光栅常数为 2×10^{-3}mm 的光栅上，光

栅透光缝宽度为 1×10^{-3}mm，则第______级主极大缺级，屏上将出现______条明条纹。

9. 自然光强度为 I_0，通过偏振化方向互成 45° 角的起偏器与检偏器后，光强为______。

10. 一束光垂直入射在偏振片 P 上，以入射光线为轴转动 P，观察通过 P 的光强的变化过程。若入射光是______，则将看到光强不变；若入射光是______，是将看到光强明暗交替变化，有时出现全暗；若入射光是______，则光强明暗交替变化，但不出现全暗。（填“自然光”、“完全偏振光”、“部分偏振光”）。

三、分析题（5分）

一台光谱仪备有三块光栅，每毫米刻线分别为 1200 条、600 条和 90 条。

（1）若用它们测定 0.7～1.0μm 波段的红外线，应选用哪块光栅？为什么？

（2）若用于测定光谱范围为 3～7μm 的波段，应选用哪块光栅？为什么？

四、简答题（5分）

1. 为什么天文望远镜的物镜特别大？

2. 请回答出两种获得偏振光的方法。

五、计算题（每题 10 分，共 30 分）

1. 在杨氏双缝实验中，两缝之间距离 $d=0.5$mm，缝到屏的距离为 25cm，若先后用波长为 400nm 和 600nm 的两种单色光入射，求

（1）两种单色光产生的干涉条纹间距各是多少？

（2）两种单色光的干涉条纹第一次重叠处距屏中心距离为多少？各是第几级条纹？

2. 两平板玻璃之间形成一个 $\theta=10^{-4}$ rad 的空气劈尖，若用波长 $\lambda=600$nm 的单色光垂直入射。

（1）试求第 15 条明纹距劈尖棱边的距离。

（2）劈尖中充以某种液体后，观察到第 15 条明纹在玻璃上移动了 0.95cm，试求该液体的折射率。

3. 波长为 600nm 的单色光垂直入射在一光栅上，第 2 级明纹出现在 $\sin\theta=0.2$ 处，第 4 级缺级。求

（1）光栅相邻两缝的间距；

（2）光栅狭缝最小宽度；

（3）在屏幕上实际呈现的全部级数。

第三篇模拟题三

一、选择题（每题 3 分，共 30 分）

1. 在真空中波长为 λ 的单色光，在折射率为 n 的透明介质中从 A 沿某路径传播到 B，若 A、B 两点相位差为 4π，则此路径 AB 的光程为［　　］。

（A）2λ　　（B）$2\lambda/n$　　（C）$2n\lambda$　　（D）3λ

2. 在双缝干涉实验中，两条缝的宽度原来是相等的。若其中一缝的宽度略变窄（缝中心位置不变），则［　　］。

（A）干涉条纹的间距变宽

（B）干涉条纹的间距变窄

（C）干涉条纹的间距不变，但原极小处的强度不再为零

(D) 不再发生干涉现象

3. 在牛顿环实验装置中，曲率半径为 R 的平凸透镜与平玻璃板在中心恰好接触，它们之间充满折射率为 n 的透明介质，垂直入射到牛顿环装置上的平行单色光在真空中的波长为 λ，则反射光形成的干涉条纹中暗环半径 r_k 的表达式为 [ ]。

(A) $r_k=\sqrt{k\lambda R}$　(B) $r_k=\sqrt{k\lambda R/n}$　(C) $r_k=\sqrt{kn\lambda R}$　(D) $r_k=\sqrt{k\lambda/(nR)}$

4. 在折射率 $n_3=1.60$ 的玻璃片表面镀一层折射率 $n_2=1.38$ 的 MgF_2 薄膜作为增透膜。为了使波长为 $\lambda=500$nm 的光，从折射率 $n_1=1.00$ 的空气垂直入射到玻璃片上的反射尽可能地减少，薄膜的最小厚度 e_{min} 应是 [ ] nm。

(A) 250　(B) 181.2　(C) 125　(D) 90.6

5. 在迈克尔逊干涉仪的一条光路中，放入一折射率为 n，厚度为 d 的透明薄片，放入后，这条光路的光程改变了 [ ]。

(A) $2(n-1)d$　(B) $2nd$　(C) $2(n-1)d+\lambda/2$

(D) nd　(E) $(n-1)d$

6. 在单缝夫琅和费衍射实验中波长为 λ 的单色光垂直入射到单缝上。对应于衍射角为30°的方向上，若单缝处波面可分为 4 个半波带，则缝宽度 a 等于 [ ]。

(A) λ　(B) 1.5λ　(C) 3λ　(D) 4λ

7. 某元素的特征光谱中含有波长分别为 $\lambda_1=600$nm 和 $\lambda_2=750$nm ($1\text{nm}=10^{-9}\text{m}$) 的光谱线。在光栅光谱中，这两种波长的谱线有重叠现象，重叠处 λ_2 的谱线的级数将是[ ]。

(A) 2,3,4,5,…　(B) 2,5,8,11,…

(C) 4,8,12,16,…　(D) 3,6,9,12,…

8. 如果远处有两个等强度的光源点（发出的光的波长为 550nm）对一直径为 3cm，焦距为 20cm 的会聚透镜中心的张角恰可分辨，则这时形成在透镜平面上的两个衍射图样的中心间的距离不小于 [ ] μm。

(A) 4.48　(B) 8.96　(C) 3.01　(D) 3.67

9. 一束光线由空气射向玻璃，若没有检测到反射光，那么入射光 [ ]。

(A) $i\neq i_0$ 线偏振光　(B) $i=i_0$ 线偏振光

(C) $i\neq i_0$ 部分偏振光　(D) $i=i_0$ 自然光（其中 i_0 为布儒斯特角）

10. 光强为 I_0 的自然光依次通过两个偏振片 P_1 和 P_2，若 P_1 和 P_2 的偏振化方向的夹角 $\alpha=60°$，则透射偏振光的强度 I 是 [ ]。

(A) $I_0/4$　(B) $\sqrt{3}I_0/4$　(C) $\sqrt{3}I_0/2$

(D) $I_0/8$　(E) $3I_0/8$

二、填空题（每题 3 分，共 30 分）

1. 单色平行光垂直入射到双缝上。观察屏上 P 点到两缝的距离分别为 r_1 和 r_2。设双缝和屏之间充满折射率为 n 的媒质，则 P 点处二相干光线的相位差为________。

2. 用波长 $\lambda=550$nm 的平行光垂直照射折射率 $n=1.50$ 的劈形膜，观察反射光的等厚干涉条纹。从劈形膜的棱算起，第 5 条明纹中心对应的膜厚度为________nm。

3. 在空气中有一劈形透明膜，其劈尖角 $\theta=1.0\times10^{-4}$rad，在波长 $\lambda=700$nm 的单色光垂直照射下，测得两相邻干涉明条纹间距 $l=0.25$cm，则此透明材料的折射率为 $n=$________。

4. 用 $\lambda=600$nm 的单色光垂直照射牛顿环装置时，从中央向外数第 4 个（不计中央暗斑）暗环对应的空气膜厚度为 $e=$________nm。

5. 在折射率 $n=1.50$ 的玻璃上，镀上 $n'=1.35$ 的透明介质薄膜。入射光波垂直于介质膜表面照射，观察反射光的干涉，发现对 $\lambda_1=600\text{nm}$ 的光波干涉相消，对 $\lambda_2=700\text{nm}$ 的光波干涉相长，且在 600～700nm 之间没有别的波长是最大限度相消或相长的情形。则所镀介质膜的厚度为 $e=$________mm。

6. 单色平行可见光垂直照射宽度为 $a=0.5\text{mm}$ 的单缝，缝后会聚透镜的焦距 $f=1.00\text{m}$ 处置一接收屏，在屏上形成夫琅和费单缝衍射条纹（题图 3-10）。若离屏上中央明纹中心为 1.5mm 的 P 点处看到的是一条亮纹。则入射光的波长为________nm；从 P 处看来，狭缝处的波面 AB 被分成________个半波带。

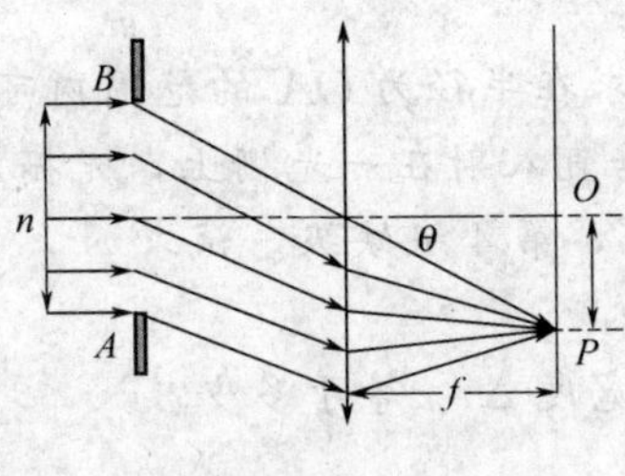

题图 3-10

7. 一束平行光垂直入射到某个光栅上，该光束有两种波长的光，$\lambda_1=440\text{nm}$，$\lambda_2=660\text{nm}$（$1\text{nm}=10^{-9}\text{m}$）。实验发现，两种波长的谱线（不计中央明纹）第二次重合于衍射角 $\varphi=30°$ 的方向上。此光栅的光栅常数 $d=$________m。

8. 某天文台反射式望远镜的通光孔径为 2.5m，它能分辨的双星的最小夹角为________rad（设光的有效波长为 550nm）。

9. 一束自然光投射到玻璃表面上（空气折射率为1），当折射角为 30°时，反射光是完全偏振光，则此玻璃板的折射率等于________。

10. 三个偏振片 P_1,P_2 与 P_3 堆叠在一起，P_1 与 P_3 的偏振化方向相互垂直，P_2 与 P_1 的偏振化方向之间的夹角为 45°。强度为 I_0 的自然光垂直入射于偏振片 P_1，并依次透过偏振片 P_1,P_2 与 P_3，则通过三个偏振片后透射光的光强为________。

三、判断题（每小题 1 分，共 6 分）（在要判断正误的说法后面括号中填写√或×）

1. 在杨氏干涉实验中，作如下变化，可使干涉条纹变密。

(1) 线光源 S 沿平等于 S_1S_2 连线方向上向下做微小移动。（　　）

(2) 减小双缝间距。（　　）

(3) 把整个装置浸入水中。（　　）

2. 孔径相同的微波望远镜和光学望远镜相比较，前者的分辨本领较小的原因是：

(1) 星体发出的微波能量比可见光能量小。（　　）

(2) 微波更易被大气所吸收。（　　）

(3) 微波波长比可见光波长大。（　　）

四、简答题（4 分）

1. 劈尖干涉现象在实践中有哪些应用?

2. 单缝衍射实验中明暗纹条纹的分布规律是什么?

五、计算题（每题 10 分，共 30 分）

1. 在双缝干涉实验中，波长 $\lambda=650\text{nm}$ 的单色平行光垂直入射到缝间距 $d=2\times10^{-4}\text{m}$ 的双缝上，屏到双缝的距离 $D=2\text{m}$。求

(1) 中央明纹两侧的两条第 5 级明纹中心的间距；

(2) 如将双缝干涉实验放在折射率 $n=4/3$ 的水中，上述中央明纹两侧的两条第 5 级明

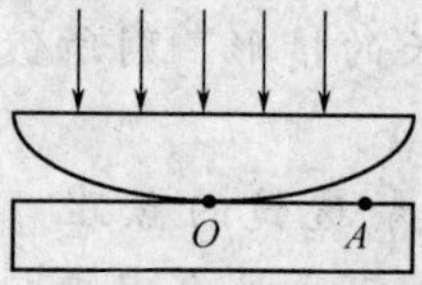

纹中心的间距又是多少？

(3) 在双缝干涉实验装置中，用一透明薄云母片（折射率 $n=1.58$）覆盖其中一条狭缝，这时屏幕上原来的第 5 条明纹正好移动到屏幕中央原来零级明纹的位置，求云母片厚度为多少？

题图 3-11

2. 题图 3-11 所示一牛顿环装置，设平凸透镜中心恰好和平玻璃接触，透镜凸表面的曲率半径是 $R=400\text{cm}$。用某单色平行光垂直入射，观察反射光形成的牛顿环，测得第 5 个明环的半径是 0.30cm。求

(1) 求入射光的波长；

(2) 设图中 $OA=1.00\text{cm}$，求在半径为 OA 的范围内可观察到的明环数目。

3. 波长为 600nm 的单色光垂直入射在一光栅上，光栅后会聚透镜的焦距 $f=30\text{cm}$，测得第 2 级明纹出现在 $\sin\theta_2=0.25$，第 4 级缺级。试求

(1) 光栅常数 $a+b$ 等于多少？

(2) 单缝衍射中央明纹的线宽度 Δx_0 等于多少？

(3) 在选定了上述 $(a+b)$ 和 a 之后，求在衍射角 $-\frac{1}{2}\pi<\theta<\frac{1}{2}\pi$ 范围内可能观察到的全部主加大的级次。

第三篇模拟题四

一、选择题（每题 3 分，共 30 分）

1. 如题图 3-12 所示，S_1、S_2是两个相干光源，它们到 P 点的距离分别为 r_1 和 r_2。路径 S_1P 垂直穿过一块厚度为 t_1，折射率为 n_1 的介质板，路径 S_2P 垂直穿过厚度为 t_2，折射率为 n_2 的另一介质板，其余部分可看作真空，这两条路径的光程差等于［　　］。

(A) $(r_2+n_2t_2)-(r_1+n_1t_1)$　　(B) $[r_2+(n_2-1)t_2]-[r_1+(n_1-1)t_1]$

(C) $(r_2-n_2t_2)-(r_1-n_1t_1)$　　(D) $n_2t_2-n_1t_1$

2. 在双缝干涉实验中，若单色光源 S 到两缝 S_1、S_2 距离相等，则观察屏上中央明条纹位于图中 O 处。现将光源 S 向下移动到示意图（题图 3-13）中的 S'位置，则［　　］。

(A) 中央明条纹也向下移动，且条纹间距不变

(B) 中央明条纹向上移动，且条纹间距不变

(C) 中央明条纹向下移动，且条纹间距增大

(D) 中央明条纹向上移动，且条纹间距增大

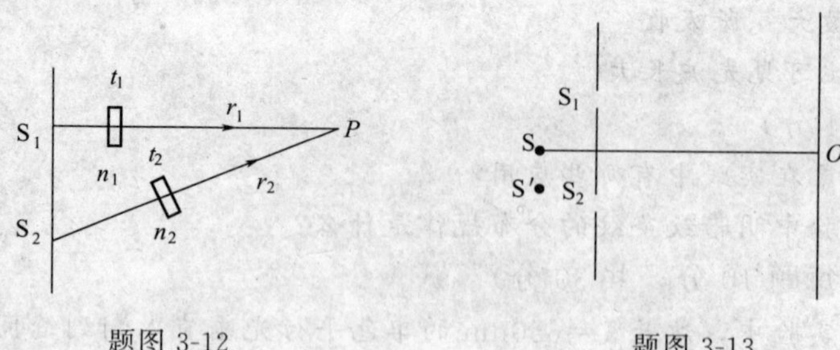

题图 3-12　　题图 3-13

3. 把牛顿环装置（都用折射率为 1.52 的玻璃制成的）由空气搬入折射率为 1.33 的水中，则干涉条纹［　　］。

(A) 中心暗斑变成亮斑　　(B) 变疏

(C) 变密　　(D) 间距不变

4. 波长 $\lambda=500\text{nm}$ ($1\text{nm}=10^{-9}\text{m}$) 的单色光垂直照射到宽度 $a=0.25\text{mm}$ 的单缝上，单缝后面放置一凸透镜，在凸透镜的焦平面上放置一屏幕，用以观测衍射条纹。今测得屏幕上中央明条纹一侧第三个暗条纹和另一侧第三个暗条纹之间的距离为 $d=12\text{mm}$，则凸透镜的焦距 f 为 [　] m。

(A) 2　　(B) 1　　(C) 0.5

(D) 0.2　　(E) 0.1

5. 一束白光垂直照射在一光栅上，在形成的同一级光栅光谱中，偏离中央明纹最远的是 [　]。

(A) 紫光　　(B) 绿光　　(C) 黄光　　(D) 红光

6. 在双缝衍射实验中，若保持双缝 S_1 和 S_2 的中心之间的距离 d 不变，而把两条缝的宽度 a 略微加宽，则 [　]。

(A) 单缝衍射的中央主极大变宽，其中所包含的干涉条纹数目变少

(B) 单缝衍射的中央主极大变宽，其中所包含的干涉条纹数目变多

(C) 单缝衍射的中央主极大变宽，其中所包含的干涉条纹数目不变

(D) 单缝衍射的中央主极大变窄，其中所包含的干涉条纹数目变少

(E) 单缝衍射的中央主极大变窄，其中所包含的干涉条纹数目变多

7. 设光栅平面、透镜均与屏幕平行。则当入射的平行单色光从垂直于光栅平面入射变为斜入射时，能观察到的光谱线的最高级次 k [　]。

(A) 变小　　(B) 变大　　(C) 不变　　(D) k 的改变无法确定

8. 对某一定波长的垂直入射光，衍射光栅的屏幕上只能出现零级和一级主极大，欲使屏幕上出现更高级次的主极大，应该 [　]。

(A) 换一个光栅常数较小的光栅　　(B) 换一个光栅常数较大的光栅

(C) 将光栅向靠近屏幕的方向移动　　(D) 将光栅向远离屏幕的方向移动

9. 一束光强为 I_0 的自然光垂直穿过两个偏振片，且此两偏振片的偏振化方向成 45°角，则穿过两个偏振片后的光强 I 为 [　]。

(A) $I_0/4\sqrt{2}$　　(B) $I_0/4$　　(C) $I_0/2$　　(D) $\sqrt{2}I_0/2$

10. 自然光以布儒斯特角由空气入射到一玻璃表面上，反射光是 [　]。

(A) 在入射面内振动的完全偏振光

(B) 平行于入射面的振动占优势的部分偏振光

(C) 垂直于入射面振动的完全偏振光

(D) 垂直于入射面的振动占优势的部分偏振光

二、填空题（每题 3 分，共 30 分）

1. 真空中波长为 λ 的单色光在折射率为 n 的媒质中，由 a 点传到 b 点相位改变了 π，则对应的光程差为________。

2. 在如题图 3-14 所示的洛埃镜干涉装置中，若光源 S 离屏的距离为 D，S 离平面镜的垂直距离为 a (a 很小)。设入射光波长为 λ，则相邻条纹中心间的距离为________。

3. 单色平行光垂直照射到均匀覆盖着薄油膜的玻璃板上，设光源波长在可见光范围内可以连续变化，波长变化期间只观察到 500nm 和 700nm 这两个波长的光相继在反射光中消失。已知油膜的折射率为 1.33，玻璃的折射率为 1.5，则油膜的厚度为________nm。

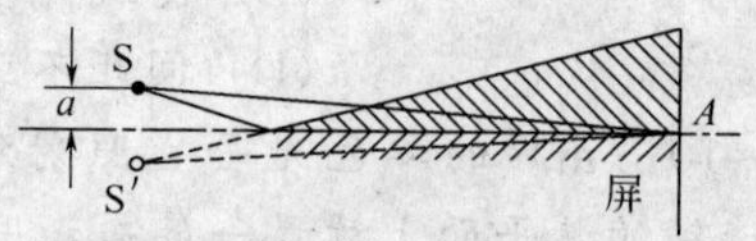

题图 3-14

4. 在单缝的夫琅和费衍射实验中，屏上第四级暗纹对应于单缝处波面可以划分为______个半波带。

5. 波长$\lambda=550\text{nm}$（$1\text{nm}=10^{-9}\text{m}$）的单色光垂直入射于光栅常数$d=2\times10^{-4}\text{cm}$的平面衍射光栅上，可能观察到的光谱线的最高级次为______。

6. 衍射光栅主极大公式$(a+b)\sin\varphi=\pm k\lambda$，$k=0,1,2,\cdots$。在$k=2$的方向上第1条缝与第6条缝对应点发出的两条衍射光的光程差$\delta=$______。

7. 波长为600nm的单色光垂直入射于一光栅上，有2个相邻主极大明纹分别出现在$\sin\theta_1=0.20$与$\sin\theta_2=0.30$处，且第4级缺级，则该光栅的光栅常数为______m。

8. 设侦查卫星在距离地面160km的轨道上运行，其上有一个焦距1.5m的透镜，若光波长按550nm计算（$1\text{nm}=10^{-9}\text{m}$），要使该透镜能分辨出地面上相距为0.3m的两个物体，则该透镜的最小直径应为______cm。

9. 振幅为A的线偏振光，垂直入射于一理想偏振片上，若偏振片的偏振化方向与入射偏振光的振动方向夹角为60°，则透过偏振片的振幅为______。

10. 自然光和线偏振光的混合光束，通过一偏振片，当偏振片以光的传播方向为轴转动时，透射光的强度也跟着改变，如果最强和最弱的光强之比为6∶1，那么入射光中自然光和线偏振光的强度之比为______。

三、分析题（6分）

在单缝夫琅和费衍射实验中，屏上第3级暗纹对应于单缝处波面可划分为几个半波带？若将缝宽缩小一半，原来第3级暗纹处将会出现什么条纹？

四、简答题（4分）

1. 为什么电子显微镜的分辨本领比普通光学显微镜大？

2. 光的干涉、衍射与偏振现象都能反映光的波动性，但光的偏振现象还能说明光的什么特点？

五、计算题（每题10分，共30分）

1. 双缝干涉实验装置放在空气中，如题图3-15所示，双缝与屏之间的距离$D=2\text{m}$，两缝之间的距离$d=0.2\text{mm}$，用波长$\lambda=480\text{nm}$的单色光垂直照射双缝，求

（1）原点O（零级明纹所在处）上方的第5级明纹的坐标x_5；

（2）相邻暗纹中心的间距Δx；

（3）如果在双缝干涉实验装置中的缝S_1后覆盖一块折射率为$n_1=1.30$的薄片，S_2缝后覆盖一块折射率为$n_2=1.70$的薄片（两薄片的厚度一样），这时屏幕上原来O点上方的第5条暗纹正好移动到屏幕中央原来零级明纹的位置，求两薄片的厚度h。

2. 波长$\lambda=650\text{nm}$的红光垂直照射到劈形液膜上，膜的折射率$n=1.33$，液面两侧是同一种媒质，观察反射光的干涉条纹。

（1）离开劈形膜棱边的第一条明条纹中心所对应的膜厚度是多少？

（2）若相邻的明条纹间距$l=6\text{mm}$，上述第一条明纹中心到劈形膜棱边的距离x是多少？

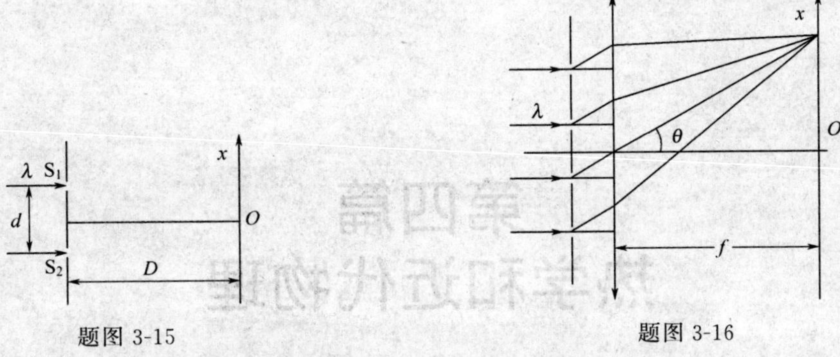

题图 3-15

题图 3-16

3. 如题图 3-16 所示，用波长 $\lambda=600\text{nm}$ 的单色平行光垂直投射在一个 5 缝（$N=5$）光栅上，光栅后会聚透镜的焦距 $f=30\text{cm}$，实验发现在透镜焦平面上 $\sin\theta=0.5$ 处，光栅衍射的第 3 级主极大与单缝衍射的第 1 级极小恰好重合，试求

（1）光栅常数 d，缝的宽度 a；

（2）单缝衍射中央明纹的线宽度 Δx_0；

（3）视场范围内可能呈现的全部主极大的级次；

（4）以 $\sin\theta$ 为横轴，相对光强 I 为纵轴，画出这个 5 缝光栅的单缝衍射中央明纹包络线宽度内光强分布的示意图。

第四篇
热学和近代物理

第十二单元　气体动理论

一、基本要求

（1）能从微观和统计意义上理解压强、温度、内能等概念，理解系统的宏观量是微观运动的统计表现。

（2）理解理想气体微观模型和有关统计假设及在此基础上推导出的理想气体压强公式。

（3）理解理想气体的压强和温度的统计意义。

（4）理解能量均分定理的意义及物理基础，会计算理想气体的内能。

（5）理解麦克斯韦分子速率分布律及分布函数和速率分布曲线的意义，理解三种速率的统计意义及三种速率的计算。

（6）了解玻尔兹曼分布定律。

（7）了解气体分子平均碰撞次数和平均自由程。

二、基本概念和规律

1. 基本概念

（1）**热力学系统**。热力学所研究的系统是由大量微观粒子所组成的，简称**系统**。

孤立系统：与外界既无能量交换又无质量交换的系统。

封闭系统：与外界有能量交换但没有质量交换的系统。

绝热系统：与外界无热量交换的系统。

开放系统：与外界既可交换能量又可交换质量的系统。

（2）**平衡态**。在不受外界影响的条件下，一个系统的宏观性质不随时间改变的状态。平衡态是指系统的宏观性质不发生变化，但从微观来看，分子仍在不停地做无规则运动，应将平衡态理解为热动平衡状态。平衡态是一种理想状态。

非平衡态：系统内各处的热力学性质不均匀，或者系统的宏观性质随时间而改变。

（3）**准静态过程（平衡过程）**。如果热力学系统变化过程中的每一个时刻，系统的状态都无限接近于平衡态。平衡过程可看作无限缓慢变化的过程，使所经历的一系列中间状态，都无限接近平衡状态的过程。

弛豫时间：系统从平衡态破坏到新平衡态建立所需的时间。若系统的弛豫时间远小于某过程的进行时间，则该过程可近似看作平衡过程。

2. 理想气体状态方程

在平衡态下

$$pV=\frac{M}{M_{\mathrm{mol}}}RT=\nu RT$$

式中，在 SI 中，$R=8.31\mathrm{J/(mol\cdot K)}$；若压强 p 用标准大气压（atm）作单位，体积用升（L）作单位，则 $R=0.082\mathrm{atm\cdot L/(mol\cdot K)}$。

引入玻尔兹曼常数：$k=\frac{R}{N_A}=1.38\times10^{-23}\mathrm{J/K}$，其中 $N_A=6.02\times10^{23}/\mathrm{mol}$。理想气体状态方程化为

$$p=nkT$$

式中，n 为气体的分子数密度。

3. 热力学第零定律、温度和温标

热力学第零定律：如果两个热力学系统中的每一个都与第三个系统的同一平衡态处于热平衡，则此二系统必定处于热平衡。

根据热力学第零定律，处于热平衡的两热力学系统具有某种相同的内秉性质，故引入温度概念表示这种性质。

温标：温度单位和数值的表示法。

摄氏温度 t 与热力学温度 T 的换算关系　$T=t+273.15$

华氏温度 F 与摄氏温度 t 的换算关系　　$F=\frac{9}{5}t+32$

4. 理想气体压强公式

$$p=\frac{2}{3}n\bar{\varepsilon}_{\mathrm{t}}$$

式中，$\bar{\varepsilon}_{\mathrm{t}}=\frac{1}{2}m\overline{v^2}$为（一个）分子的平均平动动能。

注意：(1) 气体压强产生的原因是分子的不规则运动，而不是气体的重量；

(2) 压强的实质：气体分子在单位时间施于单位面积器壁的平均冲量；

(3) 压强公式是一个统计规律，故压强具有统计意义，对大量分子（或其他粒子）构成的系统，压强概念和压强公式才能使用。

5. 理想气体温度公式

$$\bar{\varepsilon}_{\mathrm{t}}=\frac{3}{2}kT$$

注意　(1) 平均平动动能只与温度有关；

(2) 温度是统计概念，只能用于大量分子，对单个分子，说它有温度是没有意义的；

(3) 从微观角度阐明了温度的实质，即温度标志着系统分子无规则运动的剧烈程度；

(4) 分子运动是永不停息的，所以绝对零度不可能达到（热力学第三定律）。

6. 能量均分定理

(1) **自由度**。决定某一物体在空间的位置所需要的独立坐标的数目称为自由度。对于气体分子，根据分子的结构采用不同的分子模型。单原子分子当作质点，双原子和多原子分子有刚性和非刚性模型。具体见表 12-1。

表 12-1 各种分子的自由度

<table>
<tr><th colspan="2">自由度 \ 分子种类</th><th>$t_{平动}$</th><th>$r_{转动}$</th><th>$s_{振动}$</th><th>$i=t+r+s$</th></tr>
<tr><td colspan="2">单原子分子</td><td>3</td><td>0</td><td>0</td><td>3</td></tr>
<tr><td rowspan="2">双原子分子</td><td>刚性</td><td>3</td><td>2</td><td>0</td><td>5</td></tr>
<tr><td>非刚性</td><td>3</td><td>2</td><td>1</td><td>6</td></tr>
<tr><td rowspan="2">多原子分子</td><td>刚性</td><td>3</td><td>3</td><td>0</td><td>6</td></tr>
<tr><td>非刚性</td><td>3</td><td>3</td><td>$3n-6$</td><td>$3n$（n 为原子数）</td></tr>
</table>

（2）**能量均分定理**。在温度为 T 的平衡态下，气体分子每个自由度的平均动能都相等，且等于$\frac{1}{2}kT$。

根据能量均分定理，（一个）气体分子的平均总动能为$\bar{\varepsilon}_k=\frac{i}{2}kT$，其中 i 为总自由度数。$\bar{\varepsilon}_t=\frac{3}{2}kT$ 是平均平动动能；$\bar{\varepsilon}_r=\frac{r}{2}kT$ 是平均转动动能；$\bar{\varepsilon}_s=\frac{s}{2}kT$ 是平均振动动能；在非刚性模型中才有平均振动动能，而根据振动理论，振动分子还具有振动势能，且平均振动势能等于平均振动动能，所以一个非刚性气体分子除了具有$\bar{\varepsilon}_k=\frac{i}{2}kT$ 的平均总动能之外，还具有$\bar{\varepsilon}_p=\frac{s}{2}kT$ 的平均振动势能，故该分子具有平均总能量为

$$\bar{\varepsilon}=\frac{1}{2}(t+r+2s)kT$$

然而在一般温度条件下，不必考虑分子内原子的振动，即不需采用非刚性模型，所以只要求掌握刚性分子模型。

（3）**理想气体的内能**：$E=\nu\frac{i}{2}RT=\frac{M}{M_{mol}}\frac{i}{2}RT$

注意：① 内能是系统中所有分子具有能量之和，是宏观量；而分子的平均总能量等物理量是一个分子具有的，是微观量；

② 一定质量的某种理想气体的内能，只取决于分子的自由度和气体的温度，与气体的体积、压强无关，即内能是温度的单值函数。

7. 速率分布律

（1）**分布函数**：$f(v)=\frac{dN_v}{N dv}$

其物理意义是：速率在 v 附近的单位速率区间的分子数占分子总数的百分比。

速率分布曲线（图 12-1）图中 $f(v)dv$ 即小窄条面积表示某一速率区间 $v\sim v+dv$ 的分子数占总分子数的百分比。

（2）**归一化条件**：$\int_0^{\infty}f(v)dv=1$

其几何意义是分布曲线下的总面积等于 1。

（3）**麦克斯韦速率分布**函数：$f(v)=4\pi\left(\frac{m}{2\pi kT}\right)^{3/2}e^{-\frac{mv^2}{2kT}}\cdot v^2$

麦克斯韦速率分布律成立条件：处于平衡态的由大量分子组成的气体系统。

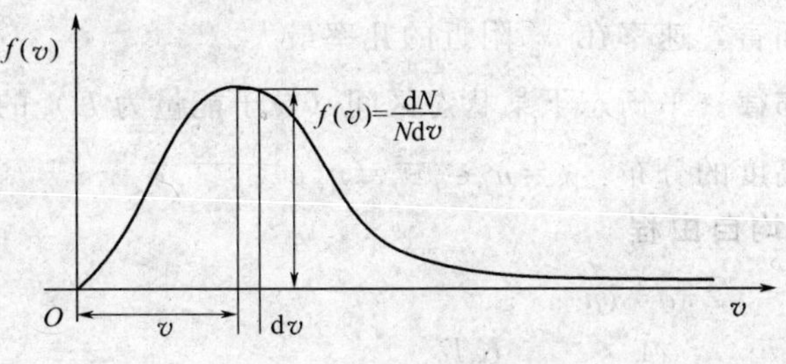

图 12-1　速率分布曲线

应用分布函数可求某个与速率相关的量 x 分布在范围（v_1，v_2）内的统计平均值

$$\overline{x}=\frac{\int_{v_1}^{v_2}Nxf(v)\mathrm{d}v}{\int_{v_1}^{v_2}Nf(v)\mathrm{d}v}=\frac{\int_{v_1}^{v_2}xf(v)\mathrm{d}v}{\int_{v_1}^{v_2}f(v)\mathrm{d}v}$$

注意：不要误解求平均值的表达式为 $\overline{x}=\int_0^{\infty}xf(v)\mathrm{d}v$（详见例 12-11）。

（4）**三种速率**。

最可几速率（讨论速率分布）：$v_{\mathrm{p}}=\sqrt{\dfrac{2kT}{m}}=\sqrt{\dfrac{2RT}{M_{\mathrm{mol}}}}$

平均速率（研究碰撞）：$\overline{v}=\sqrt{\dfrac{8kT}{\pi m}}=\sqrt{\dfrac{8RT}{\pi M_{\mathrm{mol}}}}$

方均根速率（计算平均平动动能）：$\sqrt{\overline{v^2}}=\sqrt{\dfrac{3kT}{m}}=\sqrt{\dfrac{3RT}{M_{\mathrm{mol}}}}$

公式中的 m 代表（一个）分子的质量，M_{mol}代表气体摩尔质量。

（5）麦克斯韦速率分布曲线的主要特征——单峰性。

峰值对应的速率即最可几速率 $v_{\mathrm{p}}=\sqrt{\dfrac{2kT}{m}}=\sqrt{\dfrac{2RT}{M_{\mathrm{mol}}}}$ 峰值

$$f_{\max}=f(v_{\mathrm{p}})=\sqrt{\frac{8m}{\pi kT}}\Big/e$$

从表达式可知，对于同种气体，$v_{\mathrm{p}}\propto\sqrt{T}$，$f_{\max}\propto 1\big/\sqrt{T}$，如图 12-2 所示。对于温度相同的不同气体，$v_{\mathrm{p}}\propto 1\big/\sqrt{m}$，$f_{\max}\propto\sqrt{m}$，如图 12-3 所示。

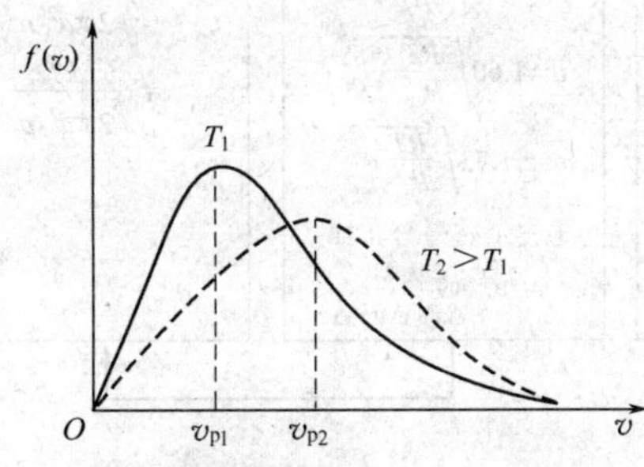

图 12-2　同种气体不同温度的麦克斯韦速率分布

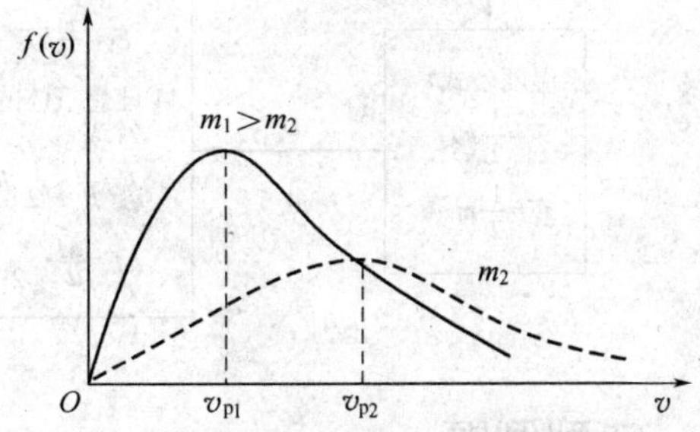

图 12-3　不同气体相同温度的麦克斯韦速率分布

v_p 的意义：对大量分子而言，在相同的速率间隔中，气体分子速率在 v_p 附近的分子数量最多；对单个分子而言，速率在 v_p 附近的几率最大。

(6) **玻尔兹曼分布律**。平衡态下某状态区间（粒子能量为 E）的粒子数正比于 $e^{-\frac{E}{kT}}$。

重力场中粒子按高度的分布：$n=n_0 e^{-\frac{mgz}{kT}}=n_0 e^{-\frac{M_{mol}gz}{RT}}$

8. 气体分子的平均自由程

平均碰撞次数：$\overline{Z}=\sqrt{2}\pi d^2 \overline{v}n$

平均自由程：$\overline{\lambda}=\frac{\overline{v}}{\overline{Z}}=\frac{1}{\sqrt{2}\pi d^2 n}=\frac{KT}{\sqrt{2}\pi d^2 p}$

附：知识脉络图

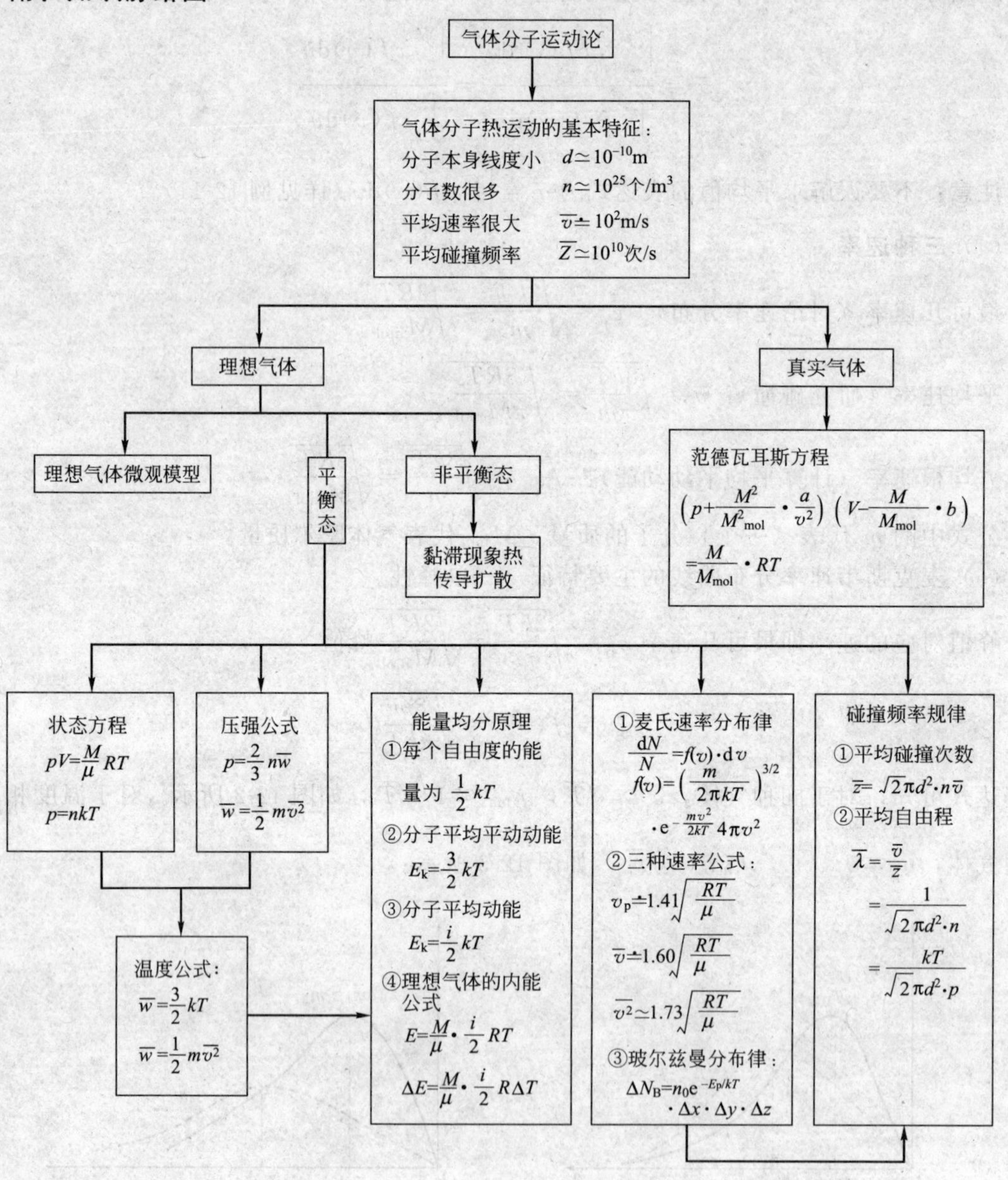

三、典型例题

【例 12-1】 两瓶不同种类的理想气体 T, p 相同，V 不同。试比较下列量是否相同：

(1) 分子数密度 n；

(2) 单位体积的分子的总平动动能 (E_k/V)；

(3) 气体密度 ρ。

【解】 (1) 因为 T,p 相同，由 $p=nkT$ 得 $n_1=n_2$，所以两种气体的分子数密度相同。

(2) 由
$$E_k=\frac{M}{M_{mol}}\frac{3}{2}RT=\frac{3}{2}\cdot\frac{N\cdot m}{N_A\cdot m}\cdot N_AkT$$

则
$$\frac{E_k}{V}=\frac{3}{2}\cdot\frac{N}{V}kT=\frac{3}{2}nkT$$

因为 T 相同，$n_1=n_2$，所以 $(E_k/V)_1=(E_k/V)_2$，即两种气体单位体积的分子的总平动动能 (E_k/V) 相同。

(3) 由
$$\frac{pV}{T}=\frac{M}{M_{mol}}R\Rightarrow\frac{p}{T}=\frac{M}{V}\frac{R}{M_{mol}}=\rho\frac{R}{M_{mol}}$$

虽然 T,p 相同，但 M_{mol}不同，所以 $\rho_1\neq\rho_2$。

【例 12-2】 一定量的理想气体储于某一容器中，温度为 T，气体分子的质量为 m。根据理想气体的分子模型和统计假设。试计算分子速度在 x 方向的分量平方的平均值。

【解】 根据理想气体的分子模型和统计假设有
$$\overline{v_x^2}=\overline{v_y^2}=\overline{v_z^2}=\frac{1}{3}\overline{v^2}$$

而 $\overline{v^2}=(\sqrt{\overline{v^2}})^2=\frac{3kT}{m}$，所以 $\overline{v_x^2}=\frac{1}{3}\overline{v^2}=\frac{kT}{m}$。

【例 12-3】 水蒸气分解成同温度的氢气和氧气，内能增加了百分之几？

【解】 水蒸气成分为 H_2O，即多原子分子，用刚性模型计算，其内能为
$$E=v\frac{i}{2}RT=\frac{M}{M_{mol}}\frac{6}{2}RT$$

当此 $v$mol 水蒸气分解成氢气和氧气后，即
$$H_2O\longrightarrow H_2+\frac{1}{2}O_2$$

则得到 $v$mol 氢气，$\frac{v}{2}$mol 氧气，而氢气、氧气同为双原子分子气体。则

氢气内能
$$E_H=v\frac{5}{2}RT$$

氧气内能
$$E_O=\frac{v}{2}\frac{5}{2}RT=\frac{5}{4}vRT$$

内能从 $v\frac{6}{2}RT\Rightarrow v\frac{15}{4}RT$，即增加了
$$\left(\frac{15}{4}vRT-3vRT\right)/3vRT=25\%$$

【例 12-4】 在容积为 $10^{-2}m^3$ 的容器中，装有质量 200g 的气体，若气体分子的方均根速率为 200m/s，则气体的压强为多少？

【解】 气体的质量密度为 $\rho=\frac{M}{V}=\frac{Nm}{V}=mn$

由气体的压强公式，得
$$p=\frac{1}{3}mn\overline{v^2}=\frac{1}{3}\frac{M}{V}\overline{v^2}=\frac{1}{3}\times\frac{200\times10^{-3}}{10^{-2}}\times200^2=2.67\times10^5(Pa)$$

【例 12-5】 在压强为 1atm(1.01×10^5 Pa)、温度为 0℃的情况下，气体分子间的平均距离 $\overline{l}$ 为多少？

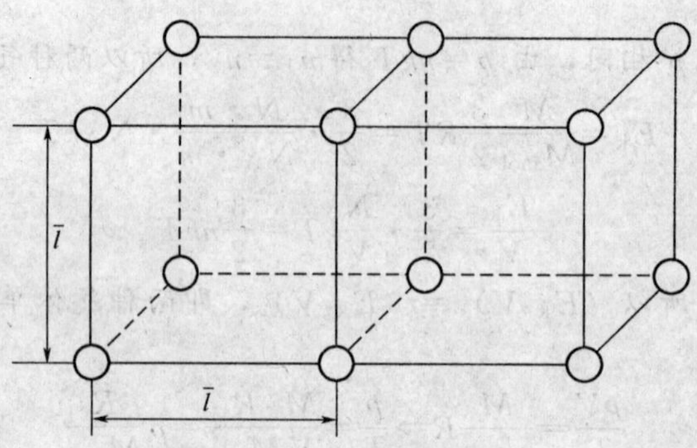

图 12-4 分子等间距排列

【解】 设想气体分子以平均距离 $\overline{l}$ 等间距排列，如图 12-4 所示。则一个分子具有平均空间体积$\overline{l^3}$。设体积为 V 的空间中具有 N 个气体分子，则有 $V=N\overline{l^3}$，即

$$\overline{l^3}=\frac{V}{N}=\frac{1}{n}=\frac{kT}{p}$$

则
$$\overline{l}=\sqrt[3]{\frac{1}{n}}=\sqrt[3]{\frac{kT}{p}}=3.34\times10^{-9}\,\mathrm{m}$$

【例 12-6】 1mol 氧气（视为刚性双原子分子的理想气体）储于一氧气瓶中，温度为 27℃，求

(1) 这瓶氧气的内能为多少？

(2) 一个分子的平均平动动能为多少？

(3) 一个分子的平均总动能为多少？

【解】 在计算这类问题时，要将（一个）分子的能量和（一部分，大量分子组成）气体的能量区分清楚。特别是当气体摩尔数为 1mol 时，$E=v\dfrac{i}{2}RT=\dfrac{i}{2}RT$ 和 $\varepsilon=\dfrac{i}{2}kT$ 容易弄混淆，前者为 1mol 气体的总动能，也是 1mol 理想气体的内能；后者为（一个）分子的平均总动能。

(1) 气体的内能 $E=v\dfrac{i}{2}RT=\dfrac{5}{2}RT=\dfrac{5}{2}\times8.31\times300=6.23\times10^3(\mathrm{J})$

(2)（一个）分子的平均平动动能

$$\overline{\varepsilon}_t=\frac{3}{2}kT=\frac{3}{2}\times1.38\times10^{-23}\times300=6.21\times10^{-21}(\mathrm{J})$$

(3)（一个）分子的平均总动能

$$\overline{\varepsilon}=\frac{i}{2}kT=\frac{5}{2}kT=\frac{5}{2}\times1.38\times10^{-23}\times300=1.04\times10^{-20}(\mathrm{J})$$

【例 12-7】 储于体积为 $10^{-3}\mathrm{m}^3$ 容器中的某种气体分子总数 $N=10^{23}$，每个分子的质量为 5×10^{-26}kg，分子的方均根速率为 400m/s。求气体分子的压强和分子的总平动动能以及气体的温度。

【解】 由压强公式 $p=\dfrac{2}{3}n\overline{\varepsilon}_t=\dfrac{2}{3}n\left(\dfrac{1}{2}m\overline{v^2}\right)=\dfrac{2}{3}\dfrac{N}{V}\left(\dfrac{1}{2}m\overline{v^2}\right)$

代入数据，气体压强为

$$p=\frac{2\times10^{23}\times5\times10^{-26}\times(400)^2}{3\times10^{-3}\times2}\text{Pa}=2.67\times10^5\text{Pa}$$

气体分子的总平动动能

$$E_k=N\bar{\varepsilon}_t=N\ \frac{1}{2}m\ \overline{v^2}=\frac{10^{23}\times5\times10^{-26}\times400^2}{2}\text{J}=400\text{J}$$

气体的温度，由 $p=nkT$ 得

$$T=\frac{p}{nk}=\frac{pV}{Nk}=\frac{2.67\times10^5\times10^{-3}}{10^{23}\times1.38\times10^{-23}}\text{K}=193\text{K}$$

【例 12-8】 在容积 $3\times10^{-2}\text{m}^3$ 的容器中，储有 $2\times10^{-2}\text{kg}$ 的气体，其压强为 $50.7\times10^3\text{Pa}$。试求气体分子的最概然（最可几）速率、平均速率和方均根速率。

【解】 由理想气体状态方程

$$pV=\frac{M}{M_{mol}}RT\Rightarrow\frac{RT}{M_{mol}}=p\frac{V}{M}$$

所以

$$v_p=\sqrt{\frac{2RT}{M_{mol}}}=\sqrt{\frac{2pV}{M}}=\sqrt{\frac{2\times50.7\times10^3\times3\times10^{-2}}{2\times10^{-2}}}\text{m/s}=389.9\text{m/s}$$

$$\bar{v}=\sqrt{\frac{8RT}{\pi M_{mol}}}=\sqrt{\frac{8pV}{\pi M}}=\sqrt{\frac{8\times50.7\times10^3\times3\times10^{-2}}{3.14\times2\times10^{-2}}}\text{m/s}=440.2\text{m/s}$$

$$\sqrt{\overline{v^2}}=\sqrt{\frac{3RT}{M_{mol}}}=\sqrt{\frac{3pV}{M}}=\sqrt{\frac{3\times50.7\times10^3\times3\times10^{-2}}{2\times10^{-2}}}\text{m/s}=477.7\text{m/s}$$

注意：三种速率公式的几种变形公式要求熟练掌握；数值计算时要统一采用国际单位。

【例 12-9】 如图 12-5 所示的两条 $f(v)$-v 曲线分别表示氢气和氧气在同一温度下的麦克斯韦速率分布曲线，求

（1）氢气分子的最概然速率；

（2）氧气分子的最概然速率。

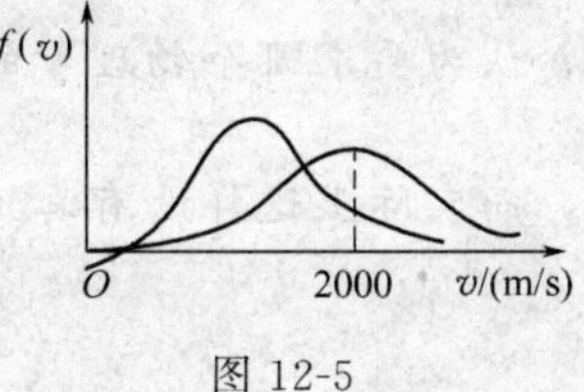

图 12-5

【解】 由 $v_p=\sqrt{\frac{2kT}{m}}$ 可知，在相同温度下，分子质量大的，最概然速率小，由于 $m_{H_2}<m_{O_2}$，所以 $v_{pH_2}>v_{pO_2}$，$v_{pH_2}=2000\text{m/s}$，$v_{pO_2}=\sqrt{\frac{m_{H_2}}{m_{O_2}}}v_{pH_2}=500\text{m/s}$。

注意：速率分布函数要满足归一化条件，当 v_p 增大时，所对应的 $f(v_p)$ 一定减小。

【例 12-10】 有 20 个质点，速分布率如下：2 个具有速率 v_0，3 个具有速率 $2v_0$，5 个

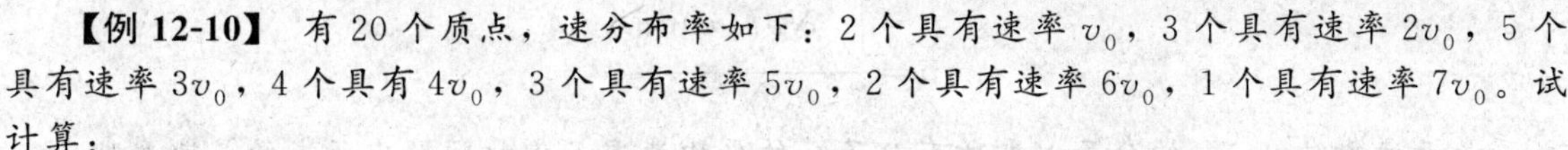

具有速率 $3v_0$，4 个具有 $4v_0$，3 个具有速率 $5v_0$，2 个具有速率 $6v_0$，1 个具有速率 $7v_0$。试计算：

（1）平均速率；

（2）方均根速率；

（3）最概然速率。

【解】 根据求平均值的普遍公式 $\bar{x}=\frac{x_1+x_2+x_3+\cdots+x_N}{N}$ 可得

（1）平均速率 $\bar{v}=\frac{2\times v_0+3\times2v_0+5\times3v_0+4\times4v_0+3\times5v_0+2\times6v_0+1\times7v_0}{2+3+5+4+3+2+1}$

$$=\frac{73}{20}v_0=3.65v_0$$

(2) 方均根速率

$$\sqrt{v^2}=\left[\frac{2\times v_0^2+3\times(2v_0)^2+5\times(3v_0)^2+4\times(4v_0)^2+3\times(5v_0)^2+2\times(6v_0)^2+(7v_0)^2}{20}\right]^{1/2}$$

$$=\left(\frac{319v_0^2}{20}\right)^{1/2}=3.99v_0$$

(3) 由最概然速率（最可几速率）的定义可知，要求某速率附近占总分子数的百分比最大，由已知条件可知，总共20个分子，其中速率为$3v_0$的分子数最多，为5个，所以

$$v_{\mathrm{p}}=3v_0$$

【例 12-11】 用总分子数N、气体分子速率v和速率分布函数$f(v)$表示下列各量：

(1) 速率大于v_0的分子数；

(2) 速率大于v_0的那些分子的平均速率；

(3) 多次观察某一分子的速率，发现其大于v_0的几率。

【解】 根据分布函数$f(v)=\frac{\mathrm{d}N_v}{N\mathrm{d}v}$的物理意义：速率在$v$附近的单位速率区间的分子数占分子总数的百分比，可知，$\mathrm{d}N=Nf(v)\mathrm{d}v$表示速率在$v\sim v+\mathrm{d}v$的分子数，将速率区间$v_0\sim\infty$划分为很多小区间。

(1) 将各小区间的分子数加起来即得大于v_0的分子数

$$N_{v>v_0}=\int_{v_0}^{\infty}Nf(v)\mathrm{d}v$$

(2) 此问题最容易出错，由基本概念所述，平均速率$\overline{v}$，$\sqrt{v^2}$的表达式容易给人以错觉，认为要求哪个物理量的平均值，只需将表达式$\int_0^{\infty}vf(v)\mathrm{d}v$中的$v$替换成所求物理量即可，而实际上这样没有真正理解此表达式的物理含义。如$\overline{v}=\int_0^{\infty}vf(v)\mathrm{d}v$的完整表达式为

$$\overline{v}=\frac{\int_0^{\infty}Nvf(v)\mathrm{d}v}{N}$$

其中分子中的$f(v)\mathrm{d}v$表示速率在$v\sim v+\mathrm{d}v$的分子数占总分子数的百分比，则$Nf(v)\mathrm{d}v$表示速率在$v\sim v+\mathrm{d}v$的分子数目，$Nvf(v)\mathrm{d}v$表示将速率为v的分子的速率都加起来（相当于$v+v+v+\cdots$），而分母的N表示在$0\to\infty$分子总数目，所以

$$\overline{v}=\frac{\int_0^{\infty}Nvf(v)\mathrm{d}v}{N}$$

表示速率从$0\sim\infty$的分子（即所有分子）的平均速率。但此问题中所求的是速率从$v_0\sim\infty$的那些分子的平均速率，并非所有分子平均速率，所以此时平均速率公式中的分母应为速率从$v_0\sim\infty$的分子数，即第一问中的$N_{v>v_0}=\int_{v_0}^{\infty}Nf(v)\mathrm{d}v$。平均速率公式中的分子应换为$\int_{v_0}^{\infty}Nvf(v)\mathrm{d}v$，表示将各小区间中的分子数目与分子速率之积加起来。所以

$$\overline{v}_{v>v_0}=\frac{\int_{v_0}^{\infty}Nvf(v)\mathrm{d}v}{\int_{v_0}^{\infty}Nf(v)\mathrm{d}v}=\frac{\int_{v_0}^{\infty}vf(v)\mathrm{d}v}{\int_{v_0}^{\infty}f(v)\mathrm{d}v}$$

(3) “多次观察某一分子的速率，发现其大于 v_0 的几率” 等于 “速率大于 v_0 的分子数占总分子数的百分比”，所以答案为 $\int_{v_0}^{\infty} f(v)\mathrm{d}v$ 。

【例 12-12】 求上升到什么高度处大气压强减到地面的 75%，设空气的温度为 0℃，摩尔质量为 0.0289kg/mol。

【解】 本题属于重力场中粒子按高度分布问题。设在地面大气压强为 p_0，温度为 273K，当上升到高度为 z 时压强为 p。由玻尔兹曼分布律，在温度为 T 的平衡态下，空气微粒在重力场中的分布规律为

$$n=n_0\mathrm{e}^{-\frac{mgz}{kT}}$$

由理想气体状态方程 $p=nkT$ 得恒温气压公式

$$p=n_0kT\mathrm{e}^{-\frac{mgz}{kT}}=p_0\mathrm{e}^{-\frac{mgz}{kT}}=p_0\mathrm{e}^{-\frac{M_{\mathrm{mol}}gz}{RT}}$$

所以

$$\ln\frac{p}{p_0}=-\frac{M_{\mathrm{mol}}g}{RT}z$$

则

$$z=-\frac{RT}{M_{\mathrm{mol}}g}\ln\frac{p}{p_0}=-\frac{8.31\times273}{0.0289\times9.8}\ln0.75=2304(\mathrm{m})$$

【例 12-13】 求氢气在标准状态下，在 1s 内的分子平均自由程和平均碰撞频率。已知氢分子的有效直径为 2×10^{-10}m。若温度不变，体积减小，则分子的平均碰撞频率和平均自由程如何改变?

【解】 由气体分子平均速率公式 $\overline{v}=\sqrt{\dfrac{8RT}{\pi M_{\mathrm{mol}}}}$ 算得

$$\overline{v}=1.70\times10^{3}\,\mathrm{m/s}$$

由压强公式 $p=nkT$ 算得气体分子数密度

$$n=2.69\times10^{25}/\mathrm{m}^3$$

平均自由程 $\overline{\lambda}=\dfrac{1}{\sqrt{2}\pi d^2 n}=2.10\times10^{-7}\,\mathrm{m}$（若为分子直径的 1000 倍）

平均碰撞频率 $\overline{Z}=\dfrac{\overline{v}}{\overline{\lambda}}=\sqrt{2}n\pi d^2\overline{v}=8.10\times10^{9}/\mathrm{s}$

即在标准状态下，在 1s 内的分子平均平均碰撞次数由 80 亿次。

T 不变，$\overline{v}=\sqrt{\dfrac{8RT}{\pi M_{\mathrm{mol}}}}$，则 $\overline{v}$ 不变，V 变小，则气体分子数密度 n 增大，$\overline{\lambda}=\dfrac{1}{\sqrt{2}\pi d^2 n}$，所以平均自由程 $\overline{\lambda}$ 变小。$\overline{Z}=\sqrt{2}n\pi d^2\overline{v}$，则平均碰撞频率 $\overline{Z}$ 增大。

第十三单元　热力学基础

一、基本要求

(1) 理解准静态过程及其图线表示法。掌握功、热量、内能等概念。

(2) 掌握热力学第一定律，能熟练地分析、计算理想气体各等值过程和绝热过程中的功、热量、内能及理想气体定压、定容摩尔热容量。

(3) 掌握卡诺循环、能熟练计算热机循环效率。了解制冷系数。

(4) 理解热力学第二定律的两种表述，了解两种表述的等价性。

(5) 了解熵的概念、熵增原理和热力学第二定律的统计意义。

二、基本概念和规律

1. 功

(1) **准静态过程的功(体积功)**：$dA = p\,dV$，$A = \int_{V_1}^{V_2} p\,dV$

注意：状态图(如 p-V 图 p-T 图)中的任何一点都对应着一个平衡态(非平衡态因没有统一确定的参量，所以不能在图上表示出来)，任何一条线都代表一个准静态过程。

(2) **功是过程量**，做功的结果可以改变系统的状态，做功是能量传递转化的一种方式。功是标量，其正负规定如下：

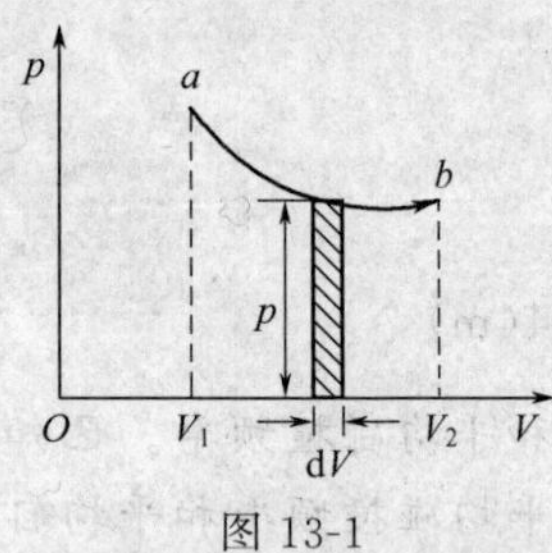

图 13-1

$dV > 0$，即体积膨胀，$dA > 0$，即系统对外界做正功；

$dV < 0$，即体积压缩，$dA < 0$，即系统对外界做负功或外界对系统做正功。

(3) 功的几何表示：在 p-V 图(图 13-1)中，$dA = p\,dV$ 表示图中小窄条的面积。所以功在数值上等于 p-V 图上过程曲线下的面积，从过程曲线的方向可判断功的正负。

(4) 计算功的方法：第一，可以直接用公式 $A = \int_{V_1}^{V_2} p\,dV$ 进行计算；第二，计算 p-V 图中曲线下的面积(尤其适合形状规则的区域)；第三，利用热力学第一定律计算。

2. 热量

(1) **热量是过程量**。热量同功一样是能量转化与传递的量度。热量也是标量，其正负规定如下：

$dQ > 0$，表示系统从外界吸热；$dQ < 0$，表示系统向外界放热。

注意：虽然做功和传热都是传递能量的一种方式，但它们在本质上是有区别的。做功是通过系统(或一部分)的宏观位移来完成的；而传热是通过分子之间的相互作用来完成的。

(2) **摩尔热容量**。具体计算公式如下。

定容摩尔热容量：$C_V = \dfrac{1}{v}\left(\dfrac{dQ}{dT}\right)_V = \dfrac{(dQ)_V}{\dfrac{M}{M_{mol}}dT}$

定容过程热量计算：$Q_V = \dfrac{M}{M_{mol}}\int_{T_1}^{T_2} C_V\,dT = v\int_{T_1}^{T_2} C_V\,dT$

定压摩尔热容量：$C_p = \dfrac{1}{v}\left(\dfrac{dQ}{dT}\right)_p = \dfrac{(dQ)_p}{\dfrac{M}{M_{mol}}dT}$

定压过程热量计算：$Q_p = \dfrac{M}{M_{mol}}\int_{T_1}^{T_2} C_p\,dT = v\int_{T_1}^{T_2} C_p\,dT$

理想气体的定容摩尔热容量：$C_V = \dfrac{i}{2}R$

定压摩尔热容量：$C_p = \dfrac{i+2}{2}R$

迈耶公式：$C_p = C_V + R$

比热容比：$\gamma=\dfrac{C_p}{C_V}=\dfrac{i+2}{i}$

(3) 计算热量的方法：第一，根据热容量的相应公式进行计算，要注意不同的热力学过程对应的热容量是不同的；第二，根据热力学第一定律计算；第三，根据温熵图（T-S 图）进行计算，但该方法在普通物理中不要求掌握。

3. 内能

内能是状态量。

(1) 理想气体内能：$E=\dfrac{M}{M_{\mathrm{mol}}}\dfrac{i}{2}RT=\upsilon\dfrac{i}{2}RT$

(2) 理想气体内能改变量：

$$\Delta E=E_2-E_1=\frac{M}{M_{\mathrm{mol}}}\int_{T_1}^{T_2}\frac{i}{2}R\,\mathrm{d}T=\frac{M}{M_{\mathrm{mol}}}\int_{T_1}^{T_2}C_V\,\mathrm{d}T=\upsilon C_V(T_2-T_1)$$

理想气体内能只与状态的温度有关，内能改变量只与始末温度有关，与所经历的过程无关。

(3) 计算理想气体内能改变量的方法：第一，用公式 $\Delta E=\upsilon C_V(T_2-T_1)$ 计算；第二，根据热力学第一定律计算。

4. 热力学第一定律

无限小过程：$\mathrm{d}Q=\mathrm{d}A+\mathrm{d}E$

有限过程：$Q=\Delta E+A$

只需要初态和终态是平衡态，至于过程中所经历的各态并不需要一定是平衡态。

热力学第一定律的另一种表述：第一类永动机是不可能造成的。

第一类永动机是指不需要任何动力和燃料，却能不断对外做功的机器。

5. 理想气体的等值过程和绝热过程

状态参量 p,V,T 分别保持为常量的过程即为等值过程——等容、等压、等温过程；绝热过程有准静态绝热和绝热自由膨胀两种重要过程，准静态绝热过程是平衡过程，而绝热自由膨胀过程是非平衡过程，其每一个中间状态都不是平衡态。各过程的过程方程、参量关系和功、热量、内能改变量及热容量的计算见表 13-1。

表 13-1 理想气体的等值过程和绝热过程

过程	过程方程	参量关系	功	热量	内能改变量	热容量
等容	$V=$常量	$V_1=V_2$；$\dfrac{p_1}{p_2}=\dfrac{T_1}{T_2}$	$A=0$	$Q=\upsilon C_V(T_2-T_1)$	$\Delta E=\upsilon C_V(T_2-T_1)$	$C_V=iR/2$
等压	$p=$常量	$p_1=p_2$；$\dfrac{V_1}{V_2}=\dfrac{T_1}{T_2}$	$A=p(V_2-V_1)$ $=\upsilon R(T_2-T_1)$	$Q=\upsilon C_p(T_2-T_1)$	$\Delta E=\upsilon C_V(T_2-T_1)$	$C_p=(i+2)R/2$
等温	$T=$常量	$T_1=T_2$ $p_1V_1=p_2V_2$	$A=\upsilon RT\ln\dfrac{V_2}{V_1}$ $=\upsilon RT\ln\dfrac{p_1}{p_2}$	$Q=A$	$\Delta E=0$	
准静态绝热	$pV^\gamma=C_1$ $TV^{\gamma-1}=C_2$ $p^{\gamma-1}T^{-\gamma}=C_3$	$p_1V_1^\gamma=p_2V_2^\gamma$ … …	$A=\dfrac{1}{\gamma-1}(p_1V_1-p_2V_2)$ $=\dfrac{\upsilon R}{\gamma-1}(T_1-T_2)$	0	$\Delta E=-A$	0
绝热自由膨胀		始末状态 $T_1=T_2$ $p_1V_1=p_2V_2$	0	0	$\Delta E=0$	

注意：(1) 绝热线斜率比等温线大，即曲线陡一些，所以膨胀相同体积绝热过程比等温过程压强下降得快。

(2) 绝热自由膨胀的特点：吸热 $Q=0$；做功 $A=0$；由热力学第一定律可知，内能不变，即 $\Delta E=0$；不满足泊松方程，因为是非准静态过程。

6. 多方过程

$pV^n=C$（常量）

$n=\infty\rightarrow$等容过程；$n=0\rightarrow$等压过程；$n=1\rightarrow$等温过程；$n=\gamma\rightarrow$绝热过程。

多方过程气体所做的功：$A=\dfrac{1}{n-1}(p_1V_1-p_2V_2)$

7. 循环过程

物质系统经历一系列状态变化过程又回到初始状态，称这一周而复始的变化过程为循环过程。

准静态循环过程特点：(1) 经一个循环后系统的内能不变；

(2) p-V 图上为一闭合曲线；

(3) 循环过程系统对外所做净功为循环曲线所包围的面积；

(4) 由热力学第一定律，循环过程系统对外所做净功等于系统从外界吸收的净热量 $A=Q_1-Q_2$；

(5) 沿顺时针方向进行的循环为正循环或热机循环；沿逆时针方向进行的循环为逆循环或制冷循环。

热机循环：系统从高温热源吸热 Q_1，系统对外做功 A，向低温热源放热 Q_2。

热机效率为：$\eta=\dfrac{A}{Q_1}=1-\dfrac{Q_2}{Q_1}$

制冷循环：外界对系统做功 A，系统从低温热源吸热 Q_2，向高温热源放热 Q_1。

制冷系数为：$\omega=\dfrac{Q_2}{A}=\dfrac{Q_2}{Q_1-Q_2}$

注意：热机效率和制冷系数公式中的 Q_1,Q_2 均为绝对值大小，不带符号。

卡诺循环：系统只和两个恒温热源（高温 T_1、低温 T_2）进行热交换的准静态循环过程。卡诺循环由两个等温过程和两个绝热过程组成。吸热、放热只在等温过程中。

卡诺循环热机效率：$\eta_c=1-\dfrac{T_2}{T_1}$

卡诺循环制冷系数：$\omega_c=\dfrac{T_2}{T_1-T_2}$

8. 热力学第二定律

(1) 可逆过程。设在某一过程中，一物体从状态 A 变化到状态 B，如果使物体进行逆向变化，从状态 B 变化到状态 A，当它返回到状态 A 时，外界（周围一切）都**恢复原状**。此即可逆过程。

可逆过程＝准静态过程＋无耗散

不可逆过程：系统和外界不能同时恢复原状的过程。

(2) **热力学第二定律表述**。

克劳修斯表述（热传导）：热量不可能自动地从低温物体传给高温物体。

开尔文表述（功热转换）：不可能制造成功一种循环动作的机器，它只从单一热源吸热使之全部变为功而对外界不发生任何其他影响。

注意：单一热源指温度均匀并且恒定不变的热源；其他影响指除了由单一热源吸热，把所吸的热用来做功以外的任何其他变化；开尔文表述也可说，第二类永动机（只从单一热源吸热使之全部变为功的热机）不可能造成。

（3）**熵**。熵是状态出现的几率的量度；是系统内大量分子无序运动混乱程度的量度。

玻尔兹曼熵公式：$S=k\ln\Omega$

熵增原理：$\Delta S\geqslant 0$（孤立系，等号对应可逆过程；大于号对应不可逆过程）

在孤立系中所进行的自然过程总是沿着熵增大的方向进行。

（4）热力学第二定律表达了自然过程的方向性规律，该规律可从宏观、微观、统计等方面进行理解。

宏观理解：各种自然的能实现的宏观过程都是不可逆过程；是非平衡态向平衡态过渡的过程。

微观意义：自然过程总是沿着使分子运动更加无序的方向进行，或一切自然过程总是沿着无序性增大的方向进行。

统计意义：不可逆过程实质上是一个从几率较小的状态到几率较大的状态的转变过程；或一切实际过程都沿着状态的几率增大的方向进行；或一切实际过程都沿着熵增大的方向进行。

附：知识脉络图

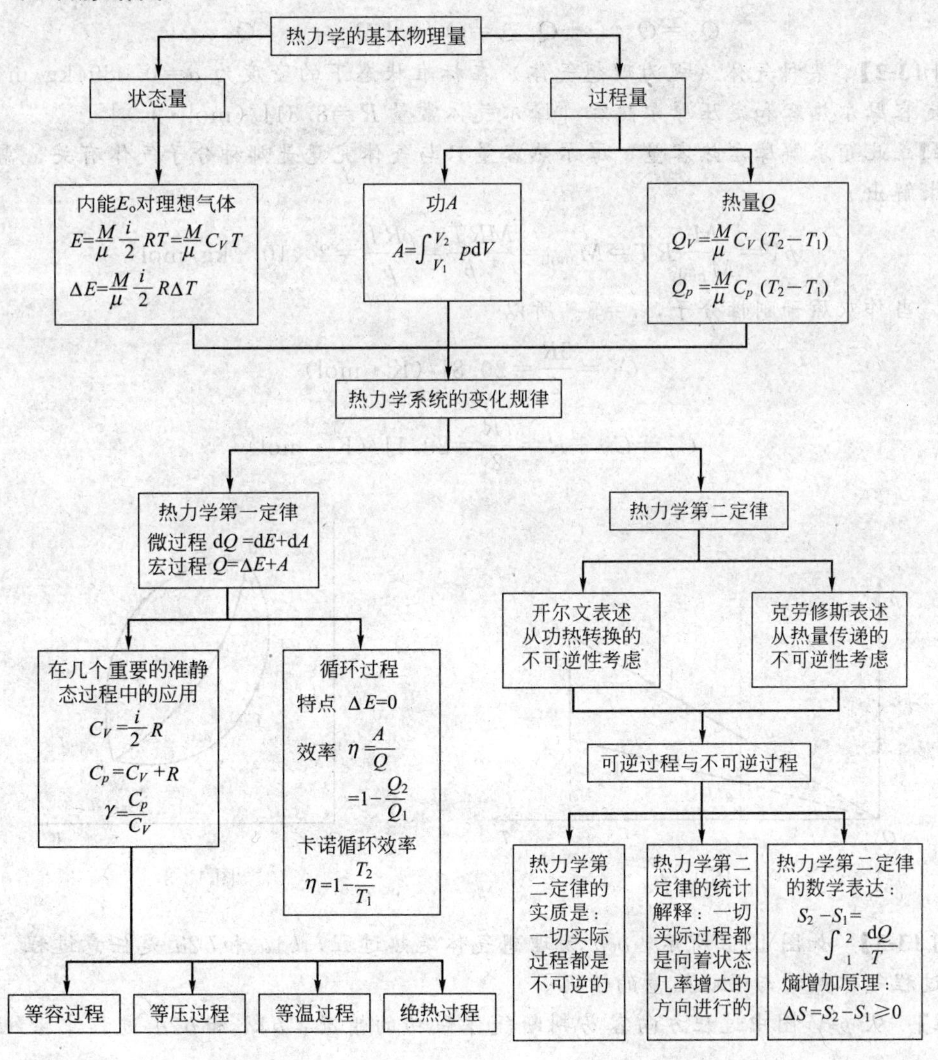

三、典型例题

【例 13-1】 一定量的理想气体分别由初态 a 经①过程 ab 和由初态 a' 经②过程 $a'cb$ 到达相同的终态 b，如图 13-2 所示。试判断两个过程中气体从外界吸收的热量 Q_1，Q_2 的大小关系。

【解】 注意此时为 p-T 图，不要习惯性地看成为 p-V 图。由图可知，直线 ab 以及直线 $a'c$ 均为经过原点的直线，即

$$\frac{p_a}{T_a}=\frac{p_b}{T_b}\Rightarrow V_a=V_b$$

$$\frac{p_{a'}}{T_{a'}}=\frac{p_c}{T_c}\Rightarrow V_{a'}=V_c$$

同时可得 $$T_a=T_{a'}，\ T_b=T_c$$

① 过程：由初态 a 经Ⅰ过程 ab 为等容过程，温度升高肯定吸热。即

$$\Delta E>0\Rightarrow Q_1=\Delta E+A=\Delta E+0>0$$

② 过程：由初态 a' 经Ⅱ过程 $a'cb$ 到达相同的终态 b，为先等容温度升高后等温压缩，$a'c$ 吸热与 ab 过程相等，$Q_{a'\to c}=Q_1>0$；cb 过程为等温压缩放热过程，$Q_{c\to b}<0$。

则 $$Q_2=Q_{a'\to c}+Q_{c\to b}=Q_1-|Q_{c\to b}|<Q_1$$

【例 13-2】 某种气体（视为理想气体）在标准状态下的密度为 $\rho=0.0894\text{kg/m}^3$，求该气体的定容摩尔热容和定压摩尔热容［摩尔气体常量 $R=8.31\text{J/(mol·K)}$］。

【解】 此题求解摩尔热容量，摩尔热容量只与气体究竟是哪种分子气体有关，需利用已知条件求解出 i。

$$pV=\frac{M}{M_{\text{mol}}}RT\Rightarrow M_{\text{mol}}=\frac{MRT}{Vp}=\frac{\rho RT}{p}=2\times10^{-3}\text{kg/mol}$$

为氢气，当作双原子刚性分子，$i=5$。所以

$$C_V=\frac{5R}{2}=20.8\text{J/(K·mol)}$$

$$C_p=C_V+R=\frac{7R}{2}=29.1\text{J/(K·mol)}$$

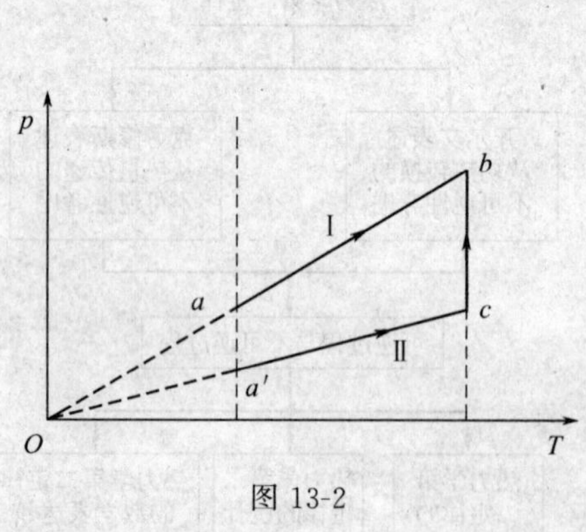

图 13-2

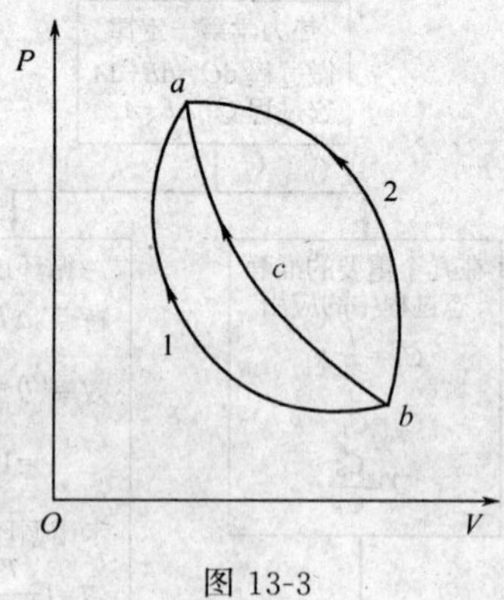

图 13-3

【例 13-3】 如图 13-3 所示，bca 为理想气体绝热过程，$b1a$ 和 $b2a$ 是任意过程，试分析上述两过程气体做功与吸收热量的情况。

【解】 从 p-V 图中过程方向容易判断气体做功的情况：$b1a$ 和 $b2a$ 过程中系统体积减

小，故外界压缩系统做功，即系统对外界做负功。

吸收热量情况可用两种方法分析。

解法一：利用热力学第一定律。

因为 bca 过程是绝热过程，由 $Q=\Delta E+A$ 得

$$\Delta E_{ba}=-A_{bca}$$

$b1a$ 过程与 bca 过程同初态和末态，所以内能变化相同。

$$Q_{b1a}=\Delta E_{ba}+A_{b1a}=A_{b1a}-A_{bca}$$

由曲线下面积可以判断出 $S_{b1a}<S_{bca}$，且由于 $b1a$ 和 bca 过程系统对外界做负功，即 $A_{b1a}<0$，$A_{bca}<0$，因此 $Q_{b1a}=A_{b1a}-A_{bca}>0$，即 $b1a$ 过程系统吸热。

同样分析 $b2a$ 过程有

$$Q_{b2a}=\Delta E+A_{b2a}=A_{b2a}-A_{bca}<0$$

即 $b2a$ 过程系统放热。

解法二：以 bca 过程作为中介过程，可分别与 $b2a$ 以及 $b1a$ 组成循环过程。这种找中介或自己添加某一特殊过程用来分析的方法是一种简便快捷的方法。

$b1acb$ 循环过程是正循环过程，系统从外界净吸热，对外做正功，而 acb 是绝热过程，所以 $b1a$ 过程是吸热过程。

$b2acb$ 循环过程是逆循环过程，外界对其系统正功，系统向外放热，而 acb 是绝热过程，所以 $b2a$ 过程是放热过程。

【例 13-4】 一定量的单原子分子理想气体，从初态 A 出发，沿图 13-4 所示直线过程变到另一状态 B，又经过等容、等压两过程回到状态 A。

(1) 求 $A\to B$，$B\to C$，$C\to A$ 各过程中系统对外所做的功 A，内能的增量 ΔE 以及所吸收的热量 Q。

(2) 整个循环过程中系统对外所做的总功以及从外界吸收的总热量（过程吸热的代数和）。

【解】 (1) $A\to B$：$A_1=\dfrac{1}{2}(p_B+p_A)(V_B-V_A)=200\text{J}$

$$\Delta E_1=\upsilon C_V(T_B-T_A)=\frac{3}{2}(p_BV_B-p_AV_A)=750\text{J}$$

$$Q_1=A_1+\Delta E_1=950\text{J}$$

$B\to C$：

$$A_2=0$$

$$\Delta E_2=\upsilon C_V(T_C-T_B)=\frac{3}{2}(p_CV_C-p_BV_B)=-600\text{J}$$

$$Q_2=A_2+\Delta E_2=-600\text{J}$$

$C\to A$：

$$A_3=p_A(V_A-V_C)=-100\text{J}$$

$$\Delta E_3=\upsilon C_V(T_A-T_C)=\frac{3}{2}(p_AV_A-p_CV_C)=-150\text{J}$$

$$Q_3=A_3+\Delta E_3=-250\text{J}$$

(2)

$$A=A_1+A_2+A_3=100\text{J}$$

$$Q=Q_1+Q_2+Q_3=100\text{J}$$

【例 13-5】 如果理想气体的体积按照 $pV^3=C$（C 为正的常数）的规律从 V_1 膨胀到 V_2，求

(1) 气体所做的功；

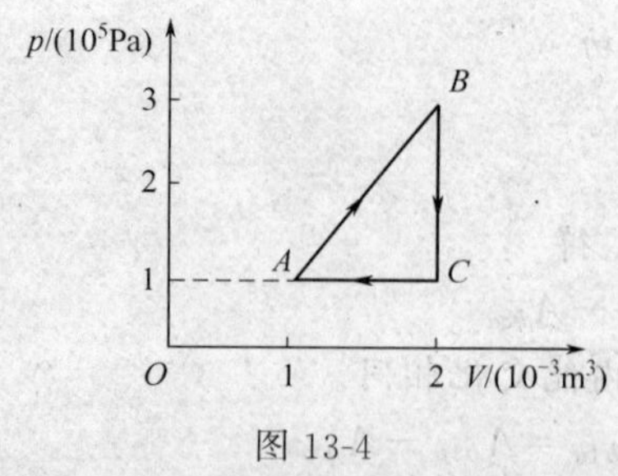

图 13-4

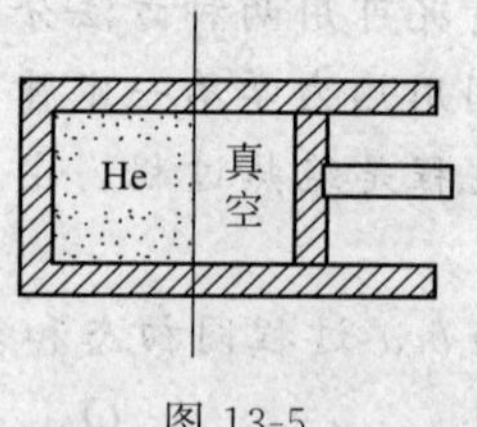

图 13-5

（2）膨胀过程中气体的温度怎样变化？

【解】（1）$A=\int_{V_1}^{V_2} p\,\mathrm{d}V=\int_{V_1}^{V_2} C\,\dfrac{\mathrm{d}V}{V^3}=-\dfrac{CV^{-2}}{2}\Big|_{V_1}^{V_2}=\dfrac{CV_1^{-2}}{2}-\dfrac{CV_2^{-2}}{2}$

（2）由 $p_1V_1^3=p_2V_2^3$，及理想气体状态方程 $\dfrac{p_1V_1}{T_1}=\dfrac{p_2V_2}{T_2}$，得

$$\frac{T_2}{T_1}=\left(\frac{V_1}{V_2}\right)^2\text{，因为 } V_1<V_2\Rightarrow T_2<T_1$$

即膨胀过程中气体的温度降低。

【例 13-6】 如图 13-5 所示，器壁与活塞均绝热的容器中间被一隔板等分为两部分，其中左边储有 1mol 处于标准状态的氦气（He）（可视为理想气体），另一边为真空。现先把隔板拉开，待气体平衡后，再缓慢向左推动活塞，把气体压缩到原来的体积，求氦气的温度改变多少？

【解】 已知 He 气开始时的状态为 p_0, V_0, T_0，先向真空绝热膨胀

$$A=0\text{，}Q=0\rightarrow\Delta E=0\rightarrow\Delta T=0$$

所以 $T_1=T_0$，$V_1=2V_0$

由 $pV=RT$，$p_1=\dfrac{1}{2}p_0$

再作绝热压缩，气体状态由 p_1, V_1, T_1，变为 p_2, V_0, T_2，由绝热过程方程

$$TV^{\gamma-1}=C_2\Rightarrow T_1V_1^{\gamma-1}=T_2V_0^{\gamma-1}$$

可得 $T_2=\left(\dfrac{V_1}{V_0}\right)^{\gamma-1}T_1=2^{\gamma-1}T_0$

氦气为单原子分子 $\gamma=5/3$，$T_2=4^{1/3}T_0$

所以温度升高 $\Delta T=T_2-T_0=(4^{1/3}-1)T_0$

将 $T_0=273\text{K}$ 代入得 $\Delta T=160\text{K}$

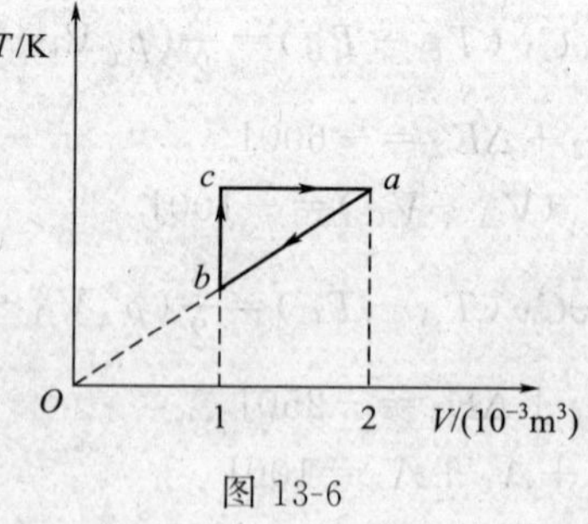

图 13-6

【例 13-7】 1mol 单原子分子理想气体的循环过程如图 13-6（T-V 图）所示，其中 c 点的温度为 $T_c=600\text{K}$。试求

（1）ab，bc，ca 各个过程系统吸收的热量；

(2) 经一循环系统所做的净功；

(3) 循环的效率。

【解】 单原子分子的自由度 $i=3$。从图可知，ab 是等压过程，bc 是等容过程，ca 是等温过程。

$$V_a/T_a=V_b/T_b,\ T_a=T_c=600\text{K}$$

$$T_b=(V_b/V_a)T_a=300\text{K}$$

(1) $Q_{ab}=C_p(T_b-T_c)=\left(\dfrac{i}{2}+1\right)R(T_b-T_c)=-6.23\times10^3\text{J}$（放热）

$Q_{bc}=C_V(T_c-T_b)=\dfrac{i}{2}R(T_c-T_b)=3.74\times10^3\text{J}$（吸热）

$Q_{ca}=RT_c\ln(V_a/V_c)=3.46\times10^3\text{J}$（吸热）

(2) $A=(Q_{bc}+Q_{ca})-|Q_{ab}|=0.97\times10^3\text{J}$

(3) $Q_1=Q_{bc}+Q_{ca},\ \eta=A/Q_1=13.4\%$

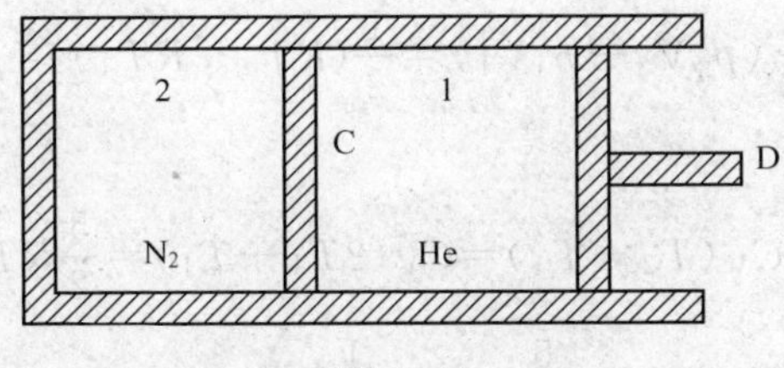

图 13-7

【例 13-8】 如图 13-7 所示，一个四周用绝热材料制成的气缸，中间有一个固定的用导热材料制成的导热板 C 把气缸分成 1,2 两部分。D 是一绝热的活塞，1 中盛有 1mol 的氦气（He），2 中盛有 1mol 氮气（N_2）（均视为刚性分子的理想气体），今外界缓慢地移动活塞 D，压缩 1 部分的气体，对气体做功为 W，试求在此过程中各部分气体内能的变化。

【解】 C 是导热板，表示 1,2 两部分能很快达到平衡而具有相同的温度。

解法一：分别考虑 1 和 2 的变化。设系统温度由 T 变化到 T'。

对 1 部分：由于隔板是固定的，所以外界压缩气体，仅仅使 1 部分气体被压缩，外界所做功为 W，而气缸由绝热材料制成，所以

$$Q_1=\Delta E_1+A_1=\upsilon C_V(T'-T)-W=\frac{3}{2}R(T'-T)-W \tag{13-1}$$

对 2 部分：气体体积不变化，所以

$$A_2=0$$

$$Q_2=\Delta E_2+A_2=\upsilon C_V(T'-T)=\frac{5}{2}R(T'-T) \tag{13-2}$$

1,2 都是绝热的，所以 $Q_1+Q_2=0$，将式(13-1)、式(13-2) 代入得

$$T'-T=\frac{W}{4R}$$

则

$$\Delta E_1=\frac{3}{2}R(T'-T)=\frac{3}{8}W$$

$$\Delta E_2=\frac{5}{2}R(T'-T)=\frac{5}{8}W$$

解法二：作为一个整体考虑来求解。

因为整个过程是绝热过程，对 1 和 2 组成的完整系统，外界对此系统做功为 W，此系

统由热力学第一定律可得：$Q=\Delta E+A\Rightarrow\Delta E=-A=W$，系统内能变化由两部分组成：$\Delta E_{N_2}$ 和 ΔE_{He}，而

$$\Delta E_{N_2}=\frac{5}{2}\upsilon R\Delta T，\Delta E_{He}=\frac{3}{2}\upsilon R\Delta T$$

所以有

$$\frac{\Delta E_{N_2}}{\Delta E_{He}}=\frac{5}{3}\Rightarrow\begin{cases}\Delta E_{N_2}=\frac{5}{8}W\\ \Delta E_{He}=\frac{3}{8}W\end{cases}$$

【例 13-9】 1mol 双原子分子理想气体作可逆循环如图 13-8 所示，1—2 直线，2—3 绝热线，3—1 等温线。$T_2=2T_1$，$V_3=8V_1$。求

(1) 各过程的 $A,\Delta E,Q$；

(2) 循环效率。

【解】 (1) 1—2 为任意过程，气体做功

$$A_1=\frac{1}{2}(p_2V_2-p_1V_1)=\frac{1}{2}(RT_2-RT_1)=\frac{1}{2}RT_1$$

内能改变

$$\Delta E_1=C_V(T_2-T_1)=C_V(2T_1-T_1)=\frac{5}{2}RT_1$$

吸收热量 $$Q_1=\Delta E_1+A_1=\frac{5}{2}RT_1+\frac{1}{2}RT_1=3RT_1$$

2—3 为绝热膨胀过程：吸收热量

$$Q_2=0$$

内能改变 $$\Delta E_2=C_V(T_3-T_2)=C_V(T_1-T_2)=-\frac{5}{2}RT_1$$

气体做功 $$A_2=-\Delta E_2=\frac{5}{2}RT_1$$

3—1 为等温过程，内能改变

$$\Delta E_3=0$$

气体做功 $$A_3=-RT_1\ln\frac{V_3}{V_1}=-RT_1\ln\frac{8V_1}{V_1}=-2.08RT_1$$

吸收热量 $$Q_3=A_3=-2.08RT_1$$

(2) 循环效率 $$\eta=1-\frac{|Q_3|}{Q_1}=1-\frac{2.08RT_1}{3RT_1}=30.7\%$$

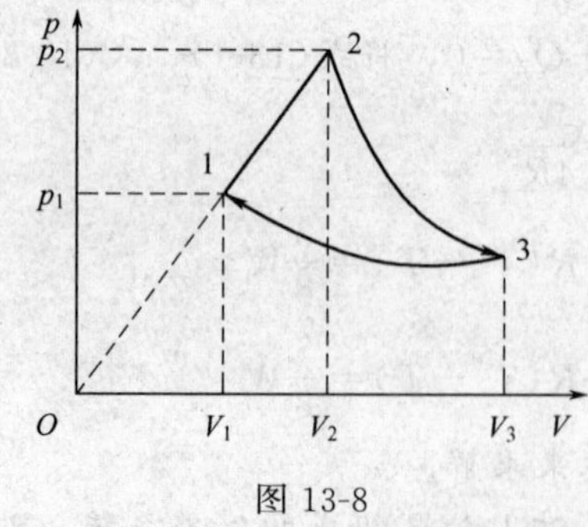

图 13-8

第十四单元　狭义相对论基础

一、基本要求

（1）了解经典的绝对时空观以及由之导出的伽利略坐标变换和速度变换公式。

（2）理解相对论的几个基本假设。

（3）理解洛伦兹坐标变换公式、了解洛伦兹速度变换公式。

（4）理解长度、时间的相对性。

（5）理解相对论中质量和速度的关系，质量和能量的关系，了解能量动量关系式。

二、基本概念和规律

1. 经典力学的时空观

（1）**伽利略相对性原理：** 力学规律在所有惯性系中都是相同的，或所有惯性系对力学规律来说都是等价的。它表达了以下实验事实：在一个惯性系的内部所做的任何力学实验都不能确定这一惯性系本身是处在静止状态，还是在做匀速直线运动。

（2）**伽利略变换：适用于** $u \ll c$ 的低速情况。

伽利略坐标变换：

正变换　　　　逆变换

$$K \to K' \begin{cases} x' = x - ut \\ y' = y \\ z' = z \\ t' = t \end{cases} \qquad K' \to K \begin{cases} x = x' + ut' \\ y = y' \\ z = z' \\ t = t' \end{cases}$$

伽利略速度变换：

正变换　　　　逆变换

$$K \to K' \begin{cases} v'_x = v_x - u \\ v'_y = v_y \\ v'_z = v_z \end{cases} \qquad K' \to K \begin{cases} v_x = v'_x + u \\ v_y = v'_y \\ v_z = v'_z \end{cases}$$

伽利略加速度变换：

$$\begin{cases} a'_x = a_x \\ a'_y = a_y \Rightarrow \boldsymbol{a}' = \boldsymbol{a} \\ a'_z = a_z \end{cases}$$

经典力学认为长度、时间以及质量都和运动无关，是不变量。

2. 狭义相对论的时空观

（1）**狭义相对论基本原理**

① **相对性原理**。物理规律在所有惯性系中都是相同的，或所有惯性系对物理规律来说都是等价的。它表达了以下实验事实：在一个惯性系的内部所做的任何物理（包括力学、光学等）实验都不能确定这一惯性系本身是处在静止状态，还是在做匀速直线

运动。

② **光速不变原理**。在所有惯性系中测量到的真空中光速 c 都是一样的。在惯性系中，真空中的光速与光源和观测者的运动状态无关。

(2) **洛伦兹变换**（适用于 $u\sim c$ 的高速情况，同时在 $u\ll c$ 时又回到伽利略变换）

① **洛伦兹坐标变换**

正变换

$$K\rightarrow K'\begin{cases}x'=\gamma\ (x-ut)\\y'=y\\z'=z\\t'=\gamma\left(t-\dfrac{u}{c^2}x\right)\end{cases}$$

逆变换

$$K'\rightarrow K\begin{cases}x=\gamma(x'+ut')\\y=y'\\z=z'\\t=\gamma\left(t'+\dfrac{u}{c^2}x'\right)\end{cases}$$

式中，$\gamma=\dfrac{1}{\sqrt{1-\dfrac{u^2}{c^2}}}$，$(x,y,z,t)$ 和 (x',y',z',t') 是在 k 和 k' 中表述的某一事件发生的时空坐标。

在理解和使用洛伦兹变换时，应注意以下几点。a. 无论正变换还是逆变换，u 表示等式右边的参考系相对左边参考系的速度，可正可负。上面的变换中设定 k' 以速度 u 相对于 k 系沿 x 轴正向运动，故逆变换中 u 为负，正变换中为正。若 k' 以速度 u 相对于 k 系沿 x 轴负向运动，则要在上述变换式中以 $-u$ 代替。b. 很多同学对什么时候用正变换什么时候用逆变换感觉比较困难，为了便于记忆，正变换可写成：

$$x_{动}=\gamma(x_{静}-ut_{静}),\quad y'=y,\quad z'=z,\quad t_{动}=\gamma\left(t_{静}-\frac{u}{c^2}x_{静}\right)$$

式中，$x_{静}$，$t_{静}$ 为相对于观察者静止的参考系中所测得的空间坐标和时间坐标；$x_{动}$、$t_{动}$ 为相对于观察者运动的参考系中所测得的空间坐标和时间坐标。则可说：**“静系”表示“动系”时用正变换，“动系”表示“静系”时用逆变换**。在洛伦兹变换中，时间不独立，t 和 x 变换相互交叉、不可分割。当 $u\ll c$ 时，上述变换式就退化为伽利略变换式。

② **洛伦兹速度变换**。

正变换

$$K\rightarrow K'\begin{cases}v'_x=\dfrac{v_x-u}{1-\dfrac{uv_x}{c^2}}\\[2ex]v'_y=\dfrac{1}{\gamma}\dfrac{v_y}{1-\dfrac{uv_x}{c^2}}\\[2ex]v'_z=\dfrac{1}{\gamma}\dfrac{v_z}{1-\dfrac{uv_x}{c^2}}\end{cases}$$

逆变换

$$K'\rightarrow K\begin{cases}v_x=\dfrac{v'_x+u}{1+\dfrac{uv'_x}{c^2}}\\[2ex]v_y=\dfrac{1}{\gamma}\dfrac{v'_y}{1+\dfrac{uv'_x}{c^2}}\\[2ex]v_z=\dfrac{1}{\gamma}\dfrac{v'_z}{1+\dfrac{uv'_x}{c^2}}\end{cases}$$

伽利略变换下，垂直于运动方向的速度是不变的，这是绝对时间观的当然结果。爱因斯坦认为，速度是被时间所分割的空间。在相对论情形下，虽然垂直于相对运动方向是没有空间位移，但在不同的参考系中时间不再统一，即 $t \neq t'$，那么在垂直于运动方向，速度也是要改变的。

3. 狭义相对论中时间和空间的相对性

前面洛伦兹变换表述了同一事件在两个参考系 k 和 k' 中的时空坐标之间的变换，下面的内容描述的是两个事件的时间间隔和空间间隔在两个参考系中的变换关系

$$\Delta t' = \gamma\left(\Delta t - \frac{u}{c^2}\Delta x\right), \quad \Delta x' = \gamma(\Delta x - u\Delta t)$$

若两个事件发生在 x 轴上，则可称 $\Delta x = x_2 - x_1$ 和 $\Delta x' = x_2' - x_1'$ 分别是两个事件在参考系 k 和 k' 中的空间间隔；$\Delta t = t_2 - t_1$ 和 $\Delta t' = t_2' - t_1'$ 是两个事件的**时间间隔**。

（1）**同时性的相对性**。在某一惯性系 k 中同时发生（$\Delta t = 0$）在不同地点（$\Delta x \neq 0$）的两个事件，在另一做相对运动的惯性系 k' 看来是不同时发生的（$\Delta t' \neq 0$）。仅仅当在一惯性系中既同时（$\Delta t = 0$）又同地（$\Delta x = 0$）发生的两个事件，在另一做相对运动的惯性系看来才是同时发生的（$\Delta t' = 0$）。

（2）**时间膨胀**。在某一惯性系 k 中发生在同一地点（$\Delta x = 0$）的两个事件的时间间隔 Δt（称作原时 $\Delta t_{原时}$，也称作固有时间），在另一做相对运动的惯性系 k' 中（是不同地的）测的时间间隔 $\Delta t'$ 为非原时（记作 $\Delta t_{非原时}$），根据洛伦兹变换，原时与非原时的关系式 $\Delta t_{非原时} = \gamma \Delta t_{原时}$。这就是时间膨胀公式，此式说明**原时最短**。

注意：①“同时的相对性”和“时间膨胀”描述的都是时间间隔问题，都是光速不变原理的体现，但“同时的相对性”要求至少一个参考系中两件事是同时发生，而“时间膨胀”要求一个参考系两件事是同地发生；②原时既可以是相对地面静止参考系所测，也可以是相对地面运动的参考系所测，但两件事发生在同一地点的参考系所测的时间间隔才称为原时；③时间膨胀具有相对效应，如从地面上观测，高速运动的飞船上时间进程变慢，而飞船上的人则觉得地面上的时间进程变慢。

（3）**长度收缩**。根据洛伦兹变换，在上述两个惯性系 k 和 k' 中测得的空间间隔 Δx 和 $\Delta x'$ 有以下关系：$\Delta x' = \gamma(\Delta x - u\Delta t)$，其中 $\Delta t = t_2 - t_1$。在相对运动的惯性系中，空间间隔可以变大也可能变小，甚至变为负值。

在某一惯性系 k' 中测得相对静止的两点（如静止放在 k' 系 x' 轴上的一物体的两端点）的距离 $\Delta x' = x_2' - x_1'$ 称作**原长**（记作 $\Delta l_{原长}$，也称作固有长度或静长），在另一做相对运动的惯性系 k 中测得的距离 $\Delta x = x_2 - x_1$（两点坐标必须同时读数，即 $\Delta t = 0$）为非原长（$\Delta l_{非原长}$ 或动长），长度总是大于零的，负的长度没有意义。原长与非原长的关系式就是长度收缩公式：$\Delta l_{非原长} = \frac{1}{\gamma}\Delta l_{原长}$。此式说明**原长最长**。**注意**：长度缩短只发生在运动方向上，与运动方向垂直的相应长度不发生收缩。

注意：①长度收缩公式是洛伦兹变换公式 $\Delta x' = \gamma(\Delta x - u\Delta t)$ 的特殊情况，它要求在相对待测物体运动的惯性系中左右两端同时测，即 $\Delta t = 0$；②原长是相对待测物体静止参考系所测的长度；③长度收缩也具有相对效应，如两条平行的杆沿自己的长度方向做相对运动，与他们一起运动的两位观察者都会认为对方的杆缩短了。

总之，在不能准确判断是否满足原时或原长概念的时候，最保险的方法就是用洛伦兹坐标变换式计算。

4. 相对论动力学基础公式

相对论质量：$m_{动}=\gamma m_{静}$

相对论动量：$\boldsymbol{p}=m_{动}\boldsymbol{v}=\gamma m_{静}\boldsymbol{v}$

动力学方程：$\boldsymbol{F}=\dfrac{\mathrm{d}\boldsymbol{p}}{\mathrm{d}t}=\dfrac{\mathrm{d}(m\boldsymbol{v})}{\mathrm{d}t}$

质能关系：$E=mc^2$，$E_0=m_0c^2$

相对论动能：$E_\mathrm{k}=mc^2-m_0c^2$

相对论动量能量关系式：$E^2=p^2c^2+m_0^2c^4=p^2c^2+E_0^2$

附：知识脉络图

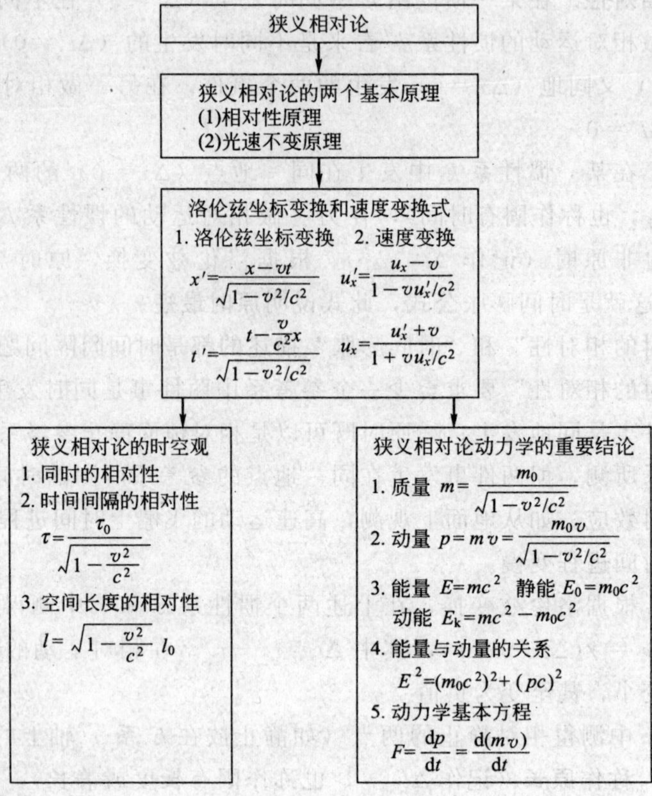

三、典型例题

【例 14-1】 试证：真空中光速对所有参考系不变。

【证】 设在 K 系中有一束光沿某一方向（这里不妨取 x 轴方向）以速度 c 传播，即 $v_x=c$。则按洛伦兹速度变换公式，此光束在 K' 中的传播速度为

$$v_x'=\frac{v_x-u}{1-\dfrac{uv_x}{c^2}}=\frac{c-u}{1-\dfrac{uc}{c^2}}=c$$

亦即，在别的惯性系中观察到真空中的光速亦为 c，符合光速不变原理。

【例 14-2】 若以地球作为惯性系 K，观察到 $x=4.0\times10^6\,\mathrm{m}$ 处在 $t=0.02\mathrm{s}$ 时刻开始发生闪光。试求：在相对于地球以匀速 $V=0.5c$ 沿 x 轴正方向运动的飞船中（作为 K' 系），

观察到的闪光开始发生的地点和时间。

【解】 按洛伦兹变换式，由题给数据可分别算出

$$x'=\frac{x-Vt}{\sqrt{1-\frac{V^2}{c^2}}}=\frac{4.0\times10^6\,\text{m}-(0.5\times3\times10^8\,\text{m/s})\times(0.02\text{s})}{\sqrt{1-0.5^2}}$$

$$=1.15\times10^6\,\text{m}$$

$$t'=\frac{t-\frac{Vx}{c^2}}{\sqrt{1-\frac{V^2}{c^2}}}=\frac{0.02\text{s}-\frac{0.5\times(4.0\times10^6\,\text{m})}{3\times10^8\,\text{m/s}}}{\sqrt{1-0.5^2}}=0.015\text{s}$$

牛顿力学的时空观认为，在不同的惯性系中观察到同一事件开始发生的地点和时间应是相同的，而相对论的时空观则认为是不同的。

【例 14-3】 一短跑选手，在地面跑道上用 10s 的时间跑完 100m。一艘飞行速度为 $0.98c$ 的飞船正沿跑道方向飞行，且飞行方向与选手跑步方向一致。则在飞船中的观测者看来：

(1) 该选手跑了多长时间？

(2) 该选手跑了多长距离？

【解】 首先要明确，起跑是一个事件。到达终点是另一个事件。这是在不同地点发生的两个事件，所以不能套用时间膨胀公式，应该用洛伦兹坐标变换式来计算时间间隔。

(1) 设地球为 K 系（静系），飞船为 K' 系（动系），则起跑事件在 K 系中的坐标为 (x_1,t_1)，在 K' 系中的坐标为 (x'_1,t'_1)，到达终点事件在 K 系中的坐标为 (x_2,t_2)，在 K' 系中的坐标为 (x'_2,t'_2)。现在要求的是 $(t'_2-t'_1)$，即用静系表示动系，使用洛伦兹坐标正变换，有

$$t'_2-t'_1-\frac{(t_2-t_1)-\frac{u}{c^2}(x_2-x_1)}{\sqrt{1-(u/c)^2}}=\frac{(10-0)-0.98c\times(100-0)/c^2}{\sqrt{1-(0.98)^2}}=50.25(\text{s})$$

如果套用时间膨胀公式有：$t'_2-t'_1=\frac{t_2-t_1}{\sqrt{1-(u/c)^2}}=50.25\text{s}$。得到了相同的结果，其原因是本题中

$$u(x_2-x_1)=0.98c(100-0)\ll c^2\Rightarrow t'_2-t'_1=\frac{(t_2-t_1)-\frac{u}{c^2}(x_2-x_1)}{\sqrt{1-(u/c)^2}}\approx\frac{t_2-t_1}{\sqrt{1-(u/c)^2}}$$

这一条件不是在任何时候都能满足的。

(2) 本题要求的是距离，所以可以利用长度收缩公式

$$l'=l\sqrt{1-(u/c)^2}=100\times\sqrt{1-(0.98)^2}=19.9(\text{m})$$

如果本题要计算起跑和到达终点两个事件的空间间隔，则

$$\Delta x'=x'_2-x'_1=\frac{x_2-ut_2}{\sqrt{1-(u/c)^2}}-\frac{x_1-ut_1}{\sqrt{1-(u/c)^2}}=\frac{(100-0)-0.98c\times(10-0)}{\sqrt{1-(0.98)^2}}=-1.43\times10^{10}(\text{m})$$

空间间隔是负的。

【例 14-4】 站在地面上的人看到两个闪电同时击中一列以匀速 $v=70\text{km/h}$ 行驶的火车前端 P 和后端 Q。试问车上的一个观察者测得该两个闪电是否同时发生？他在车上测出这列火车全长为 600m。

【解】 根据洛伦兹变换式，可得

$$t_2-t_1=\frac{(t'_2-t'_1)-(x'_2-x'_1)\frac{v}{c^2}}{\sqrt{1-\frac{v^2}{c^2}}}$$

令地面为 K 系，车为 K' 系。站在地面上的人看到两个闪电同时击中火车，即 $\Delta t=t_2-t_1=0$。将已知数据代入上式得：$t'_2-t'_1=1.3\times10^{-13}\text{s}$，可见后端 Q 比前端 P 迟发生闪电。

【例 14-5】 一列高速火车以速度 u 驶过车站时：

(1) 站在站台上的观察者观察到固定的站台上相距 d 的两只机械手在车厢上同时划出两个痕迹，则车厢上的观察者应测出这两个痕迹之间的距离为多少？

(2) 若站台上两机械手同时在车厢上划出两道痕迹，车厢上的观察者测得两道划痕的距离为 d，则站台上两机械手的距离为多少？

【解】 (1) 解法一：用洛伦兹坐标变换求解。设站台为 K 系，火车为 K' 系，K' 系相对 K 系以速度 u 向右行驶。设两只机械手在 K 系中的坐标为 (x_1, x_2)，即 $x_2-x_1=d$，$t_1=t_2$，两只机械手在车厢上划出的两个痕迹在 K' 系中的坐标为 (x'_1, x'_2)，题目所求车厢上的观察者测出的两个痕迹之间的距离即 $\Delta x'=x'_2-x'_1$。由洛伦兹变换得

$$x'_1=\frac{x_1-ut_1}{\sqrt{1-(u/c)^2}},\ x'_2=\frac{x_2-ut_2}{\sqrt{1-(u/c)^2}}$$

则
$$\Delta x'=x'_2-x'_1=\frac{x_2-ut_2}{\sqrt{1-(u/c)^2}}-\frac{x_1-ut_1}{\sqrt{1-(u/c)^2}}=\frac{x_2-x_1}{\sqrt{1-(u/c)^2}}=\frac{d}{\sqrt{1-(u/c)^2}}$$

解法二：列车上的两个痕迹之间的距离是原长（固有长度）l'（相对于列车静止），站台观察者上测得 $l=d$ 是运动长度。由长度收缩（原长最长）得

$$l'=\frac{l}{\sqrt{1-(u/c)^2}}=\frac{d}{\sqrt{1-(u/c)^2}}$$

(2) 用洛伦兹坐标变换求解。设两只机械手在 K 系中的坐标为 (x_1, x_2)，则 $t_1=t_2$，两只机械手在车厢上划出的两个痕迹在 K' 系中的坐标为 (x'_1, x'_2)，则 $x'_2-x'_1=d$，由

$$\Delta x'=x'_2-x'_1=d=\frac{x_2-ut_2}{\sqrt{1-(u/c)^2}}-\frac{x_1-ut_1}{\sqrt{1-(u/c)^2}}=\frac{x_2-x_1}{\sqrt{1-(u/c)^2}}$$

所以
$$\Delta x=x_2-x_1=d\sqrt{1-(u/c)^2}$$

【例 14-6】 两个惯性系中的观察者 O 和 O' 以 $0.6c$（c 表示真空中光速）的相对速度互相接近。如果 O 测得两者的初始距离是 20m，则 O' 测得两者经过多少时间相遇？

【解】 此题要注意理解题意，可用两种方法求解。

解法一：利用长度收缩公式。如图 14-1 所示，设 O 站在地面的 A 点，与子弹一起运动的 O' 看到子弹以 $0.6c$ 的速度向 O 射来，当子弹经过 B 点时，O 测得两者的距离即空间中 A、B 两点的距离，所以此距离为原长，O' 测得的初始距离为 $l'=20\sqrt{1-0.6^2}=16(\text{m})$，

则 O' 测得两者经过时间

$$\Delta t'=\frac{l'}{0.6c}=\frac{16}{0.6\times 3\times 10^8}=8.89\times 10^{-8}(\text{s})$$

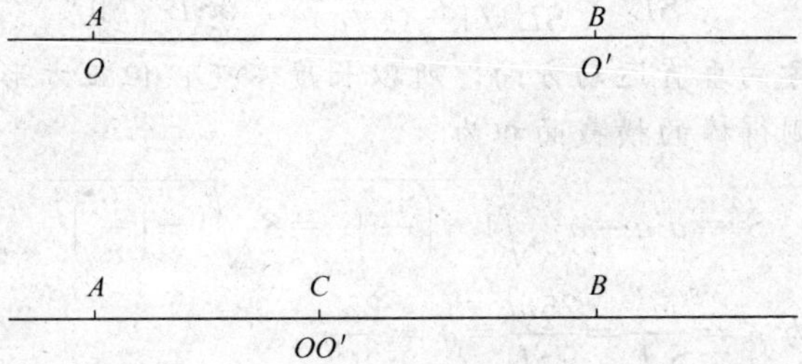

A B
O O'

A C B
OO'

图 14-1

解法二：利用时间膨胀公式。O 和 O' 的相遇点设为 C（也可设为 A），则可设两事件：O' 与 B 重合和 O' 与 C 重合。这两个事件在 O 看来是发生在不同地点（B，C），在 O' 看来是发生在同一地点（O'）。所以 O' 测得的时间 $\Delta t'$ 为原时，O 测得的时间 Δt 为非原时。则有

$$\Delta t'=\sqrt{1-0.6^2}\,\Delta t=0.8\times\frac{20}{0.6c}=8.89\times 10^{-8}(\text{s})$$

【例 14-7】 一汽车以 108km/h 的速度沿一长直的高速公路行驶，试求站在路旁的人观察到该汽车长度缩短了多少？已知此汽车停在路旁时，测得其长度为 3m。

【解】 按长度收缩公式 $l=l_0\sqrt{1-(u/c)^2}$

汽车长度缩短量为 $\Delta l=l_0-l=l_0-l_0[1-(u/c)^2]^{1/2}$

把上式右端后一项按二项式定理展开，并考虑到 $u\ll c$，则有

$$\Delta l=l_0-l=l_0-l_0\left[1-\frac{1}{2}(u/c)^2\right]=\frac{l_0}{2}(u/c)^2$$

已知 $l_0=3\text{m}$，$u=108\text{km/h}=30\text{m/s}$，$c=3\times 10^8\text{m/s}$，代入上式，得

$$\Delta l=1.5\times 10^{-14}\text{m}$$

【例 14-8】 观察者甲以 $4c/5$ 的速度（c 表示真空中的光速）相对于静止的观察者乙运动，若甲携带一长度为 L、正方形截面积为 S、质量为 m 的棒，这根棒的长度方向与甲的运动方向平行，则

（1）甲测得此棒的密度为多少？

（2）乙测得此棒的密度为多少？

（3）若棒的长度方向与甲的运动方向垂直，则乙测得此棒的密度为多少？

【解】 根据密度的定义，某观测者测得棒的密度等于该观测者测得的质量除以测得的体积。

（1）棒相对于甲静止，故甲测得的质量为棒的静止质量，体积用棒的原长乘以横截面积，所以甲测得的密度为 $\rho=\dfrac{m}{LS}$。

（2）棒相对于乙运动，故乙测得的质量为棒的运动质量 $m'=\dfrac{m}{\sqrt{1-(v/c)^2}}$，体积用棒的

动长 $L'=L\sqrt{1-(v/c)^2}$ 乘以横截面积，所以乙测得的密度为

$$\rho'=\frac{m'}{SL'}=\frac{\dfrac{m}{\sqrt{1-(v/c)^2}}}{SL\sqrt{1-(v/c)^2}}=\frac{25m}{9SL}=\frac{25}{9}\rho$$

(3) 由于棒的长度方向垂直运动方向，所以长度不变；但正方形截面积的一条边长此时在运动方向上，所以乙测得棒的横截面积为

$$S'=a'a=a^2\sqrt{1-\left(\frac{v}{c}\right)^2}=S\sqrt{1-\left(\frac{v}{c}\right)^2}$$

则此时乙测得棒的密度为 $\rho''=\dfrac{m'}{S'L}=\dfrac{25m}{9SL}=\rho'=\dfrac{25}{9}\rho$。

注意： 若此时将截面积形状改为圆形，该如何求解？若棒的长度方向与运动方向成一定夹角，又该如何求解？

【例 14-9】 两个粒子 A 和 B，静止质量均为 m_0，粒子 A 静止，粒子 B 的动能为 $6m_0c^2$。设 A、B 两粒子相撞并结合成为一个复合粒子，求复合粒子的静止质量。

【解】 设复合粒子静止质量为 M_0，运动质量为 M。由能量守恒定律可得

$$Mc^2=m_0c^2+mc^2$$

其中 mc^2 为相撞前粒子 B 的能量

$$mc^2=m_0c^2+6m_0c^2=7m_0c^2$$

故

$$M=8m_0$$

设粒子 B 的动量为 p_B，复合粒子的动量为 p，由动量守恒定律

$$p=p_B$$

利用动量与能量关系，对于粒子 B 可得

$$p_B^2c^2+m_0^2c^4=m^2c^4=49m_0^2c^4$$

对于复合粒子可得

$$p^2c^2+M_0^2c^4=M^2c^4=64m_0^2c^4$$

由此可求得

$$M_0^2=64m_0^2-48m_0^2=16m_0^2$$

所以

$$M_0=4m_0$$

【例 14-10】 一个静止质量为 m_0 的粒子，速度由 0.6c 增到 0.8c，求外界对它所做的功。

【解】 根据动能定理，外界对粒子所做的功等于粒子动能的增量，所以正确求解本题的关键是动能的计算，此时不能用经典力学的动能公式，而应使用狭义相对论的动能公式，并要注意公式中各量的意义。速度为 0.6c 时粒子的动能：$E_{k1}=m_1c^2-m_0c^2$，m_1 是粒子速度为 0.6c 时的运动质量。速度为 0.8c 时粒子的动能：$E_{k2}=m_2c^2-m_0c^2$，m_2 是粒子速度为 0.8c 时的运动质量。所以外界对粒子所做的功为：

$$A=\Delta E_k=E_{k2}-E_{k1}=(m_2-m_1)c^2=\left(\frac{m_0}{\sqrt{1-0.8^2}}-\frac{m_0}{\sqrt{1-0.6^2}}\right)c^2=\frac{5}{12}m_0c^2$$

【例 14-11】 求 1kg 纯水从 0℃加热到 100℃时所增加的能量和质量。[水的比热容为 $c_s=4.186\times10^3\,\mathrm{J/(kg\cdot K)}$]

【解】 已知水的比热容为 $c_s=4.186\times10^3\,\mathrm{J/(kg\cdot K)}$，则水从 0℃加热到 100℃时，水吸收的热量即为水增加的能量，即

$$\Delta Q=mc_s(t_2-t_1)=(1\mathrm{kg})\times4.186\times10^3\,\mathrm{J/(kg\cdot K)}\times(373\mathrm{K}-273\mathrm{K})$$
$$=4.186\times10^5\,\mathrm{J}$$

水增加的质量 Δm 可按相对论质能关系求出，即

$$\Delta m = \Delta E/c^2 = \Delta Q/c^2 = (4.186\times10^5\text{J})/(3\times10^8\text{m/s})^2$$
$$= 4.65\times10^{-12}\text{kg}$$

【例 14-12】 静止的电子偶湮灭时产生两个光子，如果其中一个光子再与另一个静止的电子碰撞，求它能给予这电子的最大速度。

【解】 电子偶湮灭前后能量守恒

$$2m_e c^2 = 2E_r \tag{14-1}$$

式中，E_r 是光子的能量。

光子与另一个静止的电子碰撞，要使电子有最大的速度，则光子必须反向散射。碰撞过程中：

能量守恒
$$E_r + m_e c^2 = E_r' + mc^2 \tag{14-2}$$

动量守恒
$$\frac{E_r}{c} = -\frac{E_r}{c} + p_e \tag{14-3}$$

注意：此时的动量守恒要考虑方向性。

由能量动量关系式得

$$E_e^2 = (mc^2)^2 = (p_e c)^2 + (m_e c^2)^2 \tag{14-4}$$

又
$$m = \frac{m_e}{\sqrt{1-(v/c)^2}} \tag{14-5}$$

联立解得
$$v = \frac{4}{5}c$$

第十五单元　量子力学基础

一、基本要求

(1) 了解黑体辐射中的斯特藩-玻尔兹曼定律、维恩位移定律及普朗克假设。

(2) 理解光电效应和康普顿效应的实验规律，理解爱因斯坦的光子假设及其对光电效应、康普顿效应的解释。

(3) 了解德布罗意波假设及电子衍射实验，理解波粒二象性的物理意义。

(4) 了解描述微观粒子运动状态的波函数及其统计解释。

(5) 了解不确定关系，并能用它来分析和估算微观世界的某些物理量。

(6) 理解氢原子光谱的实验规律及玻尔的氢原子理论，了解玻尔理论的意义及局限性。

(7) 了解一维定态的薛定谔方程；了解如何用波动观点来说明能量的量子化。

(8) 通过一维无限势阱问题中波函数的求解，进一步理解波函数的物理意义。

二、基本概念与规律

1. 黑体及其辐射规律

能完全吸收投射于其上的所有电磁波的物体称为黑体，它是一种理想模型。黑体辐射有两条规律。

(1) 斯特藩-玻尔兹曼定律。黑体的辐出度 $M_B(T)$ 与黑体温度 T 的四次方成正比，即

$$M_B(T) = \sigma T^4$$

式中，$\sigma = 5.67\times10^{-8}\text{W/(m}^2\cdot\text{K}^4)$ 称为斯特藩-玻尔兹曼常量。

(2) 维恩位移定律。黑体的单色辐出度 $M_{B\lambda}(T)$ 的最大值所对应的波长 λ_m 与黑体温度 T 的乘积为一常量，即

$$T\lambda_m = b$$

b 的大小为 $2.898\times10^{-3}\,m\cdot K$。

2. 普朗克量子假设

为了解决经典物理在热辐射中所遇到的困难，普朗克提出了量子假设：组成黑体腔壁的原子或分子可视为带电的线性谐振子，它发射或吸收的能量只能为一系列离散值，即 $\varepsilon, 2\varepsilon, \cdots, n\varepsilon$，其中，能量最小的基元 $\varepsilon = h\nu$ 称为能量子（简称量子），$h = 6.63\times10^{-34}\,J\cdot s$ 称为普朗克常量。它在近代物理学中起着重要的作用。

3. 光电效应的实验规律

实验发现，光电效应有四条规律：

(1) 入射光的频率 ν 一定时，饱和光电流与光强成正比；

(2) 光电子的初动能仅与入射光的频率成线性关系，与入射光的强度无关；

(3) 光电效应存在有一个红限频率 ν_0，如果入射光的频率 $\nu < \nu_0$ 便不会产生光电效应；

(4) 光电流与光照射几乎是同时发生的，延迟时间在 $10^{-9}\,s$ 以下。

在光电效应实验中，单位时间从阴极释放的电子数 $N = I/h\nu$（I 为入射光强），饱和光电流 $i_m = Ne$。

4. 光子假设与光电效应方程

爱因斯坦认为，光是由以光速运动的光量子（简称光子）组成的，在频率为 ν 的光波中，光子的能量

$$\varepsilon = h\nu$$

光子的静质量 $m_0 = 0$，动量

$$p = \frac{h}{\lambda}$$

电子吸收一个光子后所获得的能量 $h\nu$ 等于它克服从金属表面逸出所做的功与它所获得的动能之和，即

$$h\nu = A + \frac{1}{2}mv^2$$

此即光电效应方程。

光电效应方程也可写作

$$h\nu = h\nu_0 + eU_c$$

式中，截止电压 $U_c = \frac{1}{2}mv_m^2/e$；红限频率 $\nu_0 = A/h$。

5. 康普顿效应

X 射线入射到晶体上被散射时，散射线中除了有与入射波长 λ_0 相同的射线外，还有波长 $\lambda > \lambda_0$ 的射线，这种波长有改变的现象称为康普顿效应。波长的偏移量（康普顿偏移）

$$\Delta\lambda = \lambda - \lambda_0 = \frac{h}{m_e c}(1-\cos\varphi) = 2\lambda_c \sin^2\frac{\varphi}{2}$$

式中，φ 为散射角；λ_c 为电子的康普顿波长。

此式称为康普顿波长偏移公式。

6. 德布罗意波假设

德布罗意采用类比法，分析了经典力学和光学的某些对应关系，提出了实物粒子的波动性假设（后人称为德布罗意波假设）。他认为，一切实物粒子都具有波动性。对于静质量为 m_0、速度为 v 的实物粒子，其波长

$$\lambda=\frac{h}{p}=\frac{h}{m_0 v}\sqrt{1-\left(\frac{v}{c}\right)^2}$$

戴维孙-革末用电子衍射实验证实了粒子的波动性。

7. 波函数

描述微观粒子运动状态的函数 $\Psi(\boldsymbol{r},t)$ 称为波函数。用波函数来描述微观粒子的状态是量子力学的一个基本假设。

从统计的观点来看，波函数的模方代表着微观粒子在空间某点出现的概率密度$\rho(\boldsymbol{r},t)$，因此，波函数又称概率幅。

波函数遵从归一化条件，即

$$\iiint_V \Psi(\boldsymbol{r},t)\Psi^*(\boldsymbol{r},t)\mathrm{d}V=1$$

波函数必须满足单值、有限、连续（含一阶偏导）三个条件（称为标准条件）。它们在求解量子力学问题时会经常用到。

8. 不确定关系

微观粒子的位置和动量不能同时被精确确定，其不确定量 Δx 与 Δp_x 的乘积不小于某一常量，即

$$\Delta x\Delta p_x\geqslant\frac{\hbar}{2}\quad\left(\hbar=\frac{h}{2\pi}\right)$$

在估算时，可以按 $\Delta x\Delta p_x\geqslant h$ 计算。

9. 氢原子光谱的实验规律

实验发现，氢原子光谱系的波数可写成

$$\tilde{\nu}=\frac{1}{\lambda}=R\left(\frac{1}{m^2}-\frac{1}{n^2}\right)$$

式中，$R=1.097\times10^7/\mathrm{m}$ 称为里德伯常量。

从 n 能级跃迁到 m 能级，发射光的频率

$$v=\frac{c}{\lambda}=Rc\left(\frac{1}{m^2}-\frac{1}{n^2}\right)$$

对应于不同的 m 及 n 值，可以得到不同的线条。例如：

$m=1$，$n=2,3,4,\cdots$为赖曼系（紫外光区）；

$m=2$，$n=3,4,5,\cdots$为巴耳末系（可见光区）；

$m=3$，$n=4,5,6,\cdots$为帕邢系（红外光区）。

10. 玻尔的氢原子理论

为了正确处理氢原子的结构问题，玻尔提出了三条基本假设（即玻尔的氢原子理论）。

(1) 定态假设。原子系统中存在的一系列稳定的离散的能量（$E_1,E_2,\cdots$）状态称为定态，处于定态的原子不辐射电磁波。

(2) 角动量量子化条件假设。处于定态轨道上运动的电子，其轨道角动量必须满足量子化条件

$$L=n\frac{h}{2\pi}=n\hbar\quad(n=1,2,\cdots)$$

(3) 频率条件假设。当原子从定态 E_n 跃迁到定态 E_m 时，辐射（或吸收）电磁波的频率

$$v=\frac{|E_m-E_n|}{h}$$

若 $E_n > E_m$，则辐射电磁波；反之，则吸收电磁波。

根据玻尔理论可以求得氢原子的轨道半径

$$r_n = n^2 \frac{\varepsilon_0 h^2}{\pi m e^2} = n^2 a_0$$

式中，$a_0 = 0.5292 \times 10^{-10}$ m 称为玻尔半径。

氢原子的能量

$$E_n = -\frac{me^4}{8\varepsilon_0 h^2}\frac{1}{n^2} = \frac{E_1}{n^2} = -\frac{13.6}{n^2}(\mathrm{eV})$$

11. 薛定谔方程

波函数随时间变化所满足的方程，其形式为

$$i\hbar \frac{\partial \Psi(\boldsymbol{r},t)}{\partial t} = \hat{H}\Psi(\boldsymbol{r},t)$$

对于定态（其势能函数不随时间而变化），其波函数所满足的方程

$$\hat{H}\Psi(\boldsymbol{r}) = E\Psi(\boldsymbol{r})$$

称为定态薛定谔方程。

式中，$\hat{H} = -\frac{\hbar^2}{2m}\left(\frac{\partial^2}{\partial x^2} + \frac{\partial^2}{\partial y^2} + \frac{\partial^2}{\partial z^2}\right) + U(\boldsymbol{r})$ 称为哈密顿算符；E 为微观粒子的能量；m 为粒子的质量。

12. 一维无限深势阱

势能函数

$$U(x) = \begin{cases} 0, & 0 < x < L \\ \infty, & x \leqslant 0, x \geqslant L \end{cases}$$

的曲线形如深阱，称为一维无限深势阱。在这种情况下求解定态薛定谔方程可得

$$\Psi(x) = \begin{cases} 0, & 0 < x < L \\ \sqrt{\frac{2}{L}} \sin \frac{n\pi}{L}x, & x \leqslant 0, x \geqslant L \end{cases}$$

$$E_n = n^2 \frac{\pi^2 \hbar^2}{2mL^2} = \frac{h^2}{8mL^2}n^2 \quad (n = 1, 2, \cdots)$$

可见，微观粒子仅局限在势阱中运动，其能量 E_n 是量子化的，且随势阱宽度 L 的增加而减少。

热辐射、光电效应、康普顿效应、氢原子光谱实验及电子衍射实验等是量子力学的实验基础，这些实验揭示了经典物理学关于原子问题不可克服的矛盾。

本章以上述实验为基础，重点讨论了前期量子论的几个主要内容，如量子假设、光子假设、光电效应、康普顿效应、玻尔理论及德布罗意波假设、波函数的统计解释、不确定关系等，它们在量子力学的发展进程中起过巨大的作用。通过本章的学习，我们应该初步体会到，任何理论的建立都是按照“实验—概括（假说）—再实验”的原则进行的，量子力学的建立也不例外。

学习本章的困难之一，在于对波粒二象性的理解。这个问题可从两个方面去解决：一是要转变观念，对待微观体系的描述不能像宏观体系那样去强调直观性；二是要多从物理实质上去理解，比如电子，我们既不能将它看成是经典意义上的粒子，也不能将它理解为经典意义上的机械波，而只能认为，当它与其他微粒子作用时，表现出粒子的特性，而当它向空间

传播时，则表现出波动的特征。换言之，波、粒二象性是一切微观粒子固有的特性。

利用薛定谔方程求解一维定态问题中的波函数既是本章的重点，同时也是本章的难点，我们要学会用处理简单的微观粒子的运动问题，并进一步理解波函数模方的物理意义。

量子力学是描述微观体系运动规律的理论。一般地说，微观体系运动的规律及其描述与宏观体系相比有较大的差别，学习时应很好地加以注意。要多注重问题的抽象思维，少强求问题的直观描述。

学习量子力学时，要注意知识的系统性。表面上看，这些内容似乎是零乱的，实际上，它们是有机联系的。在本章中，我们将进一步理解波函数这一量子力学的基本概念。波函数随时间的变化由薛定谔方程确定，反过来，我们也可将它看成是薛定谔方程的解。由于微观粒子的运动状态由波函数描述，因此，微观粒子的坐标及动量不可能同时具有确定值，这便是不确定关系。如果我们能将它们串联起来学习，则知识的系统性就增强了，就比较有趣、比较好学。

通过本章的学习，我们应该要在思想及处理方法上有个较大的变革：处理微观粒子的问题必须要采用量子力学的新方法，微观粒子的状态由波函数来描述，波函数随时间的变化遵从薛定谔方程，在求解薛定谔方程时其中的力学量必须用相应的算符来代替。

附：知识脉络图

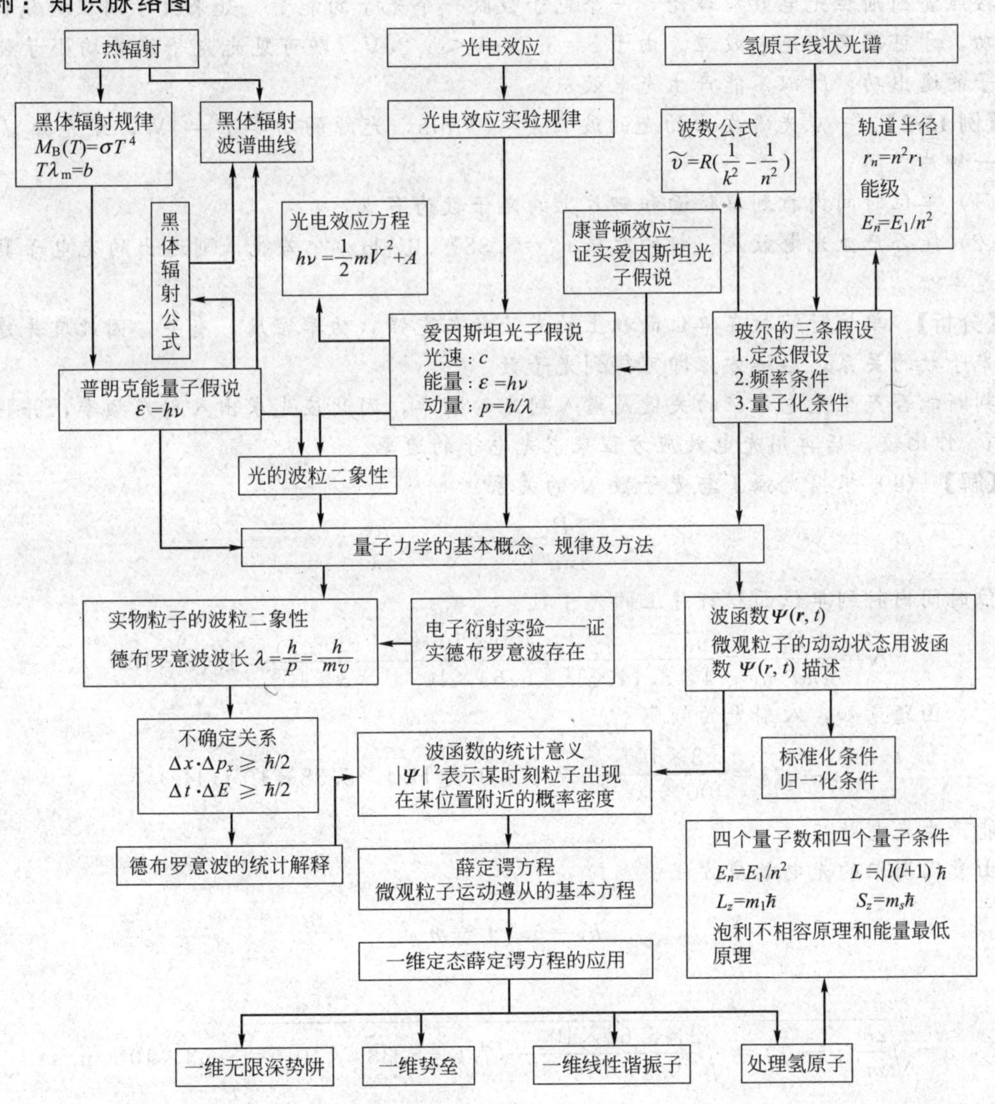

三、典型例题

本章习题，旨在加深对光电效应、康普顿效应、玻尔的氢原子理论及德布罗意波假设的理解。因此，求解本章习题时一定要弄清上述理论的实质以及有关公式的物理意义。本章习题的目的在于加深对上述内容的理解与应用，因此，求解时，必须要很好地理解有关问题的基本概念及公式，不要似懂非懂地乱套公式，更不能用经典力学的方法来处理量子力学的问题。

【例 15-1】 已知从铝金属逸出一个电子至少需要 $A=4.2\text{eV}$ 的能量，若用可见光投射到铝的表面，能否产生光电效应？为什么？（普朗克常量 $h=6.63\times10^{-34}\text{J}\cdot\text{s}$，基本电荷 $e=1.60\times10^{-19}\text{C}$）

【解】 一般人的眼睛可以感知的电磁波波长在 400～700nm 之间，有一些人能够感知到波长大约在 380～780nm 之间的电磁波。按后者计算，能量最大的光子

$$\varepsilon=h\nu=\frac{hc}{\lambda}=\frac{6.63\times10^{-34}\times3\times10^{8}}{380\times10^{-9}}=5.23\times10^{-19}\text{J}=3.27\text{eV}$$

按照爱因斯坦光电效应理论，一个电子吸收一个光子的能量，如果大于阴极金属材料的逸出功，才可以产生光电效应。由于 $\varepsilon=3.27\text{eV}<4.2\text{eV}$，即可见光光子能量均小于铝金属中电子的逸出功，所以不能产生光电效应。

【例 15-2】 一点光源发出的光的波长 $\lambda=400\text{nm}$，光源的功率 $P=1\text{W}$，距光源 $d=3\text{m}$ 处有一钾片。问

(1) 单位时间内打到单位面积钾片上的光子数为多少？

(2) 能否产生光电效应（钾的红限 $\nu_0=5.38\times10^{14}\text{Hz}$）？若能，则逸出的光电子具有多大的速率？

【分析】 单位时间打在单位面积上的光子数与光强（功率密度）有关，因此宜先建立光强与光子数的关系，后解方程即可得到光子数。

判断能否产生光电效应的关键是看入射光的频率，因此应先求出入射光频率，并将之与红限 ν_0 作比较，后再用光电效应方程来求光电子的速率。

【解】 (1) 根据光强 I 与光子数 N 的关系

$$I=\frac{P}{4\pi d^2}=Nh\nu=N\frac{hc}{\lambda}$$

得单位时间内打到单位面积钾片上的光子数

$$N=\frac{P\lambda}{4\pi d^2hc}=\frac{1\times400\times10^{-9}}{4\times3.14\times3^2\times6.63\times10^{-34}\times3\times10^{8}}=1.78\times10^{16}$$

(2) 由题意知，入射光的频率

$$\nu=c/\lambda=\frac{3\times10^{8}}{400\times10^{-9}}=7.5\times10^{14}(\text{Hz})>5.38\times10^{14}(\text{Hz})$$

所以能产生光电效应。

由爱因斯坦的光电效应方程

$$h\nu=h\nu_0+\frac{1}{2}mv^2$$

得

$$v=\sqrt{\frac{2h}{m}(\nu-\nu_0)}=\sqrt{\frac{2\times6.63\times10^{-34}}{9.11\times10^{-31}}(7.5-5.38)\times10^{14}}=5.53\times10^{5}(\text{m/s})$$

【例 15-3】 以波长 $\lambda=410\text{nm}$ 的单色光照射某一金属，产生的光电子的最大动能 $E_k=1.0\text{eV}$，求能使该金属产生光电效应的单色光的最大波长是多少？

【解】 入射光的光子能量

$$h\nu=\frac{hc}{\lambda}=\frac{6.63\times10^{-34}\times3\times10^{8}}{410\times10^{-9}}=4.85\times10^{-19}(\text{J})$$

产生的电子的最大动能

$$\frac{1}{2}mv_{\max}^2=E_k=1.0\text{eV}=1.6\times10^{-19}\text{J}$$

由光电效应方程 $h\nu=A+\frac{1}{2}mv^2$ 可知，该金属中电子的逸出功

$$A=h\nu-\frac{1}{2}mv_{\max}^2=3.25\times10^{-19}\text{J}$$

对应的光子波长 $\lambda=\frac{hc}{A}=\frac{6.63\times10^{-34}\times3\times10^{8}}{3.25\times10^{-19}}=6.12\times10^{-7}(\text{m})=612\text{nm}$

这就是使该金属产生光电效应的单色光的最大波长。

【例 15-4】 电子束垂直射入磁感应强度 $B=0.01\text{T}$ 的均匀磁场中，若使电子束的轨道半径与电子的德布罗意波长相等，则电子的动能为多大？

【解】 由牛顿第二定律得

$$Bev=m\frac{v^2}{R},\ R=\frac{mv}{Be}$$

由题意知，$\lambda=R$，即 $\frac{h}{mv}=\frac{mv}{Be}$，故

$$E_k=\frac{1}{2}mv^2=\frac{Beh}{2m}=\frac{0.01\times1.6\times10^{-19}\times6.63\times10^{-34}}{2\times9.1\times10^{-31}}=5.83\times10^{-25}(\text{J})$$

【例 15-5】 一光子的波长为 400nm，如果测定此波长的精确度为 10^{-6}，求光子位置的不确定量。

【解】 据题意知，$\frac{\Delta\lambda}{\lambda}=10^{-6}$，而 $\Delta p=\frac{h}{\lambda^2}\Delta\lambda$，由 $\Delta x\Delta p\geqslant\frac{\hbar}{2}$ 得

$$\Delta x\geqslant\frac{\hbar}{2\Delta p}=\frac{\hbar\lambda^2}{h\Delta\lambda}=\frac{\lambda}{4\pi\frac{\Delta\lambda}{\lambda}}=\frac{400\times10^{-9}}{4\times3.14\times10^{-6}}=3.18\times10^{-2}(\text{m})$$

【例 15-6】 氢原子的部分能级跃迁示意如图 15-1 所示。在这些能级跃迁中：

(1) $n=5$ 的原子跃迁时发射的光谱线最多可能有多少条？

(2) 在哪两个能级之间跃迁时所发射的光子的频率最小，其频率多大？

(3) 在哪两个能级之间跃迁时所发射的光子的波长最短，其波长多大？

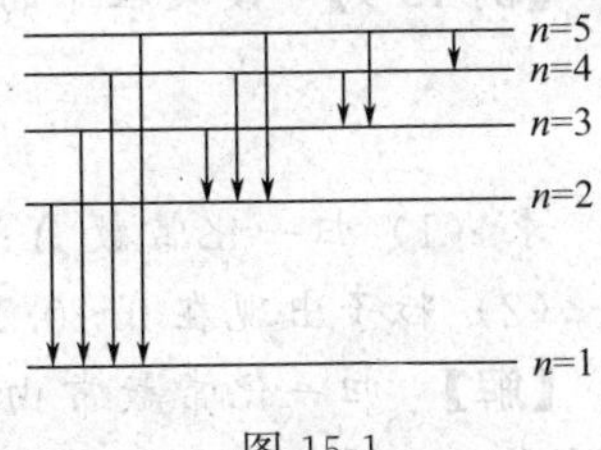

图 15-1

【解】 (1) 由图 15-1 可知，最多可以达到 10 条。

(2) 由辐射频率公式 $\nu=\frac{|E_m-E_n|}{h}=Rc\left(\frac{1}{m^2}-\frac{1}{n^2}\right)$ 知，$|\Delta E_n|$ 取最小值的时候频率最小。

$$\nu=1.097\times10^{7}\times3\times10^{8}\left(\frac{1}{4^2}-\frac{1}{5^2}\right)=7.4\times10^{13}(\mathrm{Hz})$$

(3) $|\Delta E_n|$ 取最大值的时候波长最短。

$$\nu'=Rc\left(\frac{1}{1^2}-\frac{1}{5^2}\right)=3.16\times10^{15}(\mathrm{Hz})$$

$$\lambda=\frac{c}{\nu'}=\frac{3\times10^{8}}{3.16\times10^{15}}=9.5\times10^{-8}(\mathrm{m})$$

【例 15-7】 一电子距离一质子甚远，若电子以 2eV 的动能向着质子运动并被质子所俘获，形成一个基态的氢原子，求它所发出的光的波长。

【解】 将质子和电子看成一个系统，由玻尔频率条件 $\nu=\frac{c}{\lambda}=\frac{E_k-E_1}{h}$，得

$$\lambda=\frac{hc}{E_k-E_1}=\frac{6.63\times10^{-34}\times3\times10^{8}}{[2-(-13.6)]\times1.6\times10^{-19}}=7.96\times10^{-8}(\mathrm{m})$$

【例 15-8】 氢原子的电子从 $n=6$ 的轨道跃迁到 $n=5$ 的轨道时所发光的频率为多少？若电子从 $n=501$ 的轨道跃迁到 $n=500$ 的轨道，所发光的频率又为多少？若电子在 $n=5$ 的轨道上绕行，则其频率又为多少？

【解】 由玻尔理论可得

$$\nu=\frac{c}{\lambda}=Rc\left(\frac{1}{n_1^2}-\frac{1}{n_2^2}\right)$$

当 n 从 6→5 时，有

$$\nu_1=Rc\left(\frac{1}{5^2}-\frac{1}{6^2}\right)=1.097\times10^{7}\times3\times10^{8}\left(\frac{1}{5^2}-\frac{1}{6^2}\right)=4.02\times10^{13}(\mathrm{Hz})$$

当 n 从 501→500 时，有

$$\nu_2=Rc\left(\frac{1}{500^2}-\frac{1}{501^2}\right)=5.25\times10^{7}(\mathrm{Hz})$$

注意到 $E_n=nh\nu=2n\pi\hbar\nu$，由氢原子的能量公式得

$$\nu_n=-\frac{me^4}{2\pi(4\pi\varepsilon_0)^2\hbar^3}\frac{1}{n^3}=\frac{1}{(4\pi\varepsilon_0)^2}\frac{4\pi^2me^4}{h^3}\frac{1}{n^3}$$

当 $n=5$ 时，有

$$\begin{aligned}\nu_5&=(9\times10^{9})^2\times\frac{4\times3.14^2\times9.11\times10^{-31}\times(1.6\times10^{-19})^4}{(6.63\times10^{-34})^3}\times\frac{1}{5^3}\\&=1.05\times10^{14}(\mathrm{Hz})\end{aligned}$$

【例 15-9】 设某粒子的波函数

$$\Psi(x)=\begin{cases}0, & x<0,x>L\\ A(L-x)x, & 0\leqslant x\leqslant L\end{cases}$$

求 (1) 归一化常数 A；

(2) 粒子出现在 $0\sim0.1L$ 区间的概率。

【解】 归一化常数常由波函数的归一化条件确定，故本题求解宜先建立含有待求常数 A 的方程，然后求解，再用归一化的波函数与概率密度的关系求出概率密度，然后积分即可求得粒子在确定区间出现的概率。

(1) 由归一化条件得

$$\int_{-\infty}^{\infty}|\Psi(x)|^2\mathrm{d}x=\int_0^L\Psi^2\mathrm{d}x=\int_0^L[A(L-x)x]^2\mathrm{d}x$$

$$=A^2\int_0^L(L^2x^2-2Lx^3+x^4)\mathrm{d}x=A^2\frac{L^5}{30}=1$$

解之得
$$A=\sqrt{\frac{30}{L^5}}$$

(2) 据波函数的物理意义知粒子在 x 处的概率密度

$$\rho(x)=\Psi^2=A^2(L-x)^2x^2=\frac{30}{L^5}(L^2x^2-2Lx^3+x^4)$$

粒子出现在 $0\sim0.1L$ 区间的概率

$$P=\int_{-\infty}^{\infty}\Psi^2\mathrm{d}V=\frac{30}{L^5}\int_0^{0.1L}(L^2x^2-2Lx^3+x^4)\mathrm{d}x=8.6\times10^{-3}$$

【例 15-10】 一维运动的粒子，设其动量的不确定量等于它的动量，试求此粒子的位置不确定量与它的德布罗意波长的关系。(不确定关系式 $\Delta p_x\Delta x\geqslant h$)

【解】 $\Delta p=p=\dfrac{h}{\lambda}$，代入 $\Delta x\Delta p\geqslant h$ 得

$$\Delta x\geqslant\frac{h}{\Delta p}=\frac{h}{h/\lambda}=\lambda$$

即 $\Delta x\geqslant\lambda$。

第四篇模拟题一

一、选择题（每题 3 分，共 24 分）

1. 两瓶不同种类的理想气体，它们的温度和压强都相同，但体积不同，则单位体积内的气体分子数 n，单位体积内的气体分子的总平动动能 E_k/V，单位体积内的气体质量 ρ，分别有如下关系，正确的是 [　　]。

(A) n 相同，E_k/V 相同，ρ 不同　　(B) n 不同，E_k/V 不同，ρ 不同

(C) n 不同，E_k/V 不同，ρ 相同　　(D) n 相同，E_k/V 相同，ρ 相同

2. 一定量的某种理想气体若体积不变，则其平均自由程 $\overline{\lambda}$ 和平均碰撞频率 $\overline{Z}$ 与温度的关系是 [　　]。

(A) 温度升高，$\overline{\lambda}$ 减少而 $\overline{Z}$ 增大　　(B) 温度升高，$\overline{\lambda}$ 增大而 $\overline{Z}$ 减少

(C) 温度升高，$\overline{\lambda}$ 和 $\overline{Z}$ 均增大　　(D) 温度升高，$\overline{\lambda}$ 保持不变而 $\overline{Z}$ 增大

3. 如题图 4-1 所示，一定量理想气体从体积 V_1，膨胀到体积 V_2 分别经历的过程是：$A\to B$ 等压过程，$A\to C$ 等温过程；$A\to D$ 绝热过程，其中吸热量最多的过程 [　]。

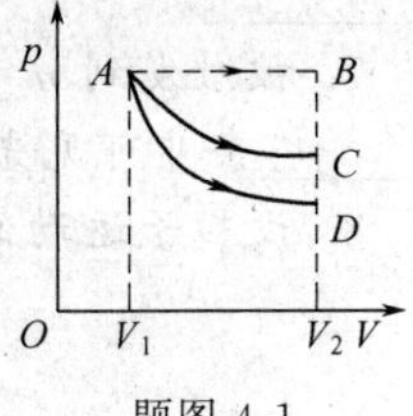

题图 4-1

(A) 是 $A\to B$

(B) 是 $A\to C$

(C) 是 $A\to D$

(D) 既是 $A\to B$ 也是 $A\to C$，两过程吸热一样多

4. 一宇宙飞船相对地球以 $0.6c$（c 表示真空中光速）的速度飞行。一光脉冲从船尾传到船头，飞船上的观察者测得飞船长为 90m，地球上的观察者测得光脉冲从船尾发出和到达船头两个事件的空间间隔为 [　　] m。

(A) 90　　(B) 72　　(C) 180　　(D) 112.5

5. 一艘飞船和一颗彗星相对地面分别以 $0.6c$ 和 $0.8c$（c 表示真空中光速）的速度相向

而行，则在飞船上看，彗星的速度［　　］。

（A）1.4c　　（B）0.95c　　（C）0.6c　　（D）0.8c

6. 静止质量不为零的微观粒子作高速运动，这时粒子物质波的波长 λ 与速度 v 有如下关系［　　］。

（A）$\lambda \propto v$　　（B）$\lambda \propto 1/v$　　（C）$\lambda \propto \sqrt{\frac{1}{v^2}-\frac{1}{c^2}}$　　（D）$\lambda \propto \sqrt{c^2-v^2}$

7. 波长 $\lambda=500\text{nm}$ 的光沿 x 轴正向传播，若光的波长的不确定量 $\Delta\lambda=10^{-4}\text{nm}$，则利用不确定关系式 $\Delta p_x \Delta x \geqslant h$ 可得光子的 x 坐标的不确定量至少为［　　］cm。

（A）25　　（B）50　　（C）250　　（D）500

8. 绝对黑体是这样一种物体，它［　　］。

（A）不能吸收也不能发射任何电磁辐射

（B）不能反射也不能发射任何电磁辐射

（C）不能发射但能全部吸收任何电磁辐射

（D）不能反射但可以全部吸收任何电磁辐射

二、填空题（每题 3 分，共 24 分）

1. 1mol 氢气（视为刚性双原子分子的理想气体）储于一氢气瓶中，温度为 27℃，这瓶氢气的内能为________J；分子的平均平动动能为________J；分子的平均总动能为________J。

2. 题图 4-2 所示的两条 $f(v) \sim v$ 曲线分别表示氢气和氧气在同一温度下的麦克斯韦速率分布曲线，由此可得

（1）氢气分子的最概然速率为________；

（2）氧气分子的最概然速率为________。

3. 若某种理想气体分子的方均根速率 $\sqrt{\overline{v^2}}=450\text{m/s}$，气体压强为 $p=7\times10^4\text{Pa}$，则该气体的密度 $\rho=$________。

4. 有一卡诺热机，用 290g 空气为工作物质，工作在 127℃的高温热源与 27℃的低温热源之间，此热机的效率为________。

5. π^+ 介子是一种不稳定的粒子，平均寿命是 $2.6\times10^{-8}\text{s}$（在它自己参考系中测得）。如果此粒子向对于实验室以 0.8c 的速度运动，实验室坐标系中测得 π^+ 寿命为________；π^+ 介子在衰变前运动的距离为________。

6. 一个电子从静止开始加速到 0.8c 的速度，电子的动能为________；外力对它做的功为________。

7. 被激发到 $n=4$ 的状态的氢原子气体发出的辐射中，有________条可见光谱线和________条非可见光谱线，其中最短波长的光子对应的能量为________。

8. 设粒子运动的波函数图线分别如题图 4-3 中（A）、（B）、（C）、（D）所示，那么其中

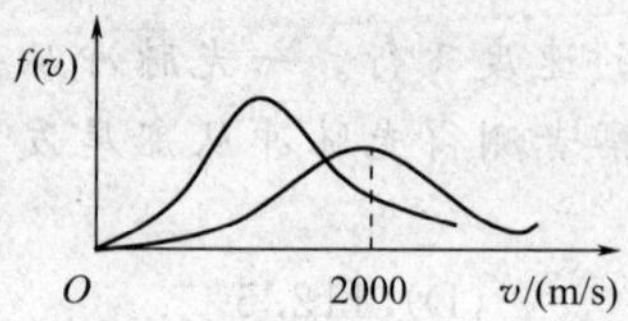

$f(v)$　O　2000　v/(m/s)

题图 4-2

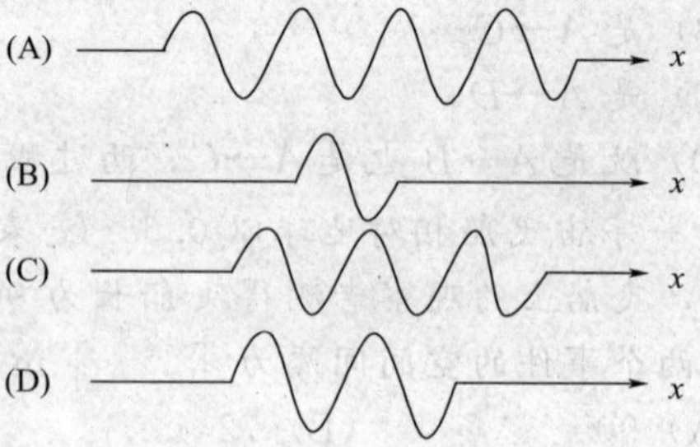

(A) x　(B) x　(C) x　(D) x

题图 4-3

确定粒子动量的精确度最高的波函数是________。

三、判断题（每题 3 分，共 6 分）（在要判断正误的说法后面括号中填写√或×）

1. 在狭义相对论中

（1）所有惯性系对物理基本规律都是平权等价的。（　　）

（2）在任何惯性系中，光在真空中沿任何方向的传播速率都相同。（　　）

（3）在某个惯性系中有两个事件，同时发生在不同地点，而对该惯性系由相对运动的其他惯性系，这两事件却一定不同时。（　　）

2. 根据热力学第二定律可知：

（1）功可以全部转化为热，但热不能全部转化为功。（　　）

（2）热量能从高温物体传到低温物体，但不能从低温物体传到高温物体。（　　）

（3）不可逆过程就是不能向相反方向进行的过程。（　　）

四、简答题（6 分）

有一可逆卡诺机，它作热机使用时，如果工作的两热源的温度差越大，则对于作功越有利。当作制冷机使用时，如果工作的两热源的温度差越大，对于制冷是否也越有利？为什么？

五、计算题（每题 10 分，共 40 分）

1. 比热容比 $\gamma=7/5$ 的一定量的某种理想气体进行如题图 4-4 所示的三个过程。已知气体在状态 A 的温度为 $T_A=300\text{K}$，求

（1）CA 过程中气体内能的改变；

（2）BC 过程中气体传递的热量；

（3）AB 过程中气体对外做的功。

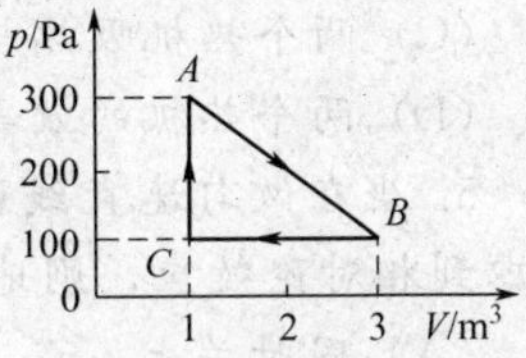

题图 4-4

2. 一容器内储有氢气，温度为 27℃。问

（1）压强为 $1.013\times10^5\text{Pa}$ 时，在 1m^3 中有多少个分子？

（2）在高真空时，压强为 $1.33\times10^{-5}\text{Pa}$，在 1m^3 中有多少个分子？

（3）气体分子的方均根速率为多少？

3. 某人测得一静止棒长为 l，质量为 m，于是求得此棒线密度为 $\rho=\dfrac{m}{l}$。假定此棒以速度 v 在棒长方向上运动，此人再测得的线密度应为多少？若棒在垂直长度方向上运动，它的线密度又为多少？

4. 用波长 $\lambda=200\text{nm}$ 的紫外光照射某种金属表面，测得遏止电势差为 2.60V。

（1）试求该金属的逸出功和红线；

（2）如改用 $\lambda=300\text{nm}$ 的紫外光照射时，遏止电势差为多少？

（3）若用可见光照射，情况又如何？

第四篇模拟题二

一、选择题（每题 3 分，共 24 分）

1. 容器中储有温度为 27℃的氮气，则其分子方均根速率为［　　］m/s。

(A) 4.9　　(B) 16.3　　(C) 155.0　　(D) 516.8

2. 容器中储有温度为 27℃的氧气，压强为 10^5Pa，则单位体积中在分子数为［　　］。

（A）2.4×10^{20} 个/m^3　　（B）2.45×10^{25} 个/m^3

（C）2.68×10^{26} 个/m^3　　（D）2.68×10^{21} 个/m^3

3. 如题图 4-5 所示，一定量的理想气体经历 acb 过程时吸热 700J，则经历 $acbda$ 过程时，吸热为［　　］J。

（A）-1200　　（B）-500　　（C）-700　　（D）1000

4. 如题图 4-6 所示，工作在温度为 T_1 与 T_3 之间的可逆卡诺热机和工作在 T_2 与 T_3 之间的可逆卡诺热机，已知两个循环曲线所包围的面积相等，由此可知［　　］。

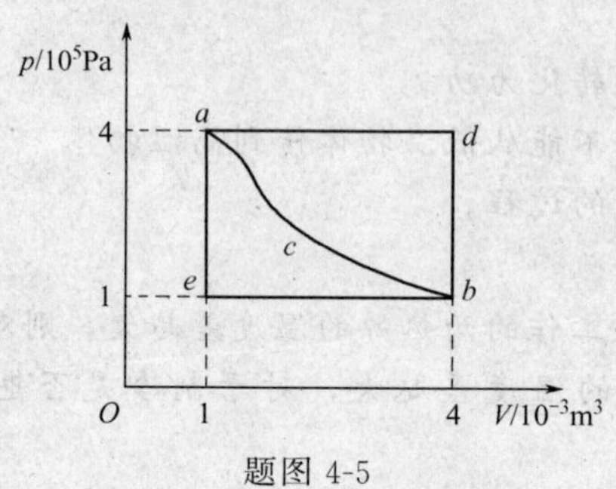

题图 4-5

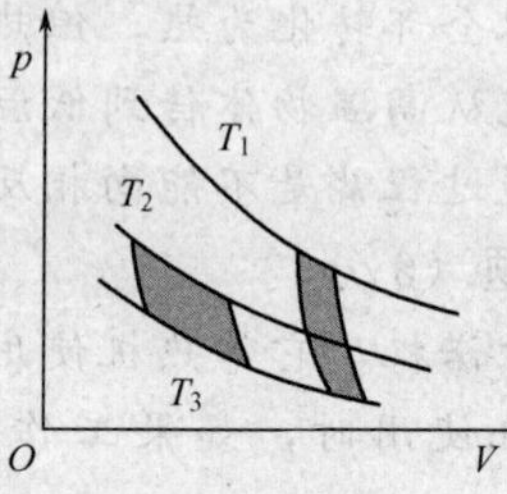

题图 4-6

（A）两个热机从高温热源所吸收的热量一定相等

（B）两个热机向低温热源所放出的热量一定相等

（C）两个热机吸热与放热的差值一定相等

（D）两个热机的效率一定相等

5. 坐在做匀速直线运动的公共汽车上的售票员，观察到车的前、后门是同时关上的，考虑到相对论效应，则地面上的观察者观察到的是［　　］。

（A）同时关上　　（B）前门先于后门关上

（C）后门先于前门关上　　（D）不能确定

6. 飞船以 $0.5c$ 的速度从地球发射，在飞行中飞船又以相对于自己为 $2/3c$ 的速度向前发射一枚火箭。则地球上的观察者测得火箭的速度为［　　］。

（A）$\frac{7}{8}c$　　（B）$\frac{7}{6}c$　　（C）$\frac{1}{8}c$　　（D）c

7. 用波长为 200nm 的紫外光照射金属表面，产生的光电子最大能量约为 1eV，如改用 100nm 的紫外光照射时，光电子的最大能量约为［　］。

（A）0.5eV　　（B）5eV

（C）7.2eV　　（D）频率可能小于截止频率，不能产生光电效应

8. 某阴极射线管的阴、阳极之间的电压为 350V，设电子逸出阴极时的速度为零，则电子达到阳极时，其相应的德布罗意波长为［　］。

（A）$350meh$　　（B）$h\sqrt{700me}$　　（C）$h\sqrt{3.5me}$　　（D）$h\sqrt{350me}$

二、填空题（每题 3 分，共 24 分）

1. 一容器内储有某种理想气体，若已知气体压强为 3×10^5Pa，温度为 27℃，密度为 0.24kg/m^3，则可确定此种气体是________；并求出此气体分子热运动的最概然速率为________m/s。

2. 三个容器内分别储有 1mol 氦（He）、1mol 氢（H_2）和 1mol 氨（NH_3）（均视为刚性分子理想气体）。若它们的温度都升高 1K，则三种气体的内能增加值分别为：氦＝________；氢＝________；氨＝________。

3. 一卡可逆诺热机从327℃的高温热源吸热，向27℃的低温热源放热。若该热机从高温热源吸收1000J热量，则该机所做的功 $A=$________，放出热量 $Q_2=$________。

4. 分子有效直径的数量级是________；常温下，气体分子平均速率数量级是________；在标准状态下气体分子的碰撞频率的数量级是________。

5. 观察者A测得与他相对静止的 xOy 平面上一个圆的面积是 12cm^2，另一观察者B相对于A以 $0.8c$（c 为真空中光速）平行于 xOy 平面做匀速直线运动，B测得这一图形为一椭圆，其面积是________ cm^2。

6. 已知实验中一个中子的速度是 $0.99c$，则它的相对论总能量 $E=$________；动量 $p=$________；动能 $E_\text{k}=$________（中子的静质量 m_n）。

7. 一个质子的静止质量 $m_\text{p}=1.67265\times10^{-27}\text{kg}$，一个中子的静止质量 $m=1.67495\times10^{-27}\text{kg}$，一个质子和一个中子结合成的氘核的静止质量 $m_\text{D}=3.34365\times10^{-27}\text{kg}$，则结合过程中放出的能量是________MeV。

8. 波长为 $\lambda=497.3\text{nm}$ 的平行单色光垂直照射一平面，已知光强为 2W/m^2，则每秒落在 1m^2 面积上的光子数约为________。

三、判断题（每题3分，共6分）（在要判断正误的说法后面括号中填写√或×）

1. “理想气体和单一热源接触作等温膨胀时，吸收的热量全部用来对外做功”。对此说法，有以下三种评论，请判断正误。

(1) 不违反热力学第一定律，也不违反热力学第二定律。（ ）

(2) 不违反热力学第一定律，违反热力学第二定律。（ ）

(3) 违反热力学第一定律，也违反热力学第二定律。（ ）

2. 下述三种说法，请判断正误。

(1) “黑体”是不能发射任何电磁辐射的物体。（ ）

(2) 在某惯性系中不同地点，同一时刻发生的两个事件，它们在其他惯性系中也是同时发生的。（ ）

(3) 为了解释光电效应的实验规律，爱因斯坦提出了光子理论。（ ）

四、简答题（6分）

光电效应和康普顿效应都包含有电子与光子之间的相互作用，这两个过程有什么不同？

五、计算题（每题10分，共40分）

1. 一个以氧气为工质的循环由等温、等压及等体三个过程组成，如题图4-7所示。已知 $p_a=4.052\times10^5\text{Pa}$，$p_b=1.013\times10^5\text{Pa}$，$V_c=1.00\times10^{-3}\text{m}^3$，求其效率。

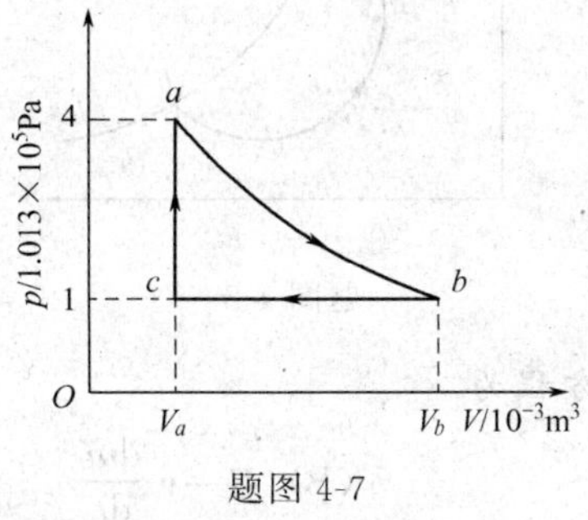

题图4-7

2. 设有氢原子体系，氢原子都处于基态，用能量为12.9eV的电子束去轰击。试问

(1) 氢原子可激发到的最高能态的主量子数 n 是多少？

（2）该氢原子体系所能发射的谱线共有多少条？请画出能级跃迁示意图，其有有几条属于可见光。

3. 某一宇宙射线中的介子的动能 $E_k=7M_0c^2$，其中 M_0 是介子的静止质量。试求

（1）介子运动速度是多少？

（2）在实验室中观察到它的寿命是其固有寿命的多少倍？

4. 一束直径约为 0.01mm 的电子射线，被电压为 9000V 的电场加速。求

（1）计算电子的速度；

（2）根据不确定关系估算电子速度的不确定度；

（3）此时可以将电子当作粒子吗？

第四篇模拟题三

一、选择题（每题 3 分，共 24 分）

1. 某气体在温度为 273K 时，压强为 1.013×10^3 Pa，密度 $\rho=1.24\times10^{-2}$ kg/m³，该气体分子的方均根速率为［ ］m/s。

（A）378　（B）495　（C）409　（D）484

2. 已知理想气体在平衡状态下，分子的麦克斯韦速率分布函数为 $f(v)$，N 为总分子数，单个分子质量为 m，则在 $v\to v_2$ 速率区间出现的分子数占总分子数的百分比为［ ］。

（A）$\int_{v_1}^{v_2} f(v)\mathrm{d}v$　（B）$N\int_{v_1}^{v_2} f(v)\mathrm{d}v$

（C）$\int_{v_1}^{v_2} vf(v)\mathrm{d}v/\int_{v_1}^{v_2} f(v)\mathrm{d}v$　（D）$\int_{v_1}^{v_2} f(v)\mathrm{d}v/\int_{0}^{\infty} Nf(v)\mathrm{d}v$

3. 如题图 4-8 所示，设某热力学系统经历一个由 $b\to c\to a$ 的准静态过程，a、b 两点在同一条绝热线上，该系统在 $b\to c\to a$ 过程中［ ］。

（A）只吸热，不放热

（B）只放热，不吸热

（C）有的阶段吸热，有的阶段放热，净吸热为正值

（D）有的阶段吸热，有的阶段放热，净吸热为负值

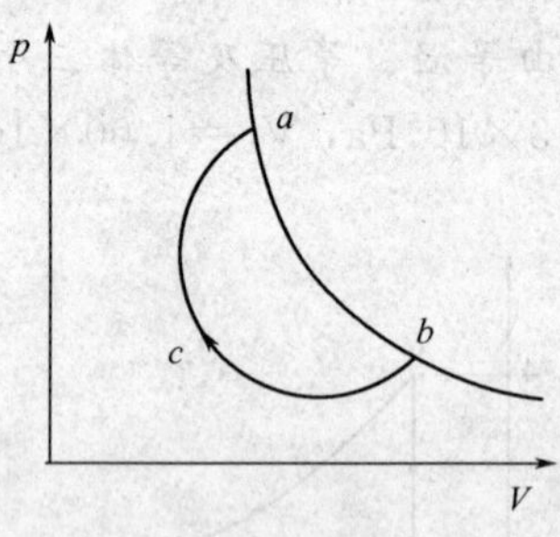

题图 4-8

4. 狭义相对论力学的基本方程为［ ］。

（A）$\boldsymbol{F}=m\dfrac{d\boldsymbol{v}}{\mathrm{d}t}$　（B）$\boldsymbol{F}=\boldsymbol{v}\dfrac{\mathrm{d}m}{\mathrm{d}t}$

（C）$\boldsymbol{F}=\dfrac{m_0}{\sqrt{1-v^2/c^2}}\dfrac{\mathrm{d}\boldsymbol{v}}{\mathrm{d}t}$　（D）$\boldsymbol{F}=m\dfrac{\mathrm{d}\boldsymbol{v}}{\mathrm{d}t}+\boldsymbol{v}\dfrac{\mathrm{d}m}{\mathrm{d}t}$

5. 从高能加速器中发射出两个运动方向相反的粒子 A 和粒子 B，这两个粒子相对实验室的速率都是 $0.9c$，则粒子 B 相对于粒子 A 的速度 [　　]。

(A) 0　　(B) $0.994c$　　(C) $0.9c$　　(D) $1.8c$

6. 天狼星辐射波谱的峰值波长为 $0.29\mu\text{m}$，若将它看成是黑体，则由维恩位移定律可以估算出它的表面温度为 [　　]。

(A) $9.99\times10^{3}\text{K}$　(B) 999K　(C) $8.40\times10^{-10}\text{K}$　(D) $7.59\times10^{3}\text{K}$

7. 用频率为 ν 的单色光照射某种金属时，逸出光电子的最大动能为 E_k，若改用频率为 2ν 的单色光照射此种金属时，则逸出光电子的最大动能为 [　　]。

(A) $2E_k$　　(B) $2h\nu-E_k$　　(C) $h\nu-E_k$　　(D) $h\nu+E_k$

8. 已知粒子在一维矩形无限深势阱中运动，其波函数为：

$$\Psi(x)=\frac{1}{\sqrt{a}}\cos\frac{3\pi x}{2a}\quad(-a\leqslant x\leqslant a)$$

那么粒子在 $x=\frac{5a}{6}$ 处出现的概率密度为 [　　]。

(A) $\frac{1}{\sqrt{2a}}$　　(B) $\frac{1}{2a}$　　(C) $\frac{1}{a}$　　(D) $\frac{1}{a}\cos^{2}\frac{3\pi x}{2a}$

二、填空题（每题 3 分，共 24 分）

1. 设想太阳是一个由氢原子组成的密度均匀的理想气体系统，若已知太阳中心的压强为 $1.35\times10^{14}\text{Pa}$，估计太阳中心的温度________（已知太阳质量为 $1.99\times10^{30}\text{kg}$；太阳半径为 $6.96\times10^{8}\text{m}$；氢原子质量为 $1.67\times10^{-27}\text{kg}$）。

2. 容器中储有 $4.0\times10^{-3}\text{kg}$ 标准状态下的氢气。求：(1) 分子的平均平动动能________和平均动能________；(2) 系统的内能________。

3. 如题图 4-9 所示的两条曲线分别表示氦、氧两种气体在相同温度 T 时分子按速率的分布，其中

(1) 曲线Ⅰ表示________气分子的速率分布曲线；

曲线Ⅱ表示________气分子的速率分布曲线。

(2) 画有阴影的小长条面积表示________。

(3) 分布曲线下所包围的面积表示________。

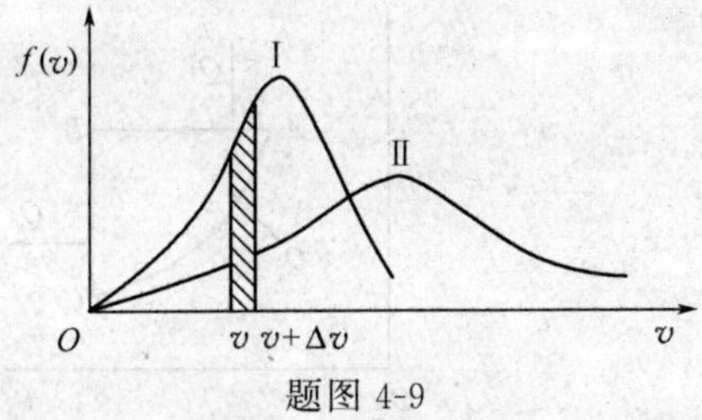

题图 4-9

4. 一台冰箱工作时，其冷冻室的温度为 -10℃，室温为 15℃。若按理想卡诺制冷循环计算，则此制冷机每消耗 1000J 的功，可以从冷冻室中吸出热量为________。

5. 匀质细棒静止时的质量为 m_0，长度为 L_0，当它沿棒长方向作高速的匀速直线运动时，测得它的长度为 L，那么，该棒的运动速度 $v=$________；该棒所具有的动能 $E_k=$________。

6. 在一种核聚变反应中：已知各原子核的静止质量 $m_D=3.347\times10^{-27}\text{kg}$，$m_T=5.00\times10^{-27}\text{kg}$，$m_{He}=6.64\times10^{-27}\text{kg}$，$m_n=1.67\times10^{-27}\text{kg}$，则这一反应释放的能量________。

7. 光子能量为 0.5MeV 的 X 射线，入射到某种物质上而发生康普顿散射。若反冲电子的能量为 0.1MeV，则散射光波长的改变量 $\Delta\lambda$ 与入射光波长 λ_0 之比值为________。

8. 某金属产生光电效应的红限为 ν_0，当用频率为 ν 的单色光照射该金属时，从金属中逸出的光电子（质量为 m）的德布罗意波长为________。

三、判断题（每题3分，共6分）（在要判断正误的说法后面括号中填写√或×）

1. 热力学第二定律表明：

(1) 不可能从单一热源吸收热量使之全部变为有用的功。 （ ）

(2) 摩擦生热的过程是不可逆的。 （ ）

(3) 热量不可能从温度低的物体传到温度高的物体。 （ ）

2. 关于不确定关系 $\Delta x \Delta p_x \geqslant \frac{\hbar}{2}$，有以下几种理解，请判断正误：

(1) 粒子的动量不可能确定。 （ ）

(2) 粒子的坐标不可能确定。 （ ）

(3) 粒子的动量和坐标不可能同时确定。 （ ）

四、简答题（共6分）

设大量氢原子处于 $n=4$ 的激发态，它们跃迁时发射出一簇光谱线。试分析：这簇光谱线最多可能有几条？其中最短的波长是多少？

五、计算题（每题10分，共40分）

1. 1000mol 空气，$C_p=29.2\text{J/(K·mol)}$，开始为标准状态 A 压强为 $1.01\times10^5\text{Pa}$，温度为273K，体积为 22.4m^3，等压膨胀至状态 B，其容积为原来的2倍，然后经如题图4-10所示的等容和等温过程回到原态 A，完成一次循环。求

(1) 每一过程吸收或释放的热量；

(2) 循环效率。

2. 如题图4-11所示，一个四周用绝热材料制成的气缸，中间有一用导热材料制成的固定隔板C把气缸分成A、B两部分。D是一绝热的活塞。A中盛有1mol 氦气，B中盛有1mol 氮气（均视为刚性分子的理想气体）。今外界缓慢地移动活塞D，压缩A部分的气体，对气体做功为 W，试求在此过程中B部分气体内能的变化。

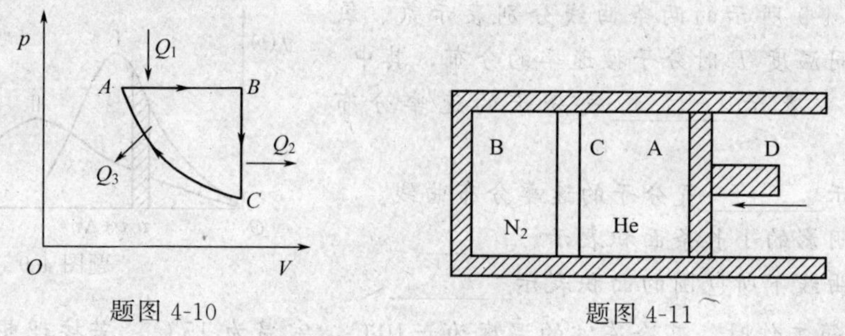

题图 4-10　　　　题图 4-11

3. 一根米尺固定在 o 系中的 x 轴上，其两端各放一手枪，另一根长尺固定在 o' 系中的 x' 轴上，当后者从前者旁经过时，o 系的观察者同时扳动两手枪，使子弹在 o' 系中的尺上打出两个孔（题图4-12）。试问

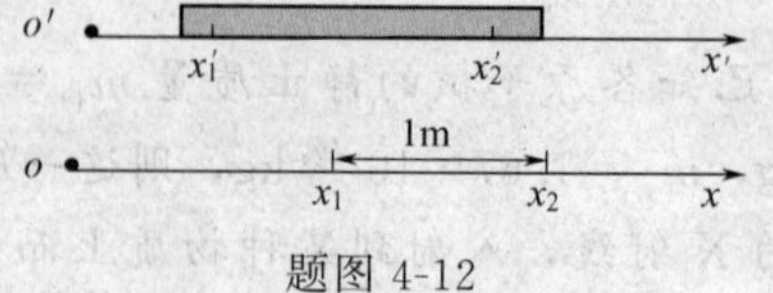

题图 4-12

(1) 在 o' 系中这两个孔间的距离是小于、等于还是大于1m？

(2) o' 系中人看到 x_2 处先开枪还是 x_1 处先开枪？

4. 试比较电子和质量为 10g 的子弹的位置的不确定量。假定都在方向以 $v=10\text{m/s}$ 的速度运动，速度的测量误差在 0.01%以内。(电子质量 $m=9.1\times10^{-31}\text{kg}$)

第四篇模拟题四

一、选择题（每题 3 分，共 24 分）

1. 根据热力学第二定律可知［　　］。

(A) 功可以全部转换为热，但热不能全部转换为功

(B) 热可以从高温物体传到低温物体，但不能从低温物体传到高温物体

(C) 不可逆过程就是不能向相反方向进行的过程

(D) 一切自发过程都是不可逆的

2. 关于气体分子的平均自由程 $\overline{\lambda}$，下列几种说法哪个是正确的？［　　］

(A) 不论压强是否恒定，$\overline{\lambda}$ 都与温度 T 成正比

(B) 不论温度是否恒定，$\overline{\lambda}$ 都与压强 p 成反比

(C) 若分子数密度 n 恒定，$\overline{\lambda}$ 与 p、T 无关

(D) 以上说法都不正确

3. 一定量理想气体经历的循环过程用 V-T 曲线表示如题图 4-13 所示。在此循环过程中，气体从外界吸热的过程是［　　］。

(A) $A\rightarrow B$　　(B) $B\rightarrow C$　　(C) $C\rightarrow A$　　(D) $A\rightarrow B$ 和 $B\rightarrow C$

4. 麦克斯韦速率分布曲线如题图 4-14 所示，图中 A,B 两部分面积相等，则该图表示［　　］。

(A) v_0 为最可几速率

(B) v_0 为平均速率

(C) v_0 为方均根速率

(D) 速率大于和小于 v_0 的分子数各占一半

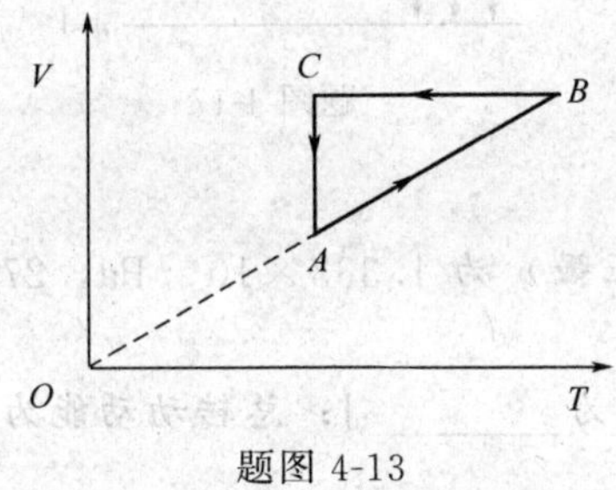

题图 4-13

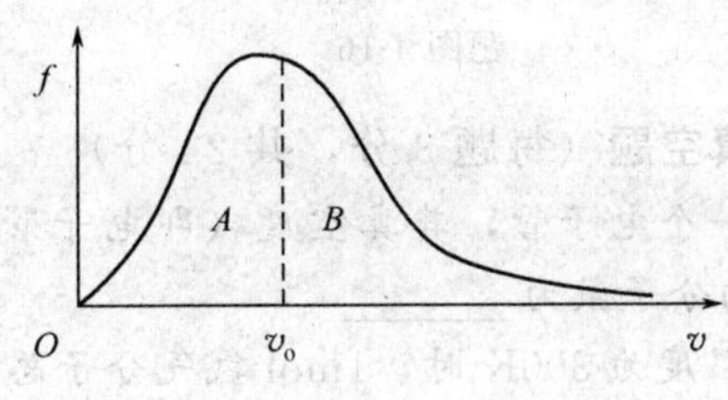

题图 4-14

5. 以一定频率的单色光照射在某种金属上，测出其光电流的曲线如题图 4-15 中实线所示，然后在光强度不变的条件下增大照射光的频率。测出其光电流的曲线如该图中虚线所示。满足题意的图是［　　］。

6. 电离能为 +0.544eV 的激发态氢原子，下面说法正确的是［　　］。

(A) 其电子处在 $n=2$ 的轨道上运动

(B) 其电子处在 $n=3$ 的轨道上运动

(C) 其电子处在 $n=4$ 的轨道上运动

(D) 其电子处在 $n=5$ 的轨道上运动

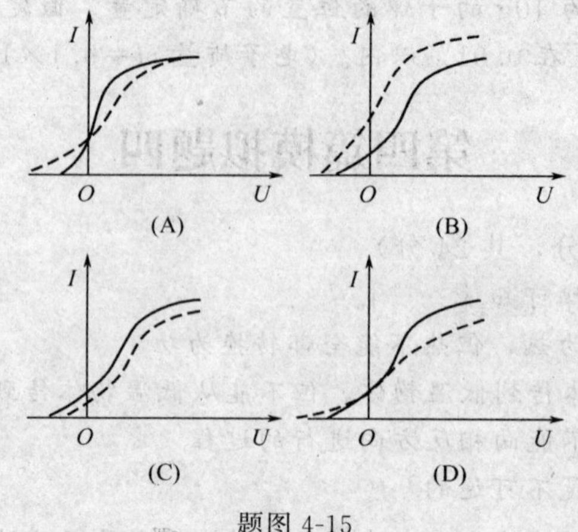

题图 4-15

7. 关于经典力学和量子力学，下面说法中正确的是［　　］。

(A) 不论是对宏观物体，还是微观粒子，经典力学和量子力学都是适用的

(B) 量子力学适用于宏观物体的运动，经典力学适用于微观粒子的运动

(C) 经典力学适用于宏观物体的运动，量子力学适用于微观粒子的运动

(D) 上述说法都是错误的

8. 如题图 4-16 所示，一束动量为 p 的电子，通过缝宽为 a 的狭缝，在距离狭缝为 R 处放置一荧光屏，屏上衍射图样中央最大的宽度 d 等于［　　］。

(A) $2a^2/R$　　(B) $2ha/p$　　(C) $2ha/Rp$　　(D) $2Rh/ap$

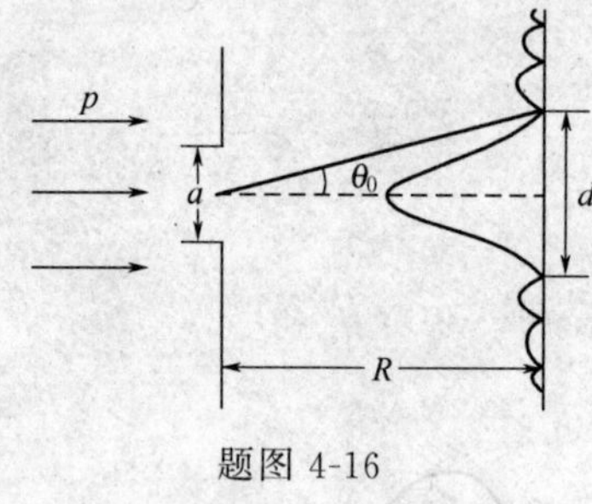

题图 4-16

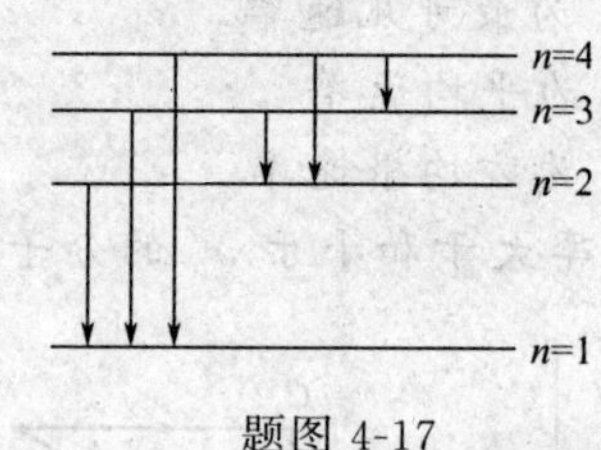

题图 4-17

二、填空题（每题 3 分，共 24 分）

1. 有一个电子管，其真空度（即电子管内气体压强）为 1.333×10^{-3} Pa，27℃时管内单位体积的分子数为________。

2. 在温度为 300K 时，1mol 氢气分子总平动动能为________J；总转动动能为______J；气体的内能为________J。

3. 1mol 的双原子分子（刚性分子）理想气体，经过等压加热使其温度升高 10K，气体对外做的功为________。

4. 一宇宙飞船相对地球以 $0.8c$（c 表示真空中光速）的速度飞行。一光脉冲从船尾传到船头，飞船上的观察者测得飞船长为 100m，则地球上的观察者测得：

(1) 飞船的长度 $l=$________；

(2) 光脉冲从船尾发出和到达船头两个事件的空间间隔 $\Delta x=$________。

5. 某核电站年发电量为 100 亿度，它等于 36×10^{15} J 的能量，如果这是由核材料的全部静止能转化产生的，需要消耗核材料的质量是________。

6. 氢原子的部分能级跃迁示意如题图 4-17 所示。在这些能级跃迁中，

(1) 从 $n=$________的能级跃迁到 $n=$________的能级时所发射的光子的波长最短；

(2) 从 $n=$________的能级跃迁到 $n=$________的能级时所发射的光子的频率最小。

7. 电子的质量 $m=9.1\times10^{-31}\mathrm{kg}$，速率为 $v=200\mathrm{m/s}$，设动量的不确范围为动量的 0.01%则该电子的位置不确定范围为________；电子的动量和位置________（“能”或“不能”）同时确定（不确定关系式为 $\Delta p_x \Delta x \geqslant h$）。

8. 设描述微观粒子运动的波函数为 $\Psi(\boldsymbol{r},t)$，则 $\Psi\Psi^*$ 表示________；$\Psi(\boldsymbol{r},t)$ 须满足的条件是________；其归一化条件是________。

三、判断题（每题 3 分，共 6 分）（在要判断正误的说法后面括号中填写√或×）

1. 设有一恒温的容器，其内储有某种理想气体，若容器发生缓慢漏气，判断下列说法的正误。

(1) 气体的压强会减小。 (　　)

(2) 容器内气体分子的平均平动动能不会变化。 (　　)

(3) 气体的内能不会变化。 (　　)

2. 在狭义相对论中，判断下列说法的正误。

(A) 一切运动物体相对于观察者的速度都不能大于真空中的光速。 (　　)

(B) 质量、长度、时间的测量结果都是随物体与观察者的相对运动状态而改变的。 (　　)

(C) 两个事件在某惯性系中同时发生，在其他一切惯性系中也都是同时发生的。 (　　)

四、简述题（共 6 分）

有人设计了一台卡诺热机（可逆的）。每循环一次可从 400K 的高温热源吸热 1800J，向 300K 的低温热源放热 800J。同时对外做功 1000J，试分析该设计是否可行？问题在哪里？

五、计算题（每题 10 分，共 40 分）

1. 比热容比为 1.40 的理想气体进行如题图 4-18 所示的循环。已知状态 A 的温度为 300K。求：

(1) 状态 B、C 的温度；

(2) 每一过程中气体所吸收的净热量。

2. 一定量的某种理想气体，开始时处于压强、体积、温度分别为 $p_0=1.2\times10^6\mathrm{Pa}$，$V_0=8.31\times10^{-3}\mathrm{m}^3$，$T_0=300\mathrm{K}$ 的状态。之后经过一个等体过程，温度升高到 $T_1=450\mathrm{K}$；再经过一等温过程，压强降到 p_0，已知 $\gamma=5/3$，ln1.5≈0.4，如题图 4-19 所示。求

(1) 内能的增量；

(2) 系统对外做的功。

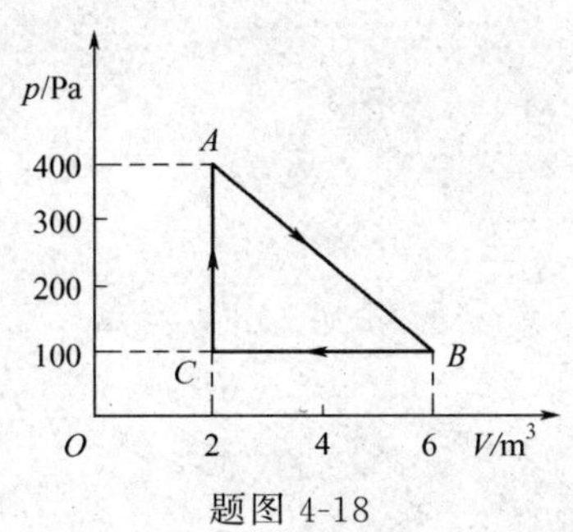

题图 4-18

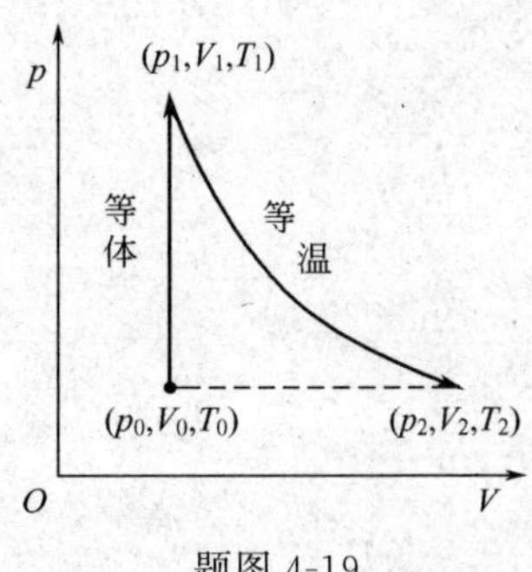

题图 4-19

3. 半人马星座星是距离太阳系最近的恒星，它距离地球 $S=4.3\times10^{16}\,\mathrm{m}$。设有一宇宙飞船自地球飞到半人马星座星，若宇宙飞船相对于地球的速度为 $v=0.999c$，按地球上的时钟计算要用多少年时间？如以飞船上的时钟计算，所需时间又为多少年？

4. 令 $\lambda_c=h/(m_e c)$（称为电子的康普顿波长，其中 m_e 为电子静止质量，c 为真空中光速，为普朗克常量）。当电子的动能等于它的静止能量时：

(1) 电子的速度是多大？

(2) 电子的相对论动能是多大？

(3) 电子德布罗意波长是康普顿波长的 λ_c 的多少倍？

部分模拟题参考答案

第一篇模拟题一

一、选择题

1. D 2. B 3. E 4. C 5. D 6. C 7. B 8. B 9. D 10. C

二、填空题

1. $\rho=v_0^2\cos^2\theta/g$
2. 不一定；动量
3. $\sqrt{mkx_0^2}$
4. $m(g-a)R$
5. $\dfrac{(J+mr^2)\ \omega_1}{J+mR^2}$
6. 向下；向上；向上
7. $\pi/3$
8. $A\cos 2\pi(\nu t+x/\lambda+\pi)$

三、判断题

1. √ 2. √ 3. √

五、计算题

1. (1) $\boldsymbol{r}=\dfrac{2}{3}t^3\boldsymbol{i}+2t\boldsymbol{j}$；(2) $x=\dfrac{1}{12}y^3$ 或 $y^3=12x$；(3) $\boldsymbol{I}=2\boldsymbol{i}$

2. (1) $\omega=\dfrac{6mv_0}{(4M+3m)l}$；(2) $\theta=\arccos\left[1-\dfrac{3m^2v_0^2}{(M+m)(3m+4M)gl}\right]$

3. $y=5\cos(50\pi t-\pi x/12+\pi/2)$

第一篇模拟题二

一、选择题

1. B 2. C 3. C 4. C 5. C 6. D 7. A 8. B 9. C 10. C

二、填空题

1. $v_1=8\text{m/s}$，$a=\sqrt{16^2+32^2}=35.8\text{m/s}^2$
2. $v=v_0e^{(-kx)}$

3. 17.3m/s；20m/s

4. $\omega=\dfrac{3mv}{2ML}$

5. $J\omega_0=\dfrac{1}{3}J\omega\Rightarrow\omega=3\omega_0$

6. 4×10^{-2}m；π/2

7. 波从坐标原点传至 x 处所需时间；

x 处质点比原点处质点滞后的振动相位；

t 时刻 x 处质点的振动位移

8. $A\cos(50\pi t+\pi x/100+\pi/4)$

三、判断题

1. × 2. √ 3. √

四、证明题

$x=2\times10^{-2}\cos(9.1\pi t)$

五、计算题

1. (1) $\beta=81.7\text{rad/s}^2$，方向垂直纸面向外；(2) $\Delta h=6.12\times10^{-2}$m

(3) 角速度大小与初始时一样，方向相反

2. (1) $\omega=\sqrt{\dfrac{k}{m}}=\sqrt{158}=12.57\approx4\pi$ (rad/s)；(2) $x=\sqrt{50}\cos\left(4\pi t+\dfrac{\pi}{4}\right)$ (cm)

3. (1) $A=0.5$m，$\lambda=2$m，$\omega=\dfrac{\pi}{2}$，$\phi=\dfrac{3\pi}{2}$，$y=0.50\cos\left(\dfrac{\pi}{2}t+\dfrac{3\pi}{2}\right)$

(2) $y=0.50\cos\left(\dfrac{\pi}{2}t+\pi x+\dfrac{3\pi}{2}\right)$；(3) $v=\dfrac{dy}{dt}=-\dfrac{\pi}{2}\times0.50\sin\left(\dfrac{\pi}{2}t+\dfrac{3\pi}{2}\right)=\dfrac{\pi}{4}$ (m/s)

第一篇模拟题三

一、选择题

1. B 2. D 3. A 4. D 5. A 6. E 7. C 8. B 9. C 10. A

二、填空题

1. $\boldsymbol{F}=m\dfrac{d\boldsymbol{v}}{dt}=m(-a\omega^2\cos\omega t\boldsymbol{i}-b\omega^2\sin\omega t\boldsymbol{j})=-m\omega^2(a\cos\omega t\boldsymbol{i}+b\sin\omega t\boldsymbol{j})$

2. $v=\sqrt{\dfrac{6k}{mA}}$

3. (1) 3N；(2) 13.5J

4. $-\dfrac{k\omega_0^2}{9J}$，$\dfrac{2J}{k\omega_0}$

5. mL^2；mgL；$\beta=g/L$

6. 3.43s；$-2\pi/3$

7. $y=0.30\cos\left(\dfrac{1}{2}\pi x\right)\cos(100\pi t+\dfrac{1}{2}\pi)$

8. 5J

三、判断题

1. × 2. × 3. ×

五、计算题

1. (1) $v=\sqrt{5}$ m/s；(2) $T_2=50$N，$T_1=37.5$N

2. (1) $y_P=A\cos\left(\dfrac{\pi}{2}t+\pi\right)$ (SI)；(2) $y=A\cos\left(\dfrac{\pi}{2}t+\dfrac{2\pi x}{\lambda}-\dfrac{2\pi d}{\lambda}+\pi\right)$ (SI)

(3) $y_0=A\cos\dfrac{\pi}{2}t$ (SI)

3. （1）$y=0.1\cos\left(4\pi t-\frac{2}{10}\pi x\right)$（SI）；（2）$y_1=0.1\text{m}$；（3）$v=-1.26\text{m/s}$

第一篇模拟题四

一、选择题

1. A　2. A　3. C　4. D　5. C　6. B　7. C　8. D　9. D　10. A

二、填空题

1. $a_t=2S(1+S^2)$

2. $\sqrt{\frac{k}{mr}}$；$-\frac{k}{2r}$

3. 1s

4. $E_{PB}-E_{PA}=GMm\frac{r_2-r_1}{r_2r_1}$；$E_{kB}-E_{kA}=GMm\frac{r_1-r_2}{r_2r_1}$

5. $\frac{3}{2}\sqrt{\frac{g\cos\theta}{L}}$

6. $-\frac{1}{2}mR^2\omega^2$

7. $\sqrt{2}T_0$

8. (2/3)s

三、判断题

1. √　2. √　3. √

五、计算题

1. （1）$\omega=\frac{2m_1v}{2m_1R+m_2R}$，顺时针方向；（2）$\Delta E_k=-\frac{m_1m_2v^2}{2(2m_1+m_2)}$

2. （1）$\lambda=1\text{m}$；$v=2\text{Hz}$；$u=\lambda v=2\text{m/s}$；（2）$x=-0.4\text{m}$　（3）$t=4\text{s}$

3. （1）$y=0.04\cos\left[2\pi\left(\frac{t}{5}-\frac{x}{0.4}\right)-\frac{\pi}{2}\right]$（SI）；（2）$y_P=0.04\cos\left(0.4\pi t-\frac{3\pi}{2}\right)$（SI）

第二篇模拟题一

一、选择题

1. C　2. D　3. C　4. B　5. D　6. B　7. C　8. C　9. C　10. A

二、填空题

1. $\frac{Q}{4\pi\varepsilon_0R}$；$\frac{-qQ}{4\pi\varepsilon_0R}$

2. (1) 0；(2)$\oint_L \boldsymbol{B}\cdot d\boldsymbol{l}=-\mu_0I$

3. 0；0.157N·m；沿纸面向上

4. 减少；增加

5. 0

6. q_1/e_0，$(q_1+q_2)/e_0$

7. $\pi R^3\lambda B\omega$；在图面中向上

8. $Qd/(2\varepsilon_0S)$；$Qd/(\varepsilon_0S)$

9. $\sqrt{2Fd/c}$；$\sqrt{2Fdc}$

三、作图题

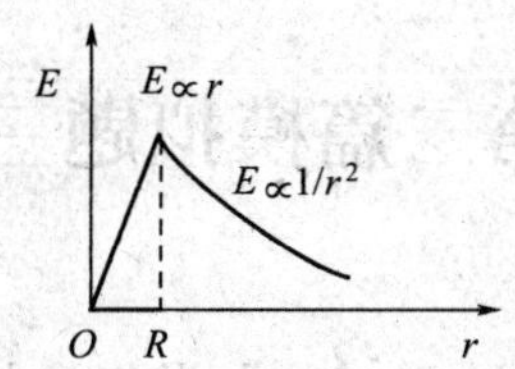

五、计算题

1. 大小：$E_0=\sqrt{E_x^2+E_y^2}=\dfrac{\sqrt{2}Q}{2\pi^2\varepsilon_0 R^2}$　方向：与 x 轴正向成 315°

2. 大小：$B=B_{b2}=\dfrac{\mu_0 I}{4\pi L}(2\sqrt{3}-3)$　方向：垂直纸面向里⊗

3. 大小：$\varepsilon=\dfrac{\mu_0 Ib}{2\pi a}\left(\ln\dfrac{a+d}{d}-\dfrac{a}{a+d}\right)v$　方向：顺时针方向（即 $ACBA$）

第二篇模拟题二

一、选择题

1. D　2. D　3. B　4. B　5. B　6. C　7. D　8. B　9. D　10. B

二、填空题

1. -8×10^{-15}J；-5×10^4V

2. $\dfrac{\mu_0 Ia}{2\pi}\ln 2$

3. aIB

4. 不变；减小

5. 2.67×10^{-4}T；63.7A/m

6. $\dfrac{1}{2}l_0\sqrt{R^2-l_0^2/4}\dfrac{dB}{dt}$；$\dfrac{R}{2}\dfrac{dB}{dt}$

7. $\dfrac{\mu_0 I\pi r^2}{2a}\cos\omega t$；$\dfrac{\mu_0 I\omega\pi r^2}{2Ra}\sin\omega t$

8. $\dfrac{\pi r^2\varepsilon_0 E_0}{RC}e^{-t/RC}$；相反

三、作图题

$E_a>E_b$

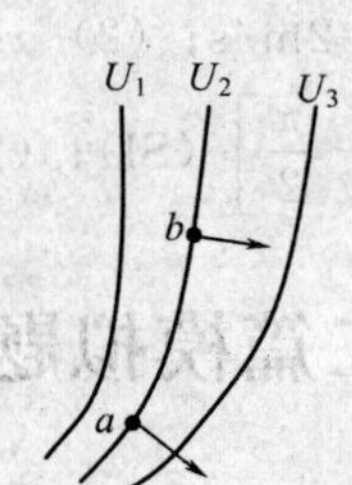

四、判断题

(1) ×　(2) √　(3) ×

六、计算题

1. $E=\dfrac{q}{2\pi\varepsilon_0 a^2\theta_0}\sin\dfrac{\theta_0}{2}$；方向向下

2. $B=\dfrac{\mu_0 I}{4\pi R}+\dfrac{\mu_0 I}{8R}+\dfrac{\mu_0 I}{2\pi R}=\dfrac{\mu_0 I}{8\pi R}(6+\pi)$；方向为垂直纸面向里⊗

3. $F=\dfrac{\mu_0 I_1 I_2}{2}$；方向为垂直 I_1 向右

第二篇模拟题三

一、选择题

1. D　2. B　3. D　4. C　5. C　6. A　7. D　8. B　9. A　10. B

二、填空题

1. Q/ε_0；$\boldsymbol{E}_a=0$，$\boldsymbol{E}_b=5Q\boldsymbol{r}_0/(18\pi\varepsilon_0 R^2)$

2. $\mu_0(I_2-2I_1)$

3. 1.14×10^{-3}T；⊗（垂直纸面向里）；1.57×10^{-8}s

4. $q\boldsymbol{r}/(4\pi\varepsilon_0 r^3)$；$q/(4\pi\varepsilon_0 r_C)$

5. 0；$vBl\cos\theta$；低

6. 磁导率大，矫顽力小，磁滞损耗低；变压器、交流电机的铁芯等

7. $\dfrac{Ir}{2\pi R_1^2}$

三、作图题

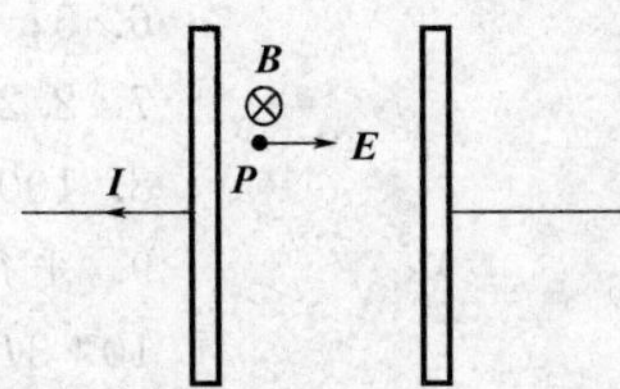

四、判断题

1. (1) √　(2) ×　(3) ×　2. (1) ×　(2) ×　(3) √

六、计算题

1. $U_P=\dfrac{q}{8\pi\varepsilon_0 l}\ln\left(1+\dfrac{2l}{a}\right)$

2. $B=\dfrac{\mu_0}{2\pi}\cdot\dfrac{I_2(R+d)(1+\pi)-RI_1}{R(R+d)}$；方向为垂直纸面向外⊙

3. $U_M-U_N=-\varepsilon_{MN}=\dfrac{\mu_0 Iv}{2\pi}\ln\dfrac{a+b}{a-b}$

第二篇模拟题四

一、选择题

1. B　2. B　3. C　4. D　5. D　6. B　7. D　8. D　9. B　10. C

二、填空题

1. 0

2. 半径为 R 的均匀带正电球面

3. 小于

4. $\dfrac{\mu_0 I}{4\pi R}$

5. 负；$IB/(nS)$

6. ε_r；1；ε_r

7. $-\sqrt{L_1L_2}\dfrac{d}{dt}i_1$

8. 3A

三、判断题

(1) ×　(2) √　(3) ×　(4) ×　(5) √　(6) √

五、计算题

1. (1) $\dfrac{\sqrt{3}+1}{2}d$；(2) $\dfrac{d}{4}$

2. $\Phi_m=\frac{\mu_0 I}{4\pi}+\frac{\mu_0 I}{2\pi}\ln 2$

3. (1) $\varepsilon_{OA}=-\frac{1}{2}B\omega L^2$ 方向由 A 指向 O；(2) $U_{AC}=-\frac{1}{2}\omega Bd\ (2L-d)$；(3) $U_{AE}=0$

第三篇模拟题一

一、选择题

1. A 2. B 3. C 4. D 5. C 6. B 7. C 8. B 9. D 10. E

二、填空题

1. 0.9
2. r_1^2/r_2^2
3. 78.1
4. $\lambda/4n$
5. 3.0mm
6. 5；2000；6000
7. 2.24×10^{-4} rad；8.93
8. 10000
9. 平行入射面的完全偏振光；60°
10. $3I_0/32$

三、判断题

1. (1) × (2) √ (3) × 2. (1) × (2) × (3) √

四、分析题

至少需要两块理想偏振片；透射光强最大是原来光强的 1/4 倍。

五、计算题

1. (1) $x_3=18$mm；(2) $n=4/3$；(3) 暗纹，$h=5400$nm

2. (1) $e_{10}=2.25\times10^{-6}$m；(2) 条纹向劈棱方向平移；原来第 10 条暗纹处厚度增加，$k'=17$

3. (1) 3.36×10^{-6}m；(2) 420nm；(3) 0，±1，±2，±3，±4

第三篇模拟题二

一、选择题

1. D 2. D 3. A 4. C 5. A 6. C 7. D 8. D 9. D 10. D

二、填空题

1. 上；6
2. $3\lambda/4n_2$
3. 红光
4. 6.4
5. 是；否
6. 500nm
7. 53.7m
8. 2，4，…，5
9. $I_0/4$
10. 自然光；完全偏振光；部分偏振光

三、分析题

(1) 第二块光栅；(2) 第三块光栅。光栅常数 $d=\frac{1\text{mm}}{刻线条数\ N}$，三块光栅常数分别为 0.83μm，1.7μm，11μm；按照光栅方程 $d\sin\theta=\pm k\lambda$，则只有 $d>\lambda$ 时，才可观察到光谱线，λ 一定时，d 越小，同级次光谱线对应 θ 越大，越易观察。

四、简答题

1. 大的物镜有助于提高望远镜的分辨本领。

2. (1) 自然光通过一个偏振片；(2) 自然光以布儒斯特角入射到某介质表面。

五、计算题

1. (1) $\Delta x_1=0.2\text{mm}$，$\Delta x_2=0.3\text{mm}$；(2) 0.6mm，$k_1=3$，$k_2=2$

2. (1) $4.35\times10^{-2}\text{m}$；(2) 1.28

3. (1) $6\times10^{-6}\text{m}$；(2) $1.5\times10^{-6}\text{m}$；(3) 0，±1，±2，±3，±5，±6，±7，±9

第三篇模拟题三

一、选择题

1. A 2. C 3. B 4. D 5. A 6. D 7. C 8. A 9. B 10. D

二、填空题

1. $\frac{2\pi}{\lambda}(nr_2-nr_1)$

2. 825

3. 1.4

4. 1200

5. 7.78×10^{-4}

6. 500；3

7. 5.28×10^{-6}

8. 2.7×10^{-7}

9. $\sqrt{3}$

10. $I_0/8$

三、判断题

1. (1) × (2) × (3) √　2. (1) × (2) × (3) √

四、简答题

1. (1) 测量微小的角度；(2) 测量微小的长度；(3) 检查精密机械零件表面的光洁度。

2. (1) $a\sin\Phi=0$，中央明纹；(2) $a\sin\Phi=\pm k\lambda$，暗纹；(3) $a\sin\Phi=\pm(2k+1)\lambda/2$，次明纹。

五、计算题

1. (1) 6.5cm；(2) 4.9cm；(3) 5603.5nm

2. (1) 500nm；(2) 50

3. (1) $4.8\times10^{-6}\text{m}$；(2) 34.68cm；(3) 0，±1，±2，±3，±5，±6，±7

第三篇模拟题四

一、选择题

1. B 2. B 3. C 4. B 5. D 6. D 7. B 8. B 9. B 10. C

二、填空题

1. $\lambda/2$

2. $D\lambda/2a$

3. 658

4. 8

5. 3

6. 10λ

7. 6×10^{-6}

8. 36

9. $A/2$

10. 2∶5

三、分析题

6 个；第 1 级次明纹。

四、简答题

1. 光学仪器的分辨本领跟波长成反比，可见光波长 390～760nm，电子束波长 0.1nm。

2. 光波是横波。

五、计算题

1. （1）$x_5=24$mm；（2）$\Delta x=4.8$mm；（3）$h=5.4\mu$m

2. （1）1.22×10^{-4}mm；（2）3mm

3. （1）$d=3600$nm，$a=1200$nm；（2）34.68cm；（3）0，±1，±2，±4，±5

（4）

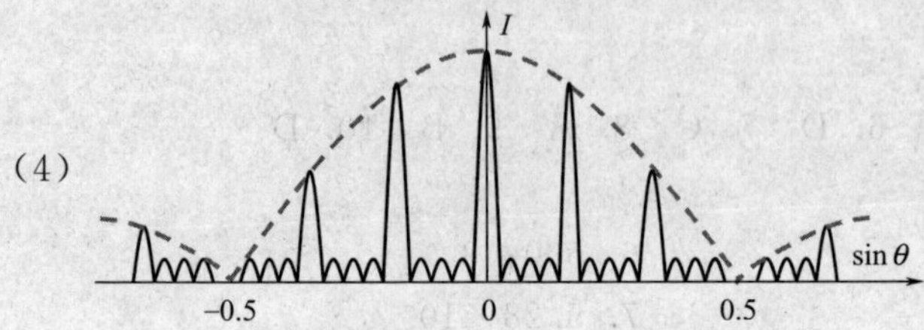

第四篇模拟题一

一、选择题

1. A 2. D 3. A 4. C 5. B 6. C 7. C 8. D

二、填空题

1. $E=6.23\times10^3$J；$\varepsilon_t=6.21\times10^{-21}$J；$\varepsilon=1.03\times10^{-20}$J

2. （1）$v_{pH_2}=2000$m/s；（2）$v_{pO_2}=500$m/s

3. $\rho=1.04$kg/m^3

4. $\eta=25\%$

5. $\tau=4.3\times10^{-8}$s；$s=10.3$m

6. $E_k=\frac{2}{3}m_ec^2$；$A=\frac{2}{3}m_ec^2$

7. 2；4；$E=12.75$eV

8. （A）图

三、判断题

1. （1）√（2）√（3）√ 2. （1）×（2）×（3）×

四、简答题

制冷系数 $\omega=\frac{Q_2}{A}=\frac{T_2}{T_1-T_2}$，如果工作的两热源的温度差越大，$\omega$ 越小，对于制冷越不利。

五、计算题

1. （1）$\Delta E_{CA}=500$J；（2）$Q_{BC}=-700$J；（3）$A_{AB}=400$J

2. （1）$n=2.45\times10^{25}$/m^3；（2）$n=3.21\times10^{15}$/m^3；（3）$\sqrt{v^2}=1.93\times10^3$m/s

3. 棒以速度 v 在棒长方向上运动时 $\rho'=\frac{m'}{l'}=\frac{m}{l\left(1-\frac{v^2}{c^2}\right)}$

棒以速度 v 垂直长度方向时 $\rho''=\frac{m''}{l''}=\frac{m}{l\sqrt{1-\frac{v^2}{c^2}}}$

4. (1) $A=5.79\times10^{-19}\text{J}=3.61\text{eV}$，$v_0=8.73\times10^{14}\text{Hz}$；(2) $U_a=0.52\text{V}$

(3) 若用可见光照射时，不可能产生光电效应。

第四篇模拟题二

一、选择题

1. D 2. B 3. B 4. C 5. C 6. A 7. C 8. B

二、填空题

1. 氢气；1579

2. $\frac{3}{2}R$，$\frac{5}{2}R$，$3R$

3. 500J；500J

4. 10^{-10}m；$10^2\sim10^3$m/s；$10^8\sim10^9$/s

5. 7.2

6. $7m_nc^2$；$7m_nc^2$；$6m_nc^2$

7. 2.2

8. 5×10^{18}

三、判断题

1. (1) √ (2) × (3) × 2. (1) × (2) × (3) √

四、简答题

光电效应是电子与光子发生完全非弹性碰撞，电子吸收光子的能量后克服逸出功成为自由电子。康普顿效应则是外层电子与光子之间发生完全弹性碰撞，光子把部分能量传递给电子，光子能量减少，频率减小，波长变长。

五、计算题

1. $\eta=19.9\%$

2. (1) $n=4$

(2) 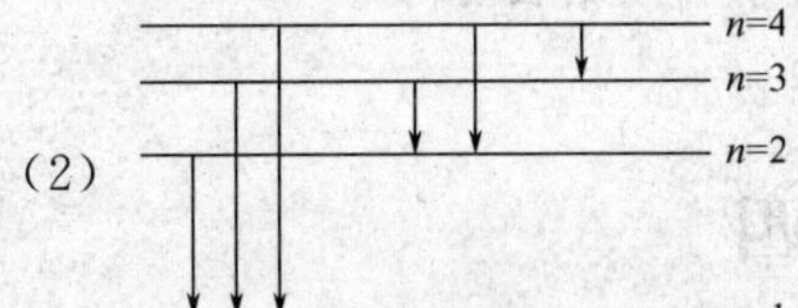

共能发射6条谱线，其中属于可见光（巴尔末系）的有2条。

3. (1) $v=0.992c$；(2) $\tau=\gamma\tau_0=8\tau_0$

4. (1) $v=5.66\times10^7$m/s；(2) $\Delta v_x\approx5.8$m/s

(3) $\Delta v_x\ll v$，所以，可以将电子当做粒子

第四篇模拟题三

一、选择题

1. B 2. A 3. C 4. D 5. B 6. A 7. D 8. B

二、填空题

1. 1.15×10^7K

2. (1) $\frac{3}{2}kT=5.65\times10^{-21}$(J)，$\frac{5}{2}kT=9.42\times10^{-21}$(J)

(2) $\frac{5}{2}\upsilon RT=\frac{5}{2}\cdot\frac{m}{M}RT=1.13\times10^{4}$ (J)

3. (1) 氧；氦

(2) 速率在 $v\to v+\Delta v$ 范围内的分子数占总分子数的百分率

(3) 速率在 $0\to\infty$ 整个速率区间内的分子数的百分率的总和

4. 1.05×10^{4}J

5. $c\sqrt{1-\frac{L^2}{L_0^2}}$；$m_0c^2\left(\frac{L_0}{L}-1\right)$

6. 2.799×10^{-12} (J)

7. 1∶4

8. $\sqrt{\frac{h}{2m(v-v_0)}}$

三、判断题

1. (1) × (2) √ (3) × 2. (1) × (2) × (3) √

四、简答题

6；97.3nm

五、计算题

1. (1) $A\to B$，$Q=7.97\times10^{6}$ (J)；$B\to C$；$Q=5.73\times10^{6}$ (J)；$C\to A$，$Q=1.57\times10^{6}$ (J)

(2) 循环效率：$\eta=8.7\%$

2. $\Delta E_B=\frac{5}{2}R\frac{W}{4R}=\frac{5}{8}W$

3. (1) 在 o'系中这两个孔间的距离是大于 1m；

(2) o'系中人看到 x_2 处先动作（刻出 x_2'），x_1 处后动作（刻出 x_1'）。

4. 对电子：3×10^{-3}(m)；对子弹：2.6×10^{-31}(m)

第四篇模拟题四

一、选择题

1. D 2. C 3. A 4. D 5. D 6. D 7. C 8. D

二、填空题

1. $n=3.2\times10^{17}/\text{m}^3$

2. 3.74×10^{3}；2.49×10^{3}；6.23×10^{3}

3. 83.1J

4. (1) 60m；(2) 300m

5. 0.4kg

6. (1) 4，1；(2) 4，3

7. $\Delta x\geqslant3.7$cm，不能

8. 表示粒子 t 时刻在 $\boldsymbol{r}$ 处出现的几率密度；单值，有限，连续；其归一化条件是 $\int\Psi\Psi^*\,\mathrm{d}v=1$。

三、判断题

1. (1) √ (2) √ (3) × 2. (1) √ (2) √ (3) ×

四、简答题

设计者的效率 $\eta=\frac{A}{Q_{吸}}=\frac{1000}{1800}\times100\%=55.6\%$

卡诺循环的理论值 $\eta=1-\frac{T_{低}}{T_{高}}=\left(1-\frac{300}{400}\right)\times100\%=25\%$

该设计不可行，这个热机的效率超过了理论值。

五、计算题

1.（1）$T_B=225\text{K}$，$T_C=75\text{K}$；（2）$A\to B$：500J，$B\to C$：-1400J，$C\to A$：1500J

2.（1）7.48×10^3（J）；（2）5983（J）

3. 4.55 年；0.2 年

4.（1）$v=\frac{\sqrt{3}}{2}c$；（2）8.19×10^{-10}J；（3）$\frac{\sqrt{3}}{3}$